高等职业教育“十四五”规划教材

高等职业教育产教融合新形态教材

食品仪器分析技术

陈　凌　李国秀　主编

中国农业大学出版社
·北京·

内 容 简 介

本教材针对高等职业院校食品类专业教育要求，以职业能力为依据，以工作过程为主线，按照一体化教学和工作过程系统化的教学思想，编写了7个学习项目，28个任务。每个项目相应介绍了仪器的工作原理、结构、操作维护和故障分析等内容，针对每个任务填充与技能相对应的必须知识点，通过“拓展知识”和“拓展任务”的学习进一步拓展理论知识和提高操作技能。本教材适于采用“做中学、学中做”的教学模式进行教学，图文并茂，工作原理和结构的讲解深入浅出，同时配有数字化教学资源和任务自测，便于学生理解和学习。教材内容以当前食品分析检测普遍使用的食品为主，兼顾新技术，体现了实践性、应用性和先进性。

本教材可供高等职业院校食品检验检测技术、食品质量与安全、食品加工技术、食品营养与健康、食品生物技术、绿色食品生产技术等专业使用，也可作为食品企业专业技术人员的参考用书或培训用书。

图书在版编目(CIP)数据

食品仪器分析技术/陈凌，李国秀主编. --北京：中国农业大学出版社，2022.3(2024.5重印)
ISBN 978-7-5655-2751-7

Ⅰ.①食…　Ⅱ.①陈…　②李…　Ⅲ.①食品分析—仪器分析—高等职业教育—教材
Ⅳ.①TS207.3

中国版本图书馆CIP数据核字(2022)第050275号

书　　名　食品仪器分析技术
作　　者　陈　凌　李国秀　主编

策划编辑　康昊婷　　**责任编辑**　康昊婷　潘振敏
封面设计　郑　川
出版发行　中国农业大学出版社
社　　址　北京市海淀区圆明园西路2号　　**邮政编码**　100193
电　　话　发行部 010－62733489，1190　　读者服务部 010-62732336
编辑部 010-62732617，2618　　出　版　部 010-62733440
网　　址　http://www.caupress.cn　　**E-mail** cbsszs@cau.edu.cn
经　　销　新华书店
印　　刷　北京溢漾印刷有限公司
版　　次　2022年3月第1版　2024年5月第2次印刷
规　　格　185 mm×260 mm　16开本　19.25印张　490千字
定　　价　57.00元

编写人员

主　编　陈　凌（嘉兴职业技术学院）
李国秀（杨凌职业技术学院）

副主编　干莉娜（广西生态工程职业技术学院）
陈召桂（浙江五芳斋实业股份有限公司）
黄伟素（浙江经贸职业技术学院）

参　编　张雅楠（山东药品食品职业学院）
徐显利（黑龙江农业经济职业学院）

出版说明

为贯彻落实《国家职业教育改革实施方案》(国发〔2019〕4号,又称“职教二十条”)以及《高等职业学校专业教学标准》等相关文件精神,有效推进产教融合、校企合作,建设一批校企“双元”合作开发的高质量教材,经向行业专家咨询及与有关高等职业院校沟通,借鉴与物化高等职业教育食品类专业教育教学改革成果,中国农业大学出版社开展了“高等职业教育产教融合新形态教材”食品类专业系列教材建设工作。

“高等职业教育产教融合新形态教材”食品类专业系列教材建设是食品类专业高技能人才培养的基础性工作,也是促进社会与经济发展的客观需求。近20年来,随着加入世贸组织,我国食品工业得到了持续与快速的发展,食品工业进入产业升级、调整改革的关键时期,食品产业从数量扩张向质量提升转变。原有的高等职业教育食品类专业教材从内容到表现形式,要满足现代食品工业人才培养的需要,就必须改革创新,在实践中不断探索高等职业教育食品类专业新形态教材建设的新路子,才能为高等职业教育食品类专业高技能人才培养奠定坚实的基础、发挥应有的作用。

“高等职业教育产教融合新形态教材”食品类专业系列教材具有如下特点:

1.精心组织编审队伍。在征集和分析相关高等职业院校的申报材料的基础上,充分考虑不同院校的专业优势及教学创新改革进程及成果等,慎重确定每一教材参加编审的骨干人员,并根据教师提供的编写提纲、编写思路与样章等,由“高等职业教育产教融合新形态教材”食品类专业系列教材编审委员会及专家组遴选组建编写团队。同时,邀请高等职业院校、行业及生产企业的专家参与教材建设,审核编写提纲,后期对书稿进行严格审定。教材编写过程中,作者与审稿人员充分沟通,书稿反复修改,从而确保了教材内容的前瞻性、科学性及对一线岗位的适应性。

2.创新编写体例。本次教材建设重点在食品类专业基础课程和专业核心课程。以“项目引领,任务驱动”作为教材的基本框架,以职业岗位确立典型工作任务,以典型工作任务确定岗位能力需求,以能力需求确定学习项目与任务,突出了实践性、企业案例化与职业化,并与项目紧密关联。内容新颖、趣味性强是本系列教材的一大亮点。对专业基础课程,突破了传统的学科编写体例,参考模块式总体思路设计,创立新的编写体例,使教材既精练又实用,有利于提高学生的学习效果与效率。

3.突出职业教育特色。教材编写体现了现代职业教育体系教学改革精神,该新形态系列教材将努力体现课程内容与职业标准对接、教学过程与生产过程对接的要求,反映高等职业教育专业课教学与思想政治理论课教学同向同行、职业技能与职业精神培养高度融合的特点,尤其是“项目引领,任务驱动”式教材,每一任务的活动规程,力求按工作任务的环节以表格任务单或实际案例形式进行编写与训练,突出操作环节与质量要求,促进职业技能培养与职业素养的紧密结合,实现教学与职业岗位的“零距离对接”。

4.新形态信息技术在系列教材中广泛应用。努力对食品类专业教材中的知识点与技能点进行信息化处理，使其表现形式更加多元化，提高智能化水平，突出趣味性与直观性，实现手机终端推送学习，采用微课、视频、动画等展示相关知识、专项实验、任务拓展与测试题答案等内容，充分体现了高等职业教育教材多元化创新的全新特色。

“高等职业教育产教融合新形态教材”食品类专业系列教材基本覆盖了食品智能加工、食品生物技术、食品营养与健康与食品检验检测技术等食品类专业的专业基础课程与专业核心课程。系列教材既充分强调了食品科学的实践性，同时又充分考虑了食品产业与基础理论的有机结合，努力做到每种教材间内容相互补充、相互衔接，构成一个完整的课程体系。系列教材主要作为高等职业教育食品类专业的相关课程教材，也可作为现代食品企业相关技术人员及专业技术工人的培训、参考用书。

“高等职业教育产教融合新形态教材”食品类专业系列教材的顺利出版，是全国近60所高职学院及部分食品企业等共同奋斗的结果。编写过程中所做的许多探索，为进一步推进高等职业教育教材建设的改革与创新提供了有益的经验。我们真诚地希望，以此为契机，进一步有效加强与各高等职业院校及食品企业的交流与合作，不断拓展食品类专业新形态教材合作开发的思路，创新教材开发的模式与服务方式。让我们共同努力，为深化高等职业教育食品类专业教育教学改革与人才培养质量的提高，发挥积极的推动作用。

中国农业大学出版社

2022年2月

前　　言

仪器分析是近代分析化学的重点发展方向，特别是近年来各种仪器分析技术的发展十分迅速。仪器分析具有灵敏度高、准确度高、自动化程度高、分析速度快的特点，作为研究物质的组成、状态、结构及定量分析测试的手段，正不断地在食品质量与安全领域中得到越来越广泛的应用。

党的二十大报告指出，实施科教兴国战略、强化现代化教育人才支撑。为了满足新时期对高技术技能型人才培养的需要，以“重基础、重能力、重实用”为基本原则和基本出发点，使学生能把学习到的理论知识用于分析和解决食品生产质量中的实际问题，培养学生的实际应用能力和创新能力，食品仪器分析技术着重于理论与食品质量与安全检测的实际操作相结合，以食品检验的实际工作任务为载体，围绕测定任务，学习分析方法的原理、仪器结构及使用与维护、定性定量分析等相关知识，结合多年的教学实践，我们编写了本书。本书理论内容有一定深度，以满足学生的可持续发展。本教材适合作为高等职业学院食品检验检测技术、食品质量与安全、食品营养与健康、食品加工技术、农产品加工技术与绿色食品生产技术等专业的教材，同时可供食品企业及行业的管理及技术人员参考。

全书由浙江广厦建设职业技术大学特聘教授、嘉兴职业技术学院教授陈凌和杨凌职业技术学院教授李国秀任主编。全书共分七个项目，具体编写分工如下：浙江经贸职业技术学院教授黄伟素编写项目一电位分析技术，陈凌编写项目二紫外-可见吸收光谱分析技术，浙江五芳斋实业股份有限公司品质管理中心正高级工程师陈召桂编写项目三红外光谱分析技术，黑龙江农业经济职业学院讲师徐显利编写项目四原子吸收和原子荧光光谱分析技术，李国秀编写项目五气相色谱分析技术，广西生态工程职业技术学院高级工程师干莉娜编写项目六高效液相色谱分析技术，山东药品食品职业学院讲师张雅楠编写项目七色谱-质谱联用分析技术。

本书在编写过程中参阅了部分文献和参考书，在此谨向有关作者表示感谢！衷心希望读者对书中存在的不妥之处提出批评指正。

编　者

2024 年 5 月

目　录

绪　论

现代食品的显著特点是食品的营养化、功能化、方便化，并保证食品质量与安全，这就要求食品加工从原料的选择、加工过程到最终产品及保藏整个链条中对食品的成分及成分的变化有全面的把握和认识。传统的分析手段和分析方法尽管能从宏观上了解和掌握成分及其变化，但已不能完全适应现代食品加工业的要求，现代仪器分析技术已经成为食品分析中不可缺少的重要分析手段。

一、仪器分析的内容及其分类

仪器分析的内容非常丰富，物质所表现出的物理或化学性质，如光学性质、电化学性质等，原则上都可以作为分析该物质的依据。因此仪器分析方法种类繁多，而且各种方法具有相对独立的原理、特点和应用范围，可自成体系。根据各种方法的主要特征和作用，仪器分析通常可分为光学分析法、电化学分析法、色谱分析法、其他分析法等，详见表 0-1。

表 0-1　仪器分析方法分类

方法分类	被测物质性质	分析方法
光学分析法	光的发射	原子发射光谱法（AES）、原子荧光光谱法（AFS）、火焰光度法等
	光的吸收	原子吸收光谱法（AAS）、红外吸收光谱法（IR）、紫外-可见吸收光谱法（UV-VIS）、核磁共振波谱法（NMR）等
	光的散射	浊度法、拉曼光谱法
	光的衍射	X 射线衍射法、电子衍射法
	光的折射	射折射法、干涉法电位
电化学分析法	电位	电位分析法
	电流	伏安分析法、极谱分析法
	电导	电导分析法
	电量	库仑分析法
色谱分析法	两相间的分配	气相色谱法（GC）、高效液相色谱法（HPLC）、离子色谱法
其他分析法	质荷比	质谱分析法（MS）
	核性质	中子活化分析

二、仪器分析的特点

与化学分析相比较，仪器分析有以下特点：

(1)测定灵敏度高。仪器分析的检测限一般都在 10^{-6} 级、10^{-9} 级,甚至可达 10^{-12} 级。如原子吸收光谱分析法的检测限可达 10^{-9}(火焰式)~10^{-12}(非火焰式)$g \cdot L^{-1}$,气相色谱分析法检测限可达 10^{-8}~$10^{-12} g \cdot L^{-1}$。因此,仪器分析适用于微量或痕量组分的分析,它对于超纯物质的分析、环境监测及生命科学研究等有重要意义。

(2)选择性好。许多仪器分析方法可以通过选择或调整测定条件,不经分离而同时测定混合物的组分,可适用于复杂物质的分析。

(3)样品用量少。测定时有时只需数微升或数毫克样品,甚至可用于样品无损分析。如 X 射线荧光分析法可以在不损坏样品的情况下进行分析,这对考古、文物分析等有特殊应用价值。

(4)应用范围广。除了用于定性、定量分析,仪器分析还可以用于结构分析、价态分析、状态分析、微区和薄层分析,也可用来测定有关的物理化学常数。

(5)易于实现自动化。被测组分的浓度变化或物理性质变化能转变成某种电学参数(如电阻、电导、电位、电容、电流等),使分析仪器容易和计算机连接,实现自动化,操作简便。随着自动记录、数字显示特别是计算机技术的普及和应用,仪器分析的分析速度大大加快,样品经预处理后,有时经数十秒到几分钟即可得到分析结果。如冶金部门用的光电直读光谱仪,在 1~2 min 可同时测出钢样中 20~30 种元素的含量。

三、仪器分析在食品安全检测中的应用

目前,在食品分析检测中基本采用仪器分析的方法代替手工操作的传统方法,气相色谱仪、高效液相色谱仪、原子吸收分光光度计及可进行光谱扫描的紫外-可见分光光度计、荧光分光光度计等均得到了普遍应用。

1. 电化学分析法

电化学分析法是由德国化学家 C. 温克勒尔在 19 世纪首先引入分析领域的。仪器分析法始于 1922 年捷克化学家 J. 海洛夫斯基建立极谱法。电化学分析是仪器分析的重要组成部分之一。它是根据溶液中物质的电化学性质及其变化规律,建立在以电位、电导、电流和电量等电学量与被测物质某些量之间的计量关系的基础之上,对组分进行定性和定量的仪器分析方法。

相对于其他方法来说,电化学分析法灵敏度较高,准确度也相对较高,操作十分简便,而且易于实现自动化。

2. 光学分析法

光学分析法主要是根据物质发射、吸收电磁辐射及物质与电磁辐射的相互作用来进行分析的一类重要的仪器分析法,分为非光谱分析和光谱分析。其中分光光度法是食品分析中应用最广最多的方法之一,其中涉及可见、紫外、红外、原子吸收等分光光度技术。

(1)紫外-可见分光光度法。物质吸收波长范围在 200~760 nm 区间的电磁辐射能产生的分子吸收光谱称为该物质的紫外-可见吸收光谱,利用紫外-可见吸收光谱进行物质的定性、定量分析的方法称为紫外-可见分光光度法。其在食品检测领域中应用相当广泛,如测定食品中的亚硝酸盐、硼酸、磷酸盐、吊白块等。

(2)原子吸收分光光度法。原子吸收分光光度法的测量对象是呈原子状态的金属元素和部分非金属元素,是由待测元素灯发出的特征谱线通过供试品经原子化产生的原子蒸气时,被蒸气中待测元素的基态原子所吸收,通过测定辐射光强度减弱的程度,求出供试品中待测元素

的含量。其在食品检测领域中占有重要的地位，可以测定食品中各种金属元素，如铅、铬、镉、锌、铜、钠、钾、钙、锰、锶、锗、硒等。

(3)红外光谱分析法。红外光谱分析技术是20世纪70年代发展起来的一项新的分析技术。这种方法省去了通常分析中的称量、定容和提取分离等烦琐步骤，一旦建立好合适的定标，就可以同时测定出同一样品中多个不同组分的含量。在农产品分析中，既能有效分析防腐剂、保鲜剂成分，又能对粮食、甘蔗中的水分、蛋白质、脂肪、氨基酸、纤维素、灰分及谷物加工品品质进行检测。目前这种方法已成为测量大豆、小麦中蛋白质和脂肪含量的美国官方标准方法。

(4)荧光分光光度法。荧光分光光度法是利用物质吸收较短波长的光能后发射较长波长特征光谱的性质，对物质定性或定量分析的方法，可以从发射光谱或激发光谱进行分析。该方法操作简单、快速、灵敏度高、精密度和准确度好，并且线性范围宽，检出限低。以AFS-2201型双道原子荧光光谱仪为例，在对食品中的铅进行原子荧光法测定时，检出限为0.3 $\mu g \cdot L^{-1}$，线性范围为1.00～500 $\mu g \cdot L^{-1}$，回收率为87%～98%。而对食品中硒用荧光法进行相关性研究测定时，发现变异系数为0.63%～0.66%，平均回收率为95.1%。

3.色谱分析

色谱分析是食品安全检测工作中普遍使用的一种技术，常见方法有气相色谱法、液相色谱法、离子色谱法和色谱-质谱分析法。

(1)气相色谱法。气相色谱是一种快速分离模式。一般根据该法所用色谱柱的形式，将其分为毛细管气相色谱和填充柱气相色谱两种类型。在农产品、食品分析检测中，凡在气相色谱仪操作许可的温度下，能直接或间接汽化的有机物质，均可采用气相色谱仪进行分析测定，如有机磷、有机氯、有机硫、菊酯类等农药残留，水中三氯甲烷、四氯化碳，酒类特征性单体物质，食用油中溶剂残留等的检测。其在食品检测领域中占有极重要的地位。

(2)液相色谱法。液相色谱法就是用液体作为流动相的色谱法。1903年，俄国化学家M. C. 茨维特首先将液相色谱法用于分离叶绿素。液相色谱法的分离机理是基于混合物中各组分对两相亲和力的差别。近年来，在液相色谱系统中加上高压液流系统，使流动相在高压下快速流动，以提高分离效果，因此出现了高效液相色谱法及超高效液相色谱法。高效液相色谱法是食品分析的重要手段，有着其他方法不可替代的作用。高效液相色谱技术被广泛应用于食品安全检测中，如食品添加剂(苯甲酸、山梨酸、糖精钠、色素)、营养元素(多种维生素、牛磺酸)、苯并芘、展青霉素、黄曲霉毒素等。

(3)离子色谱法。离子色谱法是1975年Small等首次提出并建立的，在出现了双柱(或抑制型)离子色谱法后又相继出现了单柱离子色谱法，在食品分析检测中应用日益广泛，所分析的样品几乎涉及食品工业分析的各个领域，如水、啤酒、奶制品、肉制品等。

(4)色谱-质谱分析法。色谱-质谱联用技术是在色谱分离的基础上采用高选择性的质谱技术进行检测的一项联用技术，前处理和色谱分离去除了样品中的大量杂质，使质谱技术能很好地应用到实际样品检测中去，同时质谱技术又可以提供足够的分子结构信息，对目标物的确证提供了主要依据。色谱-质谱联用技术既具有色谱的高分离效能，又具有质谱准确鉴定化合物结构的特点，可同时准确、快速地测定样品中微量的组分，因此被广泛应用于食品安全检测当中。

四、食品仪器分析技术的发展趋势

随着食品工业的发展和科学技术的进步，不仅对食品分析检测的准确度、灵敏度和分析速度等方面提出了更高的要求，还不断提出更多的新课题、新任务，这就要求仪器分析提供更多、更复杂的信息。面对这些新挑战，食品仪器分析具有很强的适应性和很大的发展潜力，呈现出以下发展趋势：

（1）自动化程度越来越高。目前，先进发达国家推出的分析仪器的一个共同特点就是微机化和自动化。如顶空-气相色谱-质谱联用仪（HS-GC-MS），可直接测定固态、液态或气态样品中挥发组分的含量，无需做样品前处理。将计算机技术与分析仪器结合起来，实现分析仪器的自动化，是仪器分析的一个非常重要的发展趋势。在分析工作者的指令控制下，计算机不仅能处理分析结果，还可以优化操作条件、控制完成整个分析过程，包括进行数据采集、处理、计算等，直至数据动态显示和最终结果输出。随着应用软件的不断开发，分析仪器将更加智能化。

（2）多机联用。随着样品的复杂性和测量难度不断增加及分析测试信息量和响应速度的要求不断提高，需要将几种方法结合起来，组成联用技术进行分析，便于发挥不同分析方法间的协同作用，提高方法的灵敏度、准确度及对复杂混合物的分辨能力，并能获得不同方法单独使用时所不具备的某些功能。联用技术已成为仪器分析的主要发展方向之一，如色谱-质谱联用技术、色谱-红外光谱联用技术已经得到应用。

（3）分析的灵敏度和精度越来越高。痕量（10^{-6}～10^{-9}g）和超痕量（10^{-9}～10^{-13}g）分析日益发展，分析灵敏度和精度不断提高。例如，质谱分析的绝对灵敏度达 10^{-14}g，电子光谱的灵敏度达 10^{-18}g。

（4）新方法不断出现。学科之间相互交叉、渗透和各种新技术的引入及应用，使仪器分析不断开拓新领域、创立新方法。例如，由于采用了等离子体、傅里叶变换、激光、微波等新技术，出现了电感耦合等离子体发射光谱、傅里叶变换红外光谱、傅里叶变换核磁共振波谱、激光拉曼光谱、激光光声光谱等。

总之，食品仪器分析技术正在向快速、准确、全自动、高灵敏度和新型动态分析的方向迅速发展。

项目一
电位分析技术

【学习目标】

知识目标

(1)掌握电位分析法的基本概念及基本原理;

(2)理解直接电位法和电位滴定法的基本原理和方法;

(3)理解 pH 玻璃电极膜电位产生机理;

(4)理解酸度计的工作原理。

能力目标

(1)能够熟练进行标准缓冲溶液的配制;

(2)能够熟练进行 pH 玻璃电极的活化、电极安装和电极使用前后清洗;

(3)能够正确使用 pH 计测定溶液的 pH;

(4)能够正确连接搭建电位滴定装置,进行电位滴定分析;

(5)能够对测定结果进行正确的数据处理。

素质目标

(1)培养诚实守信、吃苦耐劳的品德,实事求是,不抄袭、编造数据;

(2)培养科学严谨、爱岗敬业、勤学好问、善于思考的精神;

(3)恪守职业道德,对操作现场有较好的 5S 管理、质量安全和规范操作意识;

(4)培养团队合作、竞争意识及创新思维、信息获取、沟通展示、计划决策能力。

【项目概述】

电位分析法(potentiometric analysis)简称电位法,它是在零电流的条件下,通过测定两电极间的电池电动势,进而求得溶液中待测组分含量的方法。电位分析法包括直接电位法和电位滴定法。直接电位法是将指示电极和参比电极一起浸入待测溶液中组成原电池,测量电池电动势,再通过指示电极电位与溶液中被测离子浓度的关系,求得被测组分含量的方法。电位滴定法是在滴定过程中通过测量指示电极电位的变化来确定滴定终点的方法。电位分析法具有如下特点:选择性好,对组成复杂的试样往往不需要分离处理就可直接测定;灵敏度高,直接电位法的检出限为 $10^{-8}\sim10^{-5}$ mol·L^{-1},特别适用于微量组分的测定;所用设备简单、操作方便、分析快速、测定范围宽、不破坏试液,易于实现自动化。因此,电位分析法在分析检测领域有广泛的应用。

【思维导图】

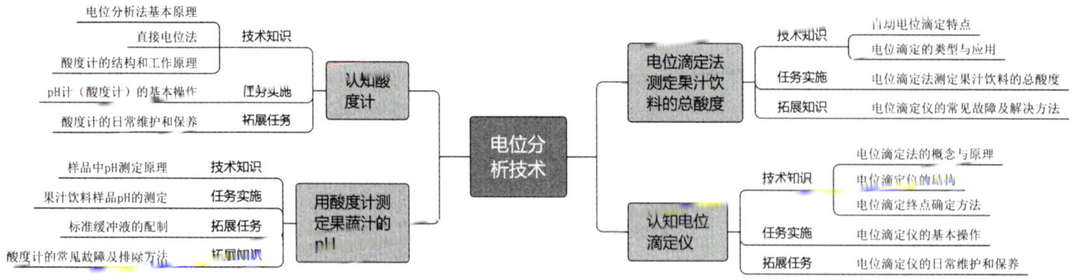

任务一　认知酸度计

任务内容

熟悉酸度计的结构组成、各部件的主要性能和要求及常见仪器型号，能够熟练进行 pH 玻璃电极的活化、电极安装和电极使用前后清洗。

技术知识

一、电位分析法基本原理

化学电池是化学能和电能进行相互转换的电化学反应器，它分为原电池和电解池，而电位分析法就是在原电池内进行的、以测量电池电动势为基础的一种分析方法。以待测试液作为化学电池的电解质溶液，并在其中放入两支电极，其中一支是电极电位与待测组分的活度有确定函数关系的指示电极，另一支是电极电位稳定不变的参比电极，组成一个化学电池，在零电流的条件下，通过测定电池电动势，实现对待测组分的定量分析。

1. 电极电位的产生

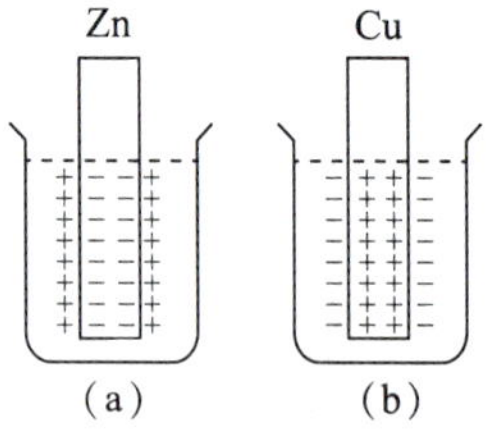

图 1-1　电极-溶液界面上的双电层结构

原电池是由两个电极和电解质溶液组成。金属在溶液中存在下列平衡：$M - ne^- \rightleftharpoons M^{n+}$，一方面，金属离子在极性水分子的作用下，脱离金属晶格转移到溶液中（溶解）；另一方面，溶液中的金属离子碰到金属表面，受到自由电子的吸引，沉淀到金属上（沉积）。以最简单的锌、铜半电池为例，如图 1-1 所示，金属锌浸在 $ZnSO_4$ 溶液中时，锌较活泼，金属溶解的趋势大于溶液中金属离子沉淀到金属表面的趋势，当达到平衡时，金属表面因聚集了金属溶液留下的自由电子而带负电；溶液中则由于金属离子进入溶液而带正电，并吸引溶液中的阳离子，因而形成双电层。而铜电极的情况恰好相反，以铜离子沉积到铜电极上的倾向为主，使电极带正电荷，吸引溶液中的阴离子，形成双电层。双电层的形成使金属和溶液之间产生了电位差。电极与溶液接触时所产生的电位称为电极电位，用符号 φ 表示，这种金属称为电极。不同的电极具有不同的电极电位。

2. 标准电极电位

到目前为止，还无法测得金属和对应的电解质溶液界面之间电位差的绝对值，但可以测量电极电位的相对值。现行的办法是选定某一电极，以它的平衡电位作为参比标准，将其他金属电极的平衡电位与之比较，测得电极电位的相对值，如海拔高度是把海平面的高度作为比较一样。一般我们以标准氢电极的电极电位作为参比，与金属电极相连接，组成一个原电池，测量电池的电动势，如铜-氢电极组成的原电池：$E=\varphi_{铜}-\varphi_{标氢}$。习惯上人们把标准氢电极的电位规定为零。在标准状态时，用这样的方法测得的电位简称为标准电极电位，常以符号 $\varphi^{\ominus}$ 表示。

3. 电极电位与被测离子活度的关系

电极电位的大小，不但取决于电极本身的性质，而且和溶液中离子的活度、温度等因素有关。将金属片 M 插入含有该金属离子 M^{n+} 的溶液中，此时金属与溶液的接界面上将发生电子的转移，形成双电层，产生电极电位，其电极半反应为：$M^{n+}+ne^{-}\rightleftharpoons M$。电极电位与离子活度的关系可由能斯特方程表达为

$$\varphi=\varphi^{\ominus}+\frac{RT}{nF}\ln\frac{\alpha_{氧化态}}{\alpha_{还原态}} \tag{1-1}$$

式中：φ 为电极电位；$\varphi^{\ominus}$ 为标准电极电位；R 为标准气体常数，8. 134 5 J・mol^{-1}・K^{-1}；F 为法拉第常数，96 485. 3365 C・mol^{-1}；T 为热力学温度，K；n 为电极反应中转移的电子数；$\alpha_{氧化态}$ 为氧化态离子活度；$\alpha_{还原态}$ 为还原态离子活度。

若还原态为金属固体，其活度为 1，则式(1-1)可以简化为

$$\varphi=\varphi^{\ominus}+\frac{RT}{nF}\ln\alpha_{氧化态} \tag{1-2}$$

为了便于使用，用常用对数代替自然对数，因此在温度为 25℃ 即 $T=298$ K 时，能斯特方程式可近似地简化成

$$\varphi=\varphi^{\ominus}+2.303\frac{RT}{nF}\lg\alpha_{氧化态} \tag{1-3}$$

即

$$\varphi=\varphi^{\ominus}+\frac{0.059\ 16}{n}\lg\alpha_{氧化态} \tag{1-4}$$

由此通过电极电位的测定，就可以计算出溶液中金属离子 M^{n+} 的活度，一般当离子浓度很小时，可用 M^{n+} 的浓度代替活度。

4. 指示电极与参比电极

在电位分析中，只能测量电极电位的相对值，因而在测量时必须同时使用两个电极，一个为指示电极，另一个为参比电极，同时浸入被测物质试液中，构成原电池，通过测量电池的电动势，计算待测离子的浓度或根据测量电池电动势的变化来确定终点。

(1)指示电极。指示电极是电极电位随待测离子活度的变化而变化，能指示待测离子浓度的电极。常用的指示电极有金属基电极（金属-金属离子电极、金属-金属难溶盐电极、惰性金属电极）和离子选择性电极。

①金属-金属离子电极，又称活性金属电极或第一类电极。它是由能发生可逆氧化反应的金属插入含有该金属离子的溶液中构成的。电极电位决定于金属离子的活度。常用的金属有 Ag、Zn、Hg、Pb 等。一般金属电极使用前应彻底清洗金属表面。清洗方法是先用细砂纸（金相砂纸）打磨金属表面，然后再分别用自来水和蒸馏水清洗干净。

②金属-金属难溶盐电极，又称第二类电极。它由金属、金属难溶盐和难溶盐的阴离子溶

液组成，其电极电位值随着溶液中的难溶盐阴离子活度变化而变化。常用的有 Ag-AgCl 电极，$\varphi = K - \frac{2.303RT}{F}\lg\alpha_{Cl^-}$。这类电极具有制作容易、电位稳定、重现性好等优点，因此主要用作参比电极。

③惰性金属电极，又称零类电极。它由铂、金等惰性金属插入含有氧化还原物质的溶液中构成，惰性金属本身不参加电化学反应，而仅仅起储存和传导电子的作用，仅提供了交换电子的场所，但能反映出氧化还原反应中氧化态和还原态活度比值的变化，如 Fe^{3+}/Fe^{2+}、I^-/I 等。例如，铂片插入含 Fe^{3+} 和 Fe^{2+} 的溶液中组成的电极，其电极组成表示为 Pt|Fe^{3+}、Fe^{2+}，电极反应为 $Fe^{3+} + e^- \rightleftharpoons Fe^{2+}$，则 $\varphi = \varphi^{\ominus} + \frac{2.303RT}{nF}\lg\alpha_{M^{n+}}$，可见这类电极的电位能指示出溶液中氧化态和还原态离子活度之比。

④离子选择性电极。离子选择性电极是近二三十年来在电位法的领域里发展起来的一个新的测试工具。它是以固态或液态膜作为传感器，能指示溶液中某种离子的活度，膜电位与离子活度的关系符合能斯特方程。电位的产生不像前面叙述的那样有电子的转移，电位的产生是离子交换与扩散的结果。它只对特定的离子有选择性响应。最典型的是 pH 玻璃电极。

(2)参比电极。参比电极是用来提供电位标准的电极，是参比标准。它具有电位恒定、重现性好、使用方便、装置简便、容易制备、使用寿命长、对温度和浓度无滞后现象等特点。由于氢电极使用不方便，在电化学分析中常用的参比电极是甘汞电极，其次是 Ag-AgCl 电极。

5. 根据电池电动势求被测离子的活度

将指示电极、试液、参比电极组成一个原电池，当指示电极的电位较大时，原电池图解表示法可以表示成：参比电极|试液|指示电极，习惯上将电极电位小的电极写在左边，大的写在右边，则电池电动势为

$$E = \varphi_{右} - \varphi_{左} + \varphi_{试液} = \varphi_{指示} - \varphi_{参比} + \varphi_{试液}$$

$$= \varphi^{\ominus}_{指示} + \frac{2.303RT}{nF}\lg\alpha_{M^{n+}} - \varphi_{参比} + \varphi_{试液} \tag{1-5}$$

在同一实验条件下，$\varphi^{\ominus}_{指标}$、$\varphi_{参比}$、$\varphi_{试液}$ 都保持恒定，则

$$E = K + \frac{2.303RT}{nF}\lg\alpha_{M^{n+}} \tag{1-6}$$

式中：K 为与参比电极和测量条件及测量装置有关的常数，在一定实验条件下为定值。根据电池电动势可以计算出溶液中被测离子的活度，这就是电位分析法定量分析的基本原理。

二、直接电位法

直接电位法是根据测得的电位数值来确定被测离子活度(或浓度)的电位分析法。最典型的直接电位法是溶液 pH 的测定。它是以 pH 玻璃电极做指示电极，以饱和甘汞电极作参比电极，浸入待测试液中组成原电池，通过测量原电池的电动势，求得溶液的 pH。

1. pH 玻璃电极

(1)pH 玻璃电极的结构。pH 玻璃电极是测定溶液 pH 的一种常用指示电极。其结构示意图如图 1-2 所示。它的下端是一个由特殊玻璃制成的球形玻璃薄膜，膜厚为 0.08～0.1 mm，膜内密封内参比溶液（0.1 $mol \cdot L^{-1}$ 的 HCl 溶液），在内参比溶液中通常插入 Ag-AgCl 电极作内参比电极，其中内参比电极的电位是恒定的，与被测定溶液的 pH 无关。由于 pH 玻璃电极的内阻很高，因此电极引出线和连接导线要求高度绝缘，并采用金属屏蔽线，防止漏电和周围交变电场及静电感应的影响。

视频 1-1　玻璃电极的工作原理

(2)pH 玻璃电极的响应机理与膜电位的产生。pH 玻璃电极之所以能测定溶液 pH，是由于它是一个对 H^+ 具有高度选择性响应的膜电极。当 pH 玻璃电极插入待测试液中，pH 玻璃电极感应内外 H^+ 活度不相同，在感应膜内外壁之间产生一个电位差，此电位差称为膜电位。例如，pH 玻璃电极的玻璃膜由 SiO_2（72%）、Na_2O（22%）、CaO（6%）熔融制成，由于 Na_2O 的加入，Na^+ 取代了玻璃中 Si(IV)的位置，Na^+ 与 O^{2-} 之间呈离子键性质，形成可以进行离子交换的点位-Si-O-Na^+。当电极浸入水溶液中时，玻璃外表面吸收水产生溶胀，形成很薄的水合硅胶层。

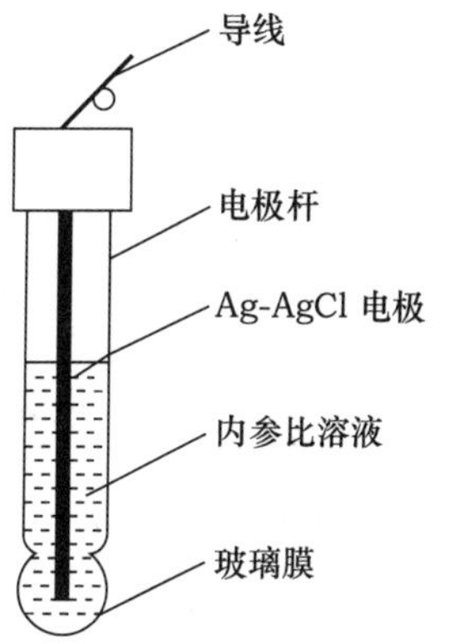

图 1-2　pH 玻璃电极结构示意图

玻璃电极膜截面示意表见表 1-1。

表 1-1　玻璃电极膜截面示意表

内参比溶液 α_2 表面点位被 H^+ 占据	内水合硅胶层 ←0.05～1 μm→ 一价阳离子点层被 H^+ 和 Na^+ 占据	干玻璃层 ←80～100 μm→ 一价阳离子点位全被 Na^+ 占据	外水合硅胶层 ←0.05～1 μm→ 一价阳离子点层被 H^+ 和 Na^+ 占据	外部试液 α_1 表面点位被 H^+ 占据
	$\varphi_{内}$	$\varphi_{膜}$	$\varphi_{外}$	

注：α_1 与 α_2 分别为外部试液与内部试液的 H^+ 的活性。

水合硅胶层只允许 H^+ 扩散进入玻璃结构的空隙与 Na^+ 发生交换反应。当玻璃电极外膜与待测溶液接触时，由于水合硅胶表面与溶液中的 H^+ 的活度不同，H^+ 便从活度大的相朝活度小的相迁移，这就改变了水合硅胶层和溶液两相界面的电荷分布，产生了外相界电位。同样，玻璃电极内膜与参比溶液也产生内相界电位。可见，玻璃电极两侧的相界电位的产生不是由于电子得失，而是由于 H^+ 在溶液和玻璃水化层界面之间转移的结果。

根据热力学推导，25℃时，玻璃电极膜电位的大小与内外溶液中 H^+ 浓度的关系符合能斯特方程：

$$\varphi_{膜}=\frac{2.303RT}{nF}\lg\frac{\alpha_{试液}}{\alpha_{参比}} \tag{1-7}$$

$\alpha_{参比}$ 在一定条件下是常数，故式(1-7)可以写成

$$\varphi_{膜}=\frac{2.303RT}{nF}\lg\alpha_{试液}-\frac{2.303RT}{nF}\lg\alpha_{参比} \tag{1-8}$$

令 $K=-\frac{2.303RT}{nF}\lg\alpha_{参比}$，则

$$\varphi_{膜}=K+\frac{2.303RT}{nF}\lg\alpha_{试液} \tag{1-9}$$

在此 $n=1$，则

$$\varphi_{膜}=K-\frac{2.303RT}{F}\mathrm{pH}\alpha_{试液} \tag{1-10}$$

式(1-10)说明膜电位与溶液 pH 呈线性关系。由以上分析可知，玻璃电极膜电位是玻璃膜上的 Na^+ 与水溶液中的 H^+ 及玻璃水化层中 H^+ 与溶液中 H^+ 之间交换的结果。

(3)玻璃电极的电极电位与溶液 pH 的关系。玻璃电极是一种由电极感应膜与内参比电极构成的复合型电池。玻璃电极的电极电位应是内参比电极电位和膜电位之和，是两者共同作用的结果。

$$\varphi_{玻璃}=\varphi_{膜}+\varphi_{内参比}+\varphi_{不对称}=K-\frac{2.303RT}{F}\mathrm{pH}\alpha_{试液}+\varphi_{内参比}+\varphi_{不对称} \tag{1-11}$$

其中，$\varphi_{内参比}$ 在一定条件下是常数，$\varphi_{不对称}$ 是由于玻璃膜内外结构和表面张力性质的微小差异而产生的。例如，在膜电位测定中，由于 $\varphi_{膜}=\frac{2.303RT}{nF}\lg\frac{\alpha_{试液}}{\alpha_{参比}}$，当 $\alpha_{试液}=\alpha_{参比}$ 时，$\varphi_{膜}$ 理论值应等于零，而实际上有一定的膜电位，即 $\varphi_{膜}\neq 0$，这时的膜电位为 $\varphi_{不对称}$。如果在玻璃电极使用前用蒸馏水浸泡 24 h 以上，可使 $\varphi_{不对称}$ 变得最小，趋于稳定值，则

$$\varphi_{玻璃}=(K+\varphi_{内参比}+\varphi_{不对称})-\frac{2.303RT}{F}\mathrm{pH}\alpha_{试液}=常数-\frac{2.303RT}{F}\mathrm{pH}\alpha_{试液} \tag{1-12}$$

使 $\varphi_{玻璃}$ 与试液的 pH 呈线性关系，这是玻璃电极测定试液中 H^+ 活度的基本原理。

2. 甘汞电极

测量溶液 pH 通常用 pH 玻璃电极作为指示电极，而甘汞电极作为参比电极，与待测试液组成工作电池。

(1)甘汞电极的组成和结构。甘汞电极由纯汞、Hg_2Cl_2-Hg 混合物(糊状物)和 KCl 溶液组成，有两个玻璃电极套管，内套管中封一根铂丝，铂丝插入纯汞中，内套管下端装有甘汞糊状物，外套管中装入饱和的 KC1 溶液，电极下端与待测溶液接触处是以熔结陶瓷芯等多孔物质与试液隔开，如图 1-3 所示。

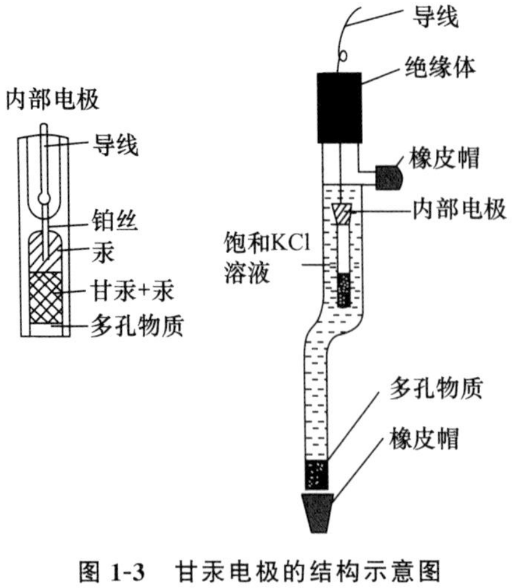

图 1-3 甘汞电极的结构示意图

(2)甘汞电极的电极反应和电极电位。

电极反应：$Hg_2Cl_2 + 2e^- \rightleftharpoons 2Hg + 2Cl^-$

电极电位：$$\varphi_{Hg_2Cl_2/Hg} = \varphi^{\ominus}_{条件电位} - \frac{2.303RT}{2F}\lg\alpha^2_{Cl^-} \tag{1-13}$$

即在一定温度条件下，甘汞电极的电极电位主要取决于电极内部 KCl 溶液中 Cl^- 活度，与试液中 H^+ 的活度无关。因此，当 Cl^- 活度一定时，其电位值是一定的。一般情况在 25℃时，饱和甘汞电极的电极电位为+0.243 8 V。

3. 溶液 pH 的测定

用玻璃电极做指示电极，饱和甘汞电极做参比电极，浸入待测试液中，组成原电池。一般饱和甘汞电极的电极电位较大，玻璃电极的电极电位较小。

$$\underbrace{Ag|AgCl, 0.1\ mol\cdot L^{-1}|玻璃膜}_{指示电极}|试液\|\underbrace{KCl(溶液), Hg_2Cl_2|Hg}_{参比电极}$$

所以原电池的电动势为

$$E = \varphi_{参比} - \varphi_{指示} + \varphi_{试液} = \varphi_{参比} - \left(常数 - \frac{2.303RT}{F}pH\alpha_{试液}\right) + \varphi_{试液}$$

$$= \left(\varphi_{参比} - 常数 + \varphi_{试液}\right) + \frac{2.303RT}{F}pH\alpha_{试液} = K + \frac{2.303RT}{F}pH\alpha_{试液} \tag{1-14}$$

由式(1-14)可知，试液的 pH 与电池的电动势呈线性关系，直线的斜率为 $2.303RT/F$，称为玻璃电极的响应斜率。在 25℃时，响应斜率为 0.059 16 V/pH 单位。

在实际测量时，由于 K 是在一定条件下的一常数，绝对值同样无法测量与计算，因此我们往往只用 pH 标准溶液来校正仪器上的标度，使标度所指示的 pH 正好等于标准溶液的 pH。所以，在 25℃时，

$$E_{标准} = K + 0.059\ 16\ pH_{标准} \tag{1-15}$$

$$E_{试液} = K + 0.059\ 16\ pH_{试液} \tag{1-16}$$

式(1-16)减式(1-15)得

$$pH_{试液} = pH_{标准} + \frac{E_{试液} - E_{标准}}{0.059\ 16} \tag{1-17}$$

则在一般温度条件下，

$$pH_{试液} = pH_{标准} + \frac{E_{试液} - E_{标准}}{2.303RT/F} \tag{1-18}$$

三、酸度计的结构和工作原理

1. 酸度计的结构和工作原理

酸度计又称为 pH 计，是一种常用的仪器设备，主要用来精密测量液体介质的酸碱度值，所以广泛应用于工业、农业、环保、科研等领域。

视频 1-2　酸度计的结构

用 pH 计进行电位测量是测量 pH 最精密的方法。现在最好的 pH 计可分辨出 0.005 pH 单位。pH 计由电极和电流计两大部分组成。

(1)电极。电极由两个部件构成，即参比电极和玻璃电极。参比电极的基本功能是维持一个恒定的电位，作为测量各种偏离电位的对照，Ag-AgCl 电极是目前 pH 计中最常用的参比电极。玻璃电极的功能是建立一个对所测量溶液的 H^+ 活度发生变化做出反应的电位差，其电位取决于周围溶液的 pH。

把对 pH 敏感的电极和参比电极放在同一溶液中，就组成一个原电池，该电池的电位是玻璃电极和参比电极电位的代数和，即 $E=\varphi_{参比}-\varphi_{指示}$。如果温度恒定，这个电池的电位随待测溶液的 pH 变化而变化，而测量 pH 计中的电池产生的电位是困难的，因其电动势非常小，且电路的阻抗又非常大（1～100 mV），所以必须把信号放大，使其足以推动标准毫伏表或毫安表。

（2）电流计。电流计的功能就是将原电池的电位放大若干倍，放大了的信号通过电流计显示出来，电流计指针偏转的程度表示其推动的信号的强度。为了使用上的需要，pH 计电流计的表盘刻有相应的 pH 数值，而数字式 pH 计则直接以数字显示 pH。该电流计能在电阻极大的电路中测量出微小的电位差。

2. PHS-3C 型精密级数字式酸度计

PHS-3C 型精密级数字式酸度计是一台 LED 数字显示的酸度计，适用于研究室、医药、学校、化工、环保的化验室等取样测定溶液的 pH 和测量电极电位（mV 值）。

PHS-3C 型精密级数字式酸度计结构示意图如图 1-4 所示。

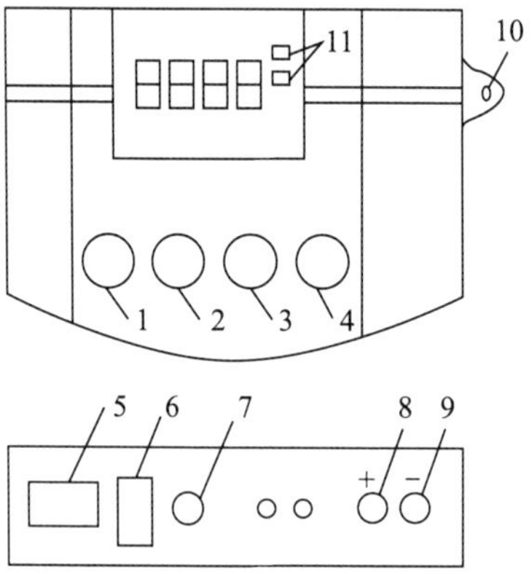

图 1-4 仪器正面和背侧面

1. 温度调节旋钮 2. 斜率调节旋钮 3. 定位旋钮 4. 选择旋钮 5. 电源插座（220 V AC） 6. 电源开关 7. 保险丝座（0.1 A） 8. 参比电极接线柱 9. 测量电极插座 10. 电极杆孔 11. 指示灯

任务实施

操作实施 1-1 pH 计（酸度计）的基本操作

一、仪器与试剂的准备

视频 1-3 pH 计的使用

1. 仪器与设备

PHS-3C 型精密级数字式 pH 计，pH 复合电极，温度计。

2. 材料与试剂

吸水纸。标准缓冲溶液：0.05 $mol\cdot kg^{-1}$ 的邻苯二甲酸氢钾溶液，25℃时，pH 为 4.01；0.025 $mol\cdot kg^{-1}$ 的混合磷酸盐溶液，25℃时，pH 为 6.86；0.01 $mol\cdot kg^{-1}$ 的硼砂溶液，25℃时，pH 为 9.18。

二、学生课前预习

学生每3～5人为一组，各小组在教师指导下，通过查阅资料和观看视频等完成预习报告。预习报告内容包括：(1)画出仪器的组成示意图。(2)画出操作流程图。(3)思考题：①pH校正方法有哪几种？其各自适用范围是什么？②常用的标准缓冲溶液有哪些？如何配制及保存？③读数不正确通常有哪些故障原因及排除措施？

三、检查学生预习情况

各组根据汇总的相关资料，师生共同讨论、分析，用集体智慧完成预习报告及pH计(酸度计)的操作流程示意图。

四、学生分组操作

学生按照修订后的预习报告及pH计(酸度计)的操作流程示意图，按规范要求，分组进行溶液pH的测定，用合适的标准缓冲溶液校准后，分别测定肥皂水、可乐和自来水的pH。

视频1-4　酸度计的标定

五、数据记录及处理

记录三种待测样品的pH。

六、教师巡回指导

1. 操作流程

pH计(酸度计)的操作流程如图1-5所示。

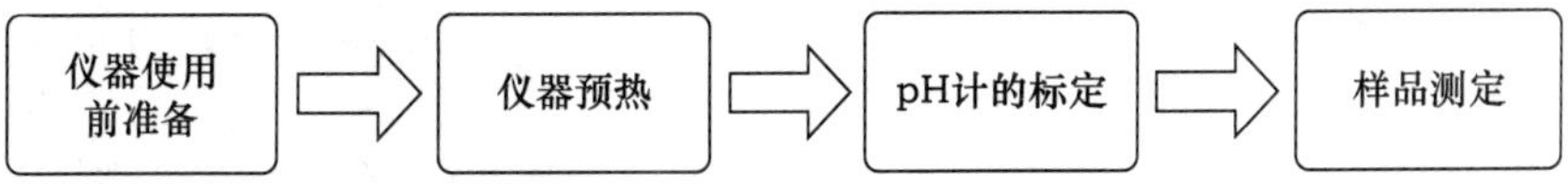

图1-5　pH计的操作流程

2. 操作要点和注意事项

(1)仪器使用前的准备。在电极未连接到仪器之前，输入端必须连接短路插头，使仪器输入端短路，以保护前置转换器。在电极连接仪器时，首先把电极杆插入仪器右侧电极杆孔内并旋紧，其次把塑料电极夹二孔对准装在电极杆上，取下电极保护套，把电极固定在电极夹上，最后旋去输入端短路插头，旋上电极插头。短路插头在不用时应妥善保管好，仪器使用完毕再旋上。电极下端的玻璃球泡较薄，当心碰坏。

(2)仪器预热。接通电源开关，置选择旋钮于“pH”或“mV”挡，仪器预热10 min。

(3)pH计的标定。仪器在未测被测溶液时先要标定。在连续测量时，每天标定1～2次已能满足要求。仪器根据测量精度要求，可选用一点标定法和二点标定法。常规的测量可采用一点标定法，精确测量时采用二点标定法。在此特别介绍二点标定法。

在25℃下，选用两组已知pH的缓冲溶液(如pH＝6.86，pH＝4.01或pH＝6.86，pH＝9.18，测酸性溶液用前者标定，测碱性溶液用后者标定)，按以下步骤进行标定操作：

①将“斜率”调节旋钮顺时针旋到底，旋转“温度”调节旋钮使所显示的温度与溶液温度相同，并摇动烧杯使溶液均匀。

②将电极用蒸馏水冲洗干净并用滤纸吸干水分后，插入 pH 为 6.86 的标准缓冲溶液中，旋转“定位”调节旋钮，使仪器的指示值为该缓冲溶液所在温度相应的 pH（pH＝6.86），如图 1-6 所示。

③用蒸馏水清洗电极，并用滤纸吸干，把电极插入另一个已知 pH 的标准缓冲溶液（pH＝4.01 或 pH＝9.18），并摇动烧杯使溶液均匀。

④旋转“斜率”调节旋钮，使仪器的指示值为溶液所在温度相应的 pH（pH＝4.01 或 pH＝9.18），如图 1-7、图 1-8 所示。

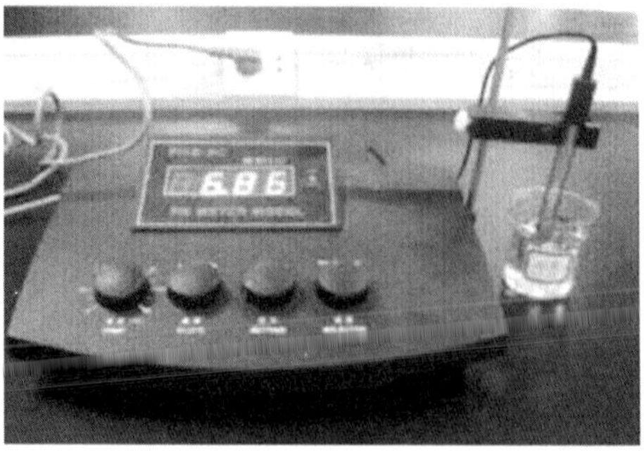

图 1-6　仪器显示 pH 为 6.86

图 1-7　仪器显示 pH 为 4.01

图 1-8　仪器显示 pH 为 9.18

⑤重复步骤①～④，直至不再变化为止。仪器两点标定完成后，经标定的仪器的“定位”调节旋钮与“斜率”调节旋钮不应再有变动，如图 1-9 所示。

（4）测量 pH。经标定过的仪器即可用来测量被测溶液的 pH。

①被测溶液与定位溶液温度相同时，“定位”调节旋钮保持不变；用蒸馏水清洗电极球泡，并用吸水纸吸干；把电极插入被测溶液内，摇动烧杯使溶液均匀后读出该溶液的 pH。

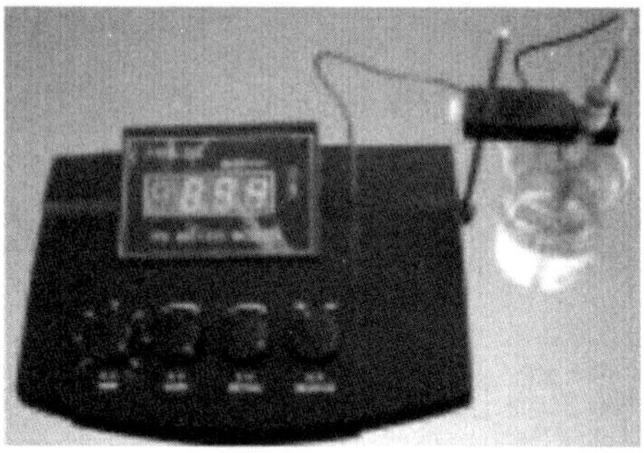

图 1-9　仪器测量状态

②被测溶液与定位溶液温度不同时，“定位”调节旋钮保持不变；用蒸馏水清洗电极球泡，并用吸水纸吸干；用温度计测出被测溶液温度，旋转“温度”调节旋钮，使其指示在被测溶液的温度值上；把电极插入被测溶液内，摇动烧杯使溶液均匀后读出该溶液的 pH。

③测量电极电位（mV 值）。接上适当的离子选择电极；用蒸馏水清洗电极球泡，并用滤纸吸干；把电极插入被测溶液内，摇动烧杯使溶液均匀后即可读出该离子选择电极的电极电位（mV 值），并自动显示正负极性。

④如果被测溶液超出仪器的测量范围，或测量端开路时，显示部分发出超载报警（显示部分首位显示“1”，其他都不显示）。

（5）数据记录。待显示屏上数据稳定后，记录待测样品的 pH。

（6）关机整理。所有待测样品测定完毕后，用蒸馏水冲洗电极并用吸水纸吸干，套上电极保护帽，保护帽内应放少量电极保护液（3 mol·L^{-1} 氯化钾溶液）；拔下复合电极，接上短接线，以防止灰尘进入，影响测量准确性。

注意：为了保证仪器的使用精确度，有必要进行定期复校。至于复校的周期，用户可根据仪器的稳定性指标和实际测量准确度的要求自行决定。校准主要对仪器进行零位和满度值校准。

七、成绩评定

学生对完成工作任务的表现进行自评和互评，各小组进行总结、考核及评估，教师做出最后评价，填写学习过程评价表（表 1-2）。

表 1-2　学习过程评价表

班级：　　　　　　　　姓名：　　　　　　　　组别：

学习项目			时间	
学习过程	自我评价	小组评价	教师评价	综合评价
课前预习				
课中实施				
课后实验器材整理等				
备注	分为 6、7、8、9 四档得分			
收获与改进				

拓展任务

拓展操作 1-1 酸度计的日常维护和保养

仪器性能好坏,除了仪器本身结构和质量之外,与适当的维护也是分不开的。如酸度计这类仪器,它必须具有很高的输入阻抗,而且使用环境中经常接触化学物质,因此,合理的维护是十分必要的。

(1)电极在使用前必须用已知 pH 的标准缓冲溶液进行定位校准。用缓冲溶液标定仪器时,要保证缓冲溶液的可靠性,而且 pH 要接近被测溶液的 pH。若缓冲溶液有错,将导致测量结果存在偏差。

(2)取下电极下方保护帽时,要注意在塑料保护栅内的敏感玻璃球泡,不要与硬物接触,任何破损和擦毛都会使电极失效。

(3)测量完毕,应将电极保护帽套上,保护帽内应放少量保护液(3 $mol \cdot L^{-1}$ 氯化钾溶液),以保持电极球泡湿润。

(4)仪器的输入端(即测量电极插口)必须保持干燥清洁,不用时应将短接线插上,防灰尘及高湿侵入。在环境湿度较高的场所使用时,应将电极插头用干净的纱布擦干。

(5)测量电极输入端短路插头,在仪器使用时应妥善保管,注意防潮防污染。

(6)测量时,电极的引入导线需保持静止,否则会引起测量不稳定。

(7)电极经长期的使用,如发现斜率略有偏低,则可把电极球浸泡在 4% HF(氢氟酸)中 3~5 s,用蒸馏水洗净后在氯化钾溶液中浸泡使之复新(电极 1 年后应更换)。

(8)在测量过程中,电极出现反应迟钝及漂移不定的情况时,应更换电极。

任务二 用酸度计测定果蔬汁的 pH

任务内容

进一步了解酸度计测定样品中 pH 的应用。熟练并准确操作 PHS-3C 型精密级数字式 pH 计(酸度计)的基本部件的连接和 pH 测定装置的搭建。学会 PHS-3C 型精密级数字式 pH 计(酸度计)的一般操作步骤。正确完成果汁饮料中 pH 的测定操作;学会标准缓冲液的配置;能正确读取实验数据;能完成检测报告,并做出正确结论。

技术知识

样品中 pH 测定原理

1. 饮用天然矿泉水 pH 的测定原理

pH 是水中氢离子活度倒数的对数值,是评价水质的重要参数。水质受到污染时可能会引起 pH 发生较大变化,且水中含有大量游离二氧化碳时,可使水 pH 明显降低。用玻璃电极法测定水的 pH 较为准确,它是以玻璃电极为指示电极,饱和甘汞电极为参比电极,插入溶液中组成原电池。当 H^+ 浓度发生变化时,玻璃电极和饱和甘汞电极之间的电动势也随着变化,每单位 pH 标度相当于 59.1 mV 电动势变化值,在仪器上直接以 pH 的读数表示。温度差异在仪器上通过温度补偿装置完成。

2. 果汁饮料样品 pH 的测定原理

将一支能指示溶液 pH 的玻璃电极作指示电极，用甘汞电极作参比电极组成一个电池，浸入被测试液中，此时所组成的电池将产生一个电动势，电动势的大小与溶液中 H^+ 浓度有关，即与 pH 有直接关系。利用 pH 计(酸度计)测定，在仪器的刻度表上可直接读出 pH。

任务实施

操作实施 1-2　果汁饮料样品 pH 的测定

一、仪器与试剂的准备

1. 仪器与设备

PHS-3C 型精密级数字式 pH 计(酸度计)，三只烧杯(100 mL)，温度计。

2. 材料与试剂

水(去离子水)；果汁饮料；三种标准缓冲液 pH 分别为 4.01、6.86、9.18。

二、学生课前预习

学生每 3～5 人为一组，各小组在教师指导下，通过查阅资料和观看视频等完成预习报告。预习报告内容包括：(1)任务目标。(2)操作原理。(3)操作步骤。(4)思考题：①在测量溶液的 pH 时，为什么 pH 计要用标准缓冲溶液进行校准？②在测量过程中，读数前轻摇试杯起什么作用？③用 pH 计和 pH 试纸检测 pH 的不同。

三、检查学生预习情况

分小组讨论，各组根据汇总的相关资料，师生共同讨论、分析，用集体智慧完成预习报告。

四、学生分组操作

(1)取 50 mL 果汁饮料，放入具塞锥形瓶中充分摇匀，打开塞子，释放二氧化碳气体，这样的操作反复多次进行(在此可取多种品牌的果汁饮料进行对比测定)。

(2)pH 计的校正尽量以接近待测溶液 pH 的缓冲溶液进行校正。

(3)先用去离子水冲洗电极和烧杯，再用果汁饮料样品洗涤电极和烧杯数次，然后将电极浸入样品试液中，轻轻摇动烧杯，使溶液均匀。

①旋转“温度”调节旋钮至被测溶液温度。

②将电极浸入果汁饮料样品中，轻轻摇动烧杯，使溶液均匀，仪器达到一个稳定的数值(大约 1 min)后，直接从仪器上读出 pH，即为果汁饮料样品的 pH，精确到 0.05 pH 单位。

③同一样品进行两次测定。

(4)测量完毕后，将电极和烧杯洗干净，并妥善保存，同时按要求关好水和电。

五、数据记录及处理

由同一分析者相继进行两次测定的结果之差应不大于 0.1 pH 单位，如能满足上述重复性的要求，可取两次测定的算术平均值作为结果，报告结果时可精确到 0.05 pH 单位，然后将测得的不同品牌的果汁饮料 pH 结果进行比较。

按照检测报告模板(表 1-3)编写检测报告。

表 1-3 检测报告模板

<table>
<tr><td colspan="6">××检测中心检测报告</td></tr>
<tr><td>样品名称</td><td colspan="2"></td><td colspan="2">样品编号</td><td></td></tr>
<tr><td>生产单位</td><td colspan="2"></td><td colspan="2">样品商标</td><td></td></tr>
<tr><td>委托单位</td><td colspan="5"></td></tr>
<tr><td>受检单位</td><td colspan="5"></td></tr>
<tr><td>样品批号</td><td colspan="2"></td><td colspan="2">采(收)样方式</td><td></td></tr>
<tr><td>生产日期</td><td colspan="2"></td><td colspan="2">样品规格/包装</td><td></td></tr>
<tr><td>样品状态</td><td colspan="2"></td><td colspan="2">样品数量</td><td></td></tr>
<tr><td>检测项目</td><td colspan="5"></td></tr>
<tr><td>收样日期</td><td colspan="2"></td><td colspan="2">检测日期</td><td></td></tr>
<tr><td>检测依据</td><td colspan="5"></td></tr>
<tr><td>检测结论</td><td colspan="5"></td></tr>
<tr><td colspan="6">检测结果</td></tr>
<tr><td>样号</td><td>样品名称</td><td>检测项目</td><td>技术要求</td><td>检测结果</td><td>单项结论</td></tr>
<tr><td></td><td></td><td></td><td></td><td></td><td></td></tr>
<tr><td></td><td></td><td></td><td></td><td></td><td></td></tr>
<tr><td colspan="6">空白</td></tr>
<tr><td colspan="6"></td></tr>
<tr><td colspan="2">编制人:</td><td colspan="2">审核人:</td><td colspan="2">批准人:</td></tr>
<tr><td colspan="6">批准日期: 年 月 日</td></tr>
</table>

六、教师巡回指导

(1)标准溶液的配制要准确无误,否则测量结果不准确。

(2)电极插入待测溶液深度以溶液浸没玻璃球泡为限,不宜插入太深或太浅。

(3)在用 pH 为 6.86 标准缓冲溶液"定位"仪器后,应根据待测溶液的 pH 选择 pH 为 4.01(或 pH 为 9.18)标准缓冲溶液校准仪器的"斜率"。当待测溶液偏酸性时,应选择 pH 为 4.01 标准缓冲溶液校准"斜率";当待测溶液偏碱性时,应选择 pH 为 9.18 标准缓冲溶液校准"斜率"。

(4)清洗电极一定要充分,手不能触摸电极和玻璃球泡。测定时,pH 电极要稳固,不能摇动电极。清洗电极后要用吸水纸擦拭电极,同时把电极玻璃球泡膜周围水分轻轻吸去。

七、成绩评定

学生对完成工作任务的表现进行自评和互评,各小组进行总结、考核及评估,教师做出最后评价,填写学习过程评价表。

拓展任务

拓展操作 1-2　标准缓冲液的配制

1. pH 为 4.01 标准缓冲溶液的配制

用 GR(优级纯)邻苯二甲酸氢钾 10.21 g 溶解于 1 000 mL 的蒸馏水中，或将随机所配 pH 为 4.01 缓冲液粉剂一包溶解于 250 mL 的蒸馏水中。

2. pH 为 6.86 标准缓冲溶液的配制

用 GR 磷酸二氢钾 3.4 g、GR 磷酸二氢钠 3.55 g 溶解于 1 000 mL 的蒸馏水中，或将随机所配 pH 为 6.86 缓冲液粉剂一包溶解于 250 mL 的蒸馏水中。

3. pH 为 9.18 标准缓冲溶液的配制

用 GR 硼砂 3.81 g 溶解于 1 000 mL 的蒸馏水中，或将随机所配 pH 为 9.18 缓冲液粉剂一包溶解于 250 mL 的蒸馏水中。

标准缓冲溶液的 pH 与温度关系对照表见表 1-4。

表 1-4　标准缓冲溶液的 pH 与温度关系对照表

温度/℃	邻苯二甲酸盐 pH	中性磷酸盐 pH	硼酸钠 pH
5	4.01	6.95	9.39
10	4.00	6.92	9.33
15	4.00	6.90	9.27
20	4.01	6.88	9.22
25	4.01	6.86	9.18
30	4.02	6.85	9.14
35	4.03	6.84	9.10
40	4.04	6.84	9.07
45	4.05	6.83	9.04
50	4.06	6.83	9.01
55	4.08	6.84	8.99
60	4.10	6.84	8.96

拓展知识

酸度计的常见故障及排除方法

通常对于酸度计出现故障时，先检查与该仪器配套的电极是否有问题，其方法是：如果有备用电极可以更换试试，如果没有备用电极可以检查酸度计的电路是否有问题。

若将酸度计短接后，其 pH 显示为 7，毫伏值显示为 0，另外仪器调零正常且定位输出也正常，可以初步判断该仪器电路系统工作基本正常。该仪器的示值误差可以使用直流电位差计进行测量。如果酸度计的 pH 显示值为 14，并且这点对应的毫伏值为 421 左右，则说明该仪器的示值误差也基本符合要求。酸度计的常见故障及排除方法详见表 1-5。

表 1-5 酸度计的常见故障及排除方法

故障现象	故障原因	排除方法
指示灯不亮	①电源未接通； ②保险丝熔断； ③变压器烧坏	①检查供电电源； ②更换保险丝； ③更换变压器
接通电源，仪器表头指示不稳定或指针不定位	①卡针； ②仪器机壳接地	①去除线圈上异物； ②抬高机壳
未接通电源，仪器表头指示大幅度摆动	并联电阻焊接不牢固	打开仪器面板，检查表头背后输入端并联电阻焊接是否牢固
读数不正确	①使用的校正缓冲溶液不正确； ②使用的缓冲溶液超过有效期或被污染； ③电极故障	①更换正确的缓冲溶液； ②重新配置缓冲溶液； ③若更换新电极仍无效，则应将仪器送当地计量部门检修
新买的电极校准时读数难以稳定或校准第一点出错	电极敏感膜或凝胶内有气泡	用力向下甩电极赶走气泡，平时将电极竖直放置
“定位”调节不到 pH 6.86	①复合电极溶液干涸； ②复合电极失效； ③内部电位器坏	①补充 $3\ mol \cdot L^{-1}$ 氯化钾溶液或更换电极； ②应更换电极； ③应送修或更换
“斜率”调节不到 pH 4.01 或 pH 9.18	①复合电极老化，性能下降； ②内部电位器损坏	①应更换电极； ②应送修或更换
pH 测量时，数字不稳定	①水样 K 值过低（如低于 $10\ \mu S \cdot m^{-1}$）； ②复合电极内阻太高，寿命已到； ③复合电极插头或插座受潮、受污染； ④电源电压不稳，或接地线接触不良	①适当延长平衡时间； ②应更换电极； ③应关机后用 95%酒精擦拭复合电极插头或插座，干燥后再使用，读数仍然不稳定时，应及时送检和送修； ④检查电源和接地线
“自动”补偿时，数字溢出或显示值不稳定	①测温探头未接好或已损坏； ②温度补偿选择开关损坏； ③测温探头插孔内部断线； ④仪器电路故障	①应接好或更换； ②应送修或更换； ③应送修； ④应送修
酸度计输出指示不准	检测方法错误或“温度”“斜率”调节点错误	按规范操作
用两种标准溶液测试不能相互定位	标准信号发生器不准	校准或者送修标准信号发生器
数字式酸度计通电后显示的数字缺笔画	①仪器的接插件接触不好； ②仪器电路板受潮或被侵蚀	①检查插件位置； ②更换或修理电路板
酸度计面板上的“温度”、“斜率”或“校正”调节旋钮调节失灵	调节失灵的旋钮与之相连的电位器损坏	更换或修理电位器

任务三　认知电位滴定仪

任务内容

熟悉电位滴定仪的结构组成、各部件的主要性能和要求及常见仪器型号；能够正确连接搭建电位滴定装置，进行电位滴定分析。

技术知识

一、电位滴定法的概念与原理

1. 电位滴定法的概念

电位滴定法是向待测试液中滴加能与待测物质发生化学反应的已知浓度试剂，通过测量电位变化以确定滴定终点的方法。与直接电位法相比，电位滴定法不需要准确地测量电极电位值，因此，温度、液体接界电位的影响并不重要，其准确度优于直接电位法。而普通滴定法是依靠指示剂颜色变化来指示滴定终点，如果待测溶液有颜色或浑浊，终点的指示就比较困难，或者根本找不到合适的指示剂。因此，电位滴定法具有一定的优势。

2. 电位滴定法的原理

电位滴定法是靠电极电位的突跃来指示滴定终点。在滴定到达终点前后，滴液中的待测离子浓度往往连续变化 n 个数量级，引起电位的突跃，以此可以判断滴定终点。被测成分的含量仍然通过消耗滴定剂的量来计算。

使用不同的指示电极，电位滴定法可以进行酸碱滴定、氧化还原滴定、配位滴定和沉淀滴定。酸碱滴定时，使用 pH 玻璃电极为指示电极；在氧化还原滴定中，可以用铂电极作指示电极；在配位滴定中，若用 EDTA 作滴定剂，可以用汞电极作指示电极；在沉淀滴定中，若用硝酸银滴定卤素离子，可以用银电极作指示电极。在滴定过程中，随着滴定剂的不断加入，电极电位 φ 不断发生变化，电极电位发生突跃时，说明滴定到达终点。用微分曲线比普通滴定曲线更容易确定滴定终点。如果使用自动电位滴定仪，在滴定过程中可以自动绘出滴定曲线，自动找出滴定终点，自动给出体积，滴定快捷方便。

视频 1-5　电位滴定仪的结构

二、电位滴定仪的结构

电位滴定仪器装置包括滴定管、滴定池、指示电极、参比电极、搅拌器等（图 1-10）。

视频 1-6　滴定终点确定

三、电位滴定终点确定方法

常用电位滴定终点确定方法有作图法。根据作图的方法不同，电位滴定法有三种类型：E-V 曲线法、一阶微商法和二阶微商法。其中 E-V 曲线法较为常用（图 1-11），它是以加入滴定剂的体积 V 作横坐标，以相应的电动势 E 作纵坐标，绘制 E-V 曲线。E-V 曲线上的拐点（曲线斜率最大处）所对应的滴定体积即为终点时滴定剂所消耗的体积 V_e。拐点的位置可用下面的方法来确定：作两条与横坐标成 45°的 E-V 曲线的平行切线，并在两条切线间作一条与两切线等距离的平行线，该线与 E-V 曲线的交点即是拐点，其中 E_e 为等当点电位，V_e 为等当点所需加的标准溶液的体积。E-V 曲线法适用于滴定曲线对称的情况，而对滴定突跃不十分明显的体系误差较大。

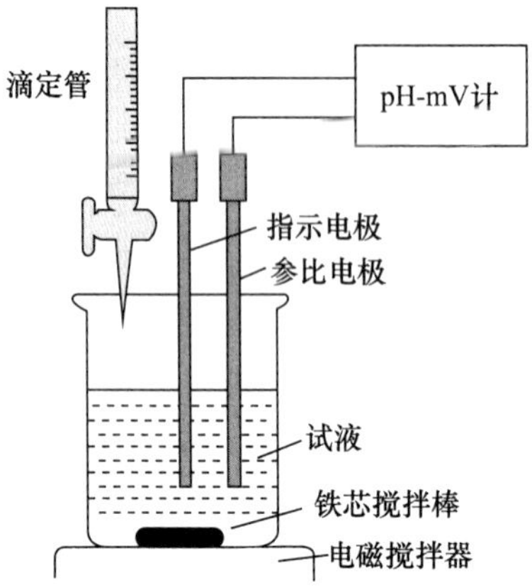

图 1-10 电位滴定仪器装置

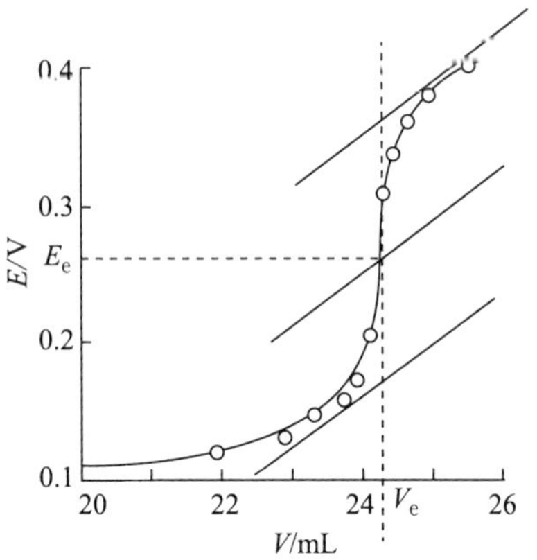

图 1-11 E-V 曲线图

任务实施

操作实施 1-3 电位滴定仪的基本操作

一、仪器与试剂的准备

1. 仪器与设备

pH 复合电极，碱式滴定管，烧杯，量筒，锥形瓶，电磁搅拌器，温度计。

2. 材料与试剂

1 mol·L^{-1} NaOH 溶液；三种标准缓冲溶液 pH 分别为 4.01、6.86、9.18；HCl 待测溶液。

二、学生课前预习

学生每 3～5 人为一组，各小组在教师指导下，通过查阅资料和观看视频等完成预习报告。预习报告内容包括：(1)画出仪器的组成示意图。(2)画出操作流程图。(3)思考题：①用标准缓冲溶液校正的作用是什么？②你是否有其他方法来确定化学计量点的 pH？

三、检查学生预习情况

各组制作汇报提纲并选一代表进行学习汇报交流，师生共同讨论、分析，对该预习报告及电位滴定仪的操作流程示意图进行修订。

四、学生分组操作

学生按照修订后的预习报告及电位滴定仪的操作流程示意图，按规范要求，完成电位滴定法测定 HCl 溶液浓度。

1. 仪器预热

仪器安装连接好以后，插上电源线，打开电源开关，电源指示灯亮。经 15 min 预热后再使用。

2. mV 值测定

将“设置”开关置“测量”位置，“pH/mV”选择开关置“mV”位置；将电极插入被测溶液中，将溶液搅拌均匀后，即可读取电极电位（mV 值）。

3. pH 标定及测量

（1）标定。仪器在进行 pH 测量之前，先要标定。一般来说，仪器在连续使用时，每天要标定一次，其步骤如下：

①“设置”开关置“测量”位置，“pH/mV”选择开关置“pH”位置；

②调节“温度”调节旋钮，使旋钮白线指向对应的溶液温度值；

③将“斜率”调节旋钮顺时针旋到底（100%）；

④将清洗过的电极插入 pH 为 6.68 的缓冲溶液中；

⑤调节“定位”调节旋钮，使仪器显示读数与该缓冲溶液当时温度下的 pH 相一致；

⑥用蒸馏水清洗电极，再插入 pH 为 4.00（或 pH 为 9.18）的标准缓冲溶液中，调节“斜率”调节旋钮使仪器显示读数与该缓冲溶液当时温度下的 pH 相一致；

⑦重复步骤⑤～⑥，直至不用再调节“定位”或“斜率”调节旋钮为止，仪器完成标定。标定结束后，“定位”和“斜率”调节旋钮不用再动，直至下一次标定。

（2）pH 测量。经标定过的仪器即可用来测量 pH，其步骤如下：

①“设置”开关置“测量”位置，“pH/mV”选择开关置“pH”位置；

②用蒸馏水清洗电极头部，再用被测溶液清洗一次；

③用温度计测出被测溶液的温度值；

④调节“温度”调节旋钮，使旋钮白线指向对应的溶液温度值；

⑤电极插入被测溶液中，搅拌溶液使溶液均匀后，读取该溶液的 pH。

4. 滴定前的准备工作

（1）装好滴定装置，在烧杯中放入搅拌棒，并将烧杯放在电磁搅拌器上。

（2）电极的选择取决于滴定时的化学反应，如果是氧化还原反应，可采用铂电极和甘汞电极；如果是酸碱反应，可用 pH 复合电极或玻璃电极和甘汞电极；如果是银盐与卤素反应，可采用银电极和特殊甘汞电极。

5. 自动滴定

（1）终点设定：“设置”开关置“终点”位置，“pH/mV”选择开关置“mV”位置，“功能”开关置“自动”位置，调节“终点电位”旋钮，使显示屏显示所要设定的终点电位值。终点电位选定后，“终点电位”旋钮不可再动。

（2）预控点的设定：预控点的作用是当离开终点较远时，滴定速度很快；当达到预控点后，滴定速度很慢。设定预控点就是设定预控点到终点的距离。其步骤如下：“设置”开关置“预控点”位置，调节“预控点”调节旋钮，使显示屏显示所要设定的预控点数值。预控点选定后，“预控点”调节旋钮不可再动。

（3）终点电位和预控点电位设定好后，将“设置”开关置“测量”位置，打开搅拌器电源，调节转速使搅拌从慢逐渐加快至适当转速。

（4）按一下“滴定开始”按钮，仪器即开始滴定，滴定灯闪亮，滴液快速滴下，在接近终点时，滴速减慢。到达终点后，滴定灯不再闪亮，过 10 s 左右，终点灯亮，滴定结束。

（5）记录滴定管内滴液的消耗读数。

6. 手动滴定

(1)功能开关置“手动”位置，“设置”开关置“测量”位置；

(2)按下“滴定开始”按钮，滴定灯亮，此时滴液滴下，控制按下此按钮的时间，即控制滴液滴下的数量，放开此按钮，则停止滴定。

7. 数据记录

开始时每滴入 1 mL 测定一次 pH(mV 值)，这样连续滴定两次。然后滴入滴定剂，每间隔 0.2 mL(越慢越精确)测定相应的 pH(mV 值)。临近突跃范围，滴入 NaOH 测定每滴相应的 pH(mV 值)。

8. 关机整理

所有待测样品测定完毕后，用蒸馏水冲洗电极并用吸水纸吸干，套上电极保护帽，保护帽内应放少量补充液，拔下复合电极，接上短接线，以防止灰尘进入，影响测量准确性。

视频 1-7 电位滴定仪的基本操作

五、数据记录及处理

记录 1 mol·L^{-1} NaOH 溶液滴定体积和 HCl 待测溶液对应的 mV 变化值。

六、教师巡回指导

1. 操作流程

电位滴定仪的操作流程如图 1-12 所示。

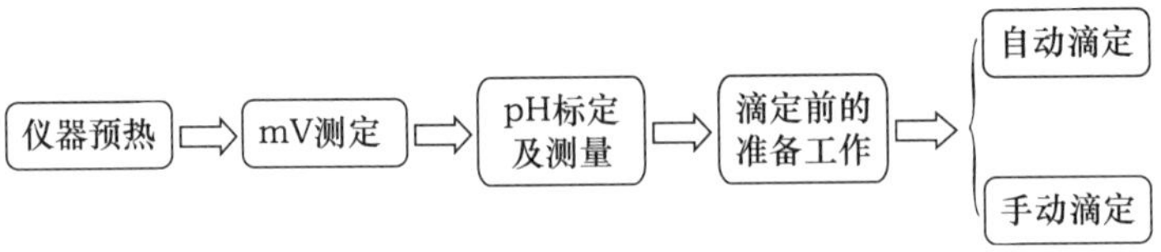

图 1-12 电位滴定仪的操作流程

2. 操作要点和注意事项

(1)到达终点后，不可再按“滴定开始”按钮，否则仪器将认为另一极性相反的滴定开始，而继续进行滴定。

(2)为了保证仪器的使用精确度，有必要进行定期复校。至于复校的周期，用户可根据仪器的稳定性指标和实际测量准确度的要求自行决定。校准主要是对仪器进行零位和满度值校准。

七、成绩评定

学生对完成工作任务的表现进行自评和互评，各小组进行总结、考核及评估，教师做出最后评价，填写学习过程评价表。

拓展任务

拓展操作 1-3 电位滴定仪的日常维护和保养

(1)如果仪器要滴不同品种的样品，原液路部分标准液要彻底清洗。

(2)如有数字显示乱跳，一般是电源接地不良或周围有强电磁干扰。

(3)在做 pH 测量或用玻璃电极进行滴定分析时，若数字飘移，很难稳定，有可能电极老化，需及时更换（玻璃电极寿命一般 1 年左右）。

（4）每次使用完毕，立即清洁并悬挂标识，及时填写仪器使用记录。

（5）用细软布擦拭设备表面，再用清洁布将设备擦干，设备应该光亮整洁，没有污迹。

任务四　电位滴定法测定果汁饮料的总酸度

任务内容

熟悉自动电位滴定和电位滴定的类型与应用，了解电位滴定法测定样品的实际应用，熟悉"电位滴定法测定果汁饮料的总酸度"的操作。

技术知识

一、自动电位滴定特点

1. 与直接电位法相比

（1）电位滴定是通过测量电位变化，算出化学计量点体积；

（2）电位滴定准确度和精密度高；

（3）电动势并没有直接用来计算待测物的浓度。

2. 与指示剂滴定法相比

（1）电位滴定可用于滴定突跃小或不明显的滴定反应；

（2）电位滴定可用于有色或浑浊试样的滴定；

（3）电位滴定装置简单，操作方便，可自动化；

（4）电位滴定常采用等步长滴定。

二、电位滴定的类型与应用

按照滴定反应的类型，电位滴定可用于酸碱滴定（中和滴定）、沉淀滴定、配位（络合）滴定、氧化还原滴定。

1. 酸碱滴定

一般酸碱滴定都可以采用电位滴定法，特别适合于弱酸（碱）的滴定，可在非水溶液中滴定极弱酸。

指示电极：玻璃电极、锑电极。

参比电极：甘汞电极。

（1）在醋酸介质中用 $HClO_4$ 滴定吡啶；

（2）在乙醇介质中用 HCl 溶液滴定三乙醇胺；

（3）在异丙醇和乙二醇混合溶液中 HCl 溶液滴定苯胺和生物碱；

（4）在二甲基甲酰胺介质中可滴定苯酚；

（5）在丙酮介质中滴定高氯酸、盐酸、水杨酸混合物。

2. 沉淀滴定

参比电极：双盐桥甘汞电极、甘汞电极。

(1)指示电极:银电极。

标准溶液:$AgNO_3$;

滴定对象:Cl^-、Br^-、I^-、CNS^-、CN^-等;

可连续滴定 Cl^-、Br^-、I^-。

(2)指示电极:汞电极。

标准溶液:硝酸汞;

滴定对象:Cl^-、Br^-、I^-、CNS^-等。

(3)指示电极:铂电极。

标准溶液:$K_4[Fe(CN)_6]$;

滴定对象:Pd^{2+}、Cd^{2+}、Zn^{2+}、Ba^{2+}等。

3. 氧化还原滴定

参比电极:甘汞电极。

指示电极:铂电极。

(1)标准溶液:高锰酸钾。

滴定对象:I^-、NO_3^-、Fe^{2+}、V^{4+}、Sn^{2+}、$C_2O_4^{2-}$。

(2)标准溶液:$K_4[Fe(CN)_6]$。

滴定对象:Co^{2+}。

(3)标准溶液:$K_2Cr_2O_7$。

滴定对象:Fe^{2+}、Sn^{2+}、I^-、Sb^{3+}等。

4. 配位滴定

参比电极:甘汞电极。

标准溶液:EDTA。

(1)指示电极:汞电极。

滴定对象:Cu^{2+}、Zn^{2+}、Ca^{2+}、Mg^{2+}、Al^{3+}。

(2)指示电极:氟电极。

用氟化物滴定 Al^{3+}。

(3)指示电极:钙离子选择性电极。

滴定对象:Ca^{2+}等。

任务实施

操作实施 1-4 电位滴定法测定果汁饮料的总酸度

一、仪器与试剂的准备

1. 仪器与设备

pH 复合电极,碱式滴定管,烧杯,量筒,锥形瓶,电磁搅拌器,温度计。

2. 材料与试剂

蒸馏水;0.1 mol·L^{-1} 氢氧化钠溶液;果汁饮料;三种标准缓冲溶液 pH 分别为 4.01、6.86、9.18。

二、学生课前预习

学生每3～5人为一组，各小组在教师指导下，通过查阅资料和观看视频等完成预习报告。预习报告内容包括：(1)任务目标。(2)检测原理。(3)操作步骤。(4)思考题：比起传统滴定法，电位滴定法有什么特点？

三、检查学生预习情况

各组根据资料制作汇报提纲，并选一代表进行汇报，通过集体讨论对预习报告及实验流程图进行修订。

四、学生分组操作

学生按照修订后的预习报告及实验流程图，按规范要求，分组完成用电位滴定法对果汁饮料总酸度进行测定。

1. 样品准备

取50 mL果汁饮料，放入具塞锥形瓶中充分摇匀，打开塞子，释放二氧化碳气体，这样的操作反复多次进行(在此可取多种品牌的果汁饮料进行对比测定)。

2. pH计的校正

将酸度计接通电源，待指针读数稳定后，分别用pH为6.86、4.01的标准缓冲溶液进行校正。

3. 测量

将盛有样品的烧杯放到电磁搅拌器上，浸入电极，按下pH读数开关，开动电磁搅拌器，用0.1 $mol \cdot L^{-1}$ 氢氧化钠标准滴定溶液进行滴定(如样品酸度低，则可以用0.01 $mol \cdot L^{-1}$ 或0.05 $mol \cdot L^{-1}$ 氢氧化钠标准滴定溶液)，随时观察和记录pH的变化。接近滴定终点时，放慢滴定速度，直至溶液的pH到达终点。记录消耗氢氧化钠标准滴定溶液的体积的数值 V_1。同一样品应进行两次测定。

4. 空白实验

用水代替样品，记录消耗氢氧化钠标准滴定溶液的体积的数值 V_0。

5. 结束

测量完毕后，将电极和烧杯清洗干净，并妥善保存。

五、数据记录及处理

1. 结果计算

根据农业行业标准，果汁饮料中总酸的含量是以质量分数计，数值以克每千克($g \cdot kg^{-1}$)表示，计算公式如下：

$$X=\frac{c\times(V_1-V_0)\times K\times F}{m_1\times 1\,000} \tag{1-19}$$

式中：c 为氢氧化钠标准滴定溶液的浓度，$mol \cdot L^{-1}$；V_1 为滴定样品时消耗氢氧化钠标准滴定溶液的体积，mL；V_0 为滴定空白试样消耗氢氧化钠标准滴定溶液的体积，mL；K 为酸的换算系数(即1 mmol氢氧化钠相当于主要酸的克数，$g \cdot mmol^{-1}$)，根据标准，总酸以柠檬酸计，柠檬酸的 K 值为0.064 $g \cdot mmol^{-1}$；F 为试样的稀释倍数；m_1 为试样的质量，g。

计算结果精确到小数点后两位。

2. 结果评价

根据标准要求，果汁饮料的总酸标准要求大于等于 1 g 每 1 000 g 果汁饮料，将测得的不同品牌的果汁饮料总酸结果进行比较评价。[标准参照中华人民共和国农业行业标准《绿色食品　果蔬汁饮料》(NY/T 434—2016)]

3. 编写检测报告

按照检测报告模板编写检测报告。

六、教师巡回指导

1. 检测原理

根据酸碱中和原理，用碱液滴定样品中的酸，溶液的电位发生突跃时，即为滴定终点，按碱液的消耗量计算果汁饮料中的总酸含量。食品中的总酸度是指所有酸性物质总量，用标准碱液滴定时，被中和成盐类：

$$RCOOH + NaOH = RCOONa + H_2O$$

将 pH 复合电极插入待测样品溶液中组成如下测量电池：

$$\text{pH 玻璃电极} | H^+(c_x) \| KCl(c_s), Hg_2Cl_2 | Hg$$

在酸碱电位滴定过程中，随着滴定剂的不断加入，溶液的 pH 不断发生变化，而其 pH 或电位值的变化由复合电极测量出来并从屏幕上显示出来。通过仪器绘制的 E-V 曲线可以得出滴定终点，由终点可以读出消耗的滴定剂体积，用该体积来计算，从而得出结果。

2. 操作要点及注意事项

(1)滴定过程中滴定管读数一定要准确，不能仰视和俯视读数。

(2)一定要待酸度计读数稳定后读取数据。

(3)在滴加滴定剂过程中要缓慢滴加，反应过程中振摇适中，不能让液体溅出。

七、成绩评定

学生对完成工作任务的表现进行自评和互评，各小组进行总结、考核及评估，教师做出最后评价，填写学习过程评价表。

拓展知识

电位滴定仪的常见故障及解决方法

一、滴定管和滴定回路里出现气泡

当滴定仪的滴定管或滴定回路内部出现气泡时会对滴定的准确程度造成影响，所以必须及时将气泡清除干净。比较有效的方法有两种：第一种是当气泡出现在吸液管或滴定管内时，应该将“功能”开关设置成“手动”的形式，将三通阀的手柄调节至左侧，将“设置”开关设置为“间断”的模式，并且一直按住“手动”按钮进行排气，直至将气泡排除干净。第二种是当三通阀和吸液管之间的连接螺母出现不牢靠的情况时，同样会产生气泡，这种情况处理很简单，只需将螺母拧紧就可以了。当三通阀和输液管的连接螺母出现连接不牢固的情况时也是采用同样处理方法。

二、使用时 mV 表指针摆动不稳

当出现指针摆动不定的情况时，首先观察指示电极和参比电极的外接线是否完好，然后将试液中的参比电极取出，观察指针故障是否克服。如果指针依旧摇摆不定，那么可以使用数字万用表，将表调至"2K"挡处，检测指示电极的 Y 形接线和电极末端的电阻是否还显示数值。如果没有显示，那就说明电极的接线中断了，这时需要更换新的接线。此外，在滴定仪使用时接线拉扯过度，长期使用导致参比电极的溶液消耗干净而使电路中断等原因，均会导致指针摆动不定，检修时应逐一排查，寻找故障出现的原因，再采取应对措施进行维修。

三、滴定液补充时流通阻塞

如果出现滴定液不能补充到滴定仪内的情况，首先要检查滴定管是否可以正常的向下移动，查看滴定回路上是否存在漏气的问题。然后查看吸液管、输液管和三通阀之间的连接螺母是否牢靠。最后应检查滴定管的密封圈是否旋紧，在 DQ 上的压紧螺杆工作状态是否处于正常。经过这些检查后，如果发现滴定管还出现漏气问题，那就需要进行更换了，这时一般故障就可以排除。另外，压紧螺杆安装时没有压紧，造成工作不正常也是导致滴定液不能正常滴入的原因，需要将压紧螺杆压紧方能排除故障。

四、启动自动滴定装置时电源、指示灯没有反应

出现电源、指示灯没有反应的问题，先应该检查电线和电路板是否出现故障或损坏。如果电路没有问题，再对活塞推动轴进行检查，特别要注意滴定仪的齿轮轴和活塞推动轴之间有没有出现连接中断的现象，并且要检查螺纹接口处有没有松动。如果是连接中断，那么安装连接即可；如果是接口松动，那就需要更换新的活塞推动轴。

五、指示滴定剂用量的计数器出现失误

滴定剂用量的计数器出现失误的表现是：为滴定仪补液后，计数器的指示值没有归零；滴定管滴完滴定剂后，计数器的显示值不是预先设定的 10 mL。出现这样的故障时，首先应该进行补液，待补液操作结束后，将仪器的电源拔掉，将滴定仪打开，把旋松计数器转轴右端的紧固螺丝松开，将齿轮取下。手动将计数器的指示值调零，再将齿轮安装回原来的位置，用齿轮螺丝固定好，这样计数器的指示值就重新归零了。之后可以将电源重新接通，开启"功能"上的锁定开关，同时要将"设置"上的滴定按钮按住，直至仪器的活塞运动到达止点，这样操作后计数器的显示值就应该能够达到 10 mL。如果显示值小于 10 mL，可以将限位螺丝开关适当地放松，同时将开关稍稍上移。

六、滴定管的活塞被卡死

滴定管的活塞被卡死时，维修的办法比较麻烦。当这样的故障出现时，使用者就听不到仪器打滑的声音，这时可以先将电极、烧杯取出，然后将搅乱的电源线松开，从仪器中取出滴定毛细管并将其放到管套内，再把电源线拔掉。维修时需要二人同时进行工作，在将仪器面板的按钮卸下后，一个人需要把仪器固定，另一个人需要将仪器下端的四只橡皮脚上的螺丝卸掉，使底盖和仪器相脱离。同时将储液瓶拿出，使仪器保持向上 60°的倾斜角度，手动转动仪器下端的齿轮，将活塞下调 10 cm 左右，这时仪器的压板就可以和上限位的开关相脱离，之后只需将仪器还原就可以将故障排除。

练习题

一、单选题

1. 电位分析法的装置不包括(　　)。

A. 参比电极　B. 指示电极　C. 电位差计　D. 电源

2. 电位分析法是基于(　　)原理对离子的活度进行测定的。

A. 能斯特方程　B. 阿伏伽德罗定律　C. 盖斯定律　D. 理想气体状态方程

3. 甘汞电极属于(　　)。

A. 第一类电极　B. 第二类电极　C. 第三类电极　D. 惰性电极

4. 第一类电极是(　　)。

A. 活泼金属电极　B. 金属/难溶盐电极　C. 惰性电极　D. 零电极

5. pH 玻璃电极在使用前一定要在水中浸泡几小时,目的在于(　　)。

A. 清洗电极　B. 活化电极　C. 校正电极　D. 除去沾污的杂质

6. T860 电位滴定仪手动校正最少通过(　　)点校正。

A. 一　B. 二　C. 三　D. 四

7. 电位滴定法中自动测定 pH 时选用的指示电极为(　　)。

A. Ag-AgCl 电极　B. 玻璃电极　C. 惰性电极　D. 饱和甘汞电极

8. T860 型全自动电位滴定仪选用(　　)确定滴定终点。

A. 作图法　B. 一阶微商法　C. 二阶微商法　D. 三阶微商法

9. 电位滴定法是根据(　　)的电位变化指示滴定终点的。

A. 参比电极　B. 指示电极　C. 标准氢电极　D. 惰性电极

10. 电位滴定法测定水中氯离子使用的指示电极为(　　)。

A. 银电极　B. 玻璃电极　C. 惰性电极　D. 饱和甘汞电极

二、多选题

1. 以下属于电位分析法的特点的是(　　)。

A. 选择性好　B. 应用范围广

C. 设备简单、操作方便　D. 灵敏度高

2. 以下属于 pH 玻璃电极的结构的是(　　)。

A. 敏感膜　B. 内参比电极　C. 内参比溶液　D. 外参比电极

3. 以下属于玻璃电极的缺点的是(　　)。

A. 相对误差大　B. 灵敏度低

C. 容易破碎　D. 需不时用已知 pH 缓冲溶液核对

4. 电位滴定仪选用(　　)方法确定滴定终点。

A. 作图法　B. 一阶微商法　C. 二阶微商法　D. 三阶微商法

三、填空题

1. 电位分析法是根据______________方程,计算出待测物质含量的。

2. 在氧化还原反应体系中,氧化态____________电子,还原态____________电子。

3. pH 玻璃电极的内参比电极为______________电极。

4. pH 玻璃电极下端是由特殊玻璃制成的______________。

5. 玻璃电极的膜电位与试液中 pH 的关系的数学表达式为________________(25℃)。

四、简答题

1. 简述电位分析法的特点。

2. 请说明电位分析法的基本原理。

3. 电位滴定法有哪些类型？与普通化学分析中的滴定方法相比有何特点？为什么有这些特点？

4. 说出玻璃电极的特点。

5. 请说明玻璃电极的工作原理。

6. 请说明电位滴定法同直接电位法、滴定分析法相比有哪些优点。

7. 电位滴定仪的基本构成是什么？

8. 采用电位滴定法，用 $c=0.1050\ \mathrm{mol\cdot L^{-1}}$ $KMnO_4$ 溶液滴定 25.00 mL 某一含 Fe^{2+} 试液，在接近终点时，测得以下溶液的电位值(表 1-6)，请用二阶微商法确定终点时 $KMnO_4$ 标准溶液消耗的体积。

表 1-6　$KMnO_4$ 消耗的体积与电池电动势数据

$KMnO_4$ 标液消耗的体积 V/mL	电池电动势 E/V
21.2	0.27
21.3	0.28
21.4	0.30
21.5	0.52
21.6	0.54
21.7	0.55

项目二

紫外-可见吸收光谱分析技术

【学习目标】

知识目标

(1)了解紫外-可见吸收光谱的产生机理；

(2)理解化合物电子跃迁的类型和特点；

(3)掌握光吸收定律的应用及测量条件的选择；

(4)熟悉紫外-可见分光光度计的工作原理。

能力目标

(1)能进行分光光度法的显色反应条件和测量条件的选择；

(2)能解释物质产生不同颜色的原因；

(3)熟练操作紫外-可见分光光度计,并利用其进行样品的定量分析。

素质目标

(1)养成爱护仪器设备、保持实验室干净整洁的良好习惯；

(2)具有良好的团队协作精神和积极主动的工作态度；

(3)培养学生创新思维、信息获取、沟通展示、计划决策能力。

【项目概述】

紫外-可见吸收光谱法(ultraviolet and visible spectrophotometry,UV-vis),又称为紫外-可见分光光度法,是根据物质分子或离子团对近紫外光(波长为190～380 nm)及可见光(波长为380～800 nm)的特征吸收而建立起来的仪器分析方法。它属于分子吸光分析法。较先进的紫外-可见分光光度计都配有微机。在计算机控制下,可实现光源自动切换,并可进行波长扫描、狭缝宽度控制、光电倍增管的灵敏度控制等操作,具有数据平均、基线校正、透射率和吸光度计算等功能,还可进行一至四级微分扫描。紫外-可见分光光度法的特点如下:

(1)紫外-可见分光光度法不仅可用于无机化合物的分析测定,还可用来进行有机化合物的鉴定及其结构分析(鉴定有机化合物中的官能团)。另外,还可用来区分同分异构体。紫外吸收光谱主要是对具有π键电子及共轭双键的化合物尤其灵敏,这些物质在紫外光区的吸收很强烈,其摩尔吸收系数(ε)可达 10^4～10^5 数量级。

(2)紫外-可见分光光度计结构简单,价格低廉。

(3)方法简便,操作容易。特别是近年来计算机技术的普及和应用,使得这类分析仪器的自动化程度大大提高，因此操作更为简便，应用十分广泛。

(4)精确度好，准确度高，其相对误差一般在1%～5%之间。

(5)紫外-可见分光光度法也有其局限性。有些有机化合物在紫外光区没有吸收或吸收不强烈。有些有机化合物在紫外光区的吸收带过于简单，缺少精细结构，因而不足以用来作为鉴别的依据。有些有机化合物的紫外吸收光谱大体相似，如甲苯和乙苯的紫外吸收光谱基本相同。因此，作为物质结构分析的手段，紫外-可见分光光度法具有一定的局限性，特别是在有机化合物的结构分析上不如红外吸收光谱法、质谱法及核磁共振波谱法应用得多，但作为红外吸收光谱法、质谱法及核磁共振波谱法在有机化合物结构分析方面的一种补充，紫外-可见分光光度法仍然具有一定的实用意义。

【思维导图】

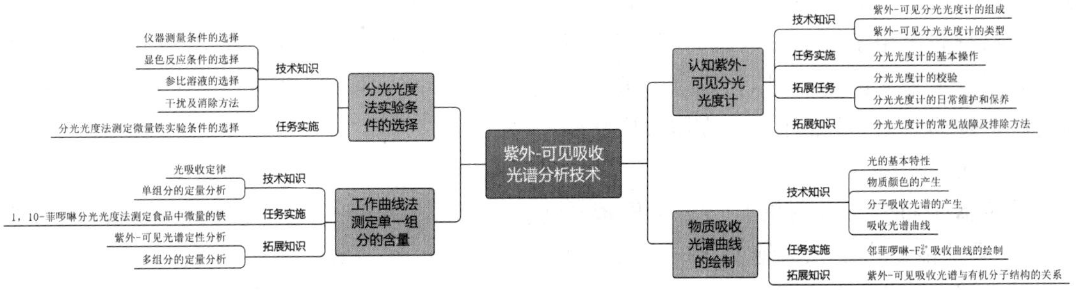

任务一　认知紫外-可见分光光度计

任务内容

熟悉紫外-可见分光光度计的结构组成、各部件的主要性能和要求及仪器的结构类型，学会使用紫外-可见分光光度计测定溶液的吸光度，并能进行波长准确度、透射比正确度及吸收池配套性的检验。

技术知识

一、紫外-可见分光光度计的组成

紫外-可见分光光度计是在紫外可见光区可任意选择不同波长的光测定溶液吸光度的仪器。基本结构由五部分组成，即光源、单色器、吸收池、检测器和信号处理及显示系统。结构示意图如图2-1所示。光源发出的复合光通过单色器被分解成单色光，当单色光通过吸收池时，一部分被样品吸收，其余未被吸收的光到达检测器，被转变为电信号，经电子电路的放大和数据处理后，通过显示系统给出测量结果。

视频2-1　紫外-可见分光光度计的结构

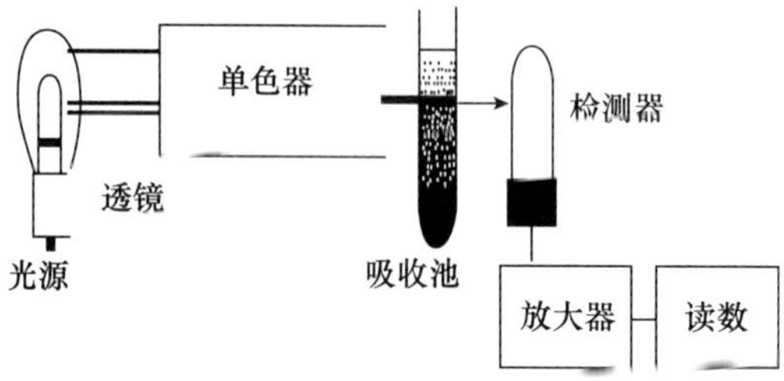

图 2-1 紫外-可见分光光度计结构示意图

1. 光源

紫外-可见分光光度计对光源的基本要求是应在仪器操作所需的光谱区域内能够发射连续辐射，有足够的辐射强度和良好的稳定性，辐射能量随波长的变化应尽可能小。紫外-可见分光光度计中常用的光源有热辐射光源和气体放电光源两类。

热辐射光源用于可见光区，如钨丝灯和卤钨灯，可使用的范围在 340～1 000 nm。气体放电光源用于紫外光区，如氢灯和氘灯。近紫外光区测定时常用氘灯，它可在 160～375 nm 范围内产生连续光源，是紫外光区应用最广泛的一种光源。

2. 单色器

单色器是将光源发射的复合光分解成单色光并可从中选出一任意波长单色光的光学装置，其主要功能是产生光谱纯度高的波长，且波长在紫外可见区域内任意可调。

单色器一般由入射狭缝、准光器(透镜或凹面反射镜使入射光变成平行光)、色散组件、聚焦组件和出射狭缝等几部分组成。单色器结构示意图如图 2-2 所示。其核心部分是色散元件，起到分光的作用，最常用的色散元件是棱镜和光栅(现在的商品仪器几乎都使用光栅)。

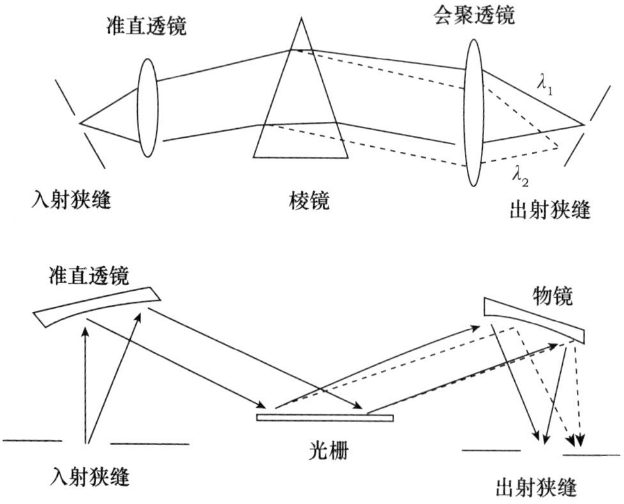

图 2-2 单色器结构示意图

3. 吸收池

吸收池又叫比色皿，用于盛放分析试样，一般有石英和玻璃材料两种。石英吸收池适用于可见光区及紫外光区，玻璃吸收池只能用于可见光区。使用注意事项：吸收池要挑选配对，手执两侧的毛面，盛放液体高度为 3/4。吸收池根据其光学透光面之间的距离分为 0.5 cm、1 cm、2 cm、3 cm 等不同的规格，如图 2-3 所示。

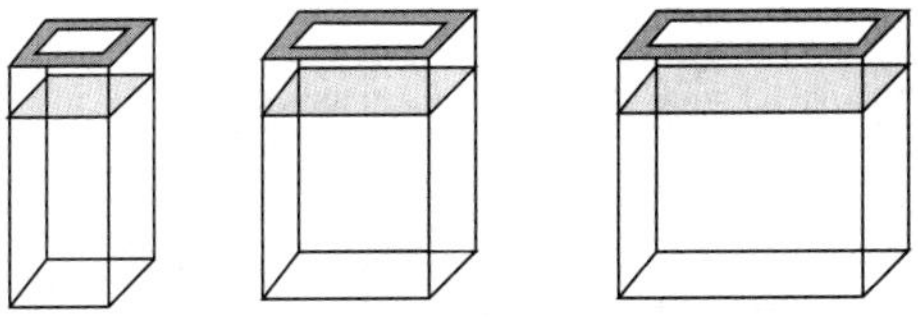

图 2-3　不同规格的吸收池

4. 检测器

检测器是用于检测单色光通过溶液后透射光的强度，并把这种光信号转变为电信号的装置。检测器应符合以下要求：在测量的光谱范围内具有高的灵敏度；对辐射能量的响应快、线性关系好、线性范围宽；对不同波长的辐射响应性能相同且可靠；有好的稳定性和低水平的噪声等。常用的检测器有光电池、光电管、光电倍增管。

（1）光电池。光电池主要是硒光电池（图 2-4），其敏感响应的光谱范围为 310～800 nm，其中对 500～600 nm 的光响应最为灵敏。其特点是不必经放大器就能产生可直接推动微安表或检流计指针偏转的光电流。但由于它容易出现“疲劳效应”、寿命较短而只能用于低档的分光光度计中。

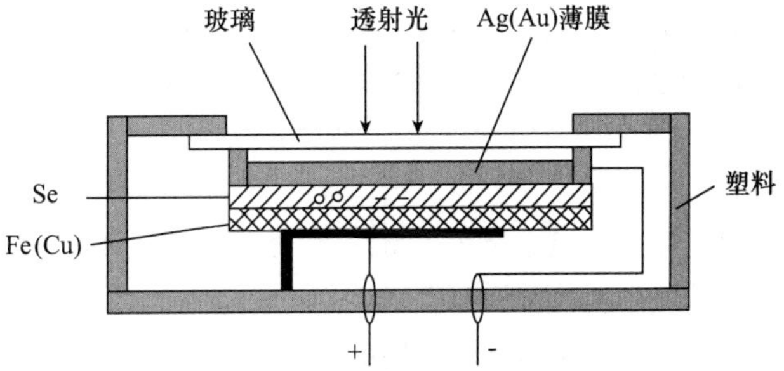

图 2-4　硒光电池结构示意图

（2）光电管。光电管在紫外-可见分光光度计上应用很广泛（图 2-5）。它是以一弯成半圆柱且内表面涂上一层光敏材料的镍片作为阴极，置于圆柱形中心的一金属丝作为阳极，密封于高真空的玻璃或石英中构成的。当光照到阴极的光敏材料时，阴极发射出电子，被阳极收集而产生光电流。与光电池比较，光电管具有灵敏度高、光敏范围宽、响应速度快和不易疲劳等优点。

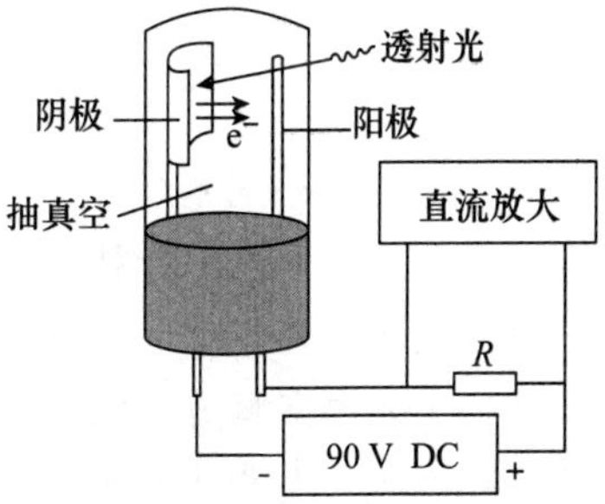

图 2-5　光电管结构示意图

（3）光电倍增管。光电倍增管实际上是一种加上多级倍增电极的光电管，其结构如图 2-6 所示。其外壳由玻璃或石英制成，阴极表面涂有光敏物质。在阴极和阳极之间装有一系列次级电子发射极，即电子倍增极，阴极和阳极之间加 900 V 的直流高压。辐射光子撞击阴极时发射光电子，该电子被电场加速并撞击第一倍增极，使之释放出更多的二次电子，依此不断进行，像“核裂变”一样，电子数目快速增加，最后阳极收集到的电子数将是阴极发射电子数的 10^5～10^6 倍。与光电管不同，光电倍增管的输出电流随外加电压的增加而增加，且极为敏感。因此，光电倍增管的外加电压必须严格控制。光电倍增管灵敏度高，响应速度快，是检测微弱光最常见的光电元件。

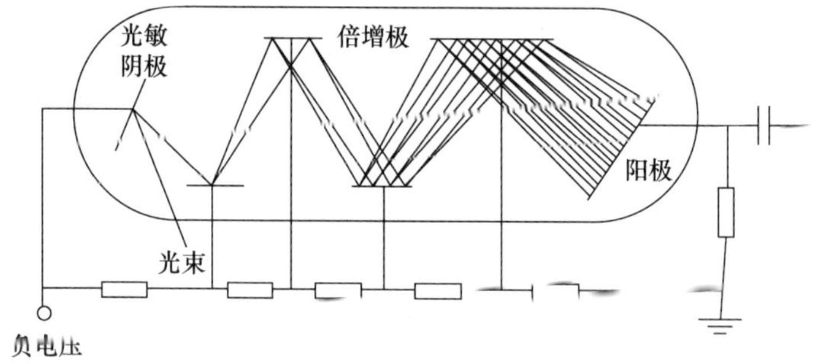

图 2-6 光电倍增管结构示意图

5. 信号处理及显示系统

该系统的作用是放大信号并以适当方式指示或记录下来。常用的信号指示装置有直读检流计、数字显示或自动记录装置等。很多型号的分光光度计装配有微处理机，可对分光光度计进行操作控制和数据处理。

二、紫外-可见分光光度计的类型

紫外-可见分光光度计按波长范围划分为可见分光光度计（400～780 nm）、紫外-可见分光光度计（200～1 000 nm）。按光路划分将其分为单光束、双光束和双波长三类，结构示意图如图 2-7 所示。

1. 单光束分光光度计

单光束是指从光源发出的光，经过单色器等一系列光学元件，通过吸收池，最后照在检测器上时，始终为一束光。光束只能轮流通过参比溶液、样品溶液，进行光强度的测量。单光束分光光度计的特点是结构简单、价格低，主要适用于做定量分析，测量结果受电源的波动影响较大，容易给测量结果带来较大的误差。一般来讲，要求较高的制药行业、质量检验行业等不适宜使用单光束紫外-可见分光光度计。常用的单光束可见分光光度计有 721 型、722 型、723 型、724 型、727 型等。常用的紫外-可见分光光度计有 751G 型、752 型、753 型、754 型、756M 型等。

2. 双光束分光光度计

双光束分光光度计就是有两束单色光的紫外-可见分光光度计。其光路设计基本上与单光束分光光度计相似。区别是在单色器与吸收池之间加了一个切光器，其作用是以一定的频率把一个光束交替分为强度相等的两束光，使一路通过参比溶液，另一路通过样品溶液，能自动消除光源强度变化所引起的误差。常见的双光束紫外-可见分光光度计主要有 710 型、730 型、7MMc 型、760cRT 型等。

3. 双波长分光光度计

双波长分光光度计采用两个单色器，可以同时得到两束波长不同的单色光，其光路、光源发出的光被两个单色器分别分离出波长为 λ_1 和 λ_2 的单色光，通过切光器，将两束光以一定的时间间隔交替照射到装有样品试液的同一个吸收池，由检测器显示出试液在波长 λ_1 和 λ_2 的透射比或吸光度。双波长分光光度计不仅能测量高浓度试样、多组分混合试样，而且测定混浊样品时比单波长分光光度计测定更灵敏、更有选择性。双波长分光光度计测定时，两个波长的光通过同一吸收池，可以消除因吸收池的参数不同、位置不同、污垢以及制备参比溶液等带来的误差，从而可以显著地提高测定的准确度。

单光束

视频 2-2 单光束分光光度计的光路示意图

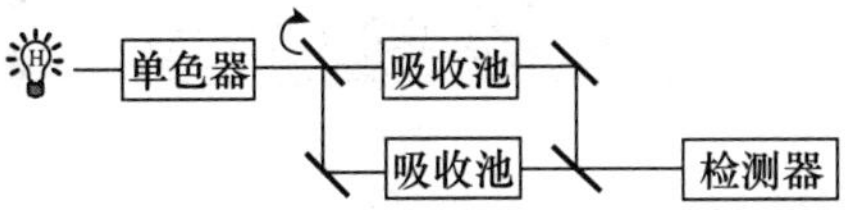

双光束

视频 2-3 双光束分光光度计的光路示意图

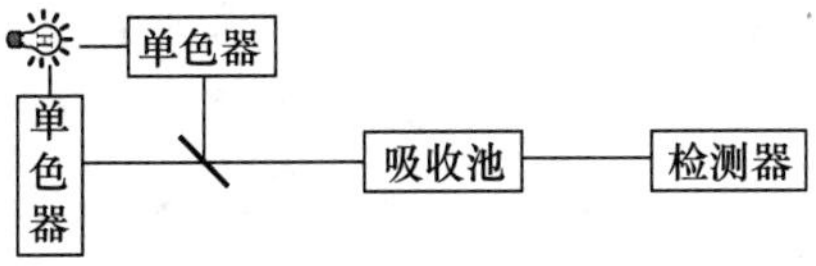

双波长

视频 2-4 双波长分光光度计的光路示意图

图 2-7　不同类型分光光度计的仪器结构示意图

视频 2-5　752 型紫外-可见分光光度计的操作

任务实施

操作实施 2-1　分光光度计的基本操作

一、仪器与试剂的准备

1. 仪器与设备

752 型紫外-可见分光光度计(或可见分光光度计,图 2-8)、1 cm 玻璃比色皿、洗瓶等。

2. 材料与试剂

擦镜纸、滤纸;浓度分别为 0.01 g · L^{-1}、0.03 g · L^{-1}、0.05 g · L^{-1} $KMnO_4$ 溶液。

(a)仪器正视图　　(b)仪器后视图

图 2-8　752 型紫外-可见分光光度计

二、学生课前预习

学生每 3～5 人为一组，各小组在教师指导下，通过查阅资料和观看视频等完成预习报告。预习报告内容包括：(1)画出仪器的组成示意图。(2)画出操作流程图。(3)思考题：①分光光度计使用前为什么要进行预热？②为什么要用参比溶液调节零点，如何选择参比溶液？③三种不同浓度的 $KMnO_4$ 溶液其吸光度值有什么规律，为什么？

三、检查学生预习情况

根据各组汇总的相关资料，师生共同讨论、分析，用集体智慧完成预习报告(含分光光度计的操作流程示意图)。

四、学生分组操作

学生按照修订后的预习报告及分光光度计的操作流程示意图，按规范要求，分组进行溶液吸光度的测定，用蒸馏水作为参比溶液，分别测定浓度为 $0.01\ g \cdot L^{-1}$、$0.03\ g \cdot L^{-1}$、$0.05\ g \cdot L^{-1}$ $KMnO_4$ 溶液在 525 nm 的吸光度值。

五、数据记录及处理

(1)记录仪器的主要参数指标。

(2)记录三种待测溶液的吸光度值。

六、教师巡回指导

1. 操作流程

分光光度计的操作流程如图 2-9 所示。

图 2-9　分光光度计的操作流程

2. 操作要点和注意事项

(1)仪器预热。打开电源开关，仪器预热 30 min。

(2)设置测量波长。一般选择待测物质吸收较强的光线作为测量波长，比如，$KMnO_4$ 溶液一般以其最大吸收波长 525 nm 作为测量波长。按照仪器操作说明进行测量波长的设置。

(3)设置测量模式。可见分光光度计一般有透射比、吸光度、浓度直读等测量模式，具有电脑控制操作软件的仪器有吸光度测量、定量测定、光谱测定等模式。按照仪器操作说明进行测量模式的设置。

(4)润洗比色皿。测量之前，比色皿需用蒸馏水清洗干净，再用待测溶液荡洗 2～3 次，然后再用于盛装溶液。

比色皿使用时注意：①拿取比色皿时，只能用手指接触两侧的毛玻璃，不可接触光学面；②不能将比色皿光学面与硬物或脏物接触，只能用擦镜纸或丝绸擦拭光学面；③在紫外光区测定时，需选用石英比色皿。

(5)用参比溶液校正仪器。用参比溶液校正仪器，即对仪器进行调零和调满。用一只比色皿盛装参比溶液，装量为比色皿高度的 3/4，先用滤纸轻轻吸去外部的水(或溶液)，再用擦镜纸轻轻擦拭透光面，直至洁净透明。另外，还应注意比色皿内不得有小气泡，否则影响透光率。

将盛装参比溶液的比色皿置入光路中，按照仪器操作说明进行校正设置，并完成仪器校正。校正后参比溶液的透射比为 100%，吸光度为 0。

(6)测定待测溶液的吸光度。用待测溶液润洗比色皿 3 次，再盛装溶液至比色皿高度的 3/4 处，用滤纸轻轻吸去外部的溶液，再用擦镜纸擦拭透光面使其洁净透明。将盛装待测溶液的比色皿置入光路中，在吸光度测量模式下，待读数稳定后读取其吸光度值。

注意：①待测液制备好后应尽快测量，避免有色物质分解，影响测量结果；②定量测定时测得的吸光度 A 最好控制在 0.2～0.8 之间，超过 1.0 时要做适当稀释；③不要在仪器上方倾倒测试样品，以免样品污染仪器表面，损坏仪器；④开关试样室盖时动作要轻缓，测量过程中不可打开试样室的窗门，否则会影响测量结果的准确性。

(7)数据记录。待显示屏上数据稳定后，记录待测溶液的吸光度值。

(8)关机整理。所有待测溶液测定完毕后，取出比色皿，关闭仪器电源开关。擦拭仪器，盖上防尘罩。将比色皿用自来水及蒸馏水洗净并倒立晾干，放入盒子中保存。

七、成绩评定

学生对完成工作任务的表现进行自评和互评，各小组进行总结、考核及评估，教师做出最后评价，填写学习过程评价表。

拓展任务

拓展操作 2-1　分光光度计的校验

1. *波长准确度的检验*

在可见光区检验波长的准确方法是绘制镨钕滤光片的吸收光谱曲线。镨钕滤光片的吸收峰为 528.7 nm 和 807.7 nm。如果测出的峰的最大吸收波长与仪器标示值相差±3 nm 以上，则需要细微调节波长刻度校正螺丝。如果测出的最大吸收波长与仪器波长显示值差大于±10 nm，则需要重新调整光源位置，或检修单色器的光学系统(应由计量部门或生产厂检修，不可自己打开单色器)。

学生在操作中以空气作为参比，在 520～535 nm 之间，每隔一定的波长数，测定镨钕滤光片的吸光度，以波长作横坐标，绘制吸收光谱曲线。如果最大吸收波长数在 528.7 nm±3 nm，可判断出仪器的波长调节准确。

在紫外光区检验波长准确度比较实用的方法是：用苯蒸气的吸收光谱曲线来检查。

具体做法是：在吸收池滴一滴液体苯，盖上吸收池盖，待苯挥发充满整个吸收池后，就可以测绘苯蒸气的吸收光谱。若实测结果与苯的标准光谱曲线不一致，则表示仪器有波长误差，必须进行调整。

2. 透射比准确度的检验

透射比的准确度通常用硫酸铜、硫酸钴铵、重铬酸钾等标准溶液来检查，其中应用最普遍的是重铬酸钾（$K_2Cr_2O_7$）溶液。

透射比准确度检验的具体操作是：质量分数 $w(K_2Cr_2O_7)=0.006\%$（即 1 000 g 溶液中含 0.060 g $K_2Cr_2O_7$）$K_2Cr_2O_7$ 的 0.001 mol·L^{-1} $HClO_4$ 标准溶液。以 0.001 mol·L^{-1} $HClO_4$ 为参比，以 1 cm 的石英吸收池分别在 235 nm、257 nm、313 nm、350 nm 波长处测定透射比，与表 2-1 所列标准溶液的标准值比较，根据仪器级别，其差值应在 0.8%～2.5%之间。

表 2-1 $w(K_2Cr_2O_7)$为 0.006%的 $K_2Cr_2O_7$ 溶液的透射比

温度/℃	波长/nm			
	235	257	313	350
25	18.2	13.7	51.3	22.9

3. 吸收池成套性检验

在定量工作中，尤其是在紫外光区测定时，需要对吸收池做校准及配对工作，以消除吸收池的误差，提高测量的准确度。

视频 2-6 比色皿的成套性检验

根据 JJG 178—2007 规定，同一光径吸收池在 440 nm 处注入重铬酸钾稀溶液（铬质量浓度约为 30 mg·L^{-1}），在 700 nm 处，注入蒸馏水。将其中一吸收池的透射比调至 95%（数显仪器 100%），测量其他各吸收池的透射比值，透射比之差小于 0.5%的吸收池可配成一套使用。也可采用此简便方法：用铅笔在洗净的吸收池毛面外壁编号并标注光路走向，在吸收池中分别装入测定用溶剂，以其中一个为参比，测定其他吸收池的吸光度。若测定的吸光度为零或两个吸收池吸光度相等，即为配对吸收池。若不相等，可以选出吸光度值最小的吸收池为参比，测定其他吸收池的吸光度，求出修正值。测定样品时，将待测溶液装入矫正过的吸收池中，测量其吸光度，所测得的吸光度减去该吸收池的修正值即为此待测液真正的吸光度。

拓展操作 2-2 分光光度计的日常维护和保养

分光光度计是精密仪器，正确安装、使用和保养对保持仪器良好的性能和保证测试的准确度有重要作用。

1. 对仪器工作环境的要求

分光光度计应安装在稳定的工作台上（周围不应有强磁场，以防电磁干扰），室内温度应保持在 10～30℃。室内应干燥，相对湿度宜控制在小于 85%，室内应无腐蚀性气体，光线不宜过强。

2. 仪器保养和维护方法

(1)光源。光源的寿命有限,为了延长光源使用寿命,在不使用仪器时不要开光源灯,应尽量减少开关次数。在短时间的工作间隔内可以不关灯。刚关闭的光源灯不能立即重新开启。仪器连续使用时间不应超过 3 h。若需长时间使用,最好间歇 30 min。

如果光源灯亮度明显减弱或不稳定,应及时更换新灯。更换后要调节好灯丝位置,不要用手直接接触窗口或灯泡,避免油污沾附。若不小心接触过,要用无水乙醇擦拭。

(2)单色器。单色器是仪器的核心部分,装在密封盒内,不能拆开。选择波长应平衡地转动,不可用力过猛。为防止色散元件受潮生霉,必须定期更换单色器盒干燥剂(硅胶)。若发现干燥剂变色,应立即更换。

(3)比色皿。比色皿使用完毕后,请立即用蒸馏水冲洗干净,并用干净柔软的纱布将水迹擦去,以防止表面光洁度被破坏,影响比色皿的透光率。

(4)检测器。光电转换元件不能长时间曝光,且应避免强光照射或受潮积尘。

(5)当仪器停止工作时,必须切断电源。

(6)为了避免仪器积灰和沾污,在停止工作时,应盖上防尘罩。

(7)仪器若暂时不用,需要定期通电,每次不少于 20～30 min,以保持整机呈干燥状态,并且维持电子元器件的性能。

拓展知识

分光光度计的常见故障及排除方法

分光光度计的常见故障及排除方法详见表 2-2。

表 2-2　分光光度计的常见故障及排除方法

故障现象	故障原因	排除方法
开启电源开关,仪器无反应	①电源未接通; ②电源保险丝断; ③仪器电源开关接触不良	①检查供电电源; ②更换保险丝; ③更换仪器电源开关
钨灯不亮	①钨灯灯丝烧断(此种原因概率最高); ②没有点灯电压; ③仪器电源开关接触不良; ④钨灯烧坏	①更换钨灯保险丝(如更换后再次烧断,则要检查电路); ②检查供电电路; ③更换电源开关; ④更换新钨灯
氘灯不亮	①灯丝电压、阳极电压均有,可能是灯丝烧断或气灯寿命到期(此种原因概率最高); ②灯在启辉的开始瞬间灯内闪动一下或连续闪动,并且更换新的氘灯后依然如此,有可能是启辉电路有故障	①更换氘灯; ②一般灯电流调整用的大功率最大(需要专业人士修理)

续表

故障现象	故障原因	排除方法
光源灯点亮但没有任何检测信号输出	光束没有照射到样品室内	调整光源镜到位，维修双光束仪器的切光电机
样品室内无任何物品的情况下，基线噪声大	①光源镜位置不正确，石英窗表面被溅射上样品； ②如仅紫外光区基线噪声大，则可能是氘灯老化	①重新调整光源镜位置，使光源照射到入射狭缝的中央或用乙醇清洗石英窗； ②更换氘灯
样品室放入空白样品后，基线噪声较大	比色皿表面或内壁被污染，使用了玻璃比色皿或空白样品对紫外光谱的吸收太强烈	清洗比色皿，更换空白样品
样品出峰位置不对（波长误差过大）	波长传动机构产生位移	参见波长校正方法
信号的分辨率不够，某些小峰无法观察到	狭缝设置过宽而扫描速度过快使仪器的分辨率下降	放慢扫描速度观察或将狭缝设窄
显示不稳定	①仪器预热时间不够； ②环境振动过大，光源附近气流过大或外界强光照射； ③电源电压不正常； ④仪器接地不良； ⑤样品架定位没定好，造成遮光现象	首先更换一种稳定试样来判定是属于仪器原因还是样品原因； ①保证开机预热时间 20 min； ②改善工作环境； ③检查电源电压； ④改善接地状态； ⑤修理推拉式样品架的定位碰珠
调不到 0	①放大器损坏； ②光门漏光； ③状态不对（不在 T 挡）	①修理放大器； ②修理光门； ③设在 T 挡
调不到 100%	①灯不亮； ②光路不准； ③放大器损坏； ④参比溶液不正确； ⑤样品溶液不正确； ⑥比色皿方向放置错误	①检查灯电源电路； ②调整光路； ③修理放大器； ④更换参比； ⑤更换样品溶液； ⑥重新放置比色皿

任务二　物质吸收光谱曲线的绘制

任务内容

进一步熟悉分光光度计的使用方法，学会绘制物质吸收光谱曲线，并利用吸收光谱曲线选择合适的测量波长。

技术知识

一、光的基本特性

1. 光的波动性

光是一种电磁波，它具有波动性。描述波动性的重要参数是波长 λ(m、cm、μm、nm)和频率 ν(Hz)，它们与光速 c 的关系为

$$\lambda\nu=c \tag{2-1}$$

2. 光的粒子性

光具有粒子性。光是由光子组成的，光子具有能量，其能量与频率或波长的关系为

$$E=h\nu=h\cdot c\cdot\lambda^{-1} \tag{2-2}$$

式中：E 为能量，J；h 为普朗克常数(6.626×10^{-34} J·s)。

光波谱区及其能量、频率关系如图 2-10 所示。

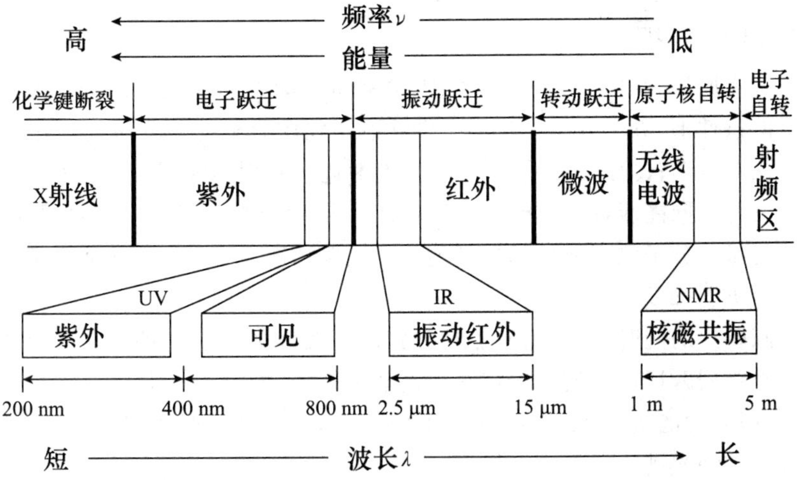

图 2-10　光波谱区及能量跃迁相关图

3. 单色光、复合光和互补色光

同一波长的光称为单色光，由不同波长组成的光称为复合光。单色光很难直接从光源获得，多数光源如太阳、白炽灯和氢灯等发出的光都是复合光，通过适当的手段可以从复合光中获得单色光。若两种不同颜色的单色光按一定的强度比例混合得到白光，那么就称这两种单色光为互补色光，这种现象称为光的互补。

二、物质颜色的产生

物质的颜色是由于物质对不同波长的光具有选择性吸收而产生的。一种物质呈现何种颜色，与入射光组成和物质本身的结构有关。而溶液呈现不同的颜色是由于溶液中的吸光质点(离子或分子)选择性地吸收某种颜色的光而引起的。

物质对光的选择性吸收具有以下几种情况：

全吸收：物质显示黑色，如金属粉末。

全透射：物质无色，如水、无色溶液、无色玻璃等。

全反射：物质显示银白色，如银等金属。

漫反射：物质显示白色，如碳酸钠、氯化钠粉末。

部分吸收部分透过：物质呈现吸收光的互补色(表2-3)。例如，硫酸铜溶液吸收黄色光而呈蓝色；高锰酸钾溶液吸收绿色光而呈紫红色。

表2-3 颜色与吸收光的关系

λ/nm	颜色	互补光	λ/nm	颜色	互补光
400～450	紫	黄绿	560～580	黄绿	紫
450～480	蓝	黄	580～610	黄	蓝
480～490	绿蓝	橙	610～650	橙	绿蓝
490～500	蓝绿	红	650～760	红	蓝绿
500～560	绿	红紫			

三、分子吸收光谱的产生

分子中包含有原子和电子，分子、原子、电子都是运动着的物质，都具有能量，且都是量子化的。在一定的条件下，分子处于一定的运动状态。物质分子内部运动状态有三种形式：①电子相对于原子核的运动；②原子核在其平衡位置附近的相对振动；③分子本身绕其重心的转动。分子具有三种不同能级：电子能级、振动能级和转动能级。三种能级都是量子化的，且各自具有相应的能量。分子的内能包括电子能量 E_e、振动能量 E_v 和转动能量 E_r，即 $E=E_e+E_v+E_r$，$\Delta E_e>\Delta E_v>\Delta E_r$。

电子能级间跃迁的同时，总伴随有振动和转动能级间的跃迁。即电子光谱中总包含有振动能级和转动能级间跃迁产生的若干谱线而呈现宽谱带，如图2-11所示。

(1)转动能级间的能量差 ΔE_r：0.005～0.050 eV，跃迁产生吸收光谱位于远红外光区，远红外光谱或分子转动光谱。

(2)振动能级间的能量差 ΔE_v：0.05～1 eV，跃迁产生的吸收光谱位于红外光区，红外光谱或分子振动光谱。

(3)电子能级间的能量差 ΔE_e：1～20 eV，较大。电子跃迁产生的吸收光谱在紫外-可见光区，紫外-可见光谱或分子的电子光谱。

(4)吸收光谱的波长分布由产生谱带的跃迁能级间的能量差所决定，反映了分子内部能级分布状况，是物质定性分析的依据。

(5)吸收谱带的强度与分子偶极矩变化、跃迁概率有关，也提供分子结构的信息。通常将在最大吸收波长处测得的摩尔吸光系数 ε_{max} 也作为定性分析的依据。不同物质的 λ_{max} 有时可能相同，但 ε_{max} 不一定相同。

(6)吸收谱带强度与该物质分子吸收的光子数成正比，是物质定量分析的依据。

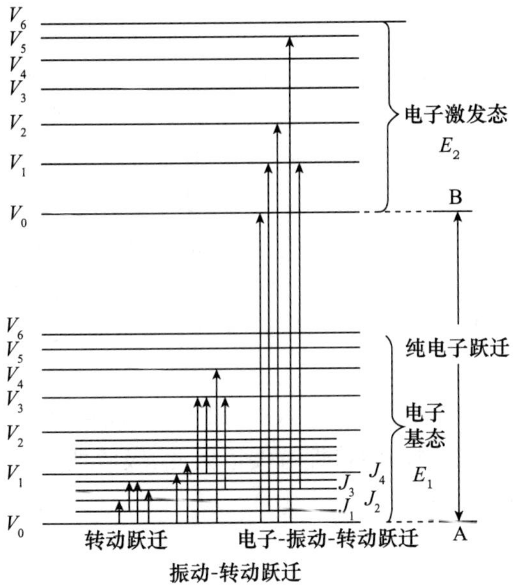

图 2-11　双原子分子的三种能级跃迁示意图

四、吸收光谱曲线

1. 紫外-可见吸收光谱产生的机理

光子作用于物质分子时，如果光子的能量与物质分子的电子能级间的能级差满足

$$\Delta E = h\nu \tag{2-3}$$

光子将能量传递给物质分子，分子获得能量可发生电子能级的跃迁。在光吸收过程中基于分子中电子能级的跃迁而产生的光谱，称为紫外-可见吸收光谱（或电子光谱）。

2. 光谱吸收曲线

任何一种溶液对不同波长光的吸收程度是不一样的。若以不同波长的光照射某一溶液，并测量每一波长下溶液对光的吸收程度（即吸光度 A），以吸光度作纵坐标，相应波长作横坐标，所得 A-λ 曲线称为光谱吸收曲线，简称吸收曲线。它更清楚地描述了物质对光的吸收情况。

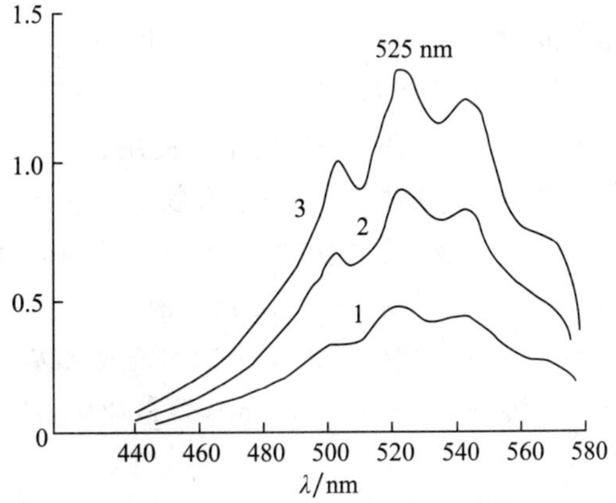

图 2-12　吸收曲线

视频 2-7 吸收曲线-高锰酸钾

图 2-12 所示为不同浓度 $KMnO_4$ 溶液的吸收曲线。溶液对不同波长光的吸收程度不同，其中在 525 nm、545 nm 处的光吸收程度大，在光谱吸收曲线中形成一个极值峰，称为吸收峰。吸收曲线随着浓度的增加逐渐向吸光度增加的方向移动。分析该物质的吸收光谱，可得出：

(1)同一种吸光物质对不同波长的光吸收程度不同。吸光度最大处对应的波长称为最大吸收波长，用 λ_{max} 表示。

(2)同一种物质不同浓度的溶液，吸收曲线形状相似，λ_{max} 不变。在 λ_{max} 处的吸光度随溶液浓度的增加而增大，这个特性可作为物质定量分析的依据。在实际测定时，只有在 λ_{max} 处测定吸光度，其测定灵敏度最高。因此，吸收曲线是分光光度法中选择测量波长的依据。

(3)不同物质吸收曲线的特性不同。吸收曲线的特性包括曲线的形状、峰的数目、峰的位置(λ_{max})和峰的强度等，它们与物质的特性有关。因此，吸收曲线可以提供物质的结构信息，并作为物质定性分析的依据之一。

任务实施

操作实施 2-2　邻菲啰啉-Fe^{2+} 吸收曲线的绘制

一、仪器与试剂的准备

1. 仪器与设备

可见分光光度计，比色管(50 mL)，移液管(50 mL)，容量瓶(500 mL、1 000 mL)，吸量管(1 mL、2 mL、5 mL、10 mL)。

2. 材料与试剂

分析时只能使用分析纯试剂，蒸馏水或纯度相当的水。

(1)180 $g \cdot L^{-1}$ 盐酸溶液：将 409 mL 质量分数为 38%的盐酸溶液($\rho=1.19\ g \cdot mL^{-1}$)用水稀释至 1 000 mL，并混匀(操作时要小心)。

(2)85 $g \cdot L^{-1}$ 氨水溶液：将 374 mL 质量分数为 25%的氨水($\rho=0.910\ g \cdot mL^{-1}$)用水稀释至 1 000 mL，并混匀。

(3)乙酸-乙酸钠缓冲溶液(在 20℃时，pH=4.5)：称取 164 g 无水乙酸钠，用 500 mL 水将其溶解，加 240 mL 冰乙酸，用水稀释至 1 000 mL。

(4)100 $g \cdot L^{-1}$ 抗坏血酸溶液：该溶液一周后不能使用。

(5)1 $g \cdot L^{-1}$ 1,10-邻菲啰啉(菲啰啉)盐酸一水合物($C_{12}H_8N_2 \cdot HCl \cdot H_2O$)，或 1,10-菲啰啉一水合物($C_{12}H_8N_2 \cdot H_2O$)溶液：用水溶解 1 g 1,10-菲啰啉一水合物或 1,10-菲啰啉盐酸一水合物，并稀释至 1 000 mL。避光保存，使用无色溶液。

(6)0.200 $mg \cdot mL^{-1}$ 铁储备液：称取 1.727 g 十二水硫酸铁铵[$NH_4Fe(SO_4)_2 \cdot 12H_2O$]，精确至 0.001 g，用约 200 mL 水溶解，转移至 1 000 mL 容量瓶中，加 20 mL 硫酸溶液(1+1)，稀释至刻度并混匀。

(7)20 $\mu g \cdot mL^{-1}$ 铁标准溶液：移取 0.200 $mg \cdot mL^{-1}$ 铁储备液 50.0 mL 至 500 mL 容量瓶中，稀释至刻度并混匀。该溶液现用现配。

二、学生课前预习

学生每 3～5 人为一组，各小组在教师指导下，通过查阅资料和观看视频等完成预习报告。预习报告内容包括：(1)任务目标。(2)检测原理。(3)操作步骤。(4)思考题：①根据实验数据，计算在最大吸收波长下，邻菲啰啉-Fe^{2+} 的摩尔吸收系数 ε。计算值与文献值($\varepsilon = 1.1 \times 10^4$)是否一致？如不一致，请做解释。②本次实验中用分光光度计测得的最大吸收波长与文献值($\lambda_{max} = 510$ nm)是否有差别？如有差别，请解释原因。③单色光不纯对吸收光谱的测定有何影响？

三、检查学生预习情况

各组根据汇总的相关资料，师生共同讨论、分析，用集体智慧完成预习报告，制作汇报提纲并选一代表进行学习汇报交流，对该预习报告及操作实施步骤进行修订。

四、学生分组操作

用吸量管吸取 20 $\mu g \cdot mL^{-1}$ 铁标准溶液 0 mL、2.00 mL、4.00 mL，分别注入 3 只 50 mL 比色管中，用水稀释至约 30 mL，用 180 $g \cdot L^{-1}$ 盐酸溶液调至 pH 为 2(用精密 pH 试纸检查)。加 100 $g \cdot L^{-1}$ 抗坏血酸溶液 0.5 mL，摇匀，然后加乙酸-乙酸钠缓冲溶液缓冲 10 mL 和 1 $g \cdot L^{-1}$ 邻菲啰啉溶液 5 mL，用水稀释至刻度，摇匀。放置不少于 15 min 后，用 1 cm 比色皿，以试剂空白为参比，在 440～560 nm 间，每隔 20 nm 测量一次(在峰值附近每隔 10 nm 测量一次)，每次用空白溶液调零，测定邻菲啰啉-Fe^{2+} 溶液的吸光度值。

五、数据记录及处理

将测定数据填入表 2-4，并利用电脑绘制出邻菲啰啉-Fe^{2+} 的吸收曲线，指出合适的测定波长。

表 2-4　吸收曲线的数据记录

λ/nm	440	460	480	500	…	540	560
A(铁标准溶液 2.00 mL)							
A(铁标准溶液 4.00 mL)							

让学生演示吸收曲线绘制的操作。

视频 2-8　吸收曲线的绘制

六、教师巡回指导

1. 吸收曲线的制作

以入射光波长作横坐标，用分光光度计测量的每一波长下物质对光的吸光度作纵坐标所绘制的曲线，称为吸收曲线。其作用是：选择入射光波长，在此波长下测量吸光度，分析的灵敏度最高。因此，吸收曲线是吸光光度法中选择测定波长的重要依据。

2. 检测原理

用抗坏血酸将试液中的 Fe^{3+} 还原成 Fe^{2+}。在 pH 为 2～9 时，Fe^{2+} 与 1，10-邻菲啰啉生成橙红色配合物，在分光光度计最大吸收波长（510 nm）处测定其吸光度。

在特定的条件下，配合物在 pH 为 4～6 时测定。

3. 操作要点及注意事项

（1）本实验旨在学会分光光度法测定水中微量物质时的最基本操作条件、原理和方法以及分光光度计的使用。因此，要仔细阅读仪器说明书，了解仪器的构造和各个旋钮的功能；在使用时，一定要遵守操作规程和听从教师的指导。

（2）测定前，首先应做比色皿配对性试验。方法是：将同样厚度的 4 个比色皿分别编号，都装空白溶液，在 510 nm 处测定各比色皿的吸光度（或透光率），结果应相同。若有显著差异，应将比色皿重新洗涤后再装空白溶液测定，直到吸光度（或透光率）一致。若经过多次洗涤，仍有显著差异，则用下法校正：

①以吸光度最小的比色皿为 0，测定其余三个比色皿的吸光度值作为校正值。

②测定水样或溶液时，以吸光度为零的比色皿作空白，用其他各比色皿装溶液，测各吸光度值减去所用比色皿的校正值。

溶液吸光度测量值的校正示例见表 2-5。

表 2-5 吸光度测量值记录表

比色皿编号	空白溶液校正值（A）	显色溶液测得值（A）	校正后测得值（A）
1	0.000 0	0.000 0	空白
2	0.004 4	0.204 1	0.200 0
3	0.008 8	0.408 9	0.400 0
4	0.022 3	0.623 4	0.601 0

七、成绩评定

学生对完成工作任务的表现进行自评和互评，各小组进行总结、考核及评估，教师做出最后评价，填写学习过程评价表。

拓展知识

紫外-可见吸收光谱与有机分子结构的关系

1. 电子跃迁的类型

许多有机化合物能吸收紫外-可见光辐射。有机化合物的紫外-可见吸收光谱主要是由分子中价电子的跃迁而产生的。分子中的价电子有成键电子：σ 电子、π 电子（轨道上能量低），未成键电子：n 电子（轨道上能量较低）。这三类电子都可能吸收一定的能量跃迁到能级较高的反键轨道上去，如图 2-13 所示。

（1）$\sigma\text{-}\sigma^*$ 跃迁。$\sigma\text{-}\sigma^*$ 的能量差大，跃迁所需能量高，吸收峰在远紫外光区（$\lambda < 150$ nm）。饱和烃只有 σ、σ^* 轨道，只能产生 $\sigma\text{-}\sigma^*$ 跃迁。例如，甲烷吸收峰在 125 nm，乙烷吸收峰在 135 nm（<150 nm）。因空气中 O_2 对波长小于 150 nm 辐射有吸收，定量分析时要求实验室

有真空条件，一般难达到。

(2)π-π^*跃迁。π-π^*能量差较小，跃迁所需能量较低，吸收峰在紫外光区（λ为200 nm左右）。不饱和烃类分子中有π电子，也有π^*轨道，能产生π-π^*跃迁。$CH_2=CH_2$吸收峰在165 nm。吸收系数ε大，吸收强度大，属于强吸收。

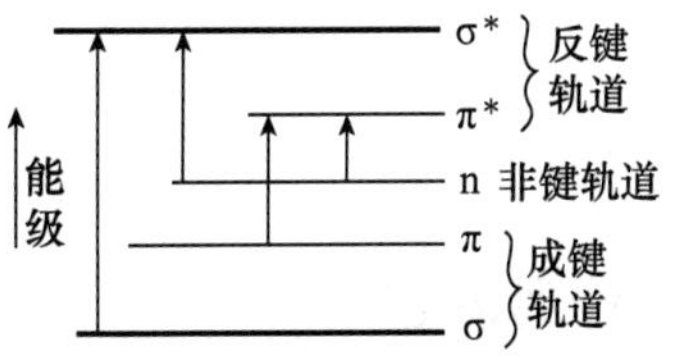

图 2-13　电子能级跃迁示意图

(3)n-σ^*跃迁。n-σ^*能量差较小，吸收峰在紫外区（λ为200 nm左右），与π-π^*接近。含有杂原子团，如—OH、—NH_2、—X、—S等的有机物分子中除能产生σ-σ^*跃迁外，同时能产生n-σ^*跃迁。例如，三甲基胺$(CH_3)_3N$—的n-σ^*吸收峰在227 nm，ε约为900 $L \cdot mol^{-1} \cdot cm^{-1}$，属于中强吸收。

(4)n-π^*跃迁。n-π^*能量差小，吸收峰在近紫外、可见光区（λ为200～700 nm）。含有杂原子的不饱和基团，如—C═O、—C≡N等。例如，丙酮：n-π^*跃迁，λ_{max}为280 nm左右（同时也可产生π-π^*跃迁），属于弱吸收，$\varepsilon<500\ L \cdot mol^{-1} \cdot cm^{-1}$。

各种跃迁所需能量大小次序为：σ-$\sigma^* >$ n-$\sigma^* \geqslant \pi$-$\pi^* >$ n-π^*。一般紫外-可见分光光度计只能提供波长在190～1 000 nm范围的单色光，紫外-可见吸收光谱法在有机化合物中应用主要以π-π^*、n-π^*为基础。

2. 发色团和助色团

π-π^*、n-π^*跃迁都需要有不饱和的官能团以提供π轨道。因此，轨道的存在是有机化合物在紫外-可见光区产生吸收的前提条件。

(1)发色团。具有π轨道的不饱和官能团称为发色团。其主要有—C═O、—N═N—、—N═O、—C≡C—等。但是，只有简单双键的化合物生色作用很有限，其有时可能仍在远紫外光区，若分子中具有单双键交替的“共轭大π键（离域键）”，如丁二烯（$CH_2=CH-CH=CH_2$），由于大π键中的电子在整个分子平面上运动，活动性增加，使π与π^*间的能量差减小，使π-π^*吸收峰长移，生色作用大大增强。

(2)助色团。本身不“生色”，但能使发色团生色效应增强的官能团称为助色团。其主要有—OH、—NH_2、—SH、—Cl、—Br等（具有未成键电子轨道n的饱和官能团），当这些基团单独存在时，一般不吸收紫外-可见光区的光辐射。但当它们与具有π轨道的发色团相结合时，将使发色团的吸收波长长移（红移），且使吸收强度增强。（助色团至少要有一对与发色团π电子作用的孤对电子）

3. 吸收峰的红移和蓝移

由于在化合物中引入取代基或改变溶剂或引入增敏试剂等，使最大吸收波长移向长波方向为红移；移向短波方向为蓝移（或紫移）。伴随强度增大或减小为增色效应或减色效应。

任务三　分光光度法实验条件的选择

任务内容

学会分光光度法实验条件的选择，正确选择测量波长、显色反应时间、pH 及显色剂的用量。

技术知识

一、仪器测量条件的选择

1. 测量波长的选择

在定量分析中，通常选择最强吸收带的最大吸收波长 λ_{max} 作为测量波长，以获得最高的分析灵敏度，称为最大吸收原则。在 λ_{max} 附近，吸光度随波长的变化一般较小。若有干扰，根据“吸收大，干扰小”原则选择波长。选择方法：绘制光的吸收曲线确定最佳波长。

2. 吸光度范围的选择

任何一台分光光度计都有光度误差 ΔT，但给定的一台分光光度计，ΔT 基本上是一常数，一般为 $\pm 0.002 \sim \pm 0.01$。但在 T 不同时，同样的 ΔT 对应的 ΔA 则不同，所以引起的 $\Delta c/c$（浓度的相对误差）就不同。当浓度较大或浓度较小时，相对误差都比较大。所以要选择适宜的吸光度范围较小，一般选择 A 的测量范围为 0.2～0.8（T 为 65%～15%）。

3. 狭缝宽度的选择

狭缝过宽，分析组分复杂样品时有可能引入其他干扰谱带，即使不引入干扰谱带，非吸收光的引入会导致灵敏度下降和校正曲线的线性关系变差；连续背景随狭缝宽度增宽而迅速增大，信噪比下降，检出限变差。狭缝过窄，光强太弱，必须过大提高检测器的增益，导致噪声增大。合适的狭缝宽度应以减少狭缝宽度时试样的吸光度不再增加为准。

二、显色反应条件的选择

从理论上讲，所有对紫外光、可见光有吸收的有机物、无机物都可以用紫外-可见分光光度法进行直接测定。在实际工作中，通常使弱吸收物质发生化学反应生成一种新的具有强吸收性质的吸光物质，以提高吸光度测量的准确性和分析方法的灵敏度。此反应称为显色反应，所用的试剂称为显色剂。

$$\underset{\text{待测组分}}{M} + \underset{\text{显色剂}}{R} \rightleftharpoons \underset{\text{有色化合物}}{MR}$$

1. 显色剂及其用量的选择

显色剂与待测离子反应生成的有色化合物应该稳定、组成恒定；显色条件易于控制；产物对紫外-可见光有较强的吸收能力，即摩尔吸光系数大；显色剂与产物的颜色差异要大，与有色物最大吸收波长之差（对比度），应满足 $\Delta\lambda > 60$ nm。

选定了显色剂后，还必须选择显色剂的用量。在被测组分一定及其他实验条件不变的情况下，分别加入不同量显色剂测得 A 值，作 A-c_R 曲线（图 2-14），选择吸光度恒定时的显色剂用量。

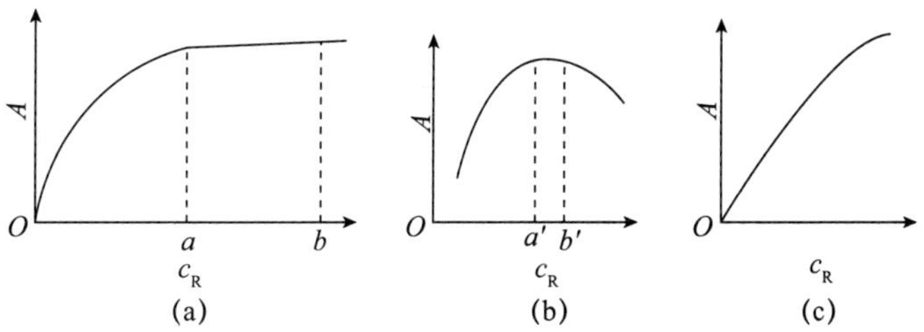

图 2-14　A-c_R 曲线

2. 溶液的酸度

酸度影响显色剂的解离、被测离子的水解和被测组分的存在形式。有干扰组分存在时，也会引起干扰反应的改变。选择的方法：固定待测组分的浓度和其他条件，只改变溶液的 pH 来测定吸光度，作 A-pH 曲线(图 2-15)，选择曲线中吸光度较大且恒定的平坦区所对应的 pH 范围。

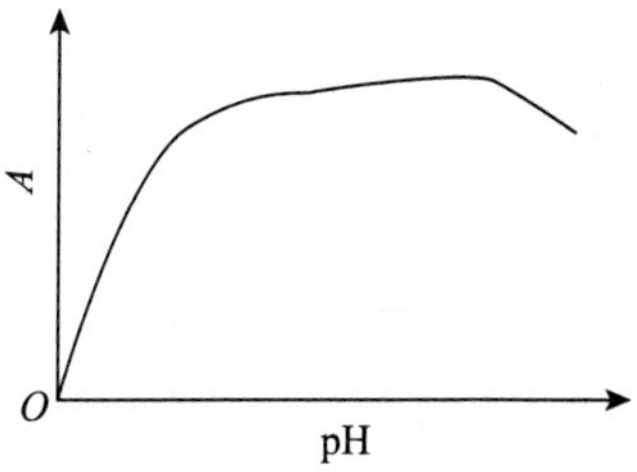

图 2-15　A-pH 曲线

3. 显色时间

显色反应速度不同，显色化合物的稳定性存在差异，因此必须控制显色时间。同时，溶液的酸度与显色剂的浓度将会影响到显色时间。固定待测组分的浓度和其他条件，只改变反应的时间，测定吸光度，作 A-t 曲线，选择曲线中吸光度较大且恒定的平坦区所对应的时间范围。

4. 显色温度

分光光度法通常是在室温下进行。但有些显色反应需要在较高温度下进行。

固定待测组分的浓度和其他条件，只改变反应温度，测定吸光度，作 A-T 曲线，选择曲线中吸光度较大且恒定的平坦区所对应的温度范围。

三、参比溶液的选择

参比溶液是用来调节工作零点即 $A=0$、$T=100\%$的溶液，以消除溶液中其他基体组分以及吸收池和溶剂对入射光的反射和吸收所带来的误差。根据样品溶液的性质，选择性质合适组分的参比溶液是很重要的。

1. 溶剂参比

当试样溶液的组成简单，共存的其他组分很少且对测定波长的光几乎没有吸收时，可采用溶剂作为参比溶液，这样可消除溶剂、吸收池等因素的影响。

2. 试剂参比

如果显色剂或其他试剂在测定波长有吸收，按显色反应相同的条件，只是不加入试样，同样加入试剂和溶剂作为参比。这种参比溶液可以消除试剂中组分产生吸收的影响。

3. 试样参比

如果试样基体(除被测组分外的其他共存组分)在测定波长有吸收，而与显色剂不起反应时，可按与显色反应相同的条件处理试样，只是不加显色剂。这种参比溶液适用于试样中有较多共存组分，加入的显色剂量不大，且显色剂在测定波长无吸收的情况。

4. 选择适当的测量波长

如在 $K_2Cr_2O_7$ 存在下测定 $KMnO_4$ 时，$KMnO_4$ 的最大吸收波长为 525 nm，但在此波长下，$Cr_2O_7^{2-}$ 也会产生吸收，因此，可选择 $Cr_2O_7^{2-}$ 无吸收的 545 nm 的光，即可测定 $KMnO_4$。

5. 平行操作溶液参比

用溶剂代替试样溶液，以与试样完全相同的分析步骤进行平行操作，用所得的溶液作参比溶液。

四、干扰及消除方法

在光度分析中，样品中干扰物质的影响有以下几种情况：干扰物质本身有颜色或与显色剂形成有色化合物，在测定条件下也有吸收；在显色条件下，干扰物质水解，析出沉淀使溶液混浊，致使吸光度的测定无法进行；与待测离子或显色剂形成更稳定的配合物，使显色反应不能进行完全。消除干扰的方法有以下几种：

1. 加入掩蔽剂

选择掩蔽剂的原则是：掩蔽剂不与待测组分反应；掩蔽剂本身及掩蔽剂与干扰组分的反应产物不干扰待测组分的测定。例如，测定 Ti^{4+}，加入 H_3PO_4 掩蔽剂使 Fe^{3+}（黄色）成为 $[Fe(PO_4)_2]^{3-}$（无色），消除 Fe^{3+} 的干扰。

2. 控制酸度

在配位平衡反应中，配合物的稳定常数不同，要求处在反应平衡中的配位体的浓度也不相同。利用控制酸度的方法，可控制显色剂的离解平衡从而控制配位体浓度，提高反应的选择性，保证主反应进行完全。

3. 选择适当的显色反应条件

通过控制适宜的显色反应条件，消除干扰组分的影响。如利用氧化还原反应改变离子价态、改变溶剂，有机溶剂常常可以降低有色物质的离解度，增加有色物质的溶解，从而提高测定的灵敏度。

4. 选择适当的测量波长

如在 $K_2Cr_2O_7$ 存在下测定 $KMnO_4$ 时，$KMnO_4$ 的最大吸收波长为 525 nm，但在此波长下，$Cr_2O_7^{2-}$ 也会产生吸收，因此，可选择 $Cr_2O_7^{2-}$ 无吸收的 545 nm 的光，即可测定 $KMnO_4$。

5. 分离干扰离子

在上述方法不易采用时，也可以采用适当的分离方法预先除去干扰物质，如沉淀、萃取、离子交换、蒸发和蒸馏及色谱分离。

任务实施

操作实施 2-3　分光光度法测定微量铁的实验条件选择

一、仪器与试剂的准备

1. 仪器与设备

可见分光光度计，比色管（50 mL），移液管（50 mL），容量瓶（500 mL、1 000 mL），吸量管（1 mL、2 mL、5 mL、10 mL）。

2. 材料与试剂

（1）广泛 pH 试纸和不同范围的精密 pH 试纸。

(2)20 $\mu g \cdot mL^{-1}$ 铁标准溶液(参考操作实施 2-2)。

(3)1 $g \cdot L^{-1}$ 1,10-邻菲啰啉盐酸一水合物($C_{12}H_8N_2 \cdot HCl \cdot H_2O$),或 1,10-菲啰啉一水合物($C_{12}H_8N_2 \cdot H_2O$)溶液(新鲜配制)。

(4)100 $g \cdot L^{-1}$ 抗坏血酸溶液(新鲜配制)。

(5)乙酸-乙酸钠缓冲溶液(在 20℃时,pH＝4.5)(参考操作实施 2-2)。

(6)0.1 $mol \cdot L^{-1}$ NaOH 溶液。

(7)0.1 $mol \cdot L^{-1}$ HCl 溶液。

二、学生课前预习

学生每 3～5 人为一组,各小组在教师指导下,通过查阅资料和观看视频等完成预习报告。预习报告内容包括:(1)任务目标。(2)检测原理。(3)操作步骤。(4)思考题:①根据什么原则从 A-pH 曲线确定显色的适宜 pH 范围?如果选择不当,其后果怎样?②在从 A-t 曲线选定适宜的显色时间范围时,主要应考虑什么问题?如果时间选择过短或过长对测定有何影响?③显色剂用量的选择原则是什么?

三、检查学生预习情况

各组根据汇总的相关资料,师生共同讨论、分析,用集体智慧完成预习报告及确定操作步骤,制作汇报提纲并选一代表进行学习汇报交流,对该预习报告及操作步骤进行修订。

四、学生分组操作

1. 显色反应时间的选择

取 2 只 50 mL 比色管,如有必要,用水稀释至约 30 mL,用 180 $g \cdot L^{-1}$ 盐酸溶液调至 pH 为 2(用精密 pH 试纸检查)。一只加入 4.00 mL 铁标准溶液,另一只不加铁标准溶液,分别各加入 100 $g \cdot L^{-1}$ 抗坏血酸溶液 0.5 mL,摇匀,放置 2 min,然后加乙酸-乙酸钠缓冲溶液 10 mL 和 1 $g \cdot L^{-1}$ 邻菲啰啉溶液 5 mL,记下稀释至刻度后的时刻(0 min),立即以不含 Fe^{2+} 离子,但其余试剂用量完全相同的试剂空白作参比,在波长 510 nm 处测定溶液吸光度。然后依次测量放置 0 min、5 min、10 min、20 min、40 min、60 min、80 min 和 100 min 时溶液的吸光度,每次都取原容量瓶中的溶液测定。测量结果填入表 2-6 中。

表 2-6　显色反应时间的数据记录

放置时间/min	0	5	10	30	60	90	120	150
A								

2. 显色反应 pH 条件的选择

于 12 只 50 mL 比色管中,用吸量管各吸入铁标准溶液 4.00 mL,分别各加入 100 $g \cdot L^{-1}$ 抗坏血酸溶液 0.5 mL,摇匀,放置 2 min,各加乙酸-乙酸钠缓冲溶液 10 mL 和 1 $g \cdot L^{-1}$ 邻菲啰啉溶液 5 mL,然后按表 2-7 分别加入 HCl 和 NaOH 溶液,再分别用蒸馏水稀释到刻度,摇匀,放置 15 min,用 1 cm 比色皿并以蒸馏水作参比,在波长 510 nm 处测定各溶液的吸光度,并先用广泛 pH 试纸粗略测定所配制各溶液的 pH,再用精密 pH 试纸准确测定各溶液的 pH。

表 2-7 显色反应 pH 的数据记录

编号	1	2	3	4	5	6	7	8	9	10	11	12
V_{HCl}/mL	3.0	1.0	0.5									
V_{NaOH}/mL				0.0	0.5	1.0	2.0	5.0	10.0	15.0	20.0	25.0
pH												
A												

3. 显色剂用量的影响

用吸量管吸取 20 μg·mL^{-1} 铁标准溶液 2.00 mL，分别注入 8 只 50 mL 比色管中，分别加入 100 g·L^{-1} 抗坏血酸溶液 0.5 mL，摇匀，放置 2 min，然后加乙酸-乙酸钠缓冲溶液 10 mL，按表 2-8 加入不同体积的 1 g·L^{-1} 邻菲啰啉显色剂，用蒸馏水分别稀释至刻度，摇匀，放置 15 min，以蒸馏水为参比溶液，在波长 510 nm 处测量各溶液的吸光度。

表 2-8 显色剂用量的数据记录

编号	1	2	3	4	5	6	7	8
邻菲啰啉/mL	0.5	1.0	1.5	3.0	5.0	8.0	9.0	10.0
A								

五、数据记录及处理

1. 绘制曲线

根据上列三组数据分别绘制：

(1) A-λ 曲线（A 作纵坐标）：任务一已做。

(2) A-t 曲线（A 作纵坐标）；

(3) A-pH 曲线（A 作纵坐标）；

(4) A-V_R 曲线（A 作纵坐标）。

2. 确定测量条件

根据上述四条曲线来确定测量波长、适宜的显色时间范围、显色反应适宜的 pH 范围和显色剂用量范围。

六、教师巡回指导

1. 分光光度法测定条件的选择

(1) 显色反应时间的选择。绘制 A-t 曲线，选择显色反应时间。

(2) 显色反应 pH 条件的选择。绘制 A-pH 曲线，选择显色反应的 pH。

(3) 显色剂用量的选择。绘制 A-V_R 曲线，选择显色反应的显色剂用量。

2. 检测原理

在可见光分光光度测定中，通常是将被测物质与显色剂反应，使之生成有色物质，然后测其吸光度，进而求得被测物质含量。因此，显色反应的完全程度和吸光度的物理测量条件都影响测量结果的准确性。

显色反应的完全程度取决于介质的酸度、显色剂的用量、反应的温度和时间等因素。在建立分析方法时，需要通过实验确定最佳反应条件。为此，可改变其中一个因素（如介质的pH），暂时固定其他因素，显色后测定相应溶液的吸光度，通过 A-pH 曲线确定显色反应的适宜酸度范围。其他几个影响因素的适宜值，也可按这一方式分别确定。

3. 操作要点及注意事项

(1) 显色过程中，每加入一种试剂均要摇匀。

(2) 改变波长时，应重新校正透射比为100%。

(3) 保持仪器的测定条件一致。

七、成绩评定

学生对完成工作任务的表现进行自评和互评，各小组进行总结、考核及评估，教师做出最后评价，填写学习过程评价表。

任务四　工作曲线法测定单一组分的含量

任务内容

学会采用工作曲线法测定样品中单一组分的含量，并对测定数据进行处理。要求测定结果相对误差小于2%。

技术知识

一、光吸收定律

1. 光强度、透射率和吸光度

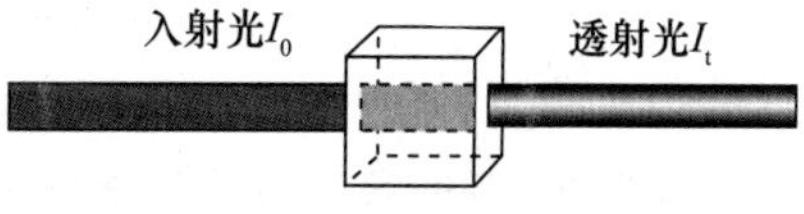

图 2-16　光吸收示意图

当一束强度为 I_0 的平行单色光通过一均匀、非散射和非反射的吸收介质时（图 2-16），吸光物质吸收一部分光能量，使透射光的强度减弱。设透射光的强度为 I_t，则透射光强度 I_t 与入射光强度 I_0 之比称为透射率，也叫透射比，用 T 表示。

$$T=\frac{I_t}{I_0} \tag{2-4}$$

T 的取值范围为0～100%。T 越大，物质对光吸收越小；T 越小，物质对光的吸收越多。$T=0$，表示光全部被吸收；$T=100\%$，表示光全部透过。

物质对光的吸收程度还常用吸光度 A 表示：

$$A=-\lg T=\lg\frac{I_0}{I_t} \tag{2-5}$$

A 越小，物质对光的吸收越少；A 越大，物质对光的吸收越多。

2. 朗伯-比尔定律

朗伯和比尔分别研究了吸光度与液层厚度和吸光度与浓度之间的定量关系，合称朗伯-比尔定律，其数学表达式为

$$A=kbc \tag{2-6}$$

式中：k 为比例常数，与吸光物质的本性、入射光波长及温度等因素有关，k 可用 a（质量吸光系数）或 ε（摩尔吸光系数）表示；b 为透光液层厚度；c 为吸光物质浓度。

朗伯-比尔定律的物理意义：当一束平行单色光通过均匀、透明的吸光介质时，其吸光度与吸光质点的浓度和吸收层厚度的乘积成正比，这是吸光光度法定量分析的理论基础。

3. 质量吸光系数与摩尔吸光系数

在 $A=kbc$ 式中，比例常数 k 的取值与浓度 c 的单位有关：

(1) 当 c 的单位为 $g \cdot L^{-1}$ 时，比例常数用 a 表示，称为质量吸光系数，其单位为 $L \cdot g^{-1} \cdot cm^{-1}$，此时 $A=abc$。

(2) 当 c 的单位为 $mol \cdot L^{-1}$ 时，比例常数用 ε 表示，称为摩尔吸光系数，其单位为 $L \cdot mol^{-1} \cdot cm^{-1}$，此时 $A=\varepsilon bc$。

摩尔吸光系数 ε 的物理意义：

①溶液浓度为 1 $mol \cdot L^{-1}$、液层厚度为 1 cm 时物质对光的吸收程度。

②吸收物质在一定波长和溶剂条件下的特征常数。

③不随浓度 c 和液层厚度 b 的改变而改变。

④同一吸光物质在不同波长下的 ε 值是不同的。在最大吸收波长 λ_{max} 处的摩尔吸光系数，常以 ε_{max} 表示，表明了该吸收物质最大限度的吸光能力。

【例 2-1】已知某化合物的相对分子质量为 251，用乙醇作溶剂将此化合物配成浓度为 0.150 $mmol \cdot L^{-1}$ 溶液，在 480 nm 波长处用 1.0 cm 吸收池测得吸光度为 0.200，求该化合物在上述条件下的质量吸光系数 a 和摩尔吸光系数 ε。

【解】已知 $c=0.150\times10^{-3} mol \cdot L^{-1}$，$b=1.0$ cm，$A=0.200$，$M=251\ g \cdot mol^{-1}$，由朗伯-比尔定律数学表达式 $A=\varepsilon bc$ 得出

$$摩尔吸光系数\ \varepsilon=\frac{A}{cb}=\frac{0.200}{0.150\times10^{-3}\times1.00}=1.33\times10^{3}(L \cdot mol^{-1} \cdot cm^{-1})$$

$$质量吸光系数\ a=\frac{\varepsilon}{M}=\frac{1.33\times10^{3}}{251}=5.30(L \cdot g^{-1} \cdot cm^{-1})$$

4. 朗伯-比尔定律的应用条件

朗伯-比尔定律不仅适用于紫外光、可见光，还适用于红外光；在同一波长下，各组分吸光度具有加和性。其应用条件如下：

(1) 入射光必须为单色光；

(2) 被测样品必须是均匀介质；

(3) 在吸收过程中吸收物质之间不能发生相互作用。

5. 偏离朗伯-比尔定律的因素

定量分析时，通常液层厚度是相同的，按照比尔定律，浓度与吸光度之间的关系应该是一条通过直角坐标原点的直线。但在实际工作中，往往会偏离线性而发生弯曲（图 2-17）。

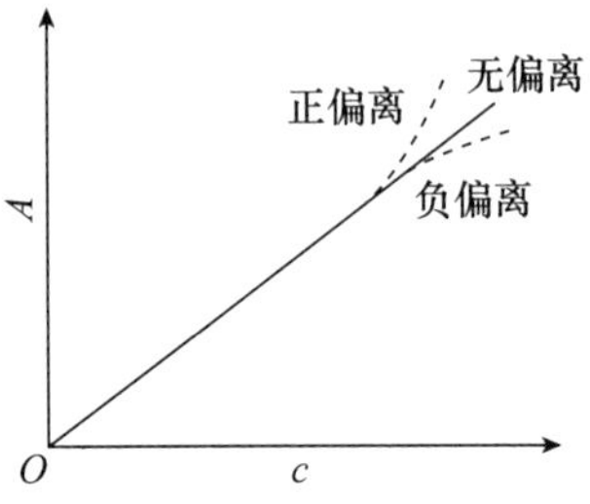

图 2-17 朗伯-比尔定律的偏离示意图

(1) 朗伯-比尔定律的局限性。朗伯-比尔定律仅在稀溶液（$c<1\times10^{-2} mol \cdot L^{-1}$）的情况下才适用。

(2) 非单色光引起的偏离。吸收定律成立的前提条件之一是入射光为单色光，但实际上难以获得真正的纯单色光。复合光可导致对朗伯-比尔定律的正或负偏离。

(3)溶液本身发生化学变化。例如，铬酸盐或重铬酸盐溶液中存在下列平衡：

$$2CrO_4^{2-}+2H^+ \rightleftharpoons Cr_2O_7^{2-}+H_2O$$

溶液中 CrO_4^{2-}、$Cr_2O_7^{2-}$ 的颜色不同，吸光性质也不相同，故溶液 pH 对测定有重要影响。

二、单组分的定量分析

紫外-可见分光光度法常用于定量分析，根据测定波长的范围可分为可见分光光度定量分析法和紫外分光光度定量分析法。前者用于有色物质的测定，后者用于有紫外吸收的物质的测定，两者的测定原理和步骤相同，通过测定溶液对一定波长入射光的吸光度，依据朗伯-比尔吸收定律，就可求出溶液中物质的浓度或含量。

如果只要求测定某样品中一种组分，且在选定的测量波长下，其他组分没有吸收即对该组分不产生干扰，则这种单组分的定量分析较为简单。

(1)吸收系数法(绝对法)。在测定条件下，如果待测组分的吸收系数已知，可以通过测定溶液的吸光度，直接根据朗伯-比尔定律，求出组分的浓度或含量。

(2)标准对照法。预先配制浓度已知的标准溶液，要求其浓度 c_s 与待测试样溶液浓度 c_x 接近。在相同条件下，平行测定标准溶液和试样溶液的吸光度 A_s 和 A_x，由 c_s 可计算试样溶液中被测物质的浓度 c_x：

$$A_s=bc_s \tag{2-7}$$

$$A_x=bc_x \tag{2-8}$$

$$c_x=\frac{A_x}{A_s}c_s \tag{2-9}$$

标准对照法因只使用单个标准，引起误差的偶然因素较多，往往不可靠。

(3)标准曲线法。这是实际分析工作中最常用的一种方法。配制一系列不同浓度的标准溶液，以不含被测组分的溶液为参比溶液，测定标准系列溶液的吸光度，以吸光度 A 作纵坐标，浓度 c 作横坐标，绘制 A-c 曲线，称为标准曲线(也称工作曲线或校正曲线)。在相同条件下测定样品溶液的吸光度，从标准曲线上找出与之对应的 A 未知组分的浓度。

另外，还可以利用专门程序来进行线性回归处理，得到直线回归方程：

$$A=a+bc \tag{2-10}$$

式中：a、b 为回归系数，其中 a 为直线的截距，b 为直线的斜率。标准曲线线性的好坏可用回归方程的线性相关系数 R^2 来表示，R^2 接近于 1 说明线性好，一般要求 R^2 大于 0.999。

【例 2-2】以 1,10-菲啰啉为显色剂，采用标准曲线法测定微量 Fe^{2+}，实验得到标准溶液和样品的吸光度数据(表 2-9)，试确定样品的浓度。

表 2-9　测量数据记录

项目	标准 1	标准 2	标准 3	标准 4	标准 5	标准 6	样品
$c/(10^{-5}\,mol\cdot L^{-1})$	1.00	2.00	3.00	4.00	5.00	6.00	c_x
A	0.113	0.212	0.339	0.464	0.569	0.678	0.512

【解】直接以 A 作纵坐标，c 作横坐标，得到图 2-18 所示曲线，采用线性处理程序进行线性回归处理，得到回归方程：$A=0.114\,2c-0.003\,4$，$R^2=0.999\,1$。曲线符合要求。利用内插法

查出样品浓度，或将待测溶液吸光度代入回归方程，得到样品浓度为

$$c_x=\frac{0.512+0.0034}{0.1142}\times10^{-5}\ \mathrm{mol\cdot L^{-1}}=4.51\times10^{-5}(\mathrm{mol\cdot L^{-1}})$$

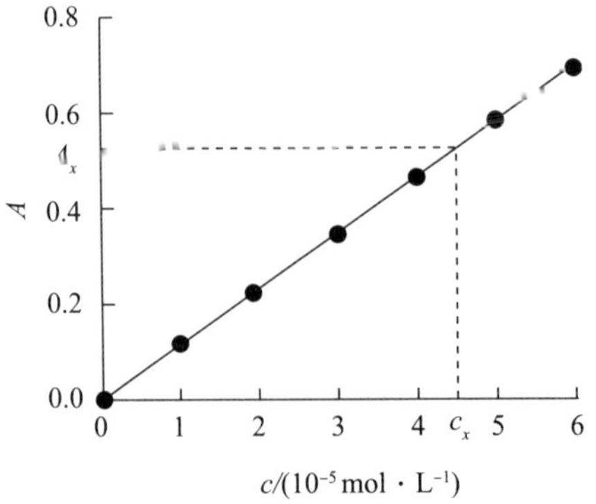

图 2-18 标准曲线法

任务实施

操作实施 2-4 1,10-菲啰啉分光光度法测定食品中微量的铁

一、仪器与试剂的准备

1. 仪器与设备

可见分光光度计，比色管(50 mL)，移液管(50 mL)，容量瓶(500 mL、1 000 mL)，吸量管(1 mL、2 mL、5 mL、10 mL)。

2. 材料与试剂

(1)20 $\mu g\cdot L^{-1}$ 铁标准溶液(参考操作实施 2-2)。

(2)1 $g\cdot L^{-1}$ 1,10-菲啰啉盐酸一水合物($C_{12}H_8N_2\cdot HCl\cdot H_2O$)或 1,10-菲啰啉一水合物($C_{12}H_8N_2\cdot H_2O$)溶液(新鲜配制)。

(3)100 $g\cdot L^{-1}$ 抗坏血酸溶液(新鲜配制)。

(4)乙酸-乙酸钠缓冲溶液(在 20℃时，pH=4.5)(参考操作实施 2-2)。

(5)含铁水样(总铁含量为 0.3～5 $\mu g\cdot mL^{-1}$)。

二、学生课前预习

学生每 3～5 人为一组，各小组在教师指导下，查阅资料和观看视频等完成预习报告。预习报告内容包括：(1)任务目标。(2)检测原理。(3)操作步骤。(4)思考题：①吸收曲线与标准曲线有何区别？各有何实际意义？②根据有关实验数据，计算 1,10-菲啰啉-Fe^{2+} 配合物在最大波长下的摩尔吸光系数。

三、检查学生预习情况

根据各组汇总的相关资料，师生共同讨论、分析，用集体智慧完成预习报告及确定操作步骤。

四、学生分组操作

1. 标准曲线的绘制

用吸量管分别准确移取 0.00 mL、2.00 mL、4.00 mL、6.00 mL、8.00 mL、10.00 mL 铁标准溶液于 50 mL 比色管中，分别加入 100 $g \cdot L^{-1}$ 抗坏血酸溶液 0.5 mL，摇匀，放置 2 min，然后加乙酸-乙酸钠缓冲溶液 10 mL 和 1 $g \cdot L^{-1}$ 邻菲啰啉溶液 5 mL，用水稀释至刻度，摇匀。放置不少于 15 min，以试剂空白溶液为参比，用 1 cm 比色皿，在最大吸收波长下测量各显色标准溶液的吸光度。以铁的浓度作横坐标，相应吸光度作纵坐标，绘制标准曲线。

2. 试样中铁含量测定

用吸量管移取试样溶液 4.00 mL 于 50 mL 比色管中，加入 100 $g \cdot L^{-1}$ 抗坏血酸溶液 0.5 mL，摇匀，放置 2 min，然后加乙酸-乙酸钠缓冲溶液 10 mL 和 1 $g \cdot L^{-1}$ 邻菲啰啉溶液 5 mL，用水稀释至刻度，摇匀。放置不少于 15 min，在所选定的工作波长下，以试剂空白溶液为参比，测定吸光度。

五、数据记录及处理

1. 绘制吸收曲线

记录测定波长与对应的吸光度数据，以波长作横坐标，吸光度作纵坐标，绘制吸收曲线。选择吸收峰最大值所对应的波长为工作波长。

2. 绘制标准曲线

将配制的系列标准溶液所测定的数据，用计算机处理有关数据，以铁的浓度作横坐标，相应吸光度作纵坐标，绘制标准曲线。

3. 计算铁的含量

根据标准曲线回归方程计算测试液浓度，计算原始未知液中铁的含量（以 $mg \cdot mL^{-1}$ 计）。

视频 2-9　标准曲线的绘制

六、教师巡回指导

1. 标准曲线的绘制

用最大吸收波长下测量的一系列不同浓度的标准溶液的吸光度 A 作纵坐标，对应的浓度 c 作横坐标，绘制标准（A-c）曲线。

2. 检测原理

定量分析的依据是朗伯-比尔定律，据此绘制标准曲线，利用软件求出回归方程。将在同样实验条件下测定的待测溶液的吸光度代入回归方程，求出其浓度，进而计算试样中被测物质的含量。

分光光度分析中，显色反应的条件，如溶液酸度、显色剂用量、络合物的稳定性等都应通过实验来确定。

七、成绩评定

学生对完成工作任务的表现进行自评和互评，各小组进行总结、考核及评估，教师做出最后评价，填写学习过程评价表。

拓展知识

一、紫外-可见光谱定性分析

紫外-可见分光光度法可用于有机化合物的鉴定、结构推断和纯度检验。但由于紫外定性分析吸收光谱较为简单,光谱信息少,特征性不强,而且不少简单官能团在近紫外及可见光区没有吸收或吸收很弱,因此,这种方法的应用有较大的局限性。

1. 未知化合物的定性鉴定

不同化合物往往在吸收光谱的形状、吸收峰的数目、位置和相应的摩尔吸收系数等方面表现出特征性,是定性鉴定的光谱依据,可采用光谱比较法进行定性鉴定。通常是在相同条件下,测定未知物和已知标准物的吸收光谱,并进行图谱对比,若二者的图谱完全一致,则可初步认为待测物与标准物为同一种物质。如果没有标准物,可借助紫外-可见标准图谱或有关电子光谱数据资料进行比较。常用的标准谱图有以下四种:

(1)《萨特勒标准光谱(紫外)》,收集了 46 000 种化合物的紫外光谱。

(2)R. A Friedel 和 M. Orchin 编写的《芳香族化合物的紫外和可见吸收光谱》,收集了 597 种芳香族化合物的紫外光谱。

(3)Kenzo Hirayama 编写的《有机化合物紫外和可见吸收光谱手册》。

(4)John Wiley 和他的儿子们编写的《有机电子光谱数据》大型手册系列(收集的文献始于 1946 年,目前仍在继续编写)。

2. 有机化合物的结构推断

紫外-可见分光光度法可以进行化合物某些特征基团的判别。若在 200～750 nm 区域内无吸收峰,则可能是直链烷烃、环烷烃、饱和脂肪族化合物或仅含一个双键的烯烃;若在 270～300 nm 间有弱的吸收峰($k=10\sim100$ L·mol^{-1}·cm^{-1}),且随溶剂极性增大而发生蓝移,则说明分子内含有羰基;若在 184 nm 附近有强吸收带(E_1 带),在 204 nm 附近有中强吸收带(E_2 带),在 260 nm 附近有弱吸收带且有精细结构(B 带),说明含有苯环。

3. 化合物的纯度检验

如果某化合物在紫外光区没有明显吸收峰,而其中的杂质有较强吸收峰,就能方便地检出该化合物中是否含有杂质。例如,苯在 256 nm 处产生 B 吸收带,而甲醇或乙醇在该处几乎没有吸收带,因此,要检验甲醇或乙醇中是否含有苯,可观察在 256 nm 处是否有吸收带来确定。又如,要检验四氯化碳中是否含有二硫化碳,只要观察四氯化碳谱图中是否在 318 nm 处出现吸收峰即可。

二、多组分的定量分析

根据吸光度具有加和性的特点,在同一样品中可以同时测定两种或两种以上组分。假设要测定样品中的两种组分为 x、y,需要先测定两种纯组分的吸收光谱,对比其最大吸收波长,并计算出对应的摩尔吸收系数。两种纯组分的吸收光谱可能有以下三种情况,如图 2-19 所示。

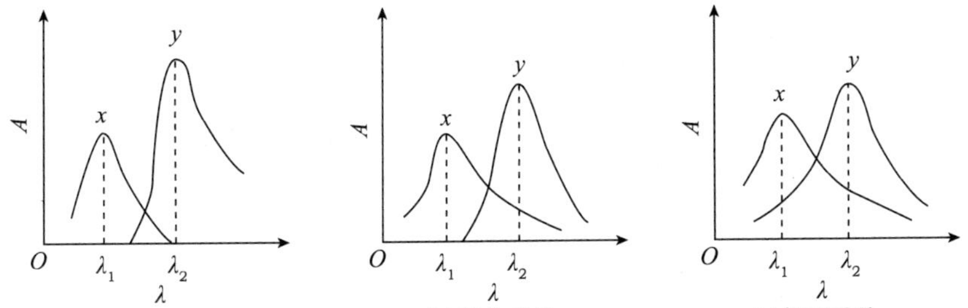

图 2-19　混合组分的吸收光谱

(1)吸收光谱不重叠。根据图 2-19(a)的比较结果，表明两组分互不干扰，可以用测定单组分的方法分别在 λ_1、λ_2 处测定 x、y 两组分。

(2)吸收光谱部分重叠。比较图 2-19(b)中两种组分的吸收光谱，表明 x 组分对 y 组分的测定有干扰，而 y 组分对 x 组分的测定没有干扰。首先测定纯物质 x 和 y 分别在 λ_1、λ_2 处的摩尔吸收系数 $\kappa_{\lambda_1}^x$、$\kappa_{\lambda_2}^x$ 和 $\kappa_{\lambda_2}^y$，再单独测量混合组分溶液在 λ_1 处的吸光度 $A_{\lambda_1}^x$，求得组分 x 的浓度 c_x。然后在 λ_2 处测量混合溶液的吸光度 $A_{\lambda_2}^{x+y}$，根据吸光度的加和性，即得

$$A_{\lambda_2}^{x+y}=A_{\lambda_1}^{x}+A_{\lambda_2}^{y}=\kappa_{\lambda_2}^{x}bc_x+\kappa_{\lambda_2}^{y}bc_y \tag{2-11}$$

可求出组分 y 的浓度为

$$c_y=\frac{A_{\lambda_2}^{x+y}-\kappa_{\lambda_2}^{x}bc_x}{\kappa_{\lambda_2}^{y}b} \tag{2-12}$$

(3)吸收光谱相互重叠。从图 2-19(c)中看出，两组分在 λ_1、λ_2 处都有吸收，两组分彼此互相干扰。在这种情况下，需要首先测定纯物质 x 和 y 分别在 λ_1、λ_2 处的摩尔吸光系数 $\kappa_{\lambda_1}^x$、$\kappa_{\lambda_2}^x$、$\kappa_{\lambda_1}^y$ 和 $\kappa_{\lambda_2}^y$，再分别测定混合组分溶液在 λ_1、λ_2 处溶液的吸光度 $A_{\lambda_1}^{x+y}$ 及 $A_{\lambda_2}^{x+y}$，然后列出联立方程：

$$\begin{cases}A_{\lambda_1}^{x+y}=\kappa_{\lambda_1}^{x}bc_x+\kappa_{\lambda_1}^{y}bc_y\\A_{\lambda_2}^{x+y}=\kappa_{\lambda_2}^{x}bc_x+\kappa_{\lambda_2}^{y}bc_y\end{cases} \tag{2-13}$$

$$\begin{cases}c_x=\dfrac{\kappa_{\lambda_2}^{y}A_{\lambda_1}^{x+y}-\kappa_{\lambda_1}^{y}A_{\lambda_2}^{x+y}}{b(\kappa_{\lambda_1}^{x}\kappa_{\lambda_2}^{y}-\kappa_{\lambda_2}^{x}\kappa_{\lambda_1}^{y})}\\[2ex]c_y=\dfrac{\kappa_{\lambda_2}^{x}A_{\lambda_1}^{x+y}-\kappa_{\lambda_1}^{x}A_{\lambda_2}^{x+y}}{b(\kappa_{\lambda_1}^{y}\kappa_{\lambda_2}^{x}-\kappa_{\lambda_2}^{y}\kappa_{\lambda_1}^{x})}\end{cases} \tag{2-14}$$

如果有 n 种组分的光谱互相干扰，就必须在 n 个波长处分别测定吸光度的加和值，然后解一次方程以求出各组分的浓度。应该指出，这将是烦琐的数学处理过程，且 n 越多，结果的准确性越差。用计算机处理测定结果将使运算变得简单。

【例 2-3】 1.00×10^{-3} mol·L^{-1} 的 $K_2Cr_2O_7$ 溶液及 1.00×10^{-4} mol·L^{-1} 的 $KMnO_4$ 溶液在 450 nm 波长处的吸光度分别为 0.200、0，而在 530 nm 波长处的吸光度分别为 0.050、0.420。现测得两者混合溶液在 450 nm 和 530 nm 波长处的吸光度分别为 0.380 和 0.710。试计算该混合溶液中 $K_2Cr_2O_7$ 和 $KMnO_4$ 的浓度。(吸收池厚度为 10.0 mm)

【解】 设 $K_2Cr_2O_7$ 和 $KMnO_4$ 的浓度分别为 c_x 和 c_y，根据朗伯-比尔吸收定律，二者在 450 nm 和 530 nm 处的摩尔吸收系数分别为

$$\kappa_{450}^{x}=\frac{0.200}{1.00\times10^{-3}\ \text{mol}\cdot\text{L}^{-1}\times1.00\ \text{cm}}=2.00\times10^{2}\ \text{L}\cdot\text{mol}^{-1}\cdot\text{cm}^{-1}$$

$$\kappa_{530}^{x}=\frac{0.050}{1.00\times10^{-3}\ \text{mol}\cdot\text{L}^{-1}\times1.00\ \text{cm}}=50.00\ \text{L}\cdot\text{mol}^{-1}\cdot\text{cm}^{-1}$$

$$\kappa_{450}^{y}=0\ \text{L}\cdot\text{mol}^{-1}\cdot\text{cm}^{-1}$$

$$\kappa_{530}^{y}=\frac{0.420}{1.00\times10^{-4}\ \text{mol}\cdot\text{L}^{-1}\times1.00\ \text{cm}}=4.20\times10^{3}\ \text{L}\cdot\text{mol}^{-1}\cdot\text{cm}^{-1}$$

根据式(2-14)得

$$c_x=\frac{0.380}{2.00\times10^{2}\ \text{L}\cdot\text{mol}^{-1}\cdot\text{cm}^{-1}\times1.00\ \text{cm}}=1.90\times10^{-3}\ \text{mol}\cdot\text{L}^{-1}$$

$$c_y=\left[\frac{50.00\times0.380-2.00\times10^{2}\times0.710}{1.00\times(0-4.20\times10^{3}\times2.00\times10^{2})}\right]\text{mol}\cdot\text{L}^{-1}=1.46\times10^{-4}\ \text{mol}\cdot\text{L}^{-1}$$

练习题

一、选择题

1. 光量子的能量正比于辐射的(　　)。

A. 频率　　B. 波长　　C. 波数　　D. 传播速度

2. 电子能级间隔越小，跃迁时吸收光子的(　　)。

A. 能量越大　　B. 波长越长　　C. 波数越大　　D. 频率越高

3. 同一电子能级，振动态变化时所产生的光谱波长范围是(　　)。

A. 可见光区　　B. 紫外光区　　C. 红外光区　　D. X 射线光区

4. 吸收曲线是(　　)。

A. 吸光物质浓度与吸光度之间的关系曲线

B. 吸光物质浓度与透光度之间的关系曲线

C. 入射光波长与吸光物质溶液厚度之间的关系曲线

D. 入射光波长与吸光物质的吸光度之间的关系曲线

5. 下列四种因素中，决定吸光物质摩尔吸收系数大小的是(　　)。

A. 吸光物质的浓度　　B. 吸光物质的性质　　C. 光源的强度　　D. 检测器的灵敏度

6. 在分光光度法中，运用朗伯-比尔吸收定律进行定量分析采用的入射光为(　　)。

A. 白光　　B. 单色光　　C. 可见光　　D. 紫外光

7. 下列因素中对朗伯-比尔吸收定律不产生偏差的是(　　)。

A. 溶质的解离作用　　B. 杂散光进入检测器

C. 改变吸收光程长度　　D. 溶液的折射指数增加

8. 光强度与单色器狭缝宽度有关，定性分析时采用的狭缝宽度(　　)。

A. 较大　　B. 较小　　C. 适中　　D. 不定

9. 用紫外-可见分子吸收光谱进行定性分析的依据不包括(　　)。

A. 吸收峰的数目　　B. 吸收峰的形状

C. 吸收峰的位置　　D. 最大波长处吸光度值的大小

10. 测得某有色溶液透光度为 T，则吸光度 A 为(　　)。

A. $\frac{1}{T}$　　B. T　　C. $\lg T$　　D. $\lg\left(\frac{1}{T}\right)$

11. 有甲、乙两个不同浓度的同一有色物质的溶液，用同一波长的光测定。当甲溶液用 1 cm 比色皿，乙溶液用 2 cm 比色皿时获得的吸光度值相同，则它们的浓度关系为(　　)。

A. 甲是乙的 1/2　　B. 乙是甲的 2 倍　　C. 甲等于乙　　D. 乙是甲的 1/2

二、填空题

1. 分光光度计主要含________、________、________、________、________等部件。

2. 对于紫外及可见分光光度计，在可见光区可以用____________吸收池，而紫外光区则用__________吸收池进行测量。

3. 在分光光度法中，以__________作纵坐标，以____________________作横坐标作图，可得光吸收曲线。

4. 在紫外-可见分光光度法中，吸光度与吸光溶液的浓度遵从的关系式为________。

5. 在有机化合物中，常常因取代基的变更或溶剂的改变，使其吸收带的最大吸收波长发生移动，向长波方向移动称为________________，向短波方向移动称为________________。

6. 紫外-可见分光光度法定量分析中，实验条件的选择包括____________、____________、____________、____________等方面。

7. 朗伯-比尔定律成立的主要前提条件是采用________________________。当入射辐射不符合条件时，可引起对朗伯-比尔定律的__________偏离，此时工作曲线向________________轴弯曲。

三、问答题

1. 试比较可见分光光度计与紫外分光光度计的不同之处。

2. 摩尔吸收系数的物理意义是什么？其大小和哪些因素有关？在分析化学中，ε 有何意义？

3. 什么是吸收光谱曲线？什么是标准曲线？它们有何实际意义？利用标准曲线进行定量分析时可否使用透光度和浓度为坐标？

4. 有机化合物中电子跃迁主要有哪几种类型？这些类型的跃迁各处于什么波长范围？

5. 何谓助色团及发色团？试举例说明。

6. 为什么不同的物质呈现不同的颜色？

7. 已知维生素 B_{12}，在 361 nm 处的质量吸收系数为 20.7 $L \cdot g^{-1} \cdot cm^{-1}$，精密称取样品 30.0 mg，加水溶解后稀释至 1 000 mL，在该波长处用 1.00 cm 厚吸收池测定溶液的吸光度为 0.618，计算溶液中维生素 B_{12} 的质量分数。

8. 某试液用 2 cm 的比色皿测量时，$T=60\%$，若改用 1 cm 或 3 cm 比色皿，T 及 A 各等于多少？

9. 有一标准 Fe^{3+} 溶液，浓度为 6 $mg \cdot mL^{-1}$，其吸光度为 0.304，而样品溶液在同一条件下测得 A 为 0.510，求样品溶液中的 Fe^{3+} 含量。

10. 5.00×10^{-5} $mol \cdot L^{-1}$ 的 $KMnO_4$ 溶液在 520 nm 波长处用 2 cm 比色皿测得吸光度 A 为 0.224。称取钢样 1.00 g，溶于酸后，将其中的 Mn 氧化成 MnO_4^-，定容至 100.0 mL 后，在上述相同条件下测得吸光度为 0.314，求钢样中锰的含量。

项目三

红外光谱分析技术

【学习目标】

知识目标

(1)了解红外光谱产生的原因,分子中基团基本振动形式;

(2)掌握红外光谱仪的基本构造;

(3)了解红外光谱的特征吸收频率及其与分子结构的关系;

(4)掌握有机化合物不饱和度的计算,红外吸收光谱的一般解析方法。

能力目标

(1)能够熟练操作红外光谱仪;

(2)能够根据谱图确定常见有机化合物的结构;

(3)能够根据样品的状态、性质选择合适的样品处理方法;

(4)能够对仪器进行日常维护保养工作,学会排除简单的故障。

素质目标

(1)遵守实验室规章制度,养成良好习惯,恪守职业道德;

(2)培养学生积极向上、创新思维、信息获取、沟通展示、计划决策能力;

(3)强化学生诚实守信的品德素养。

【项目概述】

利用红外分光光度计测量物质对红外光的吸收及所产生的红外吸收光谱对物质的组成和结构进行分析测定的方法,称为红外吸收光谱法(infrared absorption spectrum,IR)或红外吸收分光光度法。红外光谱是研究分子运动的吸收光谱,亦称为分子光谱。通常红外光谱是指波长处于 0.78~1 000 μm 之间的吸收光谱,这段波长范围反映出分子中原子间的振动和转动运动。分子在振动运动的同时还存在着转动运动,虽然转动运动所涉及的能量变化较小,处在远红外光区,但转动运动影响到振动运动产生偶极矩的变化,因而在红外光谱区实际所测得的谱图是分子的振动运动与转动运动的加合表现,因此红外光谱又称为振转光谱。

红外吸收光谱法具有快速、灵敏度高、测试所需样品量少、分析试样的状态不受限制等优点。红外光谱主要是研究分子结构与红外谱图的关系,由于每一种分子中各个原子之间的振动形式十分复杂,即使是简单的化合物,其红外光谱也是复杂且有其特征的,因此可以通过分析化合物的红外谱图获得许多反映分子结构的信息,并用于化合物分子结构的鉴定。

根据红外光谱中吸收峰的位置和形状可以推断未知物的化学结构;根据特征吸收峰的强

度可以测定混合物中各组分的含量;应用红外光谱可以测定分子的键长、键角,从而推断分子的立体构型,判断化学键的强弱等。因此,红外吸收光谱法已经成为实际生产和科学研究中一种不可或缺的分析工具。

红外吸收光谱法从1905年起已经得到应用。20世纪70年代以来,傅里叶变换技术及其他新技术(如显微红外、色谱-红外联用)的引入,大大提高了红外吸收光谱法的灵敏度、波数精度、分辨率和应用范围,使红外吸收光谱法成为近年来发展最快的谱学方法之一。

【思维导图】

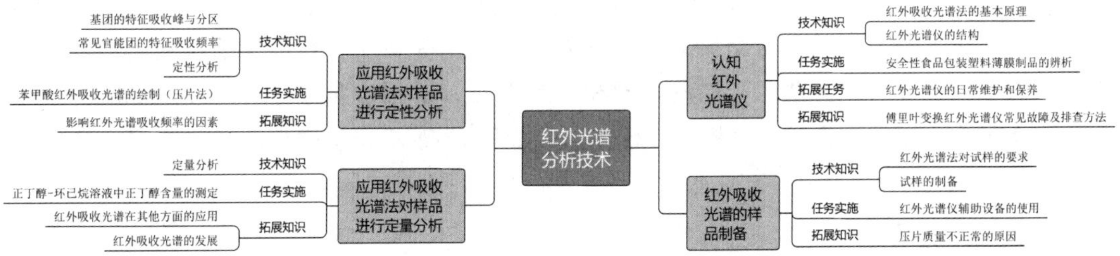

任务一　认知红外光谱仪

任务内容

了解红外光谱仪的基本构造及工作原理,能熟练操作红外光谱仪,能对仪器进行日常维护和保养。

技术知识

一、红外吸收光谱法的基本原理

红外光谱分析方法主要是依据分子内部原子间的相对振动及分子转动等信息进行测定的。当一束具有连续波长的红外光通过物质,物质分子中某个基团的振动频率或转动频率和红外光的频率一样时,分子就吸收能量由原来的基态振(转)动能级跃迁到能量较高的振(转)动能级。分子吸收红外辐射后发生振动和转动能级的跃迁,该处波长的光就被物质吸收。将分子吸收红外光的情况用仪器记录下来,就得到红外光谱图。由于实验技术和应用的不同,通常把红外光谱划分为三个区域。

(1)近红外区(泛频区):波长为0.78~2.5 μm。它主要用来研究O—H、N—H及C—H键的倍频吸收。

(2)中红外区(基本振动-转动区):波长为2.5~25 μm(注:也有将2.5~50 μm划为中红外区)。它是研究、应用最多的区域,该区的吸收主要是由分子的振动能级和转动能级跃迁引起的。

(3)远红外区(转动区):波长为25~1 000 μm(注:也有将50~1 000 μm划为远红外区)。分子的纯转动能级跃迁及晶体的晶格振动多出现在这一区域。

红外光谱图通常用波长 λ 或波数 σ 作横坐标,表示吸收峰的位置,用透射率 T 或者吸光

度 A 作纵坐标，表示吸收强度。波数 σ 的定义是：每 1 cm 范围内所含光波的数目。

$$\sigma/\text{cm}^{-1}=\frac{10^4}{\lambda/\mu\text{m}} \tag{3-1}$$

如 2.5 μm 波长，相当于 $\frac{10^4}{2.5}\ \text{cm}^{-1}=4\ 000\ \text{cm}^{-1}$，而 25 μm 相当于 $\frac{10^4}{25}\ \text{cm}^{-1}=400\ \text{cm}^{-1}$。

1. 振动的基本类型

视频 3-1 红外光谱振动的基本形式

一般把分子的振动方式分为两大类：化学键的伸缩振动和弯曲振动。

(1)伸缩振动。伸缩振动是指成键原子沿着价键的方向来回相对运动。在振动过程中，键角并不发生改变，如碳氢单键、碳氧双键、碳氮三键之间的伸缩振动。伸缩振动又可分为对称伸缩振动和反对称伸缩振动，分别用(ν_s)和(ν_{as})。两个相同的原子和一个中心原子相连时，如 H_2O，其伸缩振动有对称伸缩振动(ν_s)和反对称伸缩振动(ν_{as})，如图 3-1 所示。

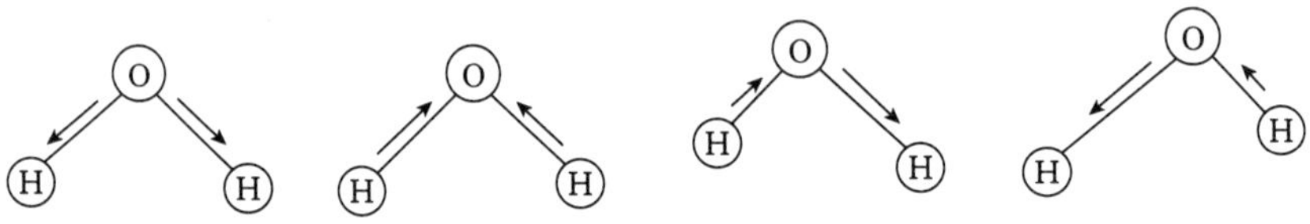

(a) 对称伸缩振动 (σ=3 652 cm^{-1})　(b) 反对称伸缩振动 (σ=3 756 cm^{-1})

图 3-1 水分子的伸缩振动

(2)弯曲振动。弯曲振动又分为面内弯曲振动和面外弯曲振动，分别用δ、γ表示。如果弯曲振动的方向垂直于分子平面，则称为面外弯曲振动；如果弯曲振动完全位于平面上，则称为面内弯曲振动(δ)。剪式振动和平面摇摆振动为面内弯曲振动，面外摇摆振动和扭曲变形振动为面外弯曲振动(γ)。亚甲基(—CH_2—)的基本振动形式如图 3-2 所示。

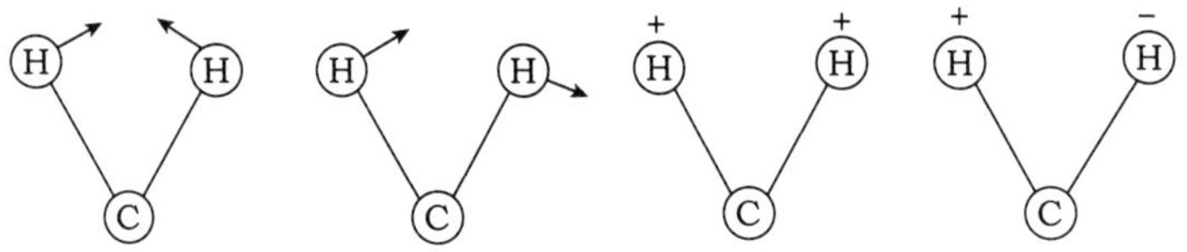

(a) 剪式振动　(b) 面内摇摆　(c) 面外摇摆　(d) 扭曲变形

图 3-2 亚甲基的基本振动形式

"+"：表示由纸面向外；"−"：表示由纸面向内

同一种键型，其反对称伸缩振动的频率大于对称伸缩振动的频率，且又远远大于面内弯曲振动的频率，而面内弯曲振动的频率又大于面外弯曲振动的频率。

2. 红外吸收光谱图及红外吸收光谱产生的条件

红外吸收光谱法研究的是分子中原子的相对振动，也可归结为化学键的振动。不同的化学键或官能团，其振动能级从基态跃迁到激发态所需要的能量是不同的，因此要吸收不同波长的红外光。

当一定波长的红外光照射物质的分子时，若辐射能($h\nu$)等于振动基态(V_0)的能级(E_1)与第一振动激发态(V_1)的能级(E_2)之间的能量差(ΔE)，则分子便吸收该红外光，由振动基态跃迁到第一振动激发态($V_0 \rightarrow V_1$)：

$$\Delta E = E_2 - E_1 = h\nu \tag{3-2}$$

分子吸收红外光后，将引起辐射光强度的改变，又由于不同分子吸收不同波长的红外光，因此在不同波长处出现吸收峰，从而形成了红外吸收光谱。进行红外吸收光谱分析时，当把样品放在红外光谱仪上，一般就可以记录到它的红外吸收光谱图。在红外吸收光谱中，习惯上以微米(μm)为波长单位，以波数 σ(cm^{-1})来表示频率，图 3-3 所示为乙酸乙酯的红外吸收光谱。

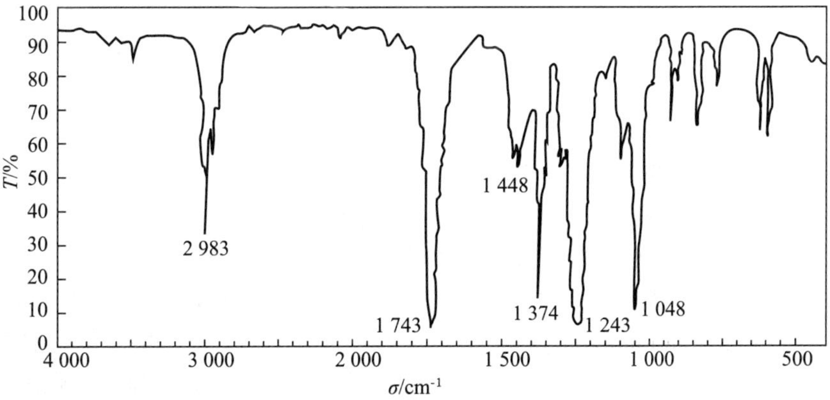

图 3-3　乙酸乙酯的红外吸收光谱

在红外光的作用下，只有偶极矩($\Delta\mu$)发生变化的振动，即在振动过程中 $\Delta\mu \neq 0$ 时，才会产生红外吸收。这样的振动称为红外“活性”振动，其吸收带在红外光谱中可见。而在振动过程中，偶极矩不发生改变($\Delta\mu = 0$)的振动称为红外“非活性”振动，这种振动不吸收红外光，因此也就记录不到其吸收带，在红外吸收谱图中也就找不到。

3. 影响峰数减少的原因

CO_2 分子是一个线性分子，其振动自由度(简谐振动的数目)为 4，故有四种基本振动形式。

(1)对称伸缩振动。

(2)反对称伸缩振动(2 349 cm^{-1})。

(3)面内弯曲振动(667 cm^{-1})。

(4)面外弯曲振动(667 cm^{-1})。

按理 CO_2 分子的红外吸收光谱中应有四个吸收峰，但实际上却只有两个吸收峰，它们分别位于 2 349 cm^{-1} 和 667 cm^{-1} 处。其原因是在 CO_2 分子的四种振动形式中，对称伸缩振动不引起分子偶极矩的变化，因此不产生红外吸收光谱，也就不存在吸收峰。而面内弯曲振动和面外弯曲振动又因频率完全相同，峰带发生简并。在观测红外吸收谱带时，经常遇到峰数往往少于分子的振动自由度数目，其原因如下：

(1)红外非活性振动。例如，CO_2 分子的对称伸缩振动就属于红外非活性振动。

(2)分子结构对称，某些振动频率相同，发生简并。

(3)强宽峰覆盖频率相近的弱而窄的峰。

(4)在红外光区域外的峰。

(5)特别弱的峰或彼此十分接近的峰。

4. 影响红外吸收谱带强度的因素

(1)分子振动偶极矩的影响。分子振动时偶极矩的变化不仅决定该分子能否吸收红外光，而且也关系到吸收峰的强度。红外吸收强度与分子振动过程中偶极矩变化的幅度有关。偶极矩变化幅度越大，吸收强度越大。根据量子理论，红外光谱的强度与分子振动偶极矩变化的平方成正比。一般来说，基团极性越大，在振动过程中的偶极矩变化幅度也就越大，因此吸收强度也越大。典型的例子是 $C=O$ 基的吸收是非常强的，在红外吸收光谱图中往往总是最强的吸收带。而 $C=C$ 基的吸收则有时出现，有时不出现，即使是出现，相对来讲其强度也很弱。同样是不饱和双键，吸收强度上却存在很大的差别，原因就在于同样为伸缩振动，振动时 $C=O$ 基偶极矩的变化幅度是大于 $C=C$ 基的，因而相应地跃迁概率也是大于 $C=C$ 基的。

对于同种类型的化学键，偶极矩的变化也与其结构的对称性有关。例如同样是 $C=C$ 双键，在以下三种不同结构中，吸收强度的差别却十分明显。

①$R—CH=CH_2$　　　　$\varepsilon=40\ L\cdot mol^{-1}\cdot cm^{-1}$。

②$R—CH=CH—R'$顺式　　　　$\varepsilon=10\ L\cdot mol^{-1}\cdot cm^{-1}$。

③$R—CH=CH—R'$反式　　　　$\varepsilon=2\ L\cdot mol^{-1}\cdot cm^{-1}$。

由此可见，①、②、③结构对称性依次提高，吸收强度却依次变弱。

(2)溶剂、溶液浓度的影响。同一种试样在不同的溶剂中，或相同溶剂不同浓度溶液中时，由于氢键的影响及氢键强弱的不同，致使原子间距大小也不同，原子间距越大，偶极矩变化也就越大，吸收也就越强烈。如醇类的 O—H 基在四氯化碳溶剂中的伸缩振动强度就比在乙醚溶剂中弱得多。当溶剂相同、浓度不同时，由于缔合状态不一样，吸收强度同样也有很大差异。

(3)其他因素。吸收谱带的强度还与振动方式有关。即使是强极性基团的红外振动吸收谱带的强度也不如紫外或可见光区最强的电子跃迁吸收峰强度大，通常前者要比后者小 2～3 个数量级。由于红外光谱仪中的能量相对较低，测定时应使用较宽的狭缝，使单色器的光谱带通与吸收峰宽度相近。这样一来，又使红外吸收谱带的峰值及其宽度受所用狭缝宽度的大小的强烈影响。并非所有物质的分子受到红外光作用时，都会产生相应的红外吸收光谱。同质双原子分子(如 H_2、O_2、Cl_2)只有伸缩振动一种形式，这类分子伸缩振动过程中不发生偶极矩变化也就没有红外吸收光谱产生。对称分子的对称伸缩振动也没有偶极矩的变化，也不产生红外吸收光谱。而 $C=O$、O—H 等强极性基团，其伸缩振动吸收均为强吸收，也即不仅可以得到其红外吸收光谱，而且吸收峰强度还很大。

相同物质的摩尔吸收系数 ε 随所用仪器的不同而改变，即仪器不同测定的灵敏度也不一样。因此，在红外光谱定性分析中 ε 的用处并不大。通常将红外吸收谱带强度分为五级，并使用 vs(很强，$\varepsilon>200$)、s(强，$75<\varepsilon<200$)、m(中，$25<\varepsilon<75$)、w(弱，$5<\varepsilon<25$)及 vw(极弱，$\varepsilon<5$)等来定性地加以描述。

二、红外光谱仪的结构

目前红外光谱仪主要有两类：色散型分光光度计和干涉调频型分光光度计[如傅里叶变换红外光谱仪(FT-IR)]。

视频 3-2　色散型红外光谱仪的结构

1. 色散型红外光谱仪

色散型红外光谱仪的基本部件有光源、吸收池、单色器、检测器、放大器及记录机械装置等。按测量的不同可以分为光学零位平衡式和比例记录式两类。其结构示意图如图 3-4 所示。色散型红外光谱仪的组成与紫外-可见分光光度计相似，但是所用部件的结构、材料及性能与紫外-可见分光光度计不同。它们的排列顺序也略有不同，红外光谱仪的样品是放在光源和单色器之间；而紫外-可见分光光度计是放在单色器之后。

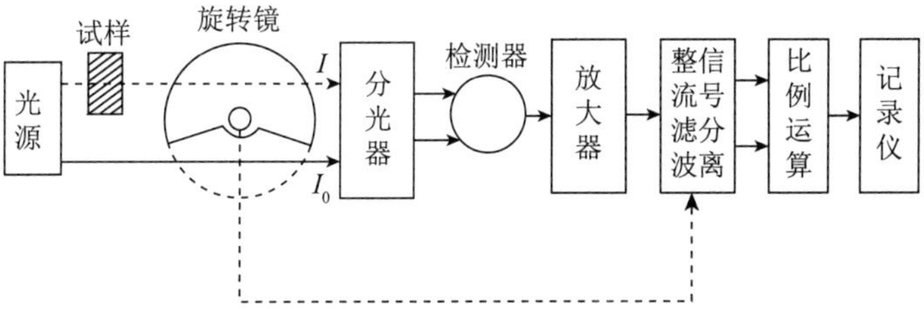

(a) 光学零位平衡式结构

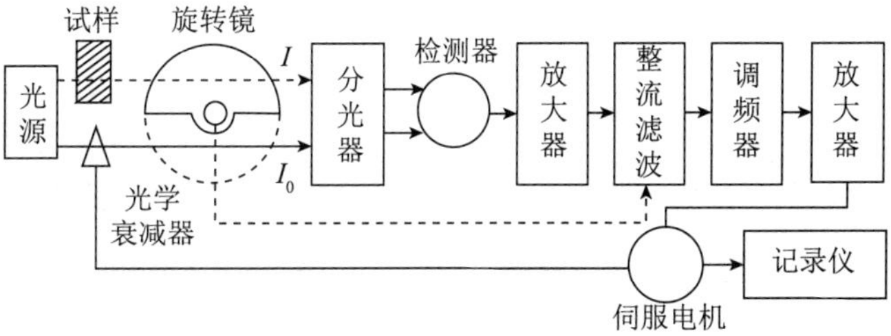

(b) 比例记录式结构

图 3-4　色散型红外光谱仪的两种结构示意图

(1)光源。红外光谱仪中所用的光源通常是一种惰性固体，通电加热使之发射高强度的连续红外辐射。常用的是 Nernst 灯或硅碳棒。Nernst 灯是用氧化锆、氧化钇和氧化钍烧结而成的中空棒和实心棒。工作温度约为 1 700℃，在此高温下导电并发射红外线。但在室温下是非导体，因此，在工作之前要预热。它的特点是发射强度高，使用寿命长，稳定性较好。缺点是价格比硅碳棒贵，机械强度差，操作不如硅碳棒方便。硅碳棒是由碳化硅烧结而成，工作温度在 1 200～1 500℃。

(2)吸收池。因玻璃、石英等材料不能完全透过红外光，红外吸收池要用可透过红外光的 NaCl、KBr、CsI、KRS-5(TiI 58%～TiBr 42%)等材料制成透光窗片。用 NaCl、KBr、CsI 等材料制成的窗片需注意防潮。固体试样可与纯 KBr 混匀压片，然后直接进行测定。

(3)单色器。单色器由色散元件、准直镜和狭缝构成。色散元件常用复制的闪耀光栅。由于闪耀光栅存在次级光谱的干扰，因此需要将光栅和用来分离次级光谱的滤光器或前置棱镜结合起来使用。

(4)检测器。常用的红外检测器有高真空热电偶、热释电检测器和碲镉汞检测器。高真空热电偶是利用不同导体构成回路时的温差电现象，将温差转变为电位差。热释电检测器是利用硫酸三苷肽(TGS)的单晶片作为检测元件。硫酸三苷肽是铁电体，在一定的温度以下，能产生很大的极化反应，其极化强度与温度有关，温度升高，极化强度降低。将 TGS 薄片正面真空镀铬(半透明)，背面镀金，形成两电极。当红外辐射光照射到薄片上时，引起温度升高，TGS 极化强度改变，表面电荷减少，相当于“释放”了部分电荷，经放大，转变成电压或电流方式进行测量。碲镉汞检测器(MCT 检测器)是由宽频带的半导体碲化镉和半金属化合物碲化汞混合形成，其组成为 $Hg_{1-x}Cd_xTe$，$x \approx 0.2$，改变 x 值，可获得测量波段不同灵敏度的各种 MCT 检测器。

2. 傅里叶变换红外光谱仪

（1）工作原理。傅里叶变换红外光谱仪中没有色散元件，主要由光源（硅碳棒、高压汞灯）、迈克耳孙（Michelson）干涉仪、检测器、计算机和记录仪组成。工作原理示意图如图 3-5 所示。

视频 3-3 傅里叶变换红外光谱仪的结构

由红外光源 S 发出的红外光，经准直镜转变为平行红外光进入干涉仪系统，经干涉仪调制后得到一束干涉光。干涉光通过样品 S_a，获得的含有样品信息的干涉光信号达到检测器 D，被转变为干涉电信号。这种干涉信号经过 A/D 转换器送入计算机，由计算机进行傅里叶变换的快速计算，然后由 D/A 转换器后打印得到红外光谱图。

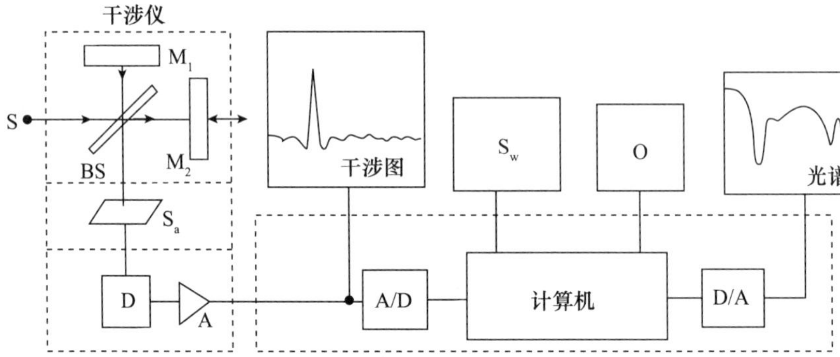

图 3-5 傅里叶变换红外光谱仪工作原理示意图

S 为光源；M_1 为定镜；M_2 为动镜；BS 为分束器；D 为检测器；S_a 为样品；A 为放大器；A/D 为模数转换器；D/A 为数模转换器；S_w 为键盘；O 为外部设备（打印机等）

FT-IR 的核心部分为迈克耳孙干涉仪，它并没有把光源来的红外光按频率分开，而只是把各种频率的光信号经干涉作用调制为干涉图函数，再将包含样品反射图函数送往计算机进行傅里叶变换的数学处理。FT-IR 与色散型红外光谱仪的主要区别在于干涉仪和傅里叶变换两部分。

迈克耳孙干涉仪（图 3-6）的作用是将光源发出的光分成两光束后，再以不同的光程差重新组合，发生干涉现象。当两束光的光程差为 $\lambda/2$ 的偶数倍时，落在检测器上的相干光相互叠加，产生明线，其相干光强度有极大值；相反，当两束光的光程差为 $\lambda/2$ 的奇数倍时，落在检测器上的相干光相互抵消，产生暗线，相干光强度有极小值。多色光的干涉图等于所有各单色光干涉图的加和，故得到的是具有中心极大，并向两边迅速衰减的对称干涉图。

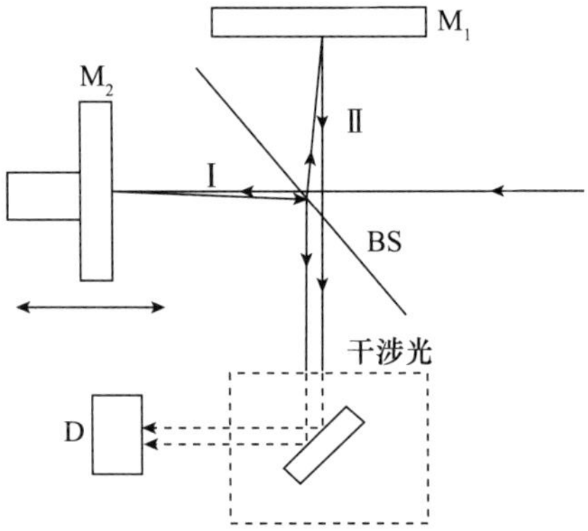

图 3-6 迈克耳孙干涉仪示意图

M_1 为定镜；M_2 为动镜；D 为检测器；BS 为分束器

干涉图包含光源的全部频率和与该频率相对应的强度信息。如一个有红外吸收的样品放在干涉仪的光路中，由于样品能吸收特征波数的能量，结果所得到的干涉图强度曲线就会相应地产生一些变化，干涉图中包括了样品对红外光吸收的信息。包括每个频率强度信息的干涉图，可借数学上的傅里叶变换技术对每个频率的光强进行计算，从而得到吸收强度或透过率和波数变化的普通红外光谱图。

(2)特点。

①扫描速度极快。傅里叶变换红外光谱仪是在整个扫描时间内同时测定所有频率的信息，一般只要 1 s 左右即可。因此，它可用于测定不稳定物质的红外光谱。而色散型红外光谱仪，在任何一瞬间只能观测一个很窄的频率范围，一次完整扫描通常需要 8 s、15 s、30 s 等。

②具有很高的分辨率。通常傅里叶变换红外光谱仪分辨率达 0.1～0.005 cm^{-1}，而一般棱镜型的仪器分辨率在 1 000 cm^{-1} 处有 3 cm^{-1}，光栅型红外光谱仪分辨率也只有 0.2 cm^{-1}。

③灵敏度高。傅里叶变换红外光谱仪不用狭缝和单色器，反射镜面又大，故能量损失小，到达检测器的能量大，可检测 10^{-8}g 数量级的样品。除此之外，还有光谱范围宽(1 000～10 cm^{-1})；测量精度高，重复性可达 0.1%；杂散光干扰小；样品不受因红外聚焦而产生的热效应的影响等特点。特别适合于与气相色谱联机或研究化学反应机理等。

(3)主要部件。傅里叶变换红外光谱仪通常使用的光源是 Nernst 灯、硅碳棒或涂有稀土化合物的镍铬螺旋状灯丝。干涉仪主要使用迈克耳孙干涉仪，检测器多使用热释电检测器和碲镉汞检测器。吸收池等完全和色散型红外光谱仪相同。数据处理系统必须配备计算机及数据处理软件。

视频 3-4　红外光谱仪的基本操作

任务实施

操作实施 3-1　安全性食品包装塑料薄膜制品的辨析

一、仪器与试剂的准备

1. 仪器与设备

扫描型红外光谱仪。

2. 材料与试剂

如果仪器有专用薄膜样品固定架，可根据相关操作进行样品安装。如果没有，可根据下列方法进行操作：取厚度约为 5 μm 的 30 mm×50 mm 的聚乙烯(PE)、聚丙烯、聚氯乙烯(PVC)和聚偏氯乙烯(PVDC)等膜各一张。另取 55 mm×120 mm 的硬纸板 8 张，在它们中间开出长为 30 mm、宽为 15 mm 的长方形口。然后把薄膜分别粘夹在两张硬纸板长方形口上，即制成样品卡片。

二、学生课前预习

学生可通过图书馆中的各种资源(中国期刊网、万方数据库、标准全文数据库等)和网络搜索引擎查阅资料，并整理完成预习报告。预习报告内容包括：(1)画出仪器的组成示意图。(2)画出操作流程图。(3)思考题：①化合物的红外吸收光谱是如何产生的？②化合物的红外吸收光谱能提供哪些信息？③为什么食品包装膜的安全性非常重要？

三、检查学生预习情况

学生分组讨论，设计出分析方案后由教师确认。报告含完善红外光谱仪的操作流程。

四、学生分组操作

学生按照修订后的红外光谱仪的操作流程，按规范要求，分组进行操作得出各种 IR 光谱。

(1)预先打开空调和除湿机。

(2)打开仪器电源开关及电脑。

(3)打开工作站软件。

(4)根据所用仪器的操作步骤，选择好实验条件，调节到相应工作状态。

(5)将聚乙烯膜样品卡片置于样品窗口前。

(6)在同样的实验条件下，测绘聚苯乙烯膜的红外吸收光谱。

(7)红外图谱分析。

五、数据记录及处理

(1)记录实验条件。

(2)在获得的红外吸收光谱图上，从高波数到低波数，标出各特征吸收峰的频率，分析相关数据，指出各特征吸收峰属于何种基团的振动。

(3)比较聚乙烯和聚氯乙烯膜的红外吸收光谱，指出它们之间的差别，并说明产生的原因。

六、教师巡回指导

1.操作要点及注意事项

(1)红外光谱仪实验室湿度小于 40%。

(2)开机预热 30min。

(3)打开工作站软件。

(4)按“采集”按钮，打开“实验设置”，设置扫描次数(≤64)及分辨率(最高 1 cm^{-1})，在“采集样品前采集背景”选项前打“√”，“谱图修正”项选“H_2O and CO_2”，按“确定”返回；按“采集”按钮，按“采集样品”，输入谱图标题，按“确定”；光路中不放任何样品，在“准备采集背景”提示栏中按“确定”，开始背景采集，完成后在屏幕上显示空气的背景吸收图。

(5)按提示插入样品池或样品薄膜，在“采集样品”提示栏中按“确定”，采集样品谱图。

(6)在“是否将谱图加到窗口”中选“确定”，在屏幕上显示经对空气背景校正后的样品谱图。可在窗口中对谱图进行解析或编辑，也可将谱图保存或打印。也可以用软件检索功能从红外谱图库中检索出和未知化合物的谱图有较高匹配度的一系列物质。检索的准确度与软件中安装的有机化合物红外谱图库有关，特别是进行一些非常规物质的分析时，还必须在软件中有针对性地加入一些专用谱库，如此检索才有较高的准确度。

(7)在解释红外吸收光谱时，一般从高波数到低波数依次进行，但不必对光谱图中的每一吸收峰都进行解释，只需要指出各基团的特征吸收即可。

(8)实验结束后，关闭仪器电源，在样品槽中放入干燥剂，填写仪器使用记录。

2.判断依据

与收集的相关标准图谱进行比对。PE 在 920.22 cm^{-1} 和 2 849.84 cm^{-1} 处是亚甲基—CH_2 的不对称和对称伸缩振动吸收，在 1 463.52 cm^{-1} 处为—CH_2 的变形振动，在 719.67 cm^{-1} 处为—CH_2 的面内摇摆振动。同时，在 2 900 cm^{-1} 处是否出现明显的分叉峰可以判断是否含有 PVC，以及根据 740 cm^{-1} 附近的伸缩振动峰，判断是否含有毒性增塑剂 DEHA。

3. 食品包装膜的安全性

食品包装保鲜膜按材质可分为聚乙烯(PE)、聚丙烯、聚氯乙烯(PVC)和聚偏氯乙烯(PVDC)等。就材质而言,PE和PVDC是安全的。其中PVDC主要用于火腿肠等熟食产品的包装。常见的是PE和PVC保鲜膜中,PVC中残留的氯乙烯单体过量的话(氯乙烯对人体的安全限量标准为小于1 $mg\cdot kg^{-1}$),对人体具有致癌作用,危害人体健康;PVC保鲜膜为了增加黏性、透明度和弹性,在加工过程中常加入大量的增塑剂,主要品种为己二酸二(2-乙基己基)酯(DEHA),含有DEHA的PVC保鲜膜与油脂接触或在微波炉加热的环境下,DEHA容易释放出来,并渗入食物中,对人体内分泌系统有很大破坏作用,会扰乱人体的激素代谢,引起人类多种疾病。

七、成绩评定

学生对完成工作任务的表现进行自评和互评,各小组进行总结、考核及评估,教师做出最后评价,填写学习过程评价表。

拓展任务

拓展操作3-1　红外光谱仪的日常维护和保养

1. 工作环境

(1)实验室环境和通风条件。

①实验室应保持洁净,无灰尘和烟雾。实验室室温应保持在15～30℃之间,相对湿度的允许范围是20%～80%。室内一般要求安装除湿机。

②实验室内和周围环境中应无可燃或易爆气体,无腐蚀性气体或其他有毒物质,以避免仪器的损坏及由此产生的氢卤酸的腐蚀。

③仪器四周至少应保留10 cm的空隙,以使空气流通,保持仪器通风口和通风窗的正常工作,有利于电学元器件、电源等散热。

(2)对实验台的要求。光谱仪应单独放置在一个稳定的台面上,应与电扇、电机等持续振动物体分隔开来,以避免仪器受到振动或撞击。如果环境振动比较严重,应考虑安装一个声阻尼底座。

(3)对电源和电缆的要求。

①配置一台电源稳压器,确保电源电压稳定在220 V±22 V的范围之内。

②光谱仪系统应有专用的电源插座,不要与其他电气设备共用插座。

③仪器电源必须接地,不要取消保护接地或使用没有接地导体的延伸电缆。

④如果四周铺有地毯,应在仪器之下放置一块防静电的橡皮垫子。

2. 日常维护和保养

(1)干涉仪是FT-IR光谱仪的关键部件,且价格昂贵,尤其是干涉仪中的分束器,对环境湿度有很严格的要求,因此要特别注意保护干涉仪。当第一次使用或搁置很长一段时间再使用仪器时,应让仪器预热几个小时。若干涉仪工作不正常应送厂方维修,不可自己打开干涉仪盖。

(2)应随时检查仪器内部的干燥程度,及时更换仪器内部的干燥剂。注意仪器防尘。

(3)红外光源应定期更换。一般情况下,光源累计工作时间达到1 000 h就应更换一次,否则,红外光源中挥发出的物质就会溅射到附近的光学元件表面上,降低系统的性能。

(4)仪器的使用和维护情况要及时记录。

拓展知识

傅里叶变换红外光谱仪常见故障及排查方法

傅里叶变换红外光谱仪的常见故障及排除方法详见表 3-1。

表 3-1　傅里叶变换红外光谱仪的常见故障及排除方法

故障现象	故障原因	排除方法
干涉图能量低，导致信噪比不理想	①光路准直未调节好或非智能红外附件位置未调整到正确位置； ②红外光源已损坏或能量已衰竭； ③检测器已损坏或 MCT 检测器无液氮； ④分束器损坏； ⑤各种红外反射镜或红外附件的镜面太脏； ⑥光阑孔径太小或信号增益倍数太小； ⑦光路中有衰减器	①启动光路自动准直程序，如果正在使用非智能红外附件，则还需进行人工准直； ②更换红外光源； ③请维修工程师检查，必要时更换检测器(检测器损坏很有可能是由于受潮引起的，因此更换后应注意保持仪器室的干燥)，对于 MCT 检测器，可添加液氮后再重新检查； ④请维修工程师检查，必要时更换分束器(分束器损坏很可能是由于受潮或更换时碰撞产生裂痕引起的，因此更换后应注意保持仪器室的干燥，从仪器上取出或装入时一定要非常小心)； ⑤请维修工程师清洗； ⑥重新设置光阑孔径或信号增益倍数，使之处于适当值； ⑦取下光路中的衰减器
红外光谱仪的光学台未能工作，不能产生干涉图	①分束器未固定好或已损坏； ②计算机与光学台未能连接； ③控制电路板损坏； ④仪器输出电压不正常； ⑤操作软件有问题； ⑥仪器室温度过高或过低； ⑦检测器已完全损坏； ⑧He-Ne 激光器不工作或能量已较大衰减	①重新固定分束器，如分束器已损坏，请维修工程师检查，必要时更换分束器(分束器损坏很有可能是由于受潮或更换时碰撞产生裂痕引起的，因此更换后应注意保持仪器室的干燥，从仪器上取出或装入时一定要非常小心)； ②检查计算机与光学台连接口，锁紧接口，重新启动光学台和计算机； ③与维修工程师联系，或请维修工程师检查，必要时更换控制电路板(更换后，要再次检查稳压电源工作效率和仪器室电源有无问题)； ④检查仪器面板上指示灯，有自诊断程序可启动诊断，检查输出电源是否正常，排查故障原因，并与维修工程师联系处理； ⑤重新安装操作软件； ⑥通过空调调控室温； ⑦更换检测器； ⑧检查 He-Ne 激光器工作是否正常，及时请维修工程师维修

续表

故障现象	故障原因	排除方法
干涉图能量过高，导致溢出	①光阑孔径太大或信号增益倍数太高； ②动镜移动速度太慢	①重新设置光阑孔径或信号增益倍数，使之处于适当值； ②重新设置动镜移动速度
干涉图不稳定	①控制电路板损伤或疲劳； ②所使用的 MCT 检测器真空度降低或窗口有冷凝水； ③测量远红外区时样品室气流不稳定	①请维修工程师检查维修； ②对 MCT 检测器重新抽真空； ③待样品室气流稳定后再测试
空气背景有杂峰	①光学台的样品室混有其他污染气体； ②各种红外反射镜或红外附件的镜面有污染物； ③液体池盐片未清洗干净	①用干净氮气吹扫光学台的样品室； ②请维修工程师清洗； ③清洗干净液体池盐片
100%透过基线产生漂移	仪器尚未稳定	等稳定后再测试

任务二　红外吸收光谱的样品制备

任务内容

了解红外吸收光谱法对试样的要求，掌握固体试样的压片技术，了解气体及液体试样的制备方法。

技术知识

一、红外吸收光谱法对试样的要求

红外吸收光谱的样品可以是气体、液体或固体，一般要求如下：

(1)试样应为“纯物质(>98%)”，通常在分析前，样品需要纯化；对于 GC/FT-IR 则无此要求。

(2)试样不含有游离水(水可产生红外吸收且可侵蚀盐窗)。

(3)试样中被测组分的浓度或测量厚度应适当，使吸收强度适中，一般要使谱图中大多数吸收峰的透射比处于 15%～75%。太稀或太薄时，一些弱峰可能不出现；太浓或太厚时，可能使一些强峰的记录超出，无法确定峰位。

二、试样的制备

1. 气体池

测定气态样品光谱时都使用气体池，它分为常量气体池、小型气体池、长光程气体池及

GC/FT-IR 联用技术用的气体池(称为光管)等。常量气体池的光程一般为 10 cm,其圆形玻璃池体的容积约为 120 mL,两端用 KBr 或 NaCl 等可透过红外光的窗片,再用金属螺旋帽通过密封垫圈压紧窗片将气体池密封,如图 3-7 所示。

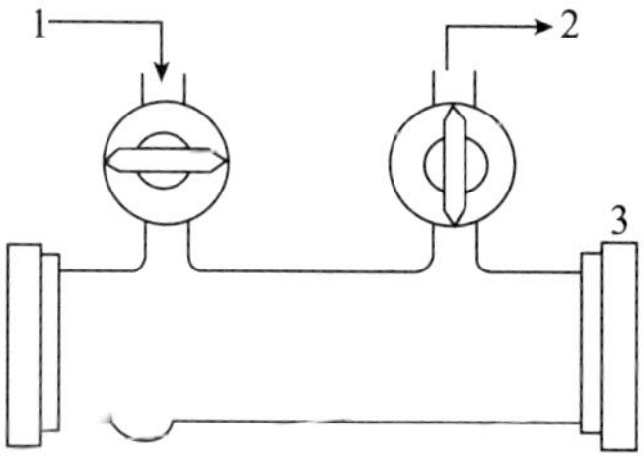

图 3-7 气体池

1. 试样入口 2. 抽气口 3. 透光盐片

2. 液体样品

对液体或溶液样品可以采用液膜法和液体池法。

(1)液膜法 液膜法也可称为夹片法。该法适用于不易挥发(沸点高于 80℃)的液体或黏稠溶液。使用两块 KBr 或 NaCl 盐片,如图 3-8 所示。将液体滴 1～2 滴到盐片上,用另一块盐片将其夹住,用螺丝固定后放入样品室测量。若测定碳氢类吸收较低的化合物,可在中间放入夹片(厚度为 0.05～0.1 mm),增加膜厚。测定时需注意不要让气泡混入,螺丝不应拧得过紧以免窗板破裂。使用以后,螺帽要立即拆除,用脱脂棉蘸氯仿、丙酮擦净。沸点较高的样品,直接滴在两片盐片之间,形成液膜。该法操作简便,适用于对高沸点及不易清洗的样品进行定性分析。这种方法重现性较差,不宜做定量分析。

(2)液体池法。对于沸点低、挥发性强的液体或吸收很强的固、液体需配成溶液进行测量的样品,可采用液体池法,即把液体或溶液注入池中测量。可拆式液体池的组成如图 3-9 所示。

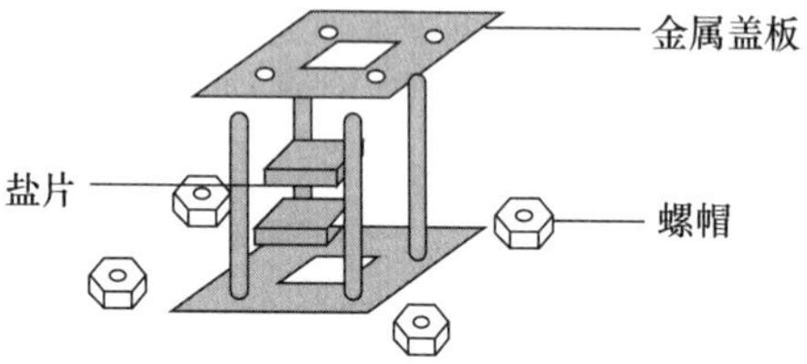

图 3-8 液膜法示意图

图 3-9 可拆式液体池的组成

1. 前框架 2. 后框架 3. 红外透光窗盐片 4. 垫圈(氯丁橡胶或聚四氟乙烯) 5. 间隔片(铅或铝) 6. 螺帽

视频 3-5 固体试样的压片

3. 固体样品

固体样品可以用压片法、调糊法、薄膜法和溶液法四种。溶液法已于上面叙述。

(1)压片法。红外压片机的结构如图 3-10 所示,仪器依据液压原理设计而成。摇动压油手柄时可以向工作台施加向上的压力。制备固体样品时将 0.5～1.0 mg 样品和 150 mg 左右的溴化钾粉末混合均匀,在研钵中一起研细后放入压片模具中,将该模具置于工作台上加压,压片模具的顶模片和底模片具有较高的光洁度,以保证压出的薄片均匀透明。

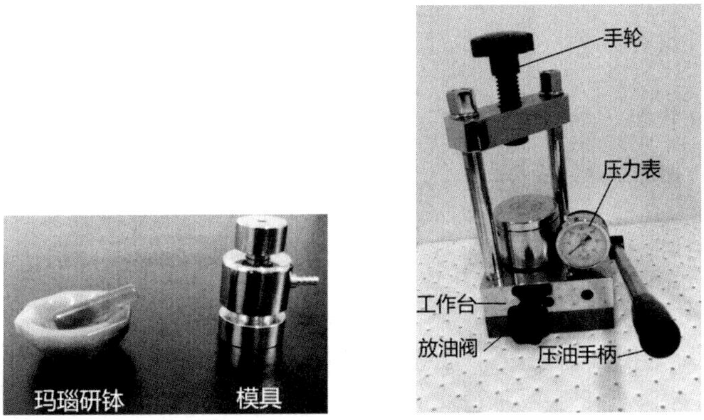

图 3-10　压片模具示意图

(2)调糊法。将 2～5 mg 固体样品放入研钵中充分研细(粒度小于 2 μm),滴 1～2 滴重烃油调成糊状,涂在盐片上用组合窗板组装后测定。调糊剂常用石蜡油,其光谱较简单,但由于其 C—H 吸收带常对样品有影响,因此可用全氟烃油代替。

(3)薄膜法。该法主要用于某些高分子聚合物的测定。把样品溶于挥发性强的有机溶液中,然后滴加于水平洁净的玻璃板上,或直接滴加在盐片上,待有机溶剂挥发(必要时在减压干燥器中使溶剂挥发)后形成薄膜,置于光路中测量。有些高聚物可以热熔后涂制成膜或加热压制成膜。

任务实施

操作实施 3-2　红外光谱仪辅助设备的使用

一、仪器与试剂的准备

1. 仪器与设备

压片机、钢铲、镊子。

2. 材料与试剂

分析纯溴化钾和苯甲酸。

二、学生课前预习

学生每 3～5 人为一组,通过仪器操作手册和观看视频等完成预习报告。预习报告内容包括:(1)画出仪器的组成示意图。(2)画出操作流程图。(3)思考题:①红外吸收光谱法对试样的要求有哪些?②怎样制备固体、液体和气体样品?

三、检查学生预习情况

各小组派代表汇报,师生共同讨论、分析,用集体智慧完成预习报告。

四、学生分组操作

(1)气体样品的制备。

(2)液体样品的制备。

(3)固体样品的制备。

五、数据记录及处理

记录操作温度、湿度及操作要点。

六、教师巡回指导

1. 气体样品操作要点

气体池进样装置如图 3-11 所示。必要时可在采样瓶和气体池之间再串接气体干燥装置。装样的操作步骤如下：

(1)先用干燥空气流冲洗气体池。

(2)按图 3-11 将装置连接好。

(3)关闭采样瓶活塞，开启气体池的进出口活塞，使三通活塞处于抽气的位置。

(4)用真空泵抽去系统中的空气和水蒸气，在保护样品的情况下(如将采样瓶预先置于冷阱中使待测气体充分冷却)，间歇地稍微打开采样瓶上端活塞 1～2 次以抽去气样中及管道接口中的杂质气体。

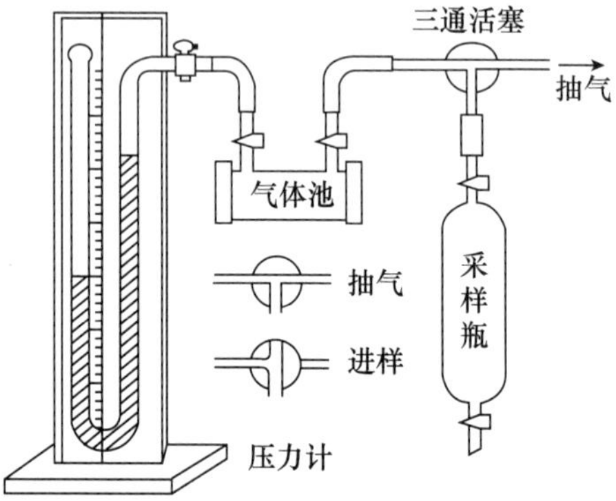

图 3-11　气体池进样装置

(5)当水银压力计指示到泵的极限抽空值时，将三通活塞转换至进样位置，并停止抽气。观察压力计的指示值 1～2 min，如压力计指示值不下降则说明系统中不漏气。

(6)进样时缓缓开启气体采样瓶上端的活塞，待压力计的汞柱指示到所需压力时，关闭气体和采样瓶的活塞，取下气体池即可进行气体的光谱测绘。

(7)气体池和进样系统用毕，用干燥空气流(或干燥氮气流)冲洗残留气体，以免影响下次测定结果。

2. 液体样品操作要点

(1)液体池装样操作。将吸收池倾斜 30°，用不带针头的玻璃注射器吸取待测的样品，由下孔注入直到上孔看到样品溢出且窗片内无空气为止，用聚四氟乙烯塞子塞住上、下注射孔，用高质量的纸巾擦去溢出的液体后便可进行测试。在液体池装样操作过程中，应注意以下几点：①样品必须干燥不含水分。②灌样时要防止气泡留存在池内或气泡吸附在窗片上。③样品要充分溶解，不应有不溶物进入液体池内。④装样品时不要将样品溶液外溢到窗片上。

(2)液体池的清洗操作。测试完毕，取出塞子，用注射器吸出样品，由下孔注入溶剂，冲洗 2～3 次。冲洗后，在红外灯下用吸耳球从液体池的一个入口处抽吸，使灯附近的干燥空气吸入液体池内以除去残留的溶剂，然后放在红外灯下烘烤至干，最后将液体池存放在干燥器中。注意：液体池在清洗过程中，不要因溶剂挥发或直接接触潮湿物品而致使窗片受潮，也不要直接用洗耳球向池内吹气，以防止池内被污染。

(3)液体池厚度的测定。根据均匀的干涉条纹的数目可测定液体池的厚度。测定的方法是对空的液体池进行扫描，由于两盐片间的空气对光的折射率不同会产生干涉，根据干涉条纹的数目计算液体池厚度，如图 3-12 所示。一般选 1 500～600 cm^{-1} 的范围较好，计算公式如下：

$$b = \frac{n}{2}\left(\frac{1}{\sigma_1 - \sigma_2}\right) \tag{3-3}$$

式中：b 为液体池厚度，cm；n 为两波数间所夹的完整波形个数；σ_1、σ_2 分别为起始和终止的波数，cm^{-1}。

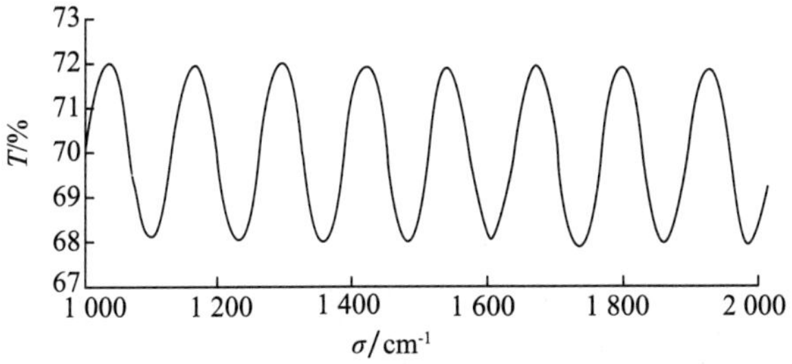

图 3-12　空气的干涉条纹

3. 固体样品操作要点

(1)将预先在 110℃下烘干 48 h 以上，并保存在干燥器中的 150 mg 左右溴化钾，置于洁净的玛瑙研钵中，研磨成均匀细小的颗粒，然后转移到压片模具上，依图 3-11 先下后上的次序安装模具。

(2)预先将压片机的手柄摇动十几次，顺时针旋紧放油阀，把压模置于压片机的工作台上，转动压力丝杠预紧，摇动手柄(前后要到位)十次以上，即可达到工作压力(10～12 MPa)。(注：DF-4 型压片机的压力表指示值和实际压力之间的关系是：工作压力＝0.64×压力表读数，最大工作压力为 15 MPa)

(3)停止加压，维持 3～5 min，逆时针旋转放油阀，加压解除，压力表指针指“0”，旋松压力丝杠手轮，取出压模，可得到透明的溴化钾晶片，小心从压膜中取出晶片，作为参比镜片并保存在干燥器中。

(4)制作样品晶片时，首先将样品和溴化钾晶体一同研细成均匀细小的颗粒，其余步骤同上。

注意：制得的晶片，必须无裂痕，局部无发白现象，如同玻璃板完全透明，否则应重新制作。

七、成绩评定

学生对完成工作任务的表现进行自评和互评，各小组进行总结、考核及评估，教师做出最后评价，填写学习过程评价表。

拓展知识

压片质量不正常的原因

压片过程中经常会出现一些影响测试效果不正常现象，必须及时处理。原因分析见表 3-2。

表 3-2 KBr 压片质量不正常原因分析

不正常现象	原因	纠正方法
①透过片子看远距离物体时，透光性差，有光散射； ②出现不规则疙瘩斑	由 KBr 粉末所引起： ①KBr 粉末不纯，至少混有 5%以上的第二种碱金属卤化物； ②KBr 粉末受潮或结块	①选用纯的 KBr 粉末； ②干燥和粉碎 KBr 粉末
①片子出现许多白色斑点，其余部分是清晰透明的； ②呈半透明或云雾状混浊	由试样引起： ①研磨不匀，有少量颗粒； ②样品受潮； ③样品本身性质差	①重新研磨； ②干燥或抽真空时间长些； ③选用其他制样方法
①整个片子不透明； ②刚压好时呈透明，1 min 或更长时间后出现不规则云雾状混浊； ③片子中心出现云雾状	由压片技术引起： ①压力不够，且样品放入时分散不好； ②抽真空不够； ③压模片表面不平整	①重新研磨或重新压制，使其分散好一些； ②检查真空度，延长抽真空时间； ③调换新模片或重新抛光

任务三 应用红外吸收光谱法对样品进行定性分析

任务内容

学会用红外吸收光谱法进行化合物的定性分析，了解鉴定未知物定性分析的一般过程，掌握不饱和度的计算，掌握用标准谱库进行化合物鉴定的方法。

技术知识

一、基团的特征吸收峰与分区

1. 基团的特征吸收峰与相关峰

在有机物分子中，组成分子的各种基团(官能团)都有自己特定的红外吸收区域。通常把能代表某基团存在并有较高强度的吸收峰的位置，称为该基团(官能团)的特征频率(简称基团频率)，对应的吸收峰则称为特征吸收峰。

基团的特征吸收峰可用于鉴定官能团。如 $CH_3—(CH_2)_5—CH═CH_2$ 的红外吸收光谱中，可以观察到 3 040 cm^{-1} 附近的不饱和═C—H 伸缩振动、1 680～1 620 cm^{-1} 处的 C═C 伸缩振动和 990 cm^{-1} 及 910 cm^{-1} 处的═C—H 及═CH_2 面外摇摆振动 4 个特征峰。这一组特征峰即为—CH—CH_2 基存在的相关峰，用相关峰可以更准确地鉴定官能团。

同一类型化学键的基团在不同化合物的红外吸收光谱中吸收峰位置大致相同，这一特性提供了鉴定各种基团(官能团)是否存在的判断依据，从而成为红外吸收光谱定性分析的基础。

2. 红外吸收光谱的分区

常见的有机化合物基团在 4 000～670 cm^{-1} 范围内有特征基团频率。为便于对光谱进行解析，我们将此红外吸收光谱区划分为 6 个区域。

(1)4 000～2 500 cm^{-1} 区域。此区域为 X—H 伸缩振动区(X 可以是 C、N、O、S 等原子)。

在这个区域的吸收说明含氢原子官能团的存在，如 N—H(3 500～3 300 cm^{-1})、O—H(3 700～3 200 cm^{-1})、C—H(3 300～2 700 cm^{-1})等。

(2)2 500～2 000 cm^{-1} 区域。此区域为三键和累积双键的伸缩振动区。主要包括 C$\equiv$N、—C$\equiv$C、—C═C═C 及—C═C═O 的伸缩振动。

(3)2 000～1 500 cm^{-1} 区域。此区域称为双键伸缩振动区。在这一区域如出现吸收，表明有含双键的化合物存在。主要包括 C═O、C═C、C═N、N═O 等的伸缩振动及—NH_2 的弯曲振动、芳烃的骨架振动等。

(4)1 500～1 300 cm^{-1} 区域。这个区域主要为 C—H 弯曲振动。CH_3 在 1 380 cm^{-1} 和 1 460 cm^{-1} 同时有吸收，CH_2 仅在 1 470 cm^{-1} 左右有吸收。

(5)1 300～900 cm^{-1} 区域。这个区域包括所有单键的伸缩振动和一些含重原子的双键(P═O、S═O)的伸缩振动，某些含氢基团的弯曲振动也出现在此区域。

(6)900～670 cm^{-1} 区域。这一区域的吸收峰很有价值，可以指示$(CH_2)_n$ 的存在、双键取代程度和类型。当 $n \geqslant 4$ 时，—CH_2—的平面摇摆振动吸收出现在 724～722 cm^{-1}，随着 n 的减小，逐渐向高波数移动。当 $n=1$ 时，出现在 785～775 cm^{-1}。

该区域的某些吸收峰还可用来确定化合物的顺反构型及苯环的取代类型。如烯烃的═CH 面外弯曲振动出现的位置很大程度上取决于双键的取代情况。在 RCH═CHR′反式构型中出现在 960～970 cm^{-1}，而在 RCH═CHR′顺式构型中则出现在 690 cm^{-1} 附近。通常，将 4 000～1 300 cm^{-1} 区域称为官能团区，在这个区域内的每一个红外吸收峰都和一定的官能团相对应。将 1 300～670 cm^{-1} 区域称为红外光谱中的指纹区。由于各振动之间的相互耦合，使这个区域中的吸收带变得非常复杂，对结构上的微小变化表现得极其敏感，其特征就如同人的指纹一样。指纹区的主要价值是它可表征整个分子的结构特征，从官能团区可找出该化合物存在的官能团；而指纹区的吸收则适于用来与标准谱图或已知物谱图进行比较，从而得出未知物与已知物结构相同或不同的确切结论。官能团区和指纹区的功能恰好可以互相补充。

【例 3-1】(1)$CH_3CH_2C\equiv CH$ 在 IR 区域内可以有什么吸收？

①～3 300 cm^{-1} 单峰，　$\nu_{C\equiv C-H}$。

②2 960～2 870 cm^{-1} 双峰，　$\nu_{C-H}(CH_3)$。

③2 930～2 850 cm^{-1} 双峰，　$\nu_{C-H}(CH_2)$。

④2 140～2 100 cm^{-1} 单峰，　$\nu_{C\equiv C}$。

⑤1 475～1 300 cm^{-1}，　$\gamma_{C-H}(CH_2,CH_3)$。

⑥～770 cm，　$\gamma_{C-H}(CH_2)$。

(2)CH_2CH_2COOH 在 IR 区域内可以有什么吸收？

①3 000～2 500 cm^{-1} 宽散峰，　ν_{O-H}(缔合)。

②2 960～2 870 cm^{-1} 双峰，　$\nu_{C-H}(CH_3)$。

③2 930～2 850 cm^{-1} 双峰，　$\nu_{C-H}(CH_2)$。

④1 740～1 700 cm^{-1} 单峰，　$\nu_{C=O}$(缔合)。

⑤1 475～1 300 cm^{-1}，　$\gamma_{C-H}(CH_2,CH_3)$。

【例 3-2】下列化合物的 IR 光谱特征有何不同？

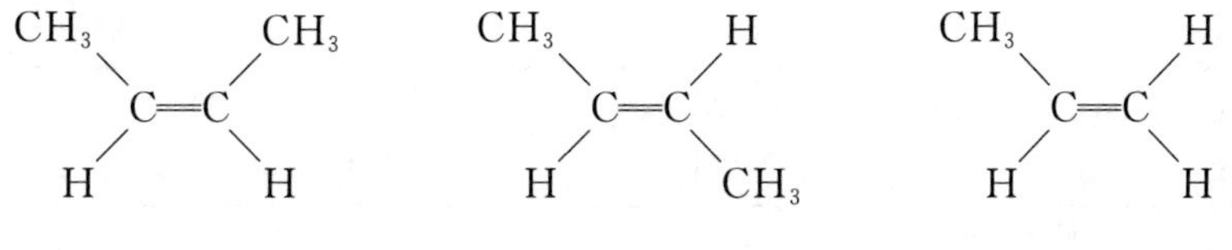

顺-2-丁烯(A)　　　　反-2-丁烯(B)　　　　丙烯(C)

①3 040～3 010 cm^{-1}，ν_{C-H}。

②1 680～1 620 cm^{-1}，$\nu_{C=C}$。

γ_{C-H}：A 690 cm^{-1}；B 970 cm^{-1}；C 910 cm^{-1}，990 cm^{-1}。

3. 红外吸收光谱中常用的几个术语

(1)基频峰。当分子吸收一定频率的红外光之后，振动能级从基态(V_0)跃迁到第一激发态(V_1)时所产生的吸收峰，称为基频峰。

振动能级从基态(V_0)跃迁到第二激发态(V_2)、第三激发态(V_3)……所产生的吸收峰，称为倍频峰。

$V_0 \to V_1$　基频峰(ν)　较强

$V_0 \to V_2$　第一倍频峰　弱

$V_0 \to V_3$　第二倍频峰　更弱，难以观测

(2)组合频峰。组合频峰是指两个或多个基频之和或差所在的峰，其强度很弱。

(3)泛频峰。基频峰和组合频峰合称泛频峰。

(4)特征峰。凡是能用于鉴定原子基团存在且有较高强度的吸收峰，称为特征峰，其对应的频率称为特征频率。

(5)相关峰。一个基团除了有特征峰外，还有其他振动形式的吸收峰，习惯上把这些相互依存而又相互可以佐证的吸收峰称为相关峰。

(6)特征区。4 000～1 330 cm^{-1}，各种官能团的特征频率在这一区域出现，也称为基频区或官能团区。

(7)指纹区。1 330～667 cm^{-1}，C—X(C，N，O)单键的伸缩振动及各种弯曲振动峰(相关峰)。

二、常见官能团的特征吸收频率

官能团的吸收频率对判断有机化合物的类型和分析其分子结构有重要的参考价值。表 3-3 列出了常见官能团的特征频率数据。

表 3-3　常见官能团的特征频率

化合物种类	官能团	振动形式	振动频率/cm^{-1}
芳烃	═C—H	伸缩振动	3 000～3 100
	C═C	苯环骨架振动	～1 600 和～1 500
	C—H(苯)	面外变形振动	～670
	C—H(单取代)	面外变形振动	770～730 和 715～685
	C—H(邻位双取代)	面外变形振动	770～735
	C—H(间位双取代)	面外变形振动	～880 和 780～690
	C—H(对位双取代)	面外变形振动	850～800
醇	O—H	伸缩振动	～3 650 或 3 400～3 300(含有氢键)
	C—O	伸缩振动	～1 260～1 000
醚	C—O—C(脂肪烃)	伸缩振动	1 300～1 000
	C—O—C(芳香烃)	伸缩振动	～1 250 和～1 120

续表

化合物种类	官能团	振动形式	振动频率/cm^{-1}
醛	O═C—H	伸缩振动	2 820 和 2 720
	C═O	伸缩振动	～1 725
酮	C═O	伸缩振动	～1 715
	C—C	伸缩振动	1 300～1 100
酸	O—H(游离 OH)	伸缩振动	3 580～3 500
	O—H(二聚体)	伸缩振动	3 200～2 500
	C═O	伸缩振动	1 760～1 710
	O—H	面内变形振动	1 440～1 400
	O—H	面外变形振动	950～900
酯	C═O	伸缩振动	1 750～1 735
	C—O—C(乙酸酯)	伸缩振动	1 260～1 230
	C—O—C	伸缩振动	1 210～1 160
酰卤	C═O	伸缩振动	1 810～1 775
	C—Cl	伸缩振动	730～550
酸酐	C═O	伸缩振动	1 830～1 800 和 1 775～1 740
	C—O	伸缩振动	1 300～900
胺	N—H	伸缩振动	3 500～3 300(双峰)
	N—H	变形振动	1 640～1 500
	C—N(烷基碳)	伸缩振动	1 200～1 025
	C—N(芳基碳)	伸缩振动	1 360～1 325
	N—H	变形振动	～800
酰胺	N—H	伸缩振动	3 500～3 180
	C═O	伸缩振动	1 680～1 630
	N—H(伯酰胺)	变形振动	1 640～1 550
	N—H(仲酰胺)	变形振动	1 570～1 515
	N—H	面外变形振动	～700

三、定性分析

1. 已知物的鉴定

红外吸收光谱法广泛用于有机化合物的定性鉴定。对于简单的化合物只需将试样的红外光谱图与标准物质的红外光谱图进行比较，如果制样方法、测试条件都相同，记录到的红外光谱图的吸收峰位置、强度和形状都一样，那么就可以认为两者为同一物质。目前，最常用、最方便的比较方法是用计算机进行检索，检测到样品的谱图后，执行检索程序，计算机可以自动进行匹配，按相似程度给出标准物质的红外光谱图及测试条件、测试方法等。

利用红外吸收光谱法进行定性分析既简便又准确。例如，判断二甲苯的三种异构体，只要测得试样的光谱图，根据光谱图上二甲苯在 900～650 cm^{-1} 范围内吸收峰的数目和位置即可确定(图 3-13)。

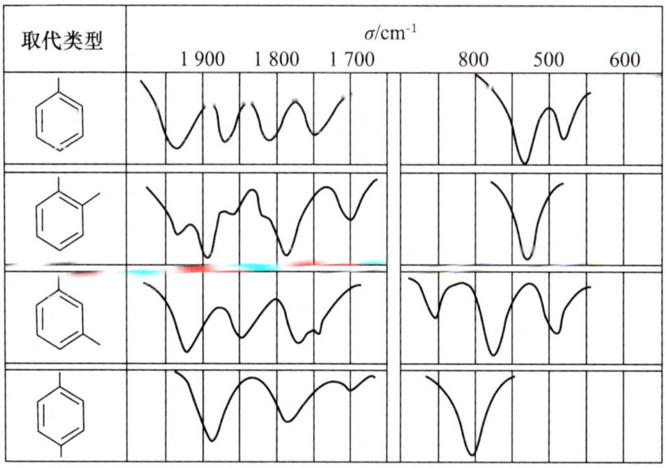

图 3-13 苯环取代类型在 2 000～1 667 cm^{-1} 和 900～600 cm^{-1} 的谱形

2. 未知物结构的确定

应用红外吸收光谱法测得有机化合物的结构是目前最常用的方法之一。但鉴定比较复杂的化合物结构，通常是将红外光谱与紫外光谱、核磁共振谱、质谱及化学分析相结合进行。现就红外光谱解析的一般原则和程序介绍如下：

(1)了解与试样性质有关的其他方面资料。了解试样来源、元素分析值、相对分子质量、熔点、沸点、溶解度及有关化学性质，以此作为分析的旁证。

(2)计算不饱和度。由元素分析和质谱数据，确定化合物的分子式，由分子式计算不饱和数 (Ω) 或不饱和度。$\Omega \geqslant 4$，化合物可能含有苯环；$\Omega < 4$，排除苯基存在的可能性。Ω 的计算为

$$\Omega = 1 + n_4 + \frac{n_3 - n_1}{2} \tag{3-4}$$

式中：n_4 为分子中四价原子(如 C、Si)的数目；n_3 为分子中三价原子(如 N、P)的数目；n_1 为分子中一价原子(如 H、F、Cl、Br、I)的数目。

二价的硫、氧原子的存在，对 Ω 的计算无影响。

(3)图谱解析。红外光谱图谱解析主要是在掌握影响振动频率的因素及各类化合物的红外特征吸收谱带的基础上，按峰区分析，指认谱带的可能归属，结合其他峰区的相关峰，确定其归属。在此基础上，再仔细归属指纹区的有关谱带，综合分析，提出化合物的可能结构。必要时查阅标准图谱或与其他图谱(^{1}HNMR、^{13}CNMR、MS)配合，确证其结构。现举例如下：

【例 3-3】某未知物的分子式为 $C_{12}H_{24}O_2$，试从其红外吸收光谱图(图 3-14)中光谱数据推测它的结构。

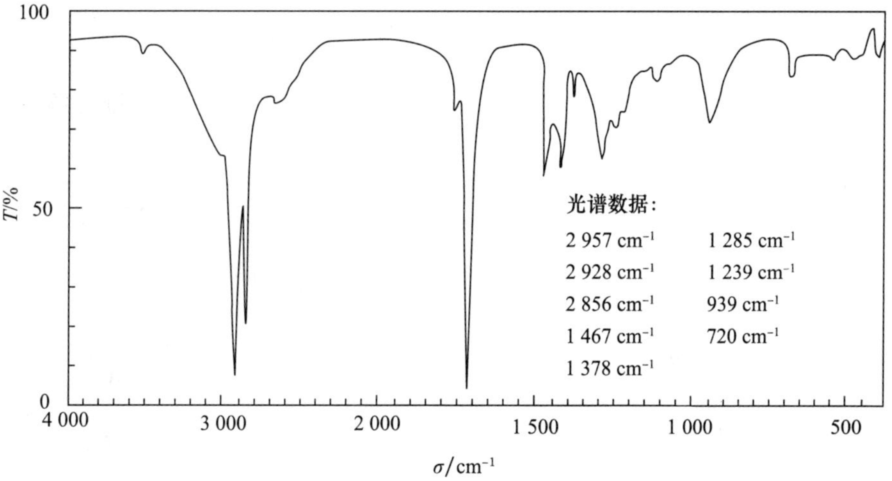

图 3-14　未知物 $C_{12}H_{24}O_2$ 的红外吸收光谱图(溶剂:CCl_4)

【解】

(1)首先计算该化合物的不饱和度：

$$n_1=24, n_3=0, n_4=12, \Omega=1+12+\frac{0-24}{2}=1$$

说明该分子含有一个双键或一个脂环。

(2)1 711 cm^{-1} 处强吸收表明分子中含有羰基,正好占去一个不饱和度。3 300～2 500 cm^{-1} 处强而宽的吸收中含有羟基,且形成氢键。吸收峰延续到 2 500 cm^{-1} 附近,且峰形强而宽,说明是羧酸。2 928 cm^{-1}、856 cm^{-1} 处对应于—CH_2 的吸收,而 2 967 cm^{-1} 处为—CH_2 的吸收峰。从两峰的强度看,—CH_2 的数目应远大于—CH_3 的数目。720 cm^{-1} 处的 C—H 的弯曲振动说明—CH_2 的数目应大于 4,表明该分子为长链烷基羧酸。

综上所述,该未知物的结构为 $CH_3(CH_2)_{10}COOH$。对照图中官能团的特征频率,其余吸收峰为:1 378 cm^{-1} 处为 C—H 的弯曲振动;1 467 cm^{-1} 处为 C—O—H 的面内弯曲振动;1 285 cm^{-1}、1 239 cm^{-1} 处为 C—O 的伸缩振动;939 cm^{-1} 处的宽吸收峰对应 O—H 的面外弯曲振动。

【例 3-4】有一化合物,其化学式为 C_7H_8O,红外光谱具有如下特征：

在下列波数处有吸收峰:①～3 040 cm^{-1};②～1 010 cm^{-1};③～3 380 cm^{-1};④～2 935 cm^{-1};⑤～1 465 cm^{-1};⑥～690 cm^{-1} 和～740 cm^{-1}。

在下列波数处无吸收峰:①～1 735 cm^{-1};②2 720 cm^{-1};③～1 380 cm^{-1};④～1 182 cm^{-1}。请鉴别存在的及不存在的每一吸收峰所属的基团,并写出该化合物的结构式。

【解】

(1)化合物的不饱和度 $\Omega=1+7+\frac{0-8}{2}=4$,则化合物可能含有苯环。

(2)存在的吸收峰可能所属的基团:①苯环上 C—H 的伸缩振动;②C—O 的伸缩振动;③O—H 的伸缩振动(缔合);④═CH_2 的伸缩振动;⑤═CH_2 的弯曲振动;⑥苯环单取代后 C—H 的面外弯曲振动。

(3)不存在的吸收峰可能所属的基团:①不存在 C ═O;②不存在—CHO;③不存在

—CH_3；④不存在 C—O—C。故该化合物最可能为苯甲醇，结构式为  CH_2OH。

【例 3-5】某化合物的分子式为 C_8H_8O，其红外光谱如图 3-15 所示，试进行解释并判断其结构。

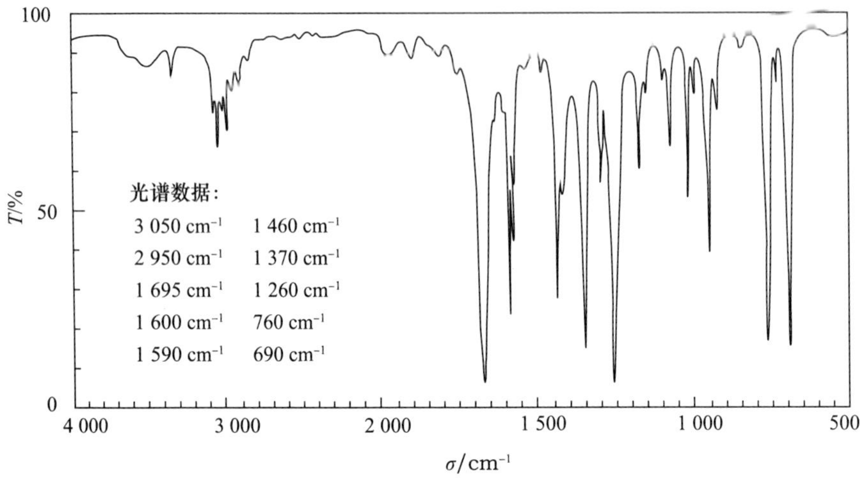

图 3-15　未知物 C_8H_8O 的红外光谱

【解】

(1)首先计算该化合物的不饱和度：$n_1=8, n_3=0, n_4=8, \Omega=1+8+\frac{0-8}{2}=5$，不饱和度比较大，可能含有苯环。

(2)分析各吸收峰的归属，见表 3-4。

表 3-4　相关吸收峰的归属

σ/cm^{-1}	归属	结构单元	不饱和度
3 100～3 000	不饱和 C—H 伸缩振动	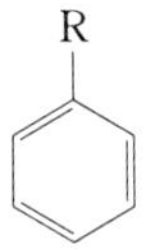	4
1 600 1 590 1 460	苯环骨架，C═C 振动		
760 690	单一取代苯环，C—H 变形振动		
1 695	C═O 伸缩振动	C═O	1
3 000～2 900	饱和 C—H 伸缩振动	CH_3	0
1 370 1 260	与羰基相邻甲基中 C—H 变形振动		

(3)该化合物是单取代苯环，且邻接酮羰基，使羰基吸收波数降低。一个苯环和一个羰基，不饱和度为 5，还剩下一个甲基，从 1 370 cm^{-1} 峰的增强，说明是甲基酮，结构式为 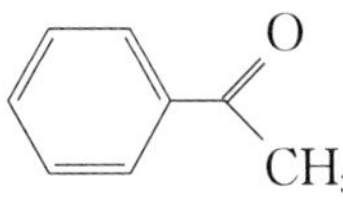。

任务实施

操作实施 3-3　苯甲酸红外吸收光谱的绘制(压片法)

一、仪器与试剂的准备

1. 仪器与设备

红外光谱仪，电子分析天平，压片机、模具和样品架，玛瑙研钵、不锈钢药匙、不锈钢镊子、红外灯。

2. 材料与试剂

分析纯的苯甲酸、光谱纯的溴化钾粉末，分析纯的无水乙醇，擦镜纸。

二、学生课前预习

学生每 3～5 人为一组，通过查阅资料和观看视频等完成预习报告。预习报告内容包括：(1)任务目标。(2)操作原理。(3)操作步骤。(4)思考题：①研磨如不在红外灯下进行会发生什么现象？②为什么研磨的颗粒粒径要在 2 μm 左右？

三、检查学生预习情况

各组根据汇总的相关资料，制作汇报提纲并选一代表进行学习汇报交流，师生共同讨论、分析，用集体智慧完成预习报告，并对该预习报告及操作实施步骤进行修订。

四、学生分组操作

1. 准备工作

(1)打开红外光谱仪主机电源，仪器预热 20 min；打开计算机，进入工作站软件，设置扫描次数(4 或 6 次)和分辨率。

(2)用分析纯的无水乙醇清洗玛瑙研钵，用擦镜纸擦干后，再用红外灯烘干。

2. 样品制备

称取事先经 105℃脱水干燥后的苯甲酸 10 mg 分别和 0.1 g、0.5 g、1 g、1.2 g、1.5 g、1.8 g、2.0 g、2.5 g、3.0 g 溴化钾于玛瑙研钵中，在红外灯下混匀研磨至粒径在 2 μm 左右，用不锈钢药匙取 70～90 mg 在压片装置中压成透明薄片。本底用同样量的纯溴化钾制作。

3. 测定

将本底和样品压片分别放入仪器进行测量，得到扣除了本底的苯甲酸红外吸收谱图。

4. 结束工作

(1)实验完毕后，先关闭工作站软件，然后恢复工厂设置，关闭显示器电源，关闭红外光谱仪的电源。

(2)用无水乙醇清洗玛瑙研钵、不锈钢药匙、不锈钢镊子。

(3)清理台面，填写仪器使用记录。

五、教师巡回指导

1. 操作原理

在化合物分子中,具有相同化学键的原子基团,其基本振动频率吸收峰基本出现在同一频率区域内,但对具体物质来说因为原子基团所处的化学环境有所不同,其基频峰的频率发生一定的移动。例如,羰基的伸缩振动基频峰的频率一般出现在 1 850~1 860 cm^{-1} 范围内,当它位于酸酐中时,$\gamma_{C=O}$为 1 820~1 750 cm^{-1};在酯类中时,$\gamma_{C=O}$为 1 750~1 725 cm^{-1};在醛类中时,$\gamma_{C=O}$为 1 740~1 720 cm^{-1};在酮类中时,$\gamma_{C=O}$为 1 725~1 710 cm^{-1};在与苯环共轭时,如乙酰苯中$\gamma_{C=O}$为 1 695~1 680 cm^{-1};在酰胺中时,$\gamma_{C=O}$为 1 650 cm^{-1};等等。因此掌握各种原子基团基频峰的频率及其位移规律,就可以应用红外吸收光谱来确定有机化合物分子中存在的原子基团及其在分子结构中的相对位置。

由苯甲酸的分子结构可知,分子中各原子基团的基频峰的频率在 4 000~650 cm^{-1} 范围内,见表 3-5。

表 3-5 分子中各原子基团的基频峰

原子基团的基本振动频率	基频峰的频率/cm^{-1}
$\gamma_{=C-H}$(Ar 上)	3 077,3 012
$\gamma_{C=C}$(Ar 上)	1 600,1 582,1 495,1 450
δ_{C-H}(Ar 上邻接五氢)	715,690
γ_{O-H}(形成氢键二聚体)	3 000~2 500(多重峰)
δ_{O-H}	935
$\gamma_{C=O}$	1 400
δ_{C-O-H}(面内弯曲振动)	1 250

不同的样品状态(固体、液体、气体及黏稠样品)需要采用相应的制样方法。制样方法的选择和制样技术的好坏直接影响谱带的频率、数目和强度。

对于像苯甲酸这样的粉末样品常采用压片法。实际方法是:将研细的粉末分散在固体介质中,并用压片机压成透明的薄片后测定。固体分散介质一般是金属卤化物(如溴化钾),使用时要将其充分研细,颗粒直径最好小于 2 μm(因为中红外光区的波长是从 2.5 μm 开始的)。

2. 操作要点及注意事项

(1)压片前的研磨要在红外灯下进行。在红外灯下操作时,用溶剂(乙醇,也可以用四氯化碳或氯仿)清洗盐片,不要离灯太近,否则,移开灯时温差太大,盐片会碎裂。

(2)样品颗粒要研磨至粒径为 2 μm 左右。

(3)取出试样压片时,为防止压片破裂,应用泡沫或其他物质缓冲。

(4)处理谱图时,平滑参数不要选择太高,否则会影响谱图的分辨率。

六、数据记录及处理

(1)对基线倾斜的谱图进行校正,噪声太大时对谱图进行平滑处理;有时也需要对谱图进行处理,使谱图纵坐标处于透射比为 0~100%的范围内。

（2）标出试样谱图上各主要吸收峰的波数值，然后打印出试样的红外吸收光谱图。

（3）选择试样苯甲酸的主要吸收峰，指出其归属。

比较用各种配比的苯甲酸和溴化钾所作红外吸收光谱图，得到最适配比。将最适配比样品的红外吸收光谱图与苯甲酸的标准红外吸收光谱图相比较，观察其一致性。

七、成绩评定

学生对完成工作任务的表现进行自评和互评，各小组进行总结、考核及评估，教师做出最后评价，填写学习过程评价表。

拓展知识

影响红外光谱吸收频率的因素

影响振动吸收频率的因素有两大类：一是外部因素，由测试条件不同所决定；二是内部因素，由分子结构不同所决定。

1. 内部因素

内部因素是指分子结构因素。了解并掌握分子结构因素对振动频率的影响，对解析红外吸收光谱很有帮助。

（1）电子效应。电子效应是通过成键电子起作用的。诱导效应和共轭效应都会引起分子中成键电子云发生变化。在同一分子中，诱导效应和共轭效应往往同时存在。在讨论其对吸收频率的影响时，由效应较强者决定。该影响主要表现在 C═O 伸缩振动中。

①诱导效应。由于取代基具有不同的电负性，通过静电诱导作用，引起分子中电子分布发生变化，从而改变键力常数，使基团的特征频率发生变化。例如，当电负性较强的元素（如卤素）与羰基上的碳原子相连时，诱导效应导致电子云由氧原子转向双键，引起 C═O 键力常数增大，使其振动频率升高，吸收峰向高波数移动。元素的电负性越强或取代数目越多，诱导效应越强，吸收峰向高波数移动的程度越显著。表 3-6 说明了羰基吸收频率受卤素原子取代的影响。

表 3-6　卤素原子取代对羰基吸收频率的影响

化合物	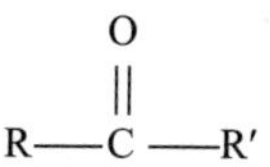	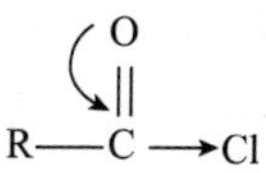	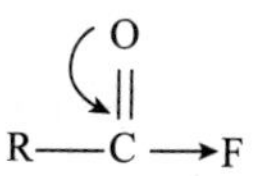	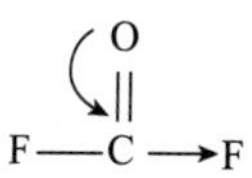
σ/cm^{-1}	～1 715	～1 800	～1 920	～1 928

②共轭效应。共轭效应使共轭体系中的电子云密度平均化，结果使原来的双键略有伸长（即电子云密度降低）、键力常数减小，使其吸收频率向低波数方向移动。例如，酮分子中的 C═O，因与苯环共轭而使 C═O 键力常数减小，振动频率降低。具体数据见表 3-7。

表 3-7　受苯环影响羰基吸收频率的变化

化合物	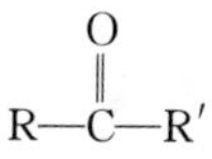	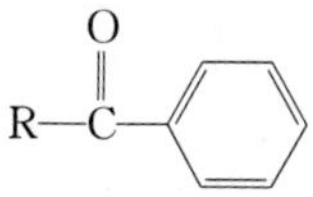	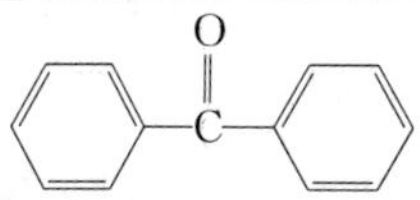
σ/cm^{-1}	1 710～1 725	1 695～1 680	1 667～1 661

(2)氢键的影响。氢键的形成使电子云密度平均化，从而使伸缩振动频率降低。例如，羧酸中的羰基和羟基之间容易形成氢键，使羰基的频率降低。游离羧酸的 C ═O 键频率出现在 1 760 cm^{-1} 左右，在固体或液体中，由于羧酸形成二聚体，C ═O 键频率出现在 1 700 cm^{-1}。

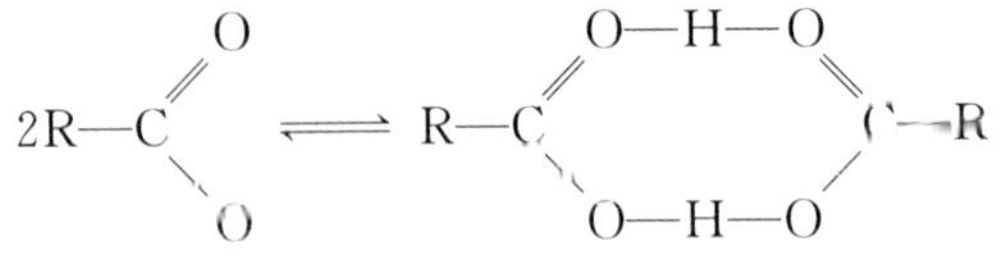

σ=1 760 cm^{-1}　σ=1 700 cm^{-1}

2. 外部因素

外部因素主要指测定时物质的物理状态及溶剂效应等因素。

(1)测量时物质的物理状态。同一物质的不同状态，由于分子间相互作用力不同，所得到的光谱往往不同。气态时，分子密度小，分子间的作用力较小，可以发生自由转动，振动光谱上叠加的转动光谱会出现精细结构。光谱谱带的波数相对较高，谱带较矮而宽。同一基团的吸收频率大于其在液态和固态时的吸收频率。

液态时，分子密度较大，分子间的作用较大，分子转动遇到阻力，因此转动光谱的精细结构消失，谱带变窄，更为对称，波数较低。例如，丙酮在气态时羰基的吸收频率为 1 742 cm^{-1}，而在液态时为 1 718 cm^{-1}。

固态时，分子间的相互作用较为剧烈，光谱变得复杂，有时还会产生新的谱带。

(2)溶剂效应。在溶液中测定光谱时，溶剂的极性、溶质的浓度对光谱均有影响，尤其是溶剂的极性。在极性溶剂中，极性基团的伸缩振动由于受极性溶剂分子的作用，使键力常数减小，波数降低，而吸收强度增大；对于变形振动，由于基团受到束缚作用，变形所需能量增大，所以波数升高。当溶剂分子与溶质形成氢键时，光谱所受的影响更显著。因此，在红外光谱测定中，应尽量采用非极性的溶剂。

此外，测量时的温度也会影响红外吸收峰的形状和数目。

3. 振动耦合

当两个振动频率相同或相近的基团通过一个公共原子相连时，由于一个键的振动通过公共原子使另一个键的长度发生改变，产生一个“微扰”，从而形成了强烈的振动相互作用。其结果使振动频率发生变化，一个向高频移动，另一个向低频移动，谱带分裂。振动耦合常出现在这些二羰基化合物中，如羧酸酐两个羰基的振动耦合：

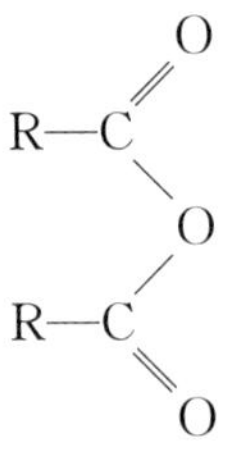

使—C ═O 吸收峰分裂成两个峰，波数分别为 1 820 cm^{-1} 和 1 760 cm^{-1}。

任务四 应用红外吸收光谱法对样品进行定量分析

任务内容

掌握红外吸收光谱法定量分析的技术，了解利用红外吸收光谱法进行纯组分分析中不同浓度溶液的配制及样品含量的计算方法。

技术知识

红外吸收光谱法的定量分析

红外吸收光谱法定量分析是通过对特征吸收谱带强度的测量来求出组分含量的。

1. 定量分析的理论依据

红外吸收光谱法定量分析的依据和紫外、可见及原子吸收法一样，也是朗伯-比尔定律，即在单一波长下，吸光度与物质的浓度成正比，$A=\varepsilon bc$ 或 $A=abc$。

红外吸收光谱法测定混合物中各组分的含量有其独到之处。这是由于混合物的光谱是每个纯组分的加和。因此，可以利用红外吸收光谱各化合物的官能团的特征吸收测定混合物中各组分的百分含量。有机化合物中官能团的键力常数有相当大的独立性，故每个纯组分可选一两个特征峰，测其不同浓度下的吸收强度，得到吸收强度对浓度的工作曲线。使用同一吸收池盛装混合物，分别在其所含的每个纯组分的特征峰波长处测定吸收强度，从相应的工作曲线上求得各纯组分的含量。若所含杂质在同一波长处也有吸收必然会干扰测定。克服这种干扰的方法是，对每个组分同时进行两个以上特征峰（并尽可能是其强吸收峰）的强度测量，从中选择各组分的特征强吸收峰，而在这个强吸收峰附近其他组分的吸收很弱或根本无吸收。

在定量测定时，尽管正确地选择了测定波长，但仍会遇到透射率测量等一些技术问题。例如，光源辐射的能量不如紫外和可见光谱仪光源所辐射的能量强。这是因为红外光本身是一种热辐射，易于遭受中间介质的吸收，加之红外光谱仪检测器检测灵敏度低等，所以要选择较大的单色器狭缝宽度。这样一来又容易造成对吸收定律的偏离。这是因为红外光源的短波长辐射较长波长辐射要强烈得多（如 1.5 μm 辐射较 10 μm 辐射要强烈 100 倍），从而引起强烈的光散射，进而导致对吸收定律的偏离。再者，由于吸收池厚度相对紫外和可见光分析要小得多（均在 0.01～1 mm 之间），作为光学窗口使用的岩盐或 NaCl 晶体易于为空气中的污物和溶剂所沾污、吸潮雾化等而导致透光性变差等。为此，若像在紫外或可见分光光度法中那样，采用一个盛装溶剂（或其他参比溶液）吸收池来扣除各种界面反应、溶剂散射与吸收、容器透光面的吸收等所引起的偏离，就行不通了。

鉴于上述种种原因，在红外吸收光谱法测定中，测量吸光度（通常测定的是透射率 T）就需要采取一些相应的、特殊的技术措施（主要是一些经验性的方法）。

2. 吸光度的测量

由红外吸收光谱法直接测量得到的往往是入射光强度 I_0 及透射光强度 I_t，需要根据

$A=-\lg(I_t/I_0)$确定吸光度 A。测量 I_0、I_t 的方法有峰高法和基线法。

(1)峰高法。将测量波长固定在被测组分有明显的最大吸收而溶剂只有很小或没有吸收的波数处，使用同一吸收池，分别测定样品及溶剂的透射率，则待测组分的透射率等于两者之差，由此求出待测组分的吸光度。

(2)基线法。双光束红外光谱仪无论是用峰高或峰面积定量分析都可采用基线法，即采用新基线 AB 代替零吸收线进行补偿。它是基于假定一个吸收带的两个肩部(图 3-16 中的 A 和 B)之间保持不变或至少也是呈线性变化的。因而，吸收带两肩间的连线可作为扣除其他吸收的依据。具体做法是在所得红外吸收光谱图中，在选择的吸收带上，作一直线 AB 正切于该吸收带的峰肩，再自峰谷 C 对横坐标作垂线交于 E，并交 AB 于 D，则 DE 为入射光强度 I_0，DC 为吸收光强度 I_a。于是，按吸光度的定义式即可求得吸光度 A，并由此进一步求得定量分析结果。

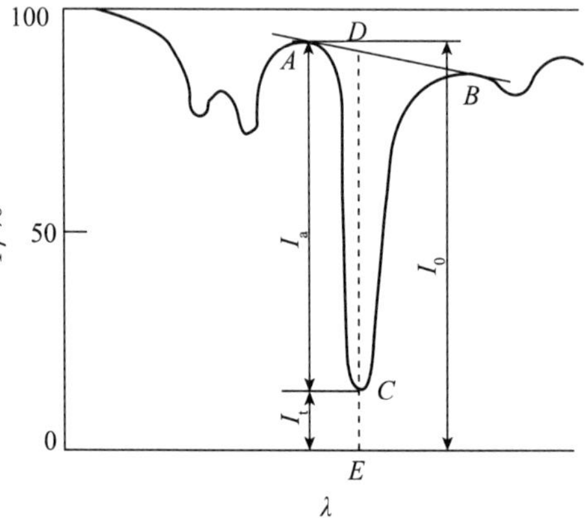

图 3-16　基线法原理

3. 定量方法

红外吸收光谱定量方法包括标准曲线法、混合组分联立方程求解法、比例法、内标法和差谱法。前两者和紫外-可见分光光度法相同，不再赘述。

(1)比例法。比例法主要用于只有两组分(或三组分)混合物样品的分析。选择两组分各一个互相不受干扰的吸收峰作为测量峰。设两组分的浓度分别为 c_1、c_2，如果 c 用质量分数或摩尔分数表示，则 $c_1+c_2=1$。根据吸收定律，则有

$$A_1=a_1bc_1 \tag{3-5}$$

$$A_2=a_2bc_2 \tag{3-6}$$

$$R=\frac{A_1}{A_2}=\frac{a_1c_1}{a_2c_2}=K\frac{c_1}{c_2} \tag{3-7}$$

式中：K 为两组分吸光系数的比值，为常数，$K=a_1/a_2$，可通过两组分的纯物质测得。将 R 代入 $c_1+c_2=1$，则

$$c_1=\frac{R}{K+R} \tag{3-8}$$

$$c_2=\frac{K}{K+R} \tag{3-9}$$

由此可计算两个组分的含量。

(2)内标法。选择一个样品中不含有的内标物,它的特征吸收峰与待测样品的定量峰互不干扰。取一定量的内标物与样品(包括待测样品的标准品和未知样品)混合制成 KBr 压片或油糊状。测其吸光度(红外吸收光谱)为

$$A_s = a_s b c_s \tag{3-10}$$

$$A_r = a_r b c_r \tag{3-11}$$

式中:A_s、A_r 分别为待测样品的标准品和内标物的吸光度;a_s、a_r 分别为待测样品的标准品和内标物的吸光系数;c_s、c_r 分别为待测样品的标准品和内标物的浓度。

将两式相除,因 $\frac{a_s b}{a_r b c_r}$ 为常数(c_r 在各样品中的浓度相同),则

$$\frac{A_s}{A_r} = \frac{a_s b c_s}{a_r b c_r} = k c_s \tag{3-12}$$

以吸光度比 A_s/A_r 作纵坐标,以 c_s 作横坐标,绘制工作曲线。在相同的条件下测得试样的吸光度,代入回归方程中求出试样的浓度。

(3)差谱法。该法可用于测量样品中的微量杂质。例如有两组分 A 和 B 的混合物,微量组分 B 的谱带被主要组分 A 的谱带严重干扰或遮蔽,可用差谱法测量微量组分 B。很多红外光谱仪中都配有能进行差谱计算的计算机软件,可以得到良好的差谱图,以进行准确定量。

4. 应用上的局限性

红外吸收光谱法用于定量分析,其优点是有多个吸收谱带可供选择,有利于排除共存物质的干扰。但由于灵敏度较低,实验误差较大,红外吸收光谱法不适于微量组分的测定。

任务实施

操作实施 3-4　正丁醇-环己烷溶液中正丁醇含量的测定

一、仪器与试剂的准备

1. 仪器与设备

红外光谱仪,液体池(一对,厚度大小不一),样品架,注射器。

2. 材料与试剂

正丁醇(AR),环己烷(AR),未知试样。

二、学生课前预习

学生每 3～5 人为一组,通过查资料和观看视频等完成预习报告。预习报告内容包括:(1)任务目标。(2)检测原理。(3)操作步骤。(4)思考题:哪些因素与标准曲线的相关系数有关?

三、检查学生预习情况

各组根据汇总的相关资料,制作汇报提纲并选一代表进行学习汇报交流,师生共同讨论、分析,用集体智慧完成预习报告,对该预习报告及操作实施步骤进行修订。

四、学生分组操作

(1)样品池厚度的测定(以厚度较小的作为参比池,厚度较大的作为样品池)。

(2)工作曲线的绘制。分别准确移取浓度为 20%的标准溶液 1 mL、2 mL、3 mL、4 mL、5 mL 于 10 mL 比色管中，用适当溶剂稀释到刻度并充分摇匀。在选定的条件下，依次测定各溶液的红外吸收光谱图，绘制工作曲线。

(3)在相同条件下，测定未知试样的红外吸收光谱图。

五、数据记录及处理

自工作曲线上读取相应的吸收峰值，并计算未知样品的含量。

六、教师巡回指导

1. 检测原理

红外吸收光谱法定量分析中，由于杂散光和散射光的存在，采用糊状法制备的试样不适于做定量分析，即使是采用液池法和压片法，由于盐片的不平整、颗粒不均匀，也会造成吸光度与浓度的非线性关系而偏离朗伯-比尔定律。所以在红外光谱定量分析中，吸光度数值要用工作曲线法获得。另外，为保证相对误差不超过 3%，还应采用基线法来求得试样的吸光度。

2. 操作要点及注意事项

(1)配制一系列不同浓度的样品，但应保证最高浓度和最低浓度的特征吸收峰值应在 0～1.5 吸光度读数范围以内。

(2)测定每一个样品时都要清洗样品池，并确保清洗干净，以确保工作曲线的相关系数不小于 0.999 5。

七、成绩评定

学生对完成工作任务的表现进行自评和互评，各小组进行总结、考核及评估，教师做出最后评价，填写学习过程评价表。

拓展知识

一、红外吸收光谱法在其他方面的应用

20 世纪 80 年代初，法国和德国的宝石学家最早将红外吸收光谱法用于宝石鉴定，并能迅速准确区别紫晶和紫色方柱石、欧泊玻璃仿制品等。漫反射和全反射红外吸收光谱法为无损伤宝石鉴定提供了可能。90 年代之后，该技术在宝石学中的应用日益成熟，可以用来鉴定常规检测仪器无法鉴定的宝石。

红外吸收光谱法和拉曼光谱法已经广泛地应用于鉴别高聚物，用于定量分析化学成分，并用来确定构型、构象、支链、端基及结晶度。另外可用于高聚物材料中的添加剂、残留单体填料、增塑剂的鉴定。利用红外吸收光谱法还可以研究高聚物的立构规整度。傅里叶变换红外光谱仪具有足够的灵敏度和较高的选择性，操作简单，利用透射、发射、漫反射、反射吸收、光声等多种不同的表面分析技术，可以研究高聚物表界面的结构和化学反应。

由于生物体的化学物质组成复杂，官能团众多，在红外吸收光谱中各种官能团特征吸收相互覆盖、干扰，特别是水的吸收峰往往会掩盖生物分子的吸收，其光谱数据难以解析和利用。随着计算机技术的发展，红外光谱仪器已大大提高了信噪比，缩短了测量时间，使其应用从化

学领域进入了生物科学和医学领域。

二、红外吸收光谱的发展

20 世纪 60 年代，随着 Norris 等所做的大量工作，提出物质的含量与近红外光区内多个不同的波长点吸收峰呈线性关系的理论，并利用近红外漫反射技术测定了农产品中的水分、蛋白质、脂肪等成分，才使得近红外光谱技术一度在农副产品分析中得到广泛应用。60 年代中后期，随着各种新的分析技术的出现，加之经典近红外光谱分析技术暴露出的灵敏度低、抗干扰性差的弱点，使人们淡漠了该技术在分析测试中的应用，此后，近红外光谱再次进入了一个沉默的时期。

20 世纪 70 年代产生的化学计量学学科的重要组成部分——多元校正技术在光谱分析中的成功应用，促进了近红外光谱技术的推广。到 80 年代后期，随着计算机技术的迅速发展，带动了分析仪器的数字化和化学计量学的发展，通过化学计量学方法在解决光谱信息提取和背景干扰方面取得的良好效果，加之近红外光谱在测样技术上所独占的特点，使人们重新熟悉了近红外光谱技术的价值，近红外光谱技术在各领域中的应用研究陆续展开。进入 90 年代，近红外光谱技术在产业领域中的应用全面展开，有关近红外光谱技术的研究及应用文献几乎呈指数增长，成为发展最快、最引人注目的一门独立的分析技术。由于近红外光在常规光纤中具有良好的传输特性，使近红外光谱在在线分析领域也得到了很好的应用，并取得良好的社会效益和经济效益，从此近红外光谱技术进入一个快速发展的新时期。

近红外光是一种介于可见光和中红外光之间的电磁波，美国材料检测协会（ASTM）将其定义为波长 780～2 526 nm 的光谱区。利用近红外光谱的优点有：①简单方便，有不同的测样器件可直接测定液体、固体、半固体和胶状体等样品，检测成本低。②分析速度快，一般样品可在 1 min 内完成。③适用于近红外光谱分析的光导纤维易得到，故易实现在线分析及监测，极适合于生产过程和恶劣环境下的样品分析。④不损伤样品，可称为无损检测。⑤分辨率高，可同时对样品多个组分进行定性和定量分析等。所以目前近红外光谱技术在食品产业等领域应用较广泛。

这种技术专门用在共价键的分析。如果样品的红外活跃键少、纯度高，得到的光谱会相当清晰，效果好。更加复杂的分子结构会导致更多的键吸收，从而得到复杂的光谱。但是，这项技术还是用在了非常复杂的混合物的定性研究当中。

练习题

一、选择题

1. 在含羰基的分子中，与羰基相连接的原子的极性增加会使分子中该键的红外吸收峰（　　）。

A. 向低波数方向移动　　B. 向高波数方向移动

C. 不移动　　D. 稍有振动

2. 红外吸收光谱产生的原因是（　　）。

A. 分子外层电子、振动、转动能级的跃迁　　B. 原子外层电子、振动、转动能级的跃迁

C. 分子振动-转动能级的跃迁　　D. 分子外层电子的能级跃迁

3. 色散型红外分光光度计检测器多用(　　)。

A. 电子倍增器　　B. 光电倍增管　　C. 高真空热电偶　　D. 无线电线圈

4. 傅里叶变换红外分光光度计的色散元件是(　　)。

A. 玻璃棱镜　　B. 石英棱镜　　C. 卤化盐棱镜　　D. 迈克耳孙干涉仪

5. 一种含氧化合物的红外光谱图在 3 600～3 200 cm^{-1} 有吸收峰，下列化合物最可能的是(　　)。

A. CH_3—CHO　　B. CH_3—CO—CH_3

C. CH_3—CHOH—CH　　D. CH_3—O—CH_2—CH

6. Cl_2 分子在红外吸收光谱图上基频吸收峰的数目为(　　)。

A. 0　　B. 1　　C. 2　　D. 3

7. 用红外吸收光谱法测定有机化合物结构时，样品应该是(　　)。

A. 单质　　B. 纯物质　　C. 混合物　　D. 任何样品

8. 以下四种气体中不吸收红外光的是(　　)。

A. H_2O　　B. CO_2　　C. HCl　　D. N_2

9. 红外吸收光谱法测量时，样品状态可以是(　　)。

A. 气体状态　　B. 固体状态

C. 固体、液体状态　　D. 气体、液体、固体状态都可以

10. 在红外吸收光谱分析中，固体样品一般采用的制样方法是(　　)。

A. 直接研磨压片测定　　B. 配成有机溶液测定

C. 与 KBr 混合研磨压片测定　　D. 配成水溶液测定

11. 红外光谱解析分子结构的主要参数是(　　)。

A. 质荷比　　B. 波数　　C. 偶合常数　　D. 保留值

12. 下列关于分子振动的红外活性的叙述中正确的是(　　)。

A. 凡极性分子的各种振动都是红外活性的，非极性分子的各种振动都不是红外活性的

B. 极性键的伸缩和变形振动都是红外活性的

C. 分子的偶极矩在振动时周期地变化即为红外活性振动

D. 分子的偶极矩的大小在振动时周期地变化必为红外活性振动，反之则不是

二、填空题

1. 当一定频率的红外光照射分子时，应满足__________和__________条件才能产生分子的红外吸收峰。

2. 红外吸收光谱的三要素是________、________、________。

3. 红外吸收光谱的区域可划分为________、________、________。

4. 某化合物的分子式为 C_8H_{14}，其不饱和度为________，可能含有________个双键或________个三键。

三、问答题

1. 产生红外吸收的条件是什么？是否所有的分子振动都会产生红外吸收光谱？为什么？

2. 以亚甲基为例说明分子的基本振动模式。

3. 何谓基团频率？影响基团频率的因素有哪些？

4. 何谓指纹区？它有什么特点和用途？

5. 解释实际上红外吸收谱带（吸收峰）数目与理论计算的振动数目少的原因。

6. 红外吸收光谱法测绘时，对固体样品的制样有何要求？

7. 红外吸收光谱实验室为什么要求温度与相对湿度维持一定的指标？

8. 化合物的分子式为 C_3H_6O 的红外吸收光谱如图 3-17 所示，推断分子结构。

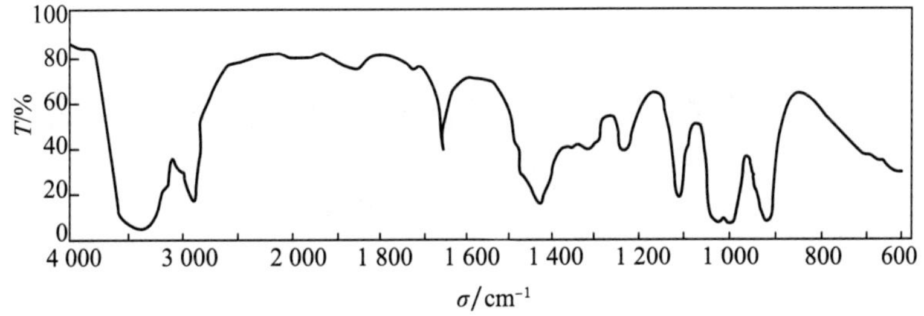

图 3-17　化合物 C_3H_6O 的红外吸收光谱

9. 化合物 $C_8H_8O_2$ 的红外吸收光谱如图 3-18 所示，试解析其结构。

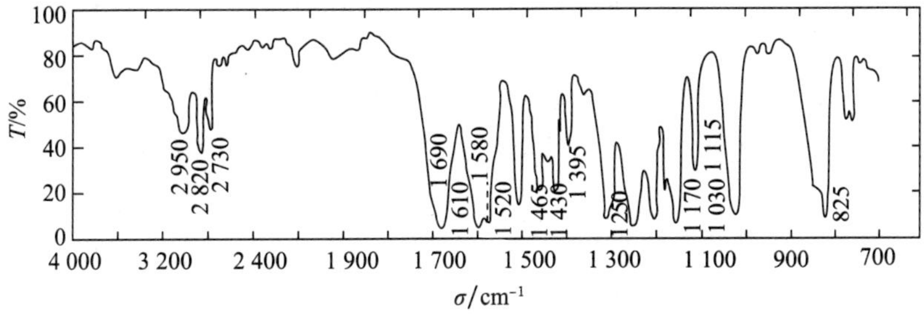

图 3-18　化合物 $C_8H_8O_2$ 的红外吸收光谱

项目四

原子吸收和原子荧光光谱分析技术

【学习目标】

知识目标

(1)掌握原子吸收光谱分析的基本原理;

(2)了解原子吸收分光光度计和原子荧光分光光度计的结构、主要部件的作用;

(3)理解原子吸收光谱的原子化过程和原子荧光产生;

(4)熟悉原子吸收光谱和原子荧光光谱主要干扰及其消除方法;

(5)掌握常用原子吸收光谱分析和原子荧光光谱分析的定量方法。

能力目标

(1)能熟练操作原子吸收光谱仪;

(2)能熟练操作原子荧光光谱仪;

(3)能进行原子吸收光谱和原子荧光光谱测量条件的选择;

(4)能根据待测样品和实验条件制订测定方案;

(5)能进行仪器简单故障的排除,能对原子吸收光谱仪和原子荧光光谱仪进行日常维护和保养。

素质目标

(1)养成良好的职业道德;

(2)强化规范操作、安全操作的意识;

(3)具备科学、准确和严谨的工作作风。

【项目概述】

原子吸收光谱法(atomic absorption spectrometry,AAS),即原子吸收分光光度法,它是基于从光源发射的待测元素的特征辐射通过样品蒸气时,被蒸气中待测元素的基态原子所吸收,根据辐射强度的减弱程度来求得样品中待测元素的含量。

早在18世纪初,人们就观察到太阳光谱中原子吸收光谱的现象。但是,原子吸收光谱法作为一种分析方法是从1955年才开始的。这一年,澳大利亚物理学家沃尔什(A. Walsh)发表了第一篇关于原子吸收光谱法在分析化学中的应用的著名论文,奠定了原子吸收光谱分析法的理论基础。同时推出了第一台这方面的仪器。从时间上看,原子吸收光谱法在分析化学上的应用,比原子发射光谱法晚了约80年,但由于原子吸收光谱法所具有的一些优点,使它一出现即引起分析工作者的重视,并在20世纪60年代得到发展,其发展和普及速度之快,是其他仪器分析方法所不能相比的。目前，原子吸收光谱法早已成为分析领域中比较完善的现代重要分析技术。

原子吸收光谱法是一种重要的成分分析方法，该法具有如下特点：

(1)选择性高、干扰少。分析不同元素需选择不同的元素灯，共存元素对被测元素不产生干扰，一般不需要分离共存元素就可以进行测定。

(2)灵敏度高。用火焰原子吸收分光光度法可测到 10^{-9} g·mL^{-1} 数量级。用无火焰原子吸收分光光度法可测到 10^{-13} g·mL^{-1} 数量级。

(3)测定的范围广。它可用来测定 70 多种元素，既可做痕量组分分析，又可进行常量组分测定。应用无火焰原子吸收分光光度法，试样溶液仅需 1～100 μL。

(4)操作简便、分析速度快、用途很广。它已在冶金、地质、采矿、石油、轻工、农药、医药、食品及环境监测等方面得到广泛应用。

(5)局限性。测定一些难熔元素，如稀土元素，锆、铪、铌、钽等，以及非金属元素不能令人满意；测一种元素就得换一种空心阴极灯，多种元素的同时分析受到限制。

【思维导图】

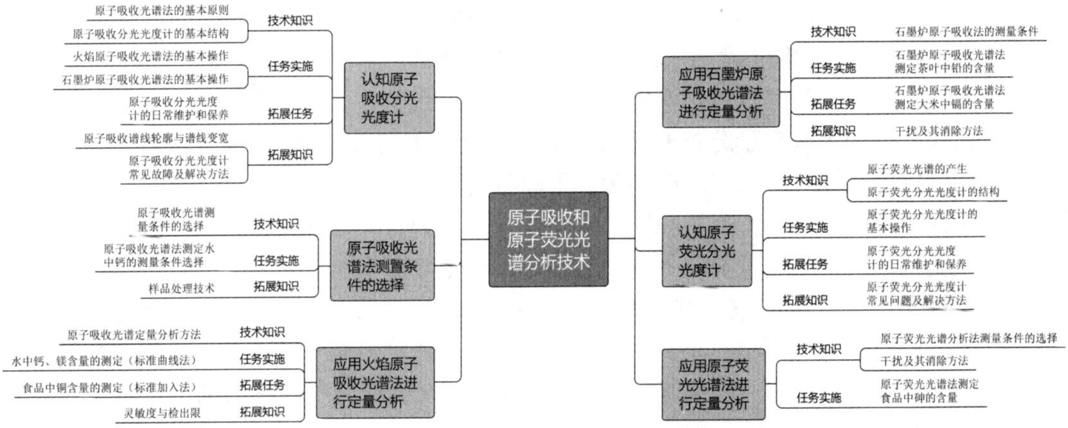

任务一　认知原子吸收分光光度计

任务内容

掌握原子吸收分光光度计的结构组成、各部件的主要功能和使用要求，能够正确使用原子吸收分光光度计及其配套附属设备；能进行仪器简单故障的排除。

视频 4-1　原子吸收光谱分析的基本原理和分析过程

技术知识

一、原子吸收光谱法的基本原理

1. 原子吸收光谱的产生

在通常情况下，原子处于基态，当通过基态原子的某辐射线所具有的能量（或频率）恰好符合该原子从基态跃迁到激发态所需的能量（或频率）时，该基态原子就会从入射辐射中吸收能量，原子由基态跃迁到第一激发态所需能量最低，跃迁最容易，此时产生的吸收谱线称为共振吸收线；当它再跃迁回基态时，会发射出同样频率的谱线，这种谱线称为共振发射线。共振吸收线和共振发射线都简称为共振线。

2. 原子吸收光谱的特征性

原子吸收光谱位于光谱的紫外光区和可见光区。原子的能级是量子化的，所以原子对不同频率辐射的吸收也是有选择的。各种元素的原子结构和外层电子排布不同，不同元素的原子从基态跃迁至第一激发态或由第一激发态跃迁返回基态时，吸收或发射的能量不同，因而各种元素的共振线不同并各有其特征性，所以这种共振线是元素的特征谱线。对大多数元素来说，共振线就是该元素的最灵敏线，也是原子吸收光谱法中最主要的分析线。

3. 原子吸收与原子浓度的关系

（1）积分吸收。以光强度为 I_0 的特征谱线通过厚度为 L 的基态原子蒸气时，其中一部分光被吸收，使该入射光的光强降低为 I_v，如图 4-1 所示。

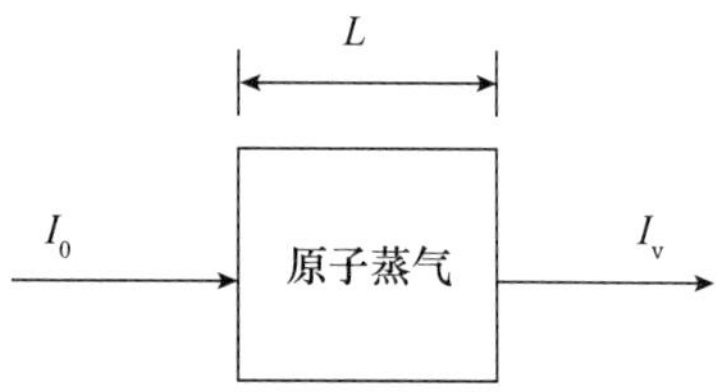

图 4-1 原子吸收示意图

I_0 为光源辐射的共振线强度；I_v 为透过原子蒸气的共振线强度；L 为原子蒸气的宽度

原子吸收光谱是同种基态原子在吸收其共振辐射时被展宽了的吸收带，吸收线上的任意点都与相同的能级跃迁相联系，故在原子吸收分析中，测量气态原子吸收共振线的总能量，即积分吸收。积分吸收，即测定吸收曲线下面所包括的整个面积。原子吸收定量分析的基础是积分吸收与待测元素原子的总数 N 呈简单的线性关系。但积分吸收的测定非常困难，因为原子吸收线的半宽度很小，只有 0.001～0.005 Å，要分辨如此窄的谱线，在波长为 500 nm 时，其分辨率为 5.0×10^5，这样高的分辨率，现代分析仪器是很难达到的。因此采用低分辨率的色散仪，以“峰值吸收”来代替“积分吸收”。

（2）峰值吸收。1955 年，澳大利亚物理学家沃尔什（A. Walsh）提出用测定峰值吸收系数 K_0 来代替积分吸收，并证明 K_0 与单位体积原子蒸气中的基态原子数成正。用测量峰值吸收的方法代替积分吸收，解决了原子吸收测量的难题，使该法成为一种普遍的分析方法。实际上，目前原子吸收光谱分析都是用测定吸收中心频率 ν_0 处的峰值吸收系数来计算待测元素含量的，即峰值吸收法。

峰值吸收测量是用峰值吸收系数 K_0 来代替积分吸收的测定。K_0 的测定只需要使用锐线光源，而不用高分辨率的单色器就能做到。需要满足的条件：①锐线光源的发射线与原子吸收线的中心频率完全一致；②锐线光源发射线的半宽度（$\Delta\nu_e$）比吸收线的半宽度（$\Delta\nu_a$）小得多，一般为 1/10～1/5。如图 4-2 所示。

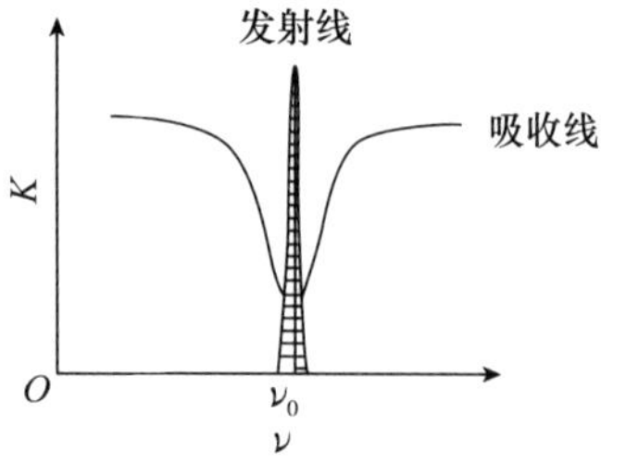

图 4-2 锐线光源的必备条件

峰值吸收系数 K_0 与单位体积原子蒸气中的基态原子数 N_0 成正比。在通常的原子吸收条件下，原子蒸气中基态原子数 N_0 近似等于总原子数 N。

因此，在使用锐线光源的情况下，原子蒸气对入射光的吸收程度和其他吸光光度法一样，符合朗伯-比尔定律。设入射光的强度为 I_0，所透过的原子蒸气的厚度为 L，被原子蒸气吸收后透过光的强度为 I_v，吸光度 A 与试样中待测元素的原子总数 N 的关系为

$$A=\lg(I_0/I_v)=KLN \tag{4-1}$$

在稳定的原子化条件下，试液中被测组分浓度 c 与蒸气中原子总数 N 成正比，故吸光度

与待测元素在试样中的浓度关系为

$$A = K'c \tag{4-2}$$

式中：K'在一定实验条件下是常数。式(4-2)表明，在一定实验条件下，峰值吸收测量的吸光度与待测元素的浓度呈线性关系，这就是原子吸收光谱法定量分析的依据。

二、原子吸收分光光度计的基本结构

原子吸收分光光度计由光源、原子化系统、分光系统及检测系统等四个部分构成。通常有单光束型和双光束型两类。单光束型原子吸收分光光度计的光路系统结构(图 4-3)比较简单，有较高的灵敏度，价格较低，便于推广，能满足日常分析工作的要求。

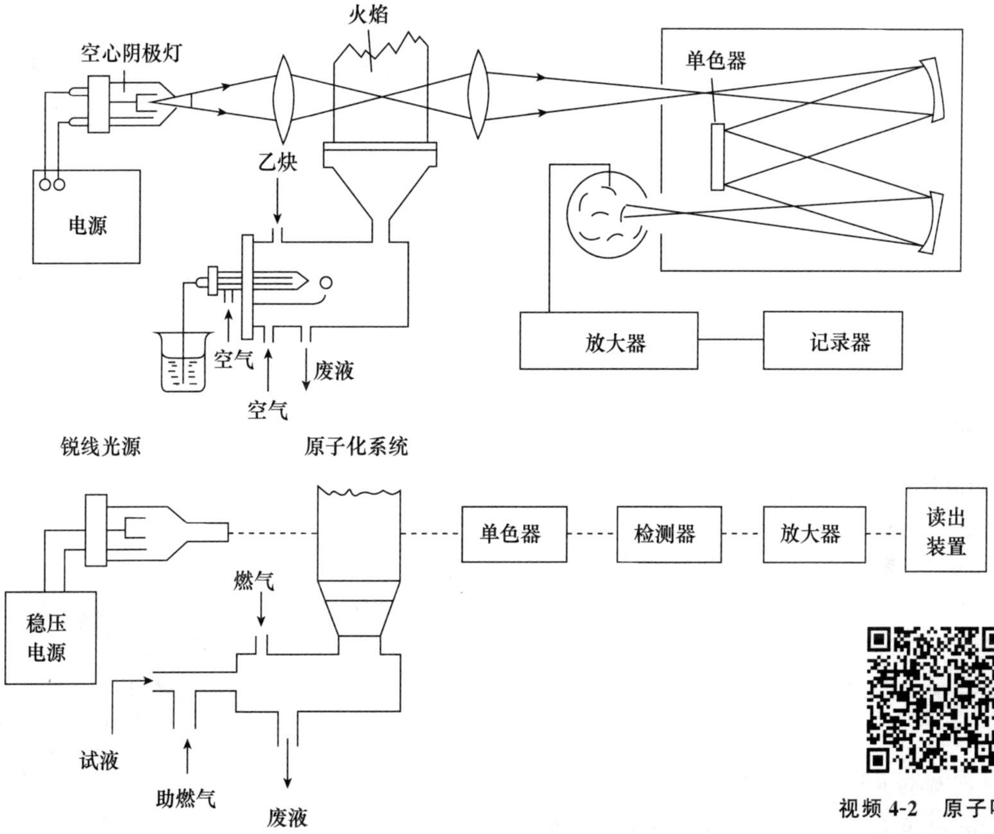

图 4-3 原子吸收分光光度计的光路系统结构

视频 4-2 原子吸收分光光度计的结构(一)光源

(一)光源

光源的作用是提供待测元素的特征谱线。对光源的基本要求是：发射的共振辐射的半宽度要明显小于吸收线的半宽度(即发射锐线)，以提高分析测定的灵敏度；光源的发射线强度要大，而且背景要低于特征共振辐射强度的 1%；发射线强度稳定性好，30 min 之内漂移不超过 1%，噪声小于 0.1%；灯的使用寿命越长越好。

空心阴极灯是原子吸收分光光度计最常使用的锐线光源，其结构如图 4-4 所示，由空心阴极、阳极、石英窗及灯内充有的惰性气体(氖或氩)组成，外壁为硬质玻璃管。

空心阴极灯的工作原理是，在阴极和阳极间施加足够的电压，阴极上有电子产生，在电场作用下，高速射向阳极，在向阳极运动的过程中与内充的惰性气体碰撞并使之电离，电离产生的正离子在电场作用下高速射向阴极，阴极材料的金属原子被溅射出来，溅射出的原子与其他粒子碰撞而被激发，从激发态返回基态时，发射出待测元素的特征谱线。

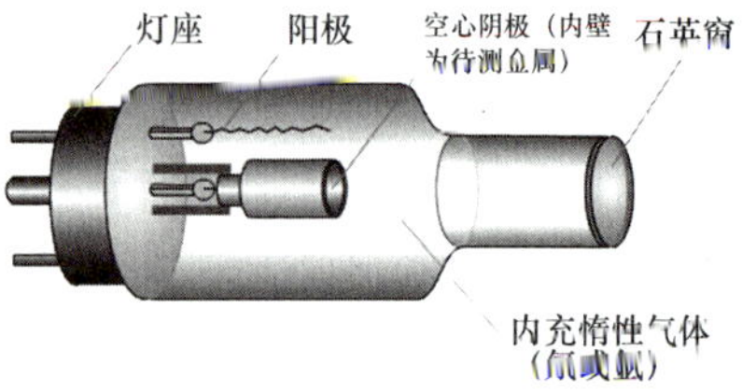

图 4-4　空心阴极灯示意图

空心阴极灯的发光强度和稳定性与灯电流有关。增大灯的工作电流，可增加发射强度，但灯电流太大温度上升，热变宽增加，谱线变宽，寿命缩短；灯电流过低，光强度减弱，会导致稳定性及信噪比下降。灯工作电流一般在 1～20 mA，根据情况选择合适的灯电流，在满足要求的情况下，选用较低的工作电流。

（二）原子化系统

原子化系统的功能是提供能量，使试样干燥、蒸发和原子化，进入到光源的辐射光程中。在原子吸收光谱分析中，试样中被测元素的原子化是整个分析过程的关键环节。实现原子化的方法，最常用的有两种：一种是火焰原子化法；另一种是非火焰原子化法。火焰原子化法具有操作简单、快速，对大多数元素有较高的灵敏度和低检出限等优点，是原子吸收光谱分析中最早使用的原子化方法，至今也仍在广泛地被应用。但是近年来非火焰原子化技术有了很大的进步，它比火焰原子化技术具有更高的原子化效率、灵敏度和检出限，因而发展速度也很快。

视频 4-3　原子吸收分光光度计的结构（二）火焰原子化器

对原子化系统的基本要求是必须有足够的原子化效率、良好的稳定性和重现性，以及较低的干扰水平。

1. 火焰原子化器

（1）火焰原子化器的结构。火焰原子化器由雾化器、雾化室和燃烧器三部分组成。

①雾化器：其作用是将试液雾化，并除去较大的雾滴，使试液的雾滴均匀化。试样经毛细管被负压气流吸入，撞击在分散球上使试液雾化，其性能对测定精密度、灵敏度和化学干扰等都有影响。因此，要求雾化器喷雾稳定、雾滴微小均匀和雾化效率高。目前普遍采用的是同心喷嘴型雾化器（图 4-5）。

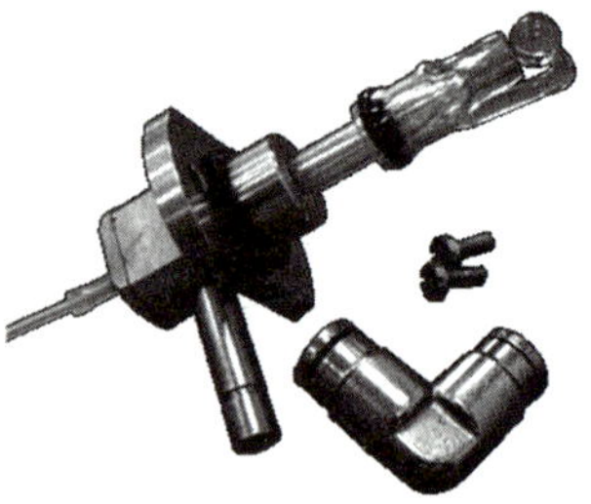
图 4-5　雾化器

②雾化室：试液雾化后进入预混合室即雾化室，与燃气、助燃气在室内充分混合形成气溶胶。细小的雾滴进入火焰中，较大的雾滴沿壁凝结成更大的液滴，沉降后由废液管排出。

③燃烧器：产生火焰并使试样蒸发和原子化的装置。喷口一般做成狭缝状，这种形状的燃烧器既可为原子蒸气获得较长的吸收光程，又可防止回火。根据狭缝数量不同分为单缝燃烧器和三缝燃烧器两种，最常使用的是单缝燃烧器。

（2）试液在火焰原子化器中的物理化学过程。试样雾滴在火焰中，经蒸发、干燥、离解或还原等过程产生大量的基态原子。火焰温度只要能使待测元素离解成自由的基态原子即可。如果超过其所需要的温度，则激发态原子增加，电离度增大，基态原子数减少，这对原子吸收是很不利的。火焰的组成关系到测定的灵敏度、稳定性和干扰等。

（3）火焰的类型。常用的火焰有空气-乙炔、氧化亚氮-乙炔、空气-氢气等多种，其中空气-乙炔是最常用的火焰。

按照燃气与助燃气的比例不同可将火焰分成三类：①化学计量火焰，又称中性火焰，其助燃气与燃气的比例符合燃烧反应化学计量关系，这种火焰稳定、温度较高、背景低、噪声小，适用于测定许多元素，是日常分析工作中应用最多的一种火焰类型。②贫燃性火焰，当助燃气的量大于化学计量火焰的时，就产生贫燃性火焰，火焰清晰，呈淡蓝色。火焰燃烧温度较低。由于燃烧充分，火焰中半分解产物少，还原性气氛低，不利于较难解离元素的原子化，不能用于易生成单氧化物元素的分析。但温度低对易解离元素的测定有利。③富燃性火焰，当燃气的量大于化学计量火焰的时，就产生富燃性火焰，火焰带有明显的黄色。由于燃烧不充分，半分解产物浓度大，具有较强的还原气氛，温度略低于化学计量火焰，适于易形成难解离氧化物的元素（如 Gr、Mn、W、Al、稀土等）的测定。但它的干扰较多，背景高。

（4）火焰原子化器的特点。优点：结构简单，操作方便，应用较广；火焰稳定，重现性好，精密度较高；基体效应及记忆效应较小。

缺点：雾化效率低，原子化效率低；使用大量载气，起稀释作用，使原子蒸气浓度降低，限了检测的灵敏度；某些金属原子易受助燃气或火焰周围空气的氧化作用生成难熔氧化物或发生某些化学反应，也会减少原子蒸气的密度。

视频 4-4　原子吸收分光光度计的结构（三）石墨炉原子化器

2. *石墨炉原子化器*

石墨炉原子化器是常用的非火焰原子化器，它使用电热能提供能量以实现元素的原子化。

（1）石墨炉原子化器的结构。石墨炉原子化器由电源、石墨炉管、保护气系统、冷却系统等四部分组成，如图 4-6 所示。

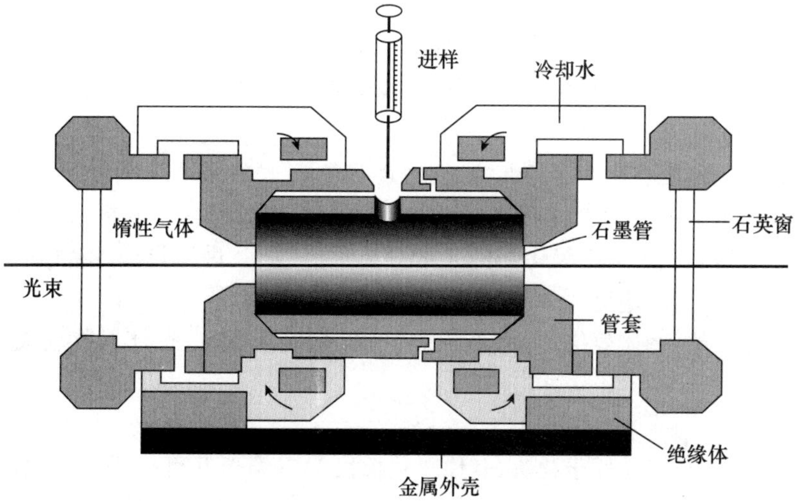

图 4-6　石墨炉原子化器结构示意图

①电源：加热电源供给原子化器能量，一般采用低压、大电流的交流电。为保证炉温恒定，要求提供的电流稳定。炉温可在 1～2 s 内达 3 000℃。

②石墨炉管：由致密石墨制成，有两种形状：一种是沟纹型，用于有机溶液，取样可达 50 μm；一种是广泛应用的标准型，长约 28 mm，内径为 8 mm，管中央开一孔，用于注入试样和保护气体通过。

③保护气系统：常用保护气为氩气。外气路中氩气沿石墨炉外壁流动，以保护石墨炉管不

被烧蚀。内气路中的氩气从管两端流向中心，由管中心孔流出，以有效地除去在干燥和灰化过程中所产生的基体蒸气，同时保护已原子化了的原子不再被氧化。在灰化阶段，停止通气，以延长原子在吸收区内的平均停留时间，以免对原子蒸气的稀释。

④冷却系统：水冷却系统是为了保护炉体，确保切断电源后，炉子能迅速降低至室温。

(2)石墨炉原子化器的升温过程。石墨炉原子化器的升温程序及样品在原子化器中的物理化学过程。试样以溶液(一般为1~50 μL)或固体(一般几毫克)从进样孔加到石墨管中，用程序升温的方式使样品原子化，其过程分为四个阶段，即干燥、灰化、原子化和高温除残，如图4-7所示。

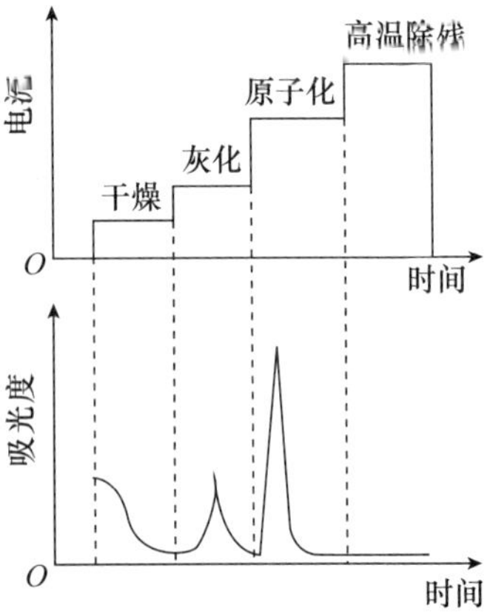

图4-7 石墨炉原子化的四个阶段

①干燥：其目的主要是除去溶剂，以避免溶剂存在时导致灰化和原子化过程飞溅。干燥的温度一般稍高于溶剂的沸点，如水溶液一般控制在105℃。干燥的时间视进样量的不同而有所不同，一般每微升试液约需1.5 s。

②灰化：其目的是尽可能除去易挥发的基体和有机化合物，这个过程相当于化学处理，不仅减少了可能发生干扰的物质，而且对被测物质也起到富集的作用。灰化的温度及时间一般要通过实践选择，通常温度在100～1 800℃，时间为0.5～1 min。

③原子化：其目的是使样品解离为中心原子。原子化的温度和时间随被测元素的不同而不同，应通过实验选择最佳的原子化温度和时间，这是原子吸收光源分析的重要条件之一。一般温度可达2 500～3 000℃，时间为3～10 s。在原子化过程中，应停止氩气通过，以延长原子在石墨炉管中的平均停留时间。

④高温除残：也称净化，它是在一个样品测定结束后，把温度提高，并保持一段时间，以除去石墨管中的残留物，净化石墨管，减少因样品残留所产生的记忆效应。除残温度一般高于原子化温度10%左右，除残时间通过选择而定。

(3)石墨炉原子化器的特点。优点：原子化效率高，原子在吸收区域中平均停留时间长，因而灵敏度高，原子化温度高；可用于那些较难挥发和原子化的元素的分析；在惰性气体气氛下原子化，对于那些易形成难解离氧化物的元素分析更为有利；进样量少；溶液试样量仅为1～50 μL，固体试样量仅为几毫克。

缺点：精密度较差；基体效应、化学干扰较严重，背景吸收较强；仪器装置较复杂，价格较高，需要水冷。

3.低温原子化法

低温原子化法又称化学原子化法，其原子化温度为室温至几百摄氏度。常用的有汞低温原子化法和氢化物法。

(1)汞低温原子化法。汞在室温下，有较大的蒸气压，沸点仅为375℃。只要对样品进行适当的化学预处理还原出汞原子，然后由载气(Ar或N_2，也可用空气)将汞原子蒸气送入气体吸收池内测定。本法主要用于汞的测定。在还原器的样品中加入氯化亚锡，将溶液中的汞离还原为金属汞：

$$Hg^{2+}+Sn^{2+}\longrightarrow Hg+Sn^{4+}$$

通入氮气将汞蒸气带出并经干燥管进入石英吸收管，通过测定吸光度(透光度)可测定汞含量。

(2)氢化物法。在酸性溶液中,硼氢化钠($NaBH_4$)或硼氢化钾(KBH_4)能使Ge、Sn、Pb、As、Sb、Bi、Se及Te等元素还原成极易挥发和分解的氢化物,如AsH_3、SnH_4、BiH_3等。用气(氮或氢)将这类氢化物送入石英吸收管中,在300～900℃温度范围内,氢化物立即完全被分解成基态原子,然后可以进行原子吸收分析。

此法灵敏度高(分析As、Se时灵敏度可达10^{-10}～10^{-9} g),而且选择性也好,基体干扰和化学干扰都较少。

视频4-5　原子吸收分光光度计的结构(四)单色器和检测器

(三)分光系统

分光系统又称单色器,其作用是将空心阴极灯阴极材料的杂质发出的谱线、惰性气体发出的谱线及分析线的邻近线等与共振吸收线分开,保证分析线通过,而非分析线不通过。单色器由入射狭缝、出射狭缝、反射镜和色散元件(光栅或棱镜)组成。单色器放置在原子化器之后,这样可以过滤掉火焰的杂散光并防止光电倍增管疲劳。

(四)检测系统

检测系统的作用是把分光系统分出来的待测元素的光信号转换为电信号,适当放大,转换成吸光度。原子吸收光谱仪中广泛使用的检测器是光电倍增管。

视频4-6　原子吸收分光光度计火焰原子化法基本操作

任务实施

操作实施4-1　火焰原子吸收光谱法的基本操作

一、仪器与试剂的准备

1. 仪器与设备

原子吸收分光光度计,钙空心阴极灯,乙炔钢瓶,空气压缩机。

2. 材料与试剂

100.0 $\mu g \cdot mL^{-1}$钙离子储备液,使用前用2%(V/V)盐酸溶液稀释成2～10 $\mu g \cdot mL^{-1}$钙标准使用液。

二、学生课前预习

学生每3～5人为一组,各小组在教师指导下,通过查阅资料和观看视频等完成预习报告。预习报告内容包括:(1)任务目标。(2)画出仪器结构框图。(3)操作步骤。(4)思考题:①原子吸收光谱怎么进行光斑校正?②火焰原子吸收光谱法测定关机时为什么要先关闭乙炔气,后关闭空气?

三、检查学生预习情况

各组根据汇总的相关资料,师生共同讨论、分析,用集体智慧完成预习报告的修订及确定操作步骤。

四、学生分组操作

学生按照修订后的操作步骤，按规范要求，分组完成火焰原子吸收光谱法的基本操作。

以 TAS-990S 原子吸收分光光度计操作为例，具体操作如下：

(1)开机。依次打开稳压器、电脑，等电脑启动完毕后打开仪器主机电源。

(2)仪器初始化。

①在计算机窗口上双击“AAWin”图标，选择“联机”，仪器进行初始化。如果自检各项都“正常”，仪器将自动进入选择工作灯、预热灯界面。

②选择正确的工作灯和预热灯，按照提示进行下一步操作。

③元素的测定参数一般按默认值就可以，单击“下一步”。

注意事项：如果默认的燃气流量小于 1 300 $mL \cdot min^{-1}$，则需更改为 1 300 $mL \cdot min^{-1}$。

④单击“寻峰”按钮，仪器开始自动寻找指定的测定波长。

⑤寻峰完毕，关闭寻峰窗口，单击“下一步”，再单击“关闭”，仪器进入分析主界面。

(3)仪器调整。

①选择测量方法：单击“仪器”下“测量方法”选择火焰吸收方法，然后单击“确定”。

②燃烧器参数设置：单击“仪器”下“燃烧器参数”，设置适当的燃烧气流量与燃烧器高度(一般以仪器默认为准)。反复调整燃烧器位置(－5～＋5)，使得元素灯光束从燃烧器正上方缝隙通过。单击“确定”退出。

(4)测量参数的设定。单击工具栏的“参数”按钮。测量次数设置为 3 次；测量方式选“自动”；计算方式选“连续”；积分时间选“0.1～1 s”；滤波系数选“0.3”。

(5)样品设置。

①单击“样品”，按照提示设定：一般校正方法为“标准曲线”；曲线方程为“一次方程”；选择浓度单位后，单击“下一步”。

②输入标准样品的相应浓度后，单击“下一步”。

③如果是石墨炉法或氢化物法选择“空白校正”，火焰法则全不选，单击“下一步”。

④如果计算样品的实际含量，则要依次输入“重量系数”、“体积系数”、“稀释比率”和“校正系数”，单击“完成”退出。

⑤仪器预热 20～30 min。

(6)测量。

①打开空气压缩机，调出口压力为 0.2～0.25 MPa；打开乙炔钢瓶，调节减压阀出口压力为 0.05 MPa；单击工具栏中的“点火”按钮点火，待火焰预热 10 min 后开始测量。

②首先看状态栏能量值是否在 100%左右，如果不在，则单击“能量”，再单击“自动能量平衡”。

③单击工具条上的“测量”按钮，出现测量对话框。

④吸入标准空白溶液，等数据稳定后，单击“校零”，再单击“开始”读数。

⑤依次吸入其他标准样品，等数据稳定后单击“开始”按钮读数。

⑥吸入样品空白溶液，等数据稳定后单击“校零”。

⑦依次吸入其他未知样品，等数据稳定后，单击“开始”按钮读数。

⑧测定完成后，吸喷去离子水 5 min。

⑨关闭乙炔钢瓶总阀，火焰自动熄灭后，旋松减压阀，再关闭空气压缩机。

⑩退出软件系统，关闭仪器电源开关。

五、教师巡回指导

操作要点及注意事项如下：

(1)如果波长电机初始化不过，需要检查。

①用一白纸片放于燃烧器上，看是否有元素灯光斑，如果有元素灯光斑而自检不过，则需与公司技术工程师联系；如果没有元素灯光斑，需检查元素灯座上是否有元素灯，元素灯是否完好。

②如果其他项自检不过，则需和公司技术工程师联系。

(2)更换元素灯时要注意事项。

①相应灯座的元素灯要在熄灭状态，最好在关机的情况下插拔元素灯，否则插拔元素灯时容易损坏灯电源板。

②更换好元素灯后，在软件上双击相应的灯座号后出现元素周期表，选择相应元素后单击"确定"按钮。

③安装好空心阴极灯后，应将灯室门关闭，灯在转动时不得将手放入灯室内。当按下点火按钮时应确保其他人员手、脸不在燃烧室上方，最好关闭燃烧室防护罩。

(3)寻峰时出现提示"能量低负高压超上限"，请检查：

①按上述方法确定有无元素灯光斑；

②检查灯座上的元素灯和软件上的元素符号是否相同；

③元素灯是否老化严重，换一相同的新灯试一试。

(4)计算样品实际含量时的"重量系数"是称样质量；"体积系数"是第一次的定容体积；"稀释比率"是测定后浓度太高稀释的倍数；"校正系数"是单位换算，比如，样品质量单位是 g，浓度单位是 $g \cdot mL^{-1}$，如果样品的实际含量报百分数则校正系数应为 0.000 1。

(5)如果点不着火，则需要做如下检查：

①空气压缩机出口压力是否大于 0.2 MPa；乙炔出口压力是否在 0.05～0.1 MPa 之间；

②紧急熄火开关是否关闭；

③液位检测装置是否加满水；

④燃烧头下的微动开关是否完好(应直立)；

⑤点火电极是否积炭，若有积炭，可用小刀刮除。

(6)点火时先开空气，后开乙炔。关机时先关乙炔后关空气。

(7)完成寻峰、点火之前，有时需要调节燃烧器的位置，使空心阴极灯发出的光线在燃烧缝的正上方，与之平行。

(8)与氮气、空气、氧气钢瓶不同，乙炔钢瓶内充活性炭与丙酮，乙炔溶解在丙酮中，使用时不可完全用完，必须留出 0.5 MPa，否则乙炔挥发进入火焰使背景增大，燃烧不稳定。

(9)仪器在接入电源时应有良好的接地。

(10)原子吸收分析中经常接触电器设备、高压钢瓶，使用明火，因此应时刻注意安全，掌握必要的电器常识、急救知识、灭火器的使用。

(11)不得在火焰上放置任何东西，或将火焰挪作他用。在燃烧过程中不可用手接触燃烧器。测定过程中最好将燃烧室防护罩关闭，高温火焰可能产生紫外线，防止灼伤人的眼睛。

(12)火焰熄灭后，燃烧器仍处于高温状态，20 min 内不可触摸。

六、数据记录及处理

(1)记录钙离子测定的仪器参数。
(2)写出火焰原子吸收分光光度计安全使用的注意事项。

七、成绩评定

学生对完成工作任务的表现进行自评和互评,各小组进行总结、考核及评估,教师做出最后评价,填写学习过程评价表。

任务实施

操作实施 4-2 石墨炉原子吸收光谱法的基本操作

视频 4-7 原子吸收分光光度计石墨炉原子化法基本操作

一、仪器与试剂的准备

1. 仪器与设备

(1)原子吸收分光光度计,石墨炉,铅空心阴极灯;
(2)氩气钢瓶;
(3)循环水冷却系统。

2. 材料与试剂

100.0μg·mL^{-1} 铅离子储备液,使用前用 0.5 moL·L^{-1} 硝酸溶液稀释成 10～80 ng·mL^{-1} 铅标准使用液。

二、学生课前预习

学生每 3～5 人为一组,通过查阅资料和观看视频等完成预习报告。预习报告内容包括:(1)任务目标。(2)仪器组成。(3)操作步骤。(4)思考题:①石墨炉原子吸收光谱法使用时的氩气有什么作用?②简述石墨炉原子吸收光谱法中石墨管的种类。③石墨炉原子吸收光谱法在测定样品前为什么要先进行空烧石墨管?

三、检查学生预习情况

各组根据汇总的相关资料,师生共同讨论、分析,用集体的智慧完成预习报告的修订及确定操作步骤。

四、学生分组操作

学生按照修订后的操作步骤,按规范要求,分组完成石墨炉原子吸收光谱法基本操作。

以 TAS-990S 石墨炉原子吸收分光光度计的操作为例,具体操作如下:

(1)开机。打开氩气,使其输出压力在 0.35～0.4 MPa,打开冷却循环水系统开关,冷却水流量应大于 1 L·min^{-1},打开计算机和仪器主机电源。

(2)单击计算机桌面上的软件图标,进行联机,此时对仪器各部件实行自检。

(3)打开工作界面。在工作站窗口中点击(工作区),选择“自动”→“打开”,便会弹出以前保存的工作界面。

(4)新建方法。单击“建方法”→“新建方法”,选择待测元素后单击“确定”。选择相应的波长,类型选择吸收-背景,测量选峰高。设置相应的灰化温度、试样体积、方程式选线性-计算,浓度单位设纳克/毫升;在标样浓度窗口,根据自己的配置输入相应的浓度,方法编辑完成后,关闭该窗口,通过“文件”→“另存为”→“方法”,输入文件名后单击“确定”。

(5)分析数据保存设置。单击“试样信息”,输入自动取样器的位置,关闭后,通过“文件”→“另存为”→“试样信息文件”,输入文件名后单击“确定”。在自动分析控制窗口中,在设置页,单击方法栏调出刚建的方法,在试样信息文件中单击“打开”,调入刚建的试样文件信息后单击“打开”。在结果数据名称中单击“打开”,输入数据组名称后单击“确定”。

(6)点灯。单击灯设置,在设置栏下单击待测元素的灯,仪器将自动点灯并校准光路。待灯设置完成后关闭该窗口。

(7)测定。

①单击工具栏中的“空烧”以除去石墨管中的杂质。要求不加任何样品测量时 A 值应大于 0.020。

②首先看状态栏能量值是否在 100%左右,如果不在,则单击“能量”,再单击“自动能量平衡”。

③单击“校零”按钮。

④单击“测量”按钮。

⑤用微量进样器向石墨管中注入标准样品,单击“开始”进行测量、读数。照此步骤依次加入其余标准溶液和样品溶液进行测量。

⑥记录数据。测定的数据包括浓度、吸光度平均值、标准曲线回归方程和相关系数等。

⑦关机。关闭元素灯,退出软件,关闭主机电源和石墨炉电源,关闭计算机、显示器电源,再关闭氩气和循环冷却水装置电源。

五、教师巡回指导

石墨炉原子吸收光谱法是最灵敏的分析方法之一,绝对灵敏度可高达 10^{-10}～10^{-14} ng·mL^{-1}。样品可以直接在原子化器中进行处理,样品用量少,每次进样量为 5～100 μL。

一个样品的分析需经如下四个阶段:

(1)干燥阶段。液体样品注入石墨炉后,应在略低于溶剂沸点的温度下烘干。干燥温度过低,干燥时间过短,不能达到干燥目的;温度过高,则会引起暴沸,造成样品损失。

(2)灰化阶段。干燥阶段结束后进入灰化阶段,炉温升高,样品中基体杂质不易除去;温度过高,时间过长,则可能损失待测元素。

(3)原子化阶段。灰化阶段结束后,石墨炉温度迅速升高到 2 000～3 000℃,使待测元素原子化。这一阶段的温度和时间直接影响分析结果,温度过低或时间过短不能有效原子化;温度过高,时间过长,又会使石墨管消耗严重。

(4)除残阶段。除残温度应高于原子化温度,除残的目的是消除残留物产生的记忆效应。

石墨炉原子吸收光谱法的四个阶段对分析结果影响很大。综合以上原因,要对多个因素进行条件选择。

六、数据记录及处理

(1)记录石墨炉原子化钙离子测定的仪器参数。

(2)写出石墨炉原子吸收分光光度计安全使用的注意事项。

七、成绩评定

学生对完成工作任务的表现进行自评和互评，各小组进行总结、考核及评估，教师做出最后评价，填写学习过程评价表。

拓展任务

拓展操作 4-1 原子吸收分光光度计的日常维护和保养

为了保持良好的工作状态，原子吸收分光光度计应在规定的环境条件下使用，并对其进行日常维护和保养，以保证仪器正常运行并延长其使用寿命。

(1)安置场所：室温 10～30℃之间，空气湿度低于 85%，无强烈振动或持续的弱振动，附近无强磁场、电场及高频波，不存在腐蚀性气体和对测量有干扰的其他气体，灰尘较少，有排风装置，禁止抽烟，避免阳光直射。

(2)仪器必须通过交流稳压电源供电，电源插座必须有接地端且接地良好。交流电源频率为 50 Hz±1 Hz，功率为 200 W。

(3)开机时，应先开总电源再开灯电源，然后开气源，进行气体流量调节，并点火。关机时，应先关乙炔气，再关空气压缩机，且应在熄火之后再关电源。应时常注意各气体的输出压力。

(4)应经常对气体进行检漏。由于气体通路采用聚乙烯塑料管，时间长了容易老化，因此要经常对气体进行检漏，特别是乙炔气渗漏可能造成事故。严禁在乙炔气路管道中使用紫铜、H62 铜及银制零件，并要禁油，测试高浓度铜或银溶液时，应经常用去离子水喷洗。

(5)空心阴极灯应在最大允许电流以下范围内使用，不用时不要点灯，否则会缩短灯的寿命，但长期不用的元素灯则需每隔一两个月在额定工作电流下点燃 15～60 min，以免性能下降。光源调整机构的运动部件要定期加油润滑，防止锈蚀甚至卡死，以保持运动灵活自如。

(6)燃烧器的维护。每次分析操作完毕，特别是分析过高浓度或强酸样品后，要立即吸喷数分钟的蒸馏水，以防止雾化室和燃烧头被沾污或锈蚀。点火后，燃烧器的整个缝隙上方应是一片燃烧均匀、呈带状的蓝色火焰。若带状火焰中间出现缺口，呈锯齿状，说明燃烧器头缝隙上方有污物或滴液，这时需要清洗。清洗的方法是再接通空气，关闭乙炔气的条件下，用滤纸插入燃烧缝隙中仔细擦拭；如效果不佳，可取下燃烧器头，用软毛刷刷洗；如已形成熔珠，可用细的砂纸或刀片轻轻磨刮以去除沉积物。应注意不能将缝隙刮毛。雾化器要经常清洗，以避免雾化器的毛细管发生局部堵塞。若堵塞一旦发生，会造成溶液提升量下降，吸光度值减小。若仪器暂时不用，应用硬纸片遮盖住燃烧器缝口，以免积灰。对原子化系统的相关运动部件要进行经常润滑，以保证升降灵活。空气压缩机一定要经常放水、放油，分水器要经常清洗。

当外来物质如尘土和其他污染物附着到燃烧器头、雾化器或雾化室内时，测定数据的重现性和吸收灵敏度将变差。因此应定期清洁燃烧器的各部件，包括各种 O 形圈的连接处、燃烧器头、雾化器和撞击球等。如果发现损坏，需要进行更换。

(7)清洁燃烧器头。燃烧器头的缝隙被碳化物或盐等堵塞时会使火焰变得不规则，若进一步堵塞火焰将会分叉，当火焰出现这些状况时，应熄灭火焰，冷却后用砂纸或刀片轻轻刮去锈斑或堵塞物。

如清洗后再次点火，出现闪烁的橙色火焰，可喷雾纯水，直到不闪烁为止。如仍有此现象，可从雾化室取下燃烧器头，用纯水清洗内部；特别脏时，需用稀酸或合适的洗涤剂浸泡过夜，同时擦洗内壁。当测定样品中含有高浓度的共存物组分(如盐等)，可能附着到缝的内壁，这种样品测定后，必须进行清洁。

(8)清洁雾化器。如果测定中数据漂移或灵敏度低，可能是雾化器毛细管堵塞，应采取如下操作进行清洁：

旋松雾化器固定螺丝，取下雾化器固定板，移去插入雾化器中的喷雾接头，然后从雾化室移去雾化器；用配备的清洁丝插入毛细管中，使之通畅；用相反的步骤重新安装雾化器，吸喷蒸馏水。如果情况没有改善，污染物可能附着在雾化器尖端的毛细管和塑料管套之间。此时，可取下雾化器，把雾化器尖端浸入 HCl(1+1)溶液中，用手拿住雾化器，确保只有管套部分浸入 HCl(1+1)溶液中。

注意：在燃烧器头、雾化器和撞击球等各连接处有 O 形环，拆卸和组装时务必要确认 O 形环是否在合适的位置上。经过拆卸和组装，要特别注意进行漏气检查。

在用氢氟酸分解样品时，应在测试前加热样品并在未干之前加入少量高沸点酸使氢氟酸充分冒烟蒸发掉，否则会对玻璃喷嘴造成腐蚀。雾化器长时间使用后，内部会有腐蚀，此时试样提取量减少，灵敏度下降，雾滴变大，应更换新的喷雾器。

(9)雾化室的清洁。

①移去燃烧器头和雾化器。

②取下连接到雾化器的燃气管和助燃气管。

③移去喷雾室固定螺丝，移去乙炔套管，然后从雾化室取下混合器。

④移去外套安装螺丝，取下雾化室的外套(不锈钢板)。

⑤移去雾化室固定螺丝，取下雾化室，然后放松雾化室的接头捆带，移去排液管。

⑥清洁后安装雾化室时，必须检查混合器的方向，因为混合器略呈锥形，方向正确才能与雾化室内侧的锥度吻合。

(10)光学系统。外光路的光学元件应保持干净，一般每年至少清洗一次。如果光学元件上有灰尘沉积，可用擦镜纸擦拭；如果光学元件上沾有油污或在测定样品溶液时溅上污物，可用预先浸在乙醇与乙醚的混合液(1∶1)中洗涤，并用干燥的纱布去擦拭，然后用蒸馏水冲掉皂液，再用洗耳球吹去水珠。在清洁过程中，禁止用手去擦拭金属硬物或触及镜面。单色器应始终保持干燥。

(11)每天上班前需打开窗户透气不少于 5 min。

拓展知识

一、原子吸收线的谱线轮廓与谱线变宽

1. 原子吸收线的谱线轮廓

物质的原子对光的吸收具有选择性，即原子对不同频率的光有不同程度的吸收，故透过光

的强度 I_ν 随着光的频率 ν 而有所变化，其变化规律如图 4-8 所示，称为吸收线。由图 4-8 可知，原子的吸收线并不是一条严格的几何意义上的线，而是占据着有限的、相当窄的频率或波长范围，即谱线具有一定宽度和轮廓。常用吸收系数 K_ν 随频率 ν 的变化曲线来描述吸收线轮廓，如图 4-9 所示。

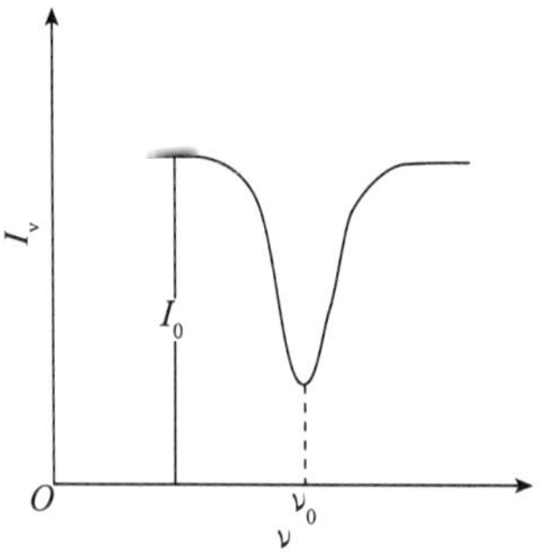

图 4-8 原子吸收强度与频率的关系

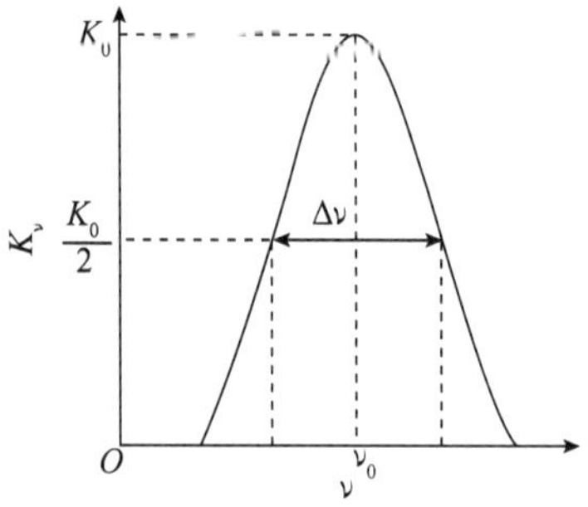

图 4-9 吸收线轮廓与半宽度

从图 4-9 可知，当频率为 ν_0 时吸收系数有最大值，称为“峰值吸收系数”或“最大吸收系数”，以 K_0 表示。最大吸收系数所对应的频率 ν_0 称为中心频率。最大吸收系数一半（$K_0/2$）时的频率范围 $\Delta\nu$ 称为吸收线的半宽度，为 $10^{-3}\sim10^{-2}$ nm。同样发射线也具有一定的半宽度。

2. 原子吸收线的谱线变宽

从理论上讲，原子吸收光谱应该是线状光谱，但实际上任何原子发射或吸收的谱线都不是绝对单色的几何线，而是具有一定宽度的谱线。这一现象称为谱线变宽。

谱线变宽的因素较多，如多普勒(Doppler)变宽、压力变宽、碰撞变宽等。其中最主要的是多普勒变宽。

(1)自然变宽。没有外界影响，谱线仍有一定的宽度，称为自然宽度，它与激发态原子的平均寿命有关。该宽度比光谱仪本身产生的宽度要小得多，只有极高分辨率的仪器才能够测出，故可以忽略不计。

(2)同位素变宽。同种元素含有不同的同位素，各种同位素能产生的波长十分接近，但是又有一定差别的谱线，故使同一元素的谱线有一定的宽度，称为同位素变宽，可忽略。

(3)多普勒变宽。多普勒变宽又称热变宽，是由原子不规则的热运动引起的。在原子蒸气中，原子处于杂乱无章的热运动状态，当趋向光源方向运动时，原子将吸收频率较高的光波，当背离光源方向运动时，原子将吸收频率较低的光波，相对极大吸收频率而言，既有蓝移即向高频率方向移动，又有红移即向低频率方向移动，使检测器接收到的谱线变宽，这种现象称为多普勒变宽。

(4)压力变宽。压力变宽是由于吸光原子与蒸气中其他粒子间相互碰撞而引起能级的微小变化，使发射或者吸收的光量子频率改变而导致的变宽。

这种变宽与吸收区气体的压力有关，当压力升高时，粒子相互间碰撞概率变大，谱线变宽严重。其变宽数值为 10^{-3} nm 数量级。根据与其碰撞离子的不同，又可以分为下列两种：

①霍尔兹马克变宽(Holtsmark broadening)，又称为共振变宽，是被测元素激发态原子与基态原子间碰撞引起的谱线变宽，它随试样原子蒸气浓度增加而增加。而通常在原子吸收分光光度法测定条件下，金属原子蒸气压在 0.013 Pa 以下时，测定的元素浓度较低，共振变宽可

以忽略不计。而当蒸气压达到 13.3 Pa 时，共振变宽效应则明显地表现出来。

②洛伦兹变宽(Lorentz broadening)，是被测元素原子与其他外来粒子相互碰撞而引起的谱线变宽。其大小随着原子区内气体压力的增加和温度升高而增大，也随着其他元素性质不同而不同，并可以引起谱线频率移动和不对称变化。这使空心阴极灯发射的发射线与基态原子的吸收线产生错位，影响原子吸收分析的灵敏度。

火焰原子化器以压力变宽为主；石墨炉原子化器以多普勒变宽为主。

二、原子吸收分光光度计常见故障及解决方法

原子吸收分光光度计常见故障及解决方法见表 4-1。

表 4-1　原子吸收分光光度计常见故障及解决方法

故障现象	故障原因	排除方法
点火失败	①气体控制状态异常； ②气体管路堵塞； ③火焰监控器异常	①检查乙炔钢瓶和空气压缩机的压力是否达到要求； ②检查是否使用高纯乙炔，当乙炔钢瓶的压力过低时应停止使用，更换乙炔气； ③每次火焰点燃后又自动熄灭，则很可能是火焰监控器出现故障，应重启仪器主机或者在仪器软件上把火焰监控器关闭
火焰呈现锯齿状	燃烧器头的狭缝较脏	用砂纸打磨燃烧器缝隙
火焰不稳定	①空气压缩机出口压力不稳； ②乙炔钢瓶压力过低	①检查空气压缩机及乙炔气的流量是否稳定； ②及时更换快用尽的乙炔气钢瓶
样品不能被吸入仪器	进样毛细管堵塞或断裂	手指轻弹毛细管赶走气泡，或更换毛细管
废液流动不通畅	雾化室内有油膜或生锈	清洁疏通管道，清除积水
标准曲线线性差	①元素灯老化； ②元素灯的工作电流过大； ③测定样品浓度过大	①更换新的元素灯； ②适当调低元素灯的工作电流； ③缩小测量浓度的范围，或者用该元素的次灵敏线作为分析谱线进行分析测试
测定时吸光度低或者没有吸光度	①毛细管不通畅； ②雾化器发生堵塞； ③样品含量过低	①更换新的毛细管； ②冲洗或者更换新的雾化器； ③增加称样量
突然发生熄火现象	①废液瓶装满； ②燃气流量低	①处理废液； ②更换乙炔钢瓶
灵敏度低	①雾化效率降低； ②燃烧器缝隙偏离光轴	①更换雾化器； ②观察光斑是否在燃烧器缝隙正上方

任务二　原子吸收光谱法测量条件的选择

任务内容

掌握原子吸收光谱法在进行元素含量测定时测量条件的选择，并学会用火焰法原子吸收

分光光度计进行镁的测定时测量条件的选择。

技术知识

原子吸收光谱法测量条件的选择

1. 分析线的选择

通常选用共振吸收线作为分析线，测定高含量的元素时，可以选用灵敏度稍低的非共振吸收线作为分析线。As、Se 等元素的共振吸收线位于 200 nm 以下的远紫外光区，火焰组分对其有明显吸收，故用火焰原子吸收分光光度法测定这些元素时，不宜选用共振吸收线作为分析线。

视频 4-8 原子吸收光谱测量条件的选择(上)

2. 狭缝宽度的选择

狭缝宽度影响光谱通带宽度与检测器接收的能量。原子吸收光谱法分析中，光谱重叠干扰的概率小，可以允许使用较宽的狭缝。调节不同的狭缝宽度，测定的吸光度也会随之而变化，当有其他谱线或非吸收线进入光谱通带内，吸光度将立即减小。不引起吸光度减小的最大狭缝宽度即为应选取的合适的狭缝宽度。

3. 空心阴极灯工作电流的选择

空心阴极灯使用时一般需要预热 10～30 min 才能达到稳定的输出。灯电流过小，放电不稳定，故光谱输出不稳定，且光谱输出强度小；灯电流过大，发射谱线变宽，导致灵敏度下降，校正曲线弯曲，灯寿命缩短。选用灯电流的一般原则是：在保证有足够光强度且稳定的光强输出的条件下，尽量使用较低的工作电流。通常以空心阴极灯上标明的最大电流的 1/2～2/3 作为工作电流。在具体的分析场合，最适宜的工作电流应由实验确定。

视频 4-9 原子吸收光谱测量条件的选择(下)

4. 原子化条件的选择

(1)火焰类型和特性：在火焰原子吸收分光光度法中，火焰类型和其特性是影响原子化效率的主要因素。对于低温及中温元素，使用空气-乙炔火焰；对高温元素，宜采用氧化亚氮-乙炔高温火焰；对于分析线位于 200 nm 以下短波区的元素，使用空气-氢气火焰是合适的。对于确定类型的火焰，燃气量大于化学计量比的稍富燃的火焰是有利的。对氧化物不十分稳定的元素，如 Cu、Mg、Fe、Co、Ni 等，用化学计量火焰或贫燃火焰也是可以的。为了获得所需特性的火焰，需要调节燃气与助燃气的比例。

(2)燃烧器的高度选择：在火焰区内，基态原子的空间分布不均匀，且随火焰条件而改变，因此应调节燃烧器的高度，以使来自空心阴极灯的光束从基态原子浓度最大的火焰区域通过，以此来获得更高的灵敏度。

(3)程序升温的条件选择：在石墨炉原子吸收分光光度法中，合理选择干燥、灰化、原子化温度与时间及除残温度是十分重要的。干燥应在稍低于溶剂沸点的温度下进行，以防止试液飞溅。灰化的目的是除去易挥发的基体和有机物组分，在保证被测元素没有损失的前提下应尽可能使用较高的灰化温度。原子化温度的选择原则是选用达到最大吸收信号的最低温度作为原子化温度。原子化时间的选择应以保证完全原子化为准。原子化阶段停止通保护气，以延长基态原子在石墨炉内的平均停留时间。除残的目的是消除残留物产生的记忆效应，除残温度应高于原子化温度。

5. 进样量的选择

进样量过小，吸收信号较弱，不便于测量；进样量过大，在火焰原子吸收分光光度法中，对火焰会产生冷却效应，而在石墨炉原子吸收分光光度法中，会增加除残的困难。在实际工作中，应测定并绘制吸光度随进样量变化的曲线，达到最满意的吸光度的进样量，即为应选择的进样量。

任务实施

操作实施 4-3　原子吸收光谱法测定水中钙的测量条件选择

一、仪器与试剂的准备

1. 仪器与设备

(1)原子吸收分光光度计，钙元素空心阴极灯；

(2)乙炔钢瓶；

(3)空气压缩机。

2. 材料与试剂

100.0 $\mu g \cdot mL^{-1}$ 钙离子储备液。

二、学生课前预习

学生以小组为单位，合作学习，通过查阅资料和观看视频等完成预习报告。预习报告内容包括：(1)任务目标。(2)检测原理。(3)操作步骤。(4)思考题：①简述原子吸收光谱法测定自来水中的钙的基本原理。②简述 100.0 $\mu g \cdot mL^{-1}$ 钙离子储备液稀释成 5.00 $\mu g \cdot mL^{-1}$ 的过程。③如何选择测定时的吸收线波长？

三、检查学生预习情况

各组根据汇总的相关资料，师生共同讨论、分析，用集体的智慧完成预习报告修订及确定操作步骤。

四、学生分组操作

学生按照修订后的操作步骤，按规范要求，分组完成原子吸收光谱法测定自来水中钙的测量条件选择。

1. 实验溶液的配制

用 5 mL 吸量管吸取 5.00 mL 100.0 $\mu g \cdot mL^{-1}$ 钙离子储备液于 100 mL 容量瓶中，用蒸馏水稀释至刻度，摇匀。此溶液含钙量为 5.00 $\mu g \cdot mL^{-1}$。

2. 仪器调节

(1)启动计算机。打开仪器电源开关。鼠标双击工作站软件图标，启动工作站软件，选择联机，仪器进行初始化。选择相应的工作灯和预热灯，寻峰，预热 30 min。

(2)检查废液管，保证废液能顺利流出。打开空气压缩机电源开关，打开乙炔钢瓶总阀，调节减压阀使输出压力约为 0.07 MPa，点火。

(3)燃烧器对光。在燃烧器上方垂直放一张白纸，调节燃烧器前后位置，白纸沿缝隙左右移动时，光斑一直在燃烧器的狭缝上方。

3. 最佳实验条件的选择

(1)狭缝宽度的选择。在已选定的最佳条件下，将狭缝宽度分别置于 0.2 nm、0.4 nm、0.6 nm、1.0 nm，测量其吸光度。选择不引起吸光度减小的最大狭缝宽度为最佳狭缝宽度。

(2)灯电流的选择。在最佳狭缝宽度条件下，分别在灯电流为 2.6 mA、2.8 mA、3.0 mA、3.2 mA 和 3.4 mA 时，吸喷钙标准溶液，测量吸光度，注意观察不同灯电流的稳定性。读数稳定且有较大的吸光度所对应的灯电流即为最佳灯电流。

(3)燃助比的选择。在最佳狭缝宽度、最佳灯电流条件下，固定空气流量为 8 L·min^{-1}，改变乙炔气流量为 1 200 mL·min^{-1}、1 400 mL·min^{-1}、1 600 mL·min^{-1} 和 1 800 mL·min^{-1}，记录钙标准溶液的吸光度，吸光度最大时所对应的燃助比即为最佳燃助比。

五、数据记录及处理

1. 狭缝宽度的选择

根据表 4-2 记录数据，绘制不同狭缝宽度时吸光度-狭缝宽度曲线，最大吸光度所对应的狭缝宽度即为最佳狭缝宽度。

表 4-2 吸光度-狭缝宽度数据

狭缝宽度/nm	吸光度 A
0.2	
0.4	
0.6	
1.0	

2. 灯电流的选择

根据表 4-3 记录数据，绘制吸光度-灯电流曲线，读数稳定且大的吸光度所对应的灯电流即为最佳灯电流。

表 4-3 吸光度-灯电流数据

灯电流/mA	吸光度 A
2.6	
2.8	
3.0	
3.3	
3.4	

3. 燃助比的选择

根据表 4-4 记录数据，绘制不同乙炔流量-吸光度曲线，吸光度最大时所对应的燃助比即为最佳燃助比。

表 4-4　吸光度-乙炔流量数据

乙炔流量/(mL · min^{-1})	吸光度 A
1 200	
1 400	
1 600	
1 800	

综合上述实验，得出测量钙时的最佳实验条件为_________________________________。

六、教师巡回指导

1.钙测量条件选择方法

在原子吸收分光光度计测定时，实验条件的选择直接影响到测定的灵敏度、准确度、精密度和干扰的消除。在最佳实验条件下，才能获得满意的分析结果。通常要选择的实验条件有吸收线波长、灯电流、燃气和助燃气的流量比、燃烧器高度和单色器通带宽度等。

(1)吸收线波长。对于谱线比较简单的元素，应选择共振线作为分析线，使测定有较高的灵敏度。

(2)灯电流。灯电流的选择要从灵敏度和稳定性两方面来考虑。灯电流过大，易产生自吸作用，多普勒效应增强，谱线变宽，测定灵敏度降低，工作灯的使用寿命缩短。灯电流过低，谱线变窄，测定灵敏度较高，但灯工作曲线会弯曲，且发光强度减弱，发光不稳定。一般灯电流的选择原则是在保证稳定和适当光强度输出的情况下，尽可能选用较低的灯电流。

(3)燃气和助燃气的流量比(燃助比)。燃助比不同，火焰的温度和性质不同，因而元素的原子化程度不同。通常用固定空气流量、改变燃气流量来改变燃助比。

(4)燃烧器高度。火焰的部位不同，其温度也不同，因而被测元素基态原子的浓度随火焰高度的不同而不同。在实验中通过改变燃烧器高度并测定吸光度，以获得最大吸光度时的燃烧器高度为最佳燃烧器高度。

(5)单色器通带宽度。单色器通带宽度取决于单色器的线色散率和狭缝宽度。在实验中通过改变狭缝宽度来选择不同的通带宽度。通带宽度的选择以能将吸收线与邻近线分开为原则。通带较窄时，虽然灵敏度较高，但噪声相对较大，故信噪比不一定高，当通带宽度增大到某一数值时将会得到最大的信噪比。如果继续增大光谱通带宽度，灵敏度明显下降而使信噪比减小，同时校正曲线弯曲增大。对许多元素来说，为了得到最大的信噪比、较高的灵敏度以及线性好的校正曲线，要求有 0.2 nm 的光谱通带宽度。

2.操作要点及注意事项

(1)在进行最佳测定条件的选择实验时，每改变一个条件都必须重新进行调零等步骤；在进行狭缝宽度和灯电流选择时，还必须重复光能量调节步骤。

(2)乙炔为易燃、易爆气体，必须严格按照安全操作规程进行。在点燃乙炔火焰之前，应先打开空气，然后打开乙炔气；结束或暂停实验时，应先关闭乙炔气，再关闭空气，必须切记，以保障安全。

(3)乙炔气钢瓶为左旋开启，开瓶时，出口处不准有人，要慢慢开启，不能过猛，否则冲击气流会使温度过高，易引起燃烧或爆炸。开瓶时，阀门不要完全打开，旋开不应超过1.5转。钢瓶中乙炔压力降至0.5 MPa时，不要再继续使用，以免损坏调压器，并造成测定结果不准确。

(4)当待测试样的吸光度超出标准系列溶液的最大吸光度时，可用溶剂对试样溶液进行稀释；当待测试样的吸光度低于标准系列溶液的最小吸光度时，可在待测元素的线性范围内，重新配制标准系列溶液。总之，应使未知试液中待测元素的吸光度读数位于标准系列溶液吸光度读数范围以内。

(5)测量结束后，用蒸馏水冲洗原子化器2 min，先关闭乙炔气，再关闭空气。退出工作站软件，关闭计算机，关闭仪器电源。

七、成绩评定

学生对完成工作任务的表现进行自评和互评，各小组进行总结、考核及评估，教师做出最后评价，填写学习过程评价表。

拓展知识

样品处理技术

1. 干法灰化法

准确称取一定量的待检样品置于坩埚中，先小火在可调式电炉上碳化，然后移入马弗炉中，设置好所需要的温度，灰化至样品呈灰白色，冷却后用稀酸溶解灰分。

干法灰化法可用来处理几乎所有的样品，相对于电热板湿法消解法，其优点是加入的试剂种类少，引入的杂质少，空白值低；缺点是消解时间长，称样量较大，在灰化过程中易造成元素损失，同时因灰化时间长，操作不当容易造成样品污染。

2. 电热板湿法消解法

称取一定量的待测样品于消解罐中，加入混合酸，在电热板上加热消解，常用的混合酸体系有盐酸-硝酸-氢氟酸-高氯酸、硝酸-氢氟酸-高氯酸、硝酸-硫酸-磷酸等。该方法样品称样量范围较大，消解过程操作简单、易于控制，但消解时间较长。样品消解过程中需要使用数十毫升高纯度的强酸试剂，因所加试剂体积较大，易带入较多杂质，从而影响测定结果。同时，消解过程中产生的大量酸性气体会给人体健康和周边环境带来危害。在开放式的消解过程中，样品也可能会被空气中漂浮的颗粒所污染。

3. 微波消解法

微波消解技术是近几年发展起来并被广泛应用于原子吸收分析中进行样品前处理的一种方法。微波消解技术是分析化学中的一种快速溶样技术，与传统的传导加热方式相反，微波加热是一种内加热，样品与酸混合物通过吸收微波能产生即时深层加热，在较短的时间内达到较高的温度，可以迅速分解样品，缩短溶样时间。同时，在密闭容器中的微波消解法避免了样品中待测元素的损失，保证了测试结果的准确性。微波消解技术具有溶样时间短、耗能低、污染少、适合易挥发元素分析的优点。

4. 悬浮液技术

悬浮液技术是一种固体直接进样技术，将样品捣碎、磨细后悬浮在溶液中直接进入原子化装置。该方法保留了固体进样，不必分解样品，具有简单、快速、干扰少等特点。常用的悬浮剂有甘油、琼脂、黄原胶和 Triton x-100 等，其中以琼脂的悬浮性能最佳，加热溶于水后形成胶体，具有良好的动力学稳定性。

5. 超声波辅助消解技术

超声波辅助消解技术的原理是当超声波施加到分散在液体介质中的细粉状固体时，超声波产生的空化效应就会促进提取、溶解和消解过程。空化气泡在固-液界面塌陷的同时产生大量的能量并且释放，造成冲击波及局部非常高的温度和压力，从而加快样品的消解。超声波辅助消解技术的优点是条件温和、污染小、试剂消耗低、消解时间极短。通常经典的方法需要几十分钟乃至数小时的萃取过程，超声波辅助消解技术用几分钟即可完成，非常方便、快捷。

6. 酸消解法

酸消解法是沉积物、淤泥和泥土的常用的前处理方法。用 HNO_3 可以充分消解大部分的污泥样品，消解后的物质均适用于火焰或电热的原子吸收测定；HNO_3 消解法、HNO_3-$HClO_4$ 消解法、王水-$HClO_4$ 消解法、HNO_3-$HClO_4$-HF 消解法是常用的几种酸消解方法。HNO_3-H_2SO_4 消解法或 HNO_3-HCl 消解法对于易氧化的有机物质是可以充分消解的；HNO_3-$HClO_4$ 消解法、HNO_3-$HClO_4$-HF 消解法适用于污泥中难以氧化的有机物质或矿物质。

7. 酸浸提法

用酸从样品中提取金属元素也是样品处理的一种方法，该法操作简便快捷，但不适用于含蜡质的样品。

8. 高压消解法

一般用聚四氟乙烯制成的容器，具有类似微波炉的特性，置于烤箱或马弗炉内加热增压消解样品，温度一般控制在 150℃ 以内。其优点是可有效地防止易挥发元素的损失。此法不常用。

任务三 应用火焰原子吸收光谱法进行定量分析

任务内容

掌握原子吸收光谱法的定量分析方法，学会用火焰原子吸收光谱法测定自来水中镁的含量，并进行数据分析。

视频 4-10 原子吸收光谱定量分析方法

技术知识

原子吸收光谱定量分析方法

原子吸收光谱法定量分析的基础是朗伯-比尔定律。$A=kbc$，在一定条件下，A 与 c 呈线性关系，可采用标准曲线法、标准加入法及内标法进行定量分析。

1. 标准曲线法

标准曲线法即校正曲线法，是原子吸收光谱法定量分析时最常用的一种分析方法，它要求标准溶液和样品溶液有相同的基体。理想的标准工作曲线应是一条过原点的直线。

配一系列基体相同的不同浓度的标准溶液，在选定的条件下，浓度由低到高，依次测定标准溶液的吸光度。以吸光度 A 作纵坐标，浓度 c 作横坐标，绘制 A-c 标准曲线，如图 4-10 所示。在相同条件下，测定样品的吸光度为 A_x，从标准曲线中求出未知样品中待测元素的含量 c_x。

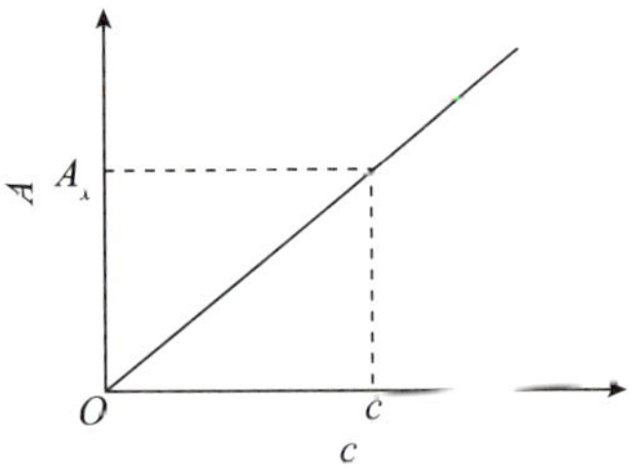

图 4-10　A-c 标准曲线

2. 标准加入法

(1)取两份体积相同的样品试液，设为 A 和 B，在 B 中加入一定量的待测元素，然后分别将 A 和 B 稀释到相同体积，再分别测定其吸光度。

设 A 中待测元素的浓度为 c_x，吸光度为 A_x，B 中待测元素的浓度为 c_x+c_0（c_0 为加入的标准样品的浓度），吸光度为 A，则

$$A_x=Kc_x \tag{4-3}$$

$$A=K(c_x+c_0) \tag{4-4}$$

两式相比得

$$c_x=c_0\times A_x/(A-A_x) \tag{4-5}$$

由此式就可得到待测元素的含量。

(2)作图法：取四份以上的体积相同的样品试液，从第二份开始，分别按比例加入不同量的待测元素，将这些溶液全部稀释到相同体积，此时，各溶液中待测元素的浓度分别为 c_x、c_x+c_0、c_x+2c_0、c_x+3c_0 等。

测定各溶液的吸光度，并以吸光度作纵坐标，标准溶液的浓度作横坐标，绘制标准曲线。数据见表 4-5，标准曲线如图 4-11 所示。

表 4-5　吸光度-浓度数据

项目	1	2	3	4	5
样品试液浓度	c_x	c_x	c_x	c_x	c_x
标准溶液浓度		c_0	$2c_0$	$3c_0$	$4c_0$
A	A_1	A_2	A_3	A_4	A_5

将直线延长至与横坐标相交，交点与原点之间的距离所代表的浓度值就是试液中待测元素的浓度。

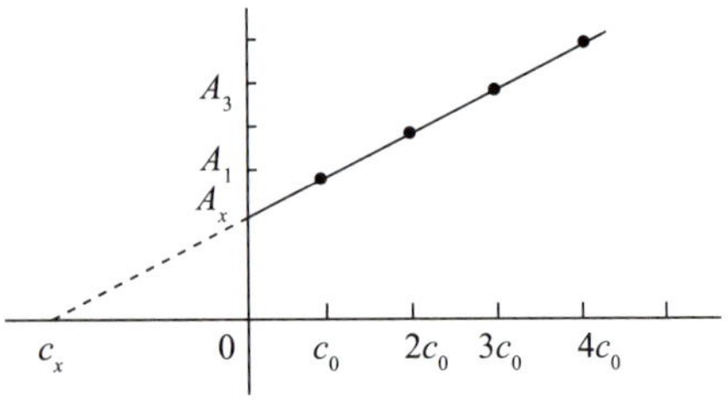

图 4-11　标准加入法标准曲线

3. 内标法

在标准试样和被测试样中，分别加入内标元素，测定分析线和内标线的吸光度比，并以吸光度比与被测元素含量或浓度绘制工作曲线。此法一般用于多通道原子吸收的定量分析。

任务实施

操作实施 4-4　水中钙、镁含量的测定(标准曲线法)

一、仪器与试剂的准备

1. 仪器与设备

(1)原子吸收光谱仪:配有钙元素空心阴极灯、镁元素空心阴极灯。

(2)空气压缩机或空气钢瓶。

(3)乙炔钢瓶。

(4)比色管:10 mL。

2. 材料与试剂

除非另有说明,本方法所用试剂均为分析纯,水为 GB/T 6682—2008 规定的二级水。

(1)盐酸溶液(1+1)。

(2)氯化镧溶液:称取 80.2 g 氯化镧($LaCl_3 \cdot 7H_2O$,优级纯),溶于水后,用水稀释至 1 000 mL。此溶液 1.00 mL 含 30 mg 镧。

(3)钙标准储备液(1 000 $\mu g \cdot mL^{-1}$):准确称取 105~110℃烘干 2 h 的 $CaCO_3$(优级纯) 0.625 0 g 于 100 mL 烧杯中,用少量纯水润湿,盖上表面皿,小心滴加 1 $mol \cdot L^{-1}$ 硝酸溶液至溶解,用纯水定容至 250 mL 容量瓶,摇匀。

(4)镁标准储备液(100 $\mu g \cdot mL^{-1}$):准确称取 0.253 5 g $MgSO_4 \cdot 7H_2O$(优级纯),溶于水中,用少量纯水润湿,盖上表面皿,小心滴加 1 $mol \cdot L^{-1}$ 硝酸溶液至溶解,用纯水定容至 250 mL,摇匀。

(5)钙标准使用液(100 $\mu g \cdot mL^{-1}$):准确移取上述钙标准储备液 10.00 mL 于 100 mL 容量瓶中,加 1 mL 稀硝酸,用纯水稀释至刻度。

(6)镁标准使用液(10 $\mu g \cdot mL^{-1}$):准确吸取上述镁标准储备液 5.00 mL 于 50 mL 容量瓶中,加纯水定容,摇匀。

二、学生课前预习

学生每 3~5 人为一组,通过查阅资料和观看视频等完成预习报告。预习报告内容包括:(1)任务目标。(2)检测原理。(3)操作步骤。(4)思考题:①简述火焰原子吸收光谱法测定自来水中镁的含量的测定流程。②简述钙、镁的标准系列溶液的配置方法。

三、检查学生预习情况

各组根据汇总的相关资料,师生共同讨论、分析,用集体的智慧完成预习报告的修订及确定操作步骤。

四、学生分组操作

1. 标准曲线的制作

精确吸取钙标准使用液:分别准确吸取 0 mL、1.00 mL、2.00 mL、3.00 mL、4.00 mL、5.00 mL 于一系列 10 mL 比色管中,加纯水定容,摇匀,即得每毫升含 0 μg、10.00 μg、20.00 μg、

30.00 μg、40.00 μg、50.00 μg 钙的标准系列溶液。

精确吸取镁标准使用液：分别准确吸取 0 mL、0.50 mL、1.00 mL、1.50 mL、2.00 mL、2.50 mL 于一系列 10 mL 比色管中，各加 3.0 mL 氯化镧溶液及 1 滴盐酸溶液，加水定容，摇匀，即得每毫升含 0 mg、2.50 μg、5.00 μg、7.50 μg、10.00 μg、12.50 μg 镁的标准系列溶液。

按仪器说明将仪器工作条件调整至测镁最佳状态，选择灵敏吸收线 285.2 nm。依次将镁标准系列溶液导入火焰原子吸收分光光度计，测定其吸光度。

以质量浓度（$mg \cdot L^{-1}$）作横坐标，吸光度作纵坐标绘制标准曲线，求回归方程和相关系数。

2. 试样测定

在同样的操作条件下，测量水中的钙。吸取水样 2.00 mL 于 10 mL 干燥比色管中，加 0.20 mL 氯化镧溶液，用纯水稀释至刻度，摇匀，测吸光度。

五、数据记录及处理

（1）记录操作条件。

（2）将钙、镁标准曲线数据记录于表 4-6 中。

表 4-6　标准曲线数据记录

钙的测定	钙标准溶液 V/mL	0	1.00	2.00	3.00	4.00	5.00
	$\rho_{Ca}/(\mu g \cdot mL^{-1})$						
	A						
镁的测定	镁标准溶液 V/mL	0	0.50	1.00	1.50	2.00	2.50
	$\rho_{Mg}/(\mu g \cdot mL^{-1})$						
	A						

（3）试样中钙、镁含量测定数据记录于表 4-7 中。

表 4-7　样品测定数据记录

项目	1	2	3	平均值
钙的吸光度 A				
$\rho_{Ca}/(\mu g \cdot mL^{-1})$				
镁的吸光度 A				
$\rho_{Mg}/(\mu g \cdot mL^{-1})$				

六、教师巡回指导

1. 仪器操作参数

火焰原子吸收光谱法测钙、镁的最佳工作条件见表 4-8。

表 4-8　火焰原子吸收光谱法测钙、镁最佳工作条件

项目	测钙	测镁
火焰	乙炔-空气	乙炔-空气
乙炔流量/($L \cdot min^{-1}$)	2.0	1.5
空气流量/($L \cdot min^{-1}$)	6	6
空心阴极灯电流/mA	3	5
狭缝宽度/mm	0.2	0.08
燃烧器高度/mm	6	8
吸收线波长/nm	422.7	285.2

2.操作要点及注意事项

同“操作实施 4-3”。

七、成绩评定

学生对完成工作任务的表现进行自评和互评，各小组进行总结、考核及评估，教师做出最后评价，填写学习过程评价表。

拓展任务

拓展操作 4-2　食品中铜含量的测定(标准加入法)

视频 4-11　火焰原子吸收光谱法测铜

一、仪器与设备

注：所有玻璃器皿及聚四氟乙烯消解内罐均需用硝酸(1+5)浸泡过夜，用自来水反复冲洗，最后用水冲洗干净。

(1)原子吸收光谱仪：配火焰原子化器，附铜元素空心阴极灯。

(2)分析天平：感量为 0.1 mg 和 1 mg。

(3)可调式电热炉。

(4)可调式电热板。

(5)微波消解系统：配聚四氟乙烯消解内罐。

(6)压力消解罐：配聚四氟乙烯消解内罐。

(7)恒温干燥箱。

(8)马弗炉。

二、材料与试剂

除非另有规定，本方法所用试剂均为优级纯，水为 GB/T 6682—2008 规定的二级水。

(1)硝酸(HNO_3)。

(2)高氯酸($HClO_4$)。

(3)硝酸溶液(5+95)：量取 50 mL 硝酸，缓慢加入 950 mL 水中，混匀。

(4)硝酸溶液(1+1)：量取 250 mL 硝酸，缓慢加入 250 mL 水中，混匀。

(5)标准品：五水硫酸铜($CuSO_4 \cdot 5H_2O$)，纯度大于 99.99%，或经国家认证并授予标准物质证书的一定浓度的铜标准溶液。

(6)标准溶液配制。

①铜标准储备液(1 000 mg·L^{-1}):准确称取 0.981 9 g(精确至 0.000 1 g)五水硫酸铜,用少量硝酸溶液(1+1)溶解,移入 250 mL 容量瓶,用 1:100 硝酸溶液稀释到刻度,混匀。

②铜标准使用液(100 mg·L^{-1}):准确吸取铜标准储备液(1 000 mg·L^{-1})10 mL 于 100 mL 容量瓶中,加硝酸溶液(5+95)至刻度,混匀。

(7)食品。

注:可根据仪器的灵敏度及样品中铜的实际含量确定标准系列溶液中铜元素的质量浓度。

三、操作步骤

1. 试样制备

注:在采样和试样制备过程中,应避免试样污染。

(1)粮食、豆类样品。样品去除杂物后,粉碎,储于塑料瓶中。

(2)蔬菜、水果、鱼类、肉类等样品。样品用水洗净,晾干,取可食部分,制成匀浆,储于塑料瓶中。

(3)饮料、酒、醋、酱油、食用植物油、液态乳等液体样品。将样品摇匀。

2. 试样前处理

(1)湿法消解。称取固体试样 0.2~3 g(精确至 0.001 g)或准确移取液体试样 0.50~5.00 mL 于带刻度消解管中,加入 10 mL 硝酸、0.5 mL 高氯酸,在可调式电热炉上消解[参考条件:120℃/(0.5~1 h),升至 180℃/(2~4 h),升至 200~220℃]。若消解液呈棕褐色,再加少量硝酸,消解至冒白烟,消解液呈无色透明或略带黄色,取出消解管,冷却后用水定容至 10 mL,混匀备用。同时做试剂空白试验。亦可采用锥形瓶于可调式电热板上,按上述操作方法进行湿法消解。

(2)微波消解。称取固体试样 0.2~0.8 g(精确至 0.001 g)或准确移取液体试样 0.50~3.00 mL 于微波消解罐中,加入 5 mL 硝酸,按照微波消解的操作步骤消解试样,消解条件参考表 4-9。冷却后取出消解罐,在可调式电热板上于 140~160℃赶酸至 1 mL 左右。消解罐放冷后,将消解液转移至 10 mL 容量瓶中,用少量水洗涤消解罐 2~3 次,合并洗涤液于容量瓶中,用水定容至刻度,混匀备用。同时做试剂空白试验。

表 4-9 微波消解程序升温条件

步骤	设定温度/℃	升温时间/min	恒温时间/min
1	120	5	5
2	160	5	10
3	180	5	10

(3)压力罐消解。称取固体试样 0.2~1 g(精确至 0.001 g)或准确移取液体试样 0.50~5.00 mL 于消解内罐中,加入 5 mL 硝酸。盖好内盖,旋紧不锈钢外套,放入恒温干燥箱,于 140~160℃下保持 4~5 h。冷却后缓慢旋松外罐,取出消解内罐,放在可调式电热板上于 140~160℃赶酸至 1 mL 左右。冷却后将消解液转移至 10 mL 容量瓶中,用少量水洗涤内

罐和内盖 2～3 次，合并洗涤液于容量瓶中，并用水定容至刻度，混匀备用。同时做试剂空白试验。

(4)干法灰化消解。称取固体试样 0.5～5 g(精确至 0.001 g)或准确移取液体试样 0.50～10.00 mL 于坩埚中，小火加热，炭化至无烟，转移至马弗炉中，于 550℃灰化 3～4 h。冷却，取出，对于灰化不彻底的试样，加数滴硝酸，小火加热，小心蒸干，再转入 550℃马弗炉中，继续灰化 1～2 h，至试样呈白灰状，冷却，取出，用适量硝酸溶液(1+1)溶解并用水定容至 10 mL。同时做试剂空白试验。

3.测定

(1)仪器测试条件。根据各自仪器性能调至最佳状态，参考条件见表 4-10。

表 4-10　火焰原子吸收光谱法仪器参考条件

元素	波长/nm	狭缝/nm	灯电流/mA	燃烧器头高度/mm	空气流量/($L \cdot min^{-1}$)	乙炔流量/($L \cdot min^{-1}$)
铜	324.8	0.5	8～12	6	9	2

(2)标准系列溶液的配制。取 5 只 50 mL 比色管，各加入 5.00 mL 上述样品处理液，然后分别加入铜标准使用液(100 $mg \cdot L^{-1}$)0 mL、1.00 mL、2.00 mL、3.00 mL 和 4.00 mL 于 50 mL 比色管中，加硝酸溶液(5+95)至刻度，混匀，配成质量浓度分别为 0 $mg \cdot L^{-1}$、2.00 $mg \cdot L^{-1}$、4.00 $mg \cdot L^{-1}$、6.00 $mg \cdot L^{-1}$ 和 8.00 $mg \cdot L^{-1}$ 的标准系列溶液。另取 1 只比色管，加入 5.00 mL 上述试剂空白消解液，加硝酸溶液(5+95)至刻度，混匀。

(3)测定。按选定的仪器条件，以试剂空白消解液作空白，由低到高浓度依次测定各标准溶液的吸光度值。

4.数据记录及处理

(1)标准曲线数据记录(表 4-11)。

表 4-11　铜标准曲线数据记录

铜的测定	铜标准溶液/($V \cdot mL^{-1}$)	0	1.00	2.00	4.00	8.00
	ρ_{Cu}/($\mu g \cdot mL^{-1}$)					
	A					

(2)样品测定数据记录于表 4-12 中。

表 4-12　样品测定数据记录

项目	1	2	3	平均值
A				
ρ_{Cu}/($\mu g \cdot mL^{-1}$)				

以质量浓度 c 作横坐标，吸光度 A 作纵坐标，绘制 A-c 工作曲线。延长工作曲线使其与横坐标相交，交点到原点的距离 c_x 即为试样中铜元素的浓度。

试样中铜的含量按下式计算：

$$X=\frac{c_x\times 50\times V}{m} \tag{4-6}$$

式中：X 为试样中铜的含量，$mg\cdot kg^{-1}$ 或 $mg\cdot L^{-1}$；c_x 为工作曲线的延长线与横坐标相交，交点到原点的距离，$\mu g\cdot mL^{-1}$；V 为试样消解液的定容体积，mL；m 为试样称样量或移取体积，g 或 mL。

当铜含量不小于 10.0 $mg\cdot kg^{-1}$（或 $mg\cdot L^{-1}$）时，计算结果保留三位有效数字；当铜含小于 10.0 $mg\cdot kg^{-1}$（或 $mg\cdot L^{-1}$）时，计算结果保留两位有效数字。

5. 检出限

当称样量为 0.5 g（或 0.5 mL），定容体积为 10 mL 时，方法的检出限为 0.2 $mg\cdot kg^{-1}$（或 0.2 $mg\cdot L^{-1}$），定量限为 0.5 $mg\cdot kg^{-1}$（或 0.5 $mg\cdot L^{-1}$）。

拓展知识

灵敏度与检出限

1. 灵敏度

国际纯粹与应用化学联合会（IUPAC）规定，某种分析方法在一定条件下的灵敏度（S）是指被测物质含量或浓度改变一个单位时所引起测量信号的变化，实际上就是校正曲线的斜率。在火焰原子吸收光谱法中常用特征浓度来表征灵敏度，原子吸收光谱法中将特征浓度定义为工作曲线 $A=f(c)$ 的斜率 S（$S=dA/dc$），它表示当被测元素的浓度或含量改变一个单位时，吸光度 A 的变化。

由于在不同浓度区域中校正曲线斜率有所不同，报告灵敏度时，应指出获得该灵敏度的浓度或含量范围。一般来说，用校正曲线的斜率表达灵敏度时，直线回归计算中的斜率 b 值即为 S。原子吸收光谱法的特征灵敏度是指能产生 1%吸收或 0.004 4 吸光度时所对应溶液中待测元素的质量浓度或质量分数，它作为仪器对某个元素在一定条件下的分析灵敏度，火焰原子吸收光谱法的特征浓度表达式为

$$S=\frac{c\times 0.0044}{A}(mg\cdot L^{-1}/1\%)$$

影响灵敏度的因素很多，对一给定元素来说，决定灵敏度的因素包括仪器性能和操作条件两个方面。因此，在操作条件和测定元素都固定的情况下，灵敏度只与仪器性能有关，它是仪器的性能指标。一般原子吸收光谱仪出厂说明书中都规定了该仪器在某种条件下的灵敏度数值，如果验收时达不到应有的灵敏度，则说明仪器没有调试好或是不合格。

特征浓度或灵敏度，由于受测定时噪声的影响，不能直接用来表征某仪器对某种元素能被检出的最小浓度或最小量，但它可用于估算适宜的浓度测量范围和取样量。在实际工作中，应该很好的选择测量条件，以充分发挥仪器性能，提高灵敏度。

2. 检出限

检出限（D）是指在一定置信度下元素被检出的最小浓度或最小含量。一般推荐以给出信号为空白溶液信号的标准偏差的 3 倍时所对应的待测元素的浓度或质量来表示。

最小浓度（$\mu g\cdot mL^{-1}$）：

$$D_c=\frac{c_x\times\sigma}{A} \tag{4-7}$$

最小量(g)：

$$D_m=\frac{c_x \times V \times 3\sigma}{A} \tag{4-8}$$

式中：c_x 为待测试液的浓度；A 为待测试液的吸光度；σ 为空白溶液的标准偏差，它是对空白溶液或接近空白的标准溶液进行至少 10 次连续测定，由所得的吸光度求得的。

检出限不但与影响灵敏度的诸因素有关，而且与仪器的噪声有关，它反映出包括仪器及其使用方法和分析技术在内的极限性能。在一定条件下，检出限是更能反映仪器性能质量的指标。因为由检出限的定义可以看出，它不仅与灵敏度有关，而且与稳定性或重现性都有关，所以检出限是灵敏度和稳定性的综合。只有具有较高的灵敏度和稳定性时，才有较低的检出限。如果只有较高的灵敏度，而稳定性不好，则检出限也不会低。在原子吸收光谱分析中，重要的是保证仪器检出限低。降低噪声，提高测定精度是改善检出限的有效途径。因此对于一定的仪器，合理地选择分析条件，诸如选择合适的灯电流、对仪器进行充分的预热、调节合适的检测系统的增益、保证供气的稳定等都可以降低噪声，提高检出限。

任务四　应用石墨炉原子吸收光谱法进行定量分析

任务内容

掌握石墨炉原子吸收光谱法进行定量分析，并对试验数据进行分析处理。

技术知识

石墨炉原子吸收光谱法的测量条件

1. 石墨管的选择

一般原子吸收仪配有的石墨管分为普通高密度石墨管、热解涂层石墨管、平台石墨管及横向加热石墨杯和长寿命石墨管等。普通高密度石墨管适用于原子化温度较低、易于形成挥发性氧化物的元素测定，如 Li、Na、K、Mg、Zn 等。热解涂层石墨管主要针对易形成碳化物元素的测定，如 Ni、Cu、Ca、Ti、Sr 等几种元素测定时要比用普通高密度石墨管的灵敏度提高 10～30 倍。平台石墨管主要是靠石墨管的辐射加热，优化了原子化等温区，使分析的灵敏度和稳定性能有较大幅度的提高。还有横向加热石墨杯和长寿命石墨管，其中长寿命石墨管在 2 800℃的较高温度条件下的寿命比普通高密度石墨管的高出许多；石墨杯由于进样口比较大，进样体积要大于石墨管，因此它的灵敏度也比普通石墨管低，现在的石墨炉原子吸收分光光度仪已经很少配有石墨杯了。

2. 最佳升温程序的选择

石墨炉的升温程序包括干燥、灰化、原子化和净化等四个阶段。

(1) 干燥。干燥阶段的目的是去除试剂中包括水分在内的溶剂，防止试样在灰化和原子化阶段暴沸，防止渗入石墨管壁的溶液突然蒸发引起试样飞溅。

干燥温度是指通过加热使试样中的水分或溶剂蒸发掉的温度。一般建议选择 100℃左右，对于有机试样最高选择在 130℃左右。干燥温度如果选择过低，水分或有机溶剂在干燥阶段就不能蒸发，导致分析测试结果不理想。

干燥时间应根据样品的进样体积而定，一般选择样品的微升数×(1～2)s。但是要注意，干燥时间与石墨炉的结构、加热方式、升温方式等有关，也不能千篇一律。

干燥阶段的升温方式很重要。如果已知样品的性质，可以将温度快速升到略低于样品的沸点，然后再缓慢地把温度升到刚好高于沸点，并且保持 15 s 左右。

(2)灰化。灰化的作用是将试样中共存的有机物和低沸点的无机物挥发掉，以减少原子化阶段的共存干扰及背景吸收。因此尽可能选择高的灰化温度以降低干扰及背景吸收，以提高灵敏度；但过长的灰化时间也会使灵敏度降低，一般灰化时间选择在 30 s 左右。

灰化温度是指通过加热使试样中的基体挥发掉，只留下被测试样。一般灰化温度的选择要根据具体情况而定。例如，测定 Cd 时，一般选择灰化温度在 500℃以下；测定 Cu 时，一般选择灰化温度为 800～900℃。

灰化温度和升温方式的选择原则是：一般在不产生待测元素损失的情况下，尽量选择比较高的灰化温度，并采用阶梯升温的方式。为了尽量多的排除共存的其他物质，在升温时要注意设置一段保持时间，而保持时间的长短根据不同的加热方式和石墨炉的结构而定。有时为了能除去更多的共存组分，可以考虑设置多个灰化阶段，前提是不把被测试样挥发掉。

(3)原子化。原子化温度是指通过加热使试样由分子状态变成原子状态的温度。原子化温度是由元素及其化合物的性质决定的。最佳的原子化温度应该是在刚好出现最大吸光度时所对应的温度。原则上应选择较高的原子化温度或吸光度最大值范围处的原子化温度。但是，原子化温度太高就会影响原子化器和石墨炉的寿命，太低又不能实现理想的原子化，影响分析效果。因此，原子化温度选择的原则是：选择能得到最大吸收信号的最低温度。

原子化时间的选择原则是必须使吸收信号能在原子化阶段回到基线。从吸收信号开始升高到回到基线的整个时间，就是最佳原子化时间。原子化时间若太短，会造成峰形拖尾。一般在保证试样完全原子化的前提下，原子化时间越短越好。

(4)净化。净化温度是指用比原子化阶段稍高的温度加热空烧石墨管，以此来除去石墨管内上一次测试时试样的残留，一般比原子化温度要高 100～200℃。在仪器允许及石墨管能够承受的前提下，应尽量提高净化温度，以达到完全除去残留基体的目的。净化时间宜短，一般为 2～3 s，否则会使石墨管寿命大为缩短。

3. 气体及气体流量的选择

石墨炉原子化时常采用氩气和氮气作为保护气，氩气比氮气更好。通常仪器都采用石墨管内、外单独供气方式。外气在石墨管壁外流动，称为屏蔽气，其作用是保护石墨管表面在被加热升温及高温原子化过程中不与氧气接触而发生氧化，保护石墨管中的试样在干燥、灰化、原子化过程中不与大气接触发生化学反应，流量一般为 3 L·min^{-1}，因不同仪器的石墨炉系统结构有差异，规定的流量也有所不同。内气从石墨管两端进入，由管中心进样孔流出，内气流的流动将在干燥、灰化阶段加热蒸发的试样溶剂、共存物质等由管中心进样孔带出。内气在原子化阶段中断，之后在净化阶段流通，带出试样蒸气。内气流的流量一般较小，通常是 60 mL·min^{-1} 左右。管外供气是连续的且流量大，管内供气流量小并可在原子化期间中断。

任务实施

操作实施 4-5　石墨炉原子吸收光谱法测定茶叶中铅的含量

视频 4-12　石墨炉原子吸收光谱法测铅

一、仪器与试剂的准备

1. 仪器与设备

(1)原子吸收光谱仪：配石墨炉原子化器，铅元素空心阴极灯。

(2)分析天平：感量为 0.1 mg 和 1 mg。

(3)可调式电热炉。

(4)可调式电热板。

(5)微波消解系统：配聚四氟乙烯消解内罐。

(6)恒温干燥箱。

(7)压力消解罐：配聚四氟乙烯消解内罐。

2. 材料与试剂

除非另有说明，本方法所用试剂均为优级纯，水为 GB/T 6682—2008 规定的二级水。

(1)硝酸(HNO_3)。

(2)高氯酸($HClO_4$)。

(3)磷酸二氢铵($NH_4H_2PO_4$)。

(4)硝酸钯[$Pd(NO_3)_2$]。

(5)硝酸溶液(5+95)：量取 50 mL 硝酸，缓慢加入 950 mL 水中，混匀。

(6)硝酸溶液(1+9)：量取 50 mL 硝酸，缓慢加入 450 mL 水中，混匀。

(7)磷酸二氢铵-硝酸钯溶液：称取 0.02 g 硝酸钯，加少量硝酸溶液(1+9)溶解后，再加入 2 g 磷酸二氢铵，溶解后用硝酸溶液(5+95)定容至 100 mL，混匀。

(8)标准品：硝酸铅[$Pb(NO_3)_2$]，纯度大于 99.99%，或经国家认证并授予标准物质证书的一定浓度的铅标准溶液。

①铅标准储备液(1 000 mg・L^{-1})：准确称取 1.598 5 g(精确至 0.000 1 g)硝酸铅，用少量硝酸溶液(1+9)溶解，移入 1 000 mL 容量瓶，加水至刻度，混匀。

②铅标准使用液(1.00 mg・L^{-1})：准确吸取铅标准储备液(1 000 mg・L^{-1})1.00 mL 于 1 000 mL 容量瓶中，加硝酸溶液(5+95)至刻度，混匀。

③铅标准曲线工作液：分别吸取铅标准使用液(1.00 mg・L^{-1})0 mL、0.50 mL、1.00 mL、2.00 mL、3.00 mL 和 4.00 mL 于 100 mL 容量瓶中，加硝酸溶液(5+95)至刻度，混匀。此铅标准系列溶液的质量浓度分别为 0 μg・L^{-1}、5.00 μg・L^{-1}、10.00 μg・L^{-1}、20.00 μg・L^{-1}、30.00 μg・L^{-1} 和 40.00 μg・L^{-1}。

(9)茶叶。

二、学生课前预习

学生每 3～5 人为一组，通过查阅资料和观看视频等完成预习报告。预习报告内容包括：(1)任务目标。(2)检测原理。(3)操作步骤。(4)思考题：①石墨炉原子吸收光谱法与火焰原子吸收光谱法相比，有哪些优势？②为什么石墨炉原子吸收光谱法在原子化时一般要选择程序升温的方式?

三、检查学生预习情况

各组根据汇总的相关资料，师生共同讨论、分析，用集体的智慧完成预习报告的修订及确定操作步骤。

四、学生分组操作

1. 试样制备

样品去除杂物后，粉碎，储于塑料瓶中。

2. 试样前处理

(1)湿法消解。称取固体试样 0.2～3 g(精确至 0.001 g)或准确移取液体试样 0.50～5.00 mL 于带刻度消解管中，加入 10 mL 硝酸和 0.5 mL 高氯酸，在可调式电热炉上消解[参考条件：120℃/(0.5～1 h)，升至 180℃/(2～4 h)，升至 200～220℃]。若消解液呈棕褐色，再加少量硝酸，消解至冒白烟，消解液呈无色透明或略带黄色，取出消解管，冷却后用水定容至 10 mL，混匀备用。同时做试剂空白试验。亦可采用锥形瓶于可调式电热板上，按上述操作方法进行湿法消解。

(2)微波消解。称取固体试样 0.2～0.8 g(精确至 0.001 g)或准确移取液体试样 0.50～3.00 mL 于微波消解罐中，加入 5 mL 硝酸，按照微波消解的操作步骤消解试样，消解条件参考表 4-13。冷却后取出消解罐，在可调式电热板上于 140～160℃赶酸至 1 mL 左右。消解罐放冷后，将消解液转移至 10 mL 容量瓶中，用少量水洗涤消解罐 2～3 次，合并洗涤液于容量瓶中，并用水定容至刻度，混匀备用。同时做试剂空白试验。

表 4-13 微波消解法消解条件

步骤	设定温度/℃	升温时间/min	恒温时间/min
1	120	5	5
2	160	5	10
3	180	5	10

(3)压力罐消解。称取固体试样 0.2～1 g(精确至 0.001 g)或准确移取液体试样 0.50～5.00 mL 于消解内罐中，加入 5 mL 硝酸。盖好内盖，旋紧不锈钢外套，放入恒温干燥箱，于 140～160℃下保持 4～5 h。冷却后缓慢旋松外罐，取出消解内罐，放在可调式电热板上于 140～160℃赶酸至 1 mL 左右。冷却后将消解液转移至 10 mL 容量瓶中，用少量水洗涤内罐和内盖 2～3 次，合并洗涤液于容量瓶中并用水定容至刻度，混匀备用。同时做试剂空白试验。

3. 测定

(1)仪器参考条件。根据各自仪器性能调至最佳状态，参考条件见表 4-14。

表 4-14 石墨炉原子吸收光谱法测铅仪器参考条件

元素	波长/nm	狭缝/nm	灯电流/mA	干燥	灰化	原子化
铅	283.3	0.5	8～12	85～120℃/(40～50 s)	750℃/(20～30 s)	2 300℃/(4～5 s)

(2)标准曲线的制作。按质量浓度由低到高的顺序分别将 10 μL 铅标准系列溶液和 5 μL 磷酸二氢铵-硝酸钯溶液同时注入石墨炉，根据所使用的仪器确定最佳进样量，原子化后测定其吸光度值，以质量浓度作横坐标，吸光度作纵坐标，制作标准曲线。

(3)试样溶液的测定。在与测定标准溶液相同的实验条件下，将 10 μL 空白溶液或试样溶液与 5 μL 磷酸二氢铵-硝酸钯溶液同时注入石墨炉，根据所使用的仪器确定最佳进样量，原子化后测定其吸光度值，与标准系列比较定量。

五、数据记录及处理

1.分析结果的表述

试样中铅的含量按下式计算：

$$X=\frac{(\rho-\rho_0)\times V}{m\times 1\,000} \tag{4-9}$$

式中：X 为试样中铅的含量，$mg\cdot kg^{-1}$ 或 $mg\cdot L^{-1}$；ρ 为试样溶液中铅的质量浓度，$\mu g\cdot L^{-1}$；ρ_0 为空白溶液中铅的质量浓度，$\mu g\cdot L^{-1}$；V 为试样消解液的定容体积，mL；m 为试样称样质量或移取体积，g 或 mL；1 000 为换算系数。

当铅含量不小于 1.00 $mg\cdot kg^{-1}$(或 $mg\cdot L^{-1}$)时，计算结果保留三位有效数字；当铅含量小于 1.00 $mg\cdot kg^{-1}$(或 $mg\cdot L^{-1}$)时，计算结果保留两位有效数字。

2.精密度

在重复性条件下获得的两次独立测定结果的绝对差值不得超过算术平均值的 20%。

六、教师巡回指导

1.检测原理

试样消解处理后，经石墨炉原子化，在 283.3 nm 处测定吸光度。在一定浓度范围内铅的吸光度值与铅含量成正比，与标准系列比较定量。

2.操作要点及注意事项

(1)在采样和试样制备过程中，应避免试样污染。

(2)本方法可用于各类食品中铅含量的测定。

(3)所有玻璃器皿及聚四氟乙烯消解内罐均需硝酸溶液(1+5)浸泡过夜，用自来水反复冲洗，最后用水冲洗干净。

(4)在用无火焰原子吸收光谱法进行样品测定时，液体进样是采用微量可调移液器。在使用时应根据不同样品和不同样品体系及时更换枪头，以免交叉污染。

(5)在用移液器进样时，注意要一次性将移液器中液体快速注入石墨管中，以免枪头中有样品残留。

七、成绩评定

学生对完成工作任务的表现进行自评和互评，各小组进行总结、考核及评估，教师做出最后评价，填写学习过程评价表。

拓展任务

拓展操作 4-3　石墨炉原子吸收光谱法测定大米中镉的含量

一、仪器与设备

(1)原子吸收分光光度计,附石墨炉。

(2)镉元素空心阴极灯。

(3)电子天平:感量为 0.1 mg 和 1 mg。

(4)可调式电热板、可调式电热炉。

(5)马弗炉。

(6)恒温干燥箱。

(7)压力消解器、压力消解罐。

(8)微波消解系统:配聚四氟乙烯或其他合适的消解内罐。

二、材料与试剂

(1)硝酸(HNO_3):优级纯。

(2)盐酸(HCl):优级纯。

(3)高氯酸($HClO_4$):优级纯。

(4)过氧化氢(H_2O_2,30%)。

(5)磷酸二氢铵($NH_4H_2PO_4$)。

(6)硝酸溶液(1%):取 10.0 mL 硝酸加入 100 mL 水中,稀释至 1 000 mL。

(7)盐酸溶液(1+1):取 50 mL 盐酸慢慢加入 50 mL 水中。

(8)硝酸-高氯酸混合溶液(9+1):取 9 份硝酸与 1 份高氯酸混合。

(9)磷酸二氢铵溶液(10 g·L^{-1}):称取 10.0 g 磷酸二氢铵,用 100 mL 硝酸溶液(1%)溶解后定量移入 1 000 mL 容量瓶,用硝酸溶液(1%)定容至刻度。

(10)标准品:金属镉(Cd)标准品,纯度为 99.99%,或经国家认证并授予标准物质证书的标准物质。

①镉标准储备液(1 000 mg·L^{-1}):准确称取 1 g 金属镉标准品(精确至 0.000 1 g)于小烧杯中,分次加 20 mL 盐酸溶液(1+1)溶解,加 2 滴硝酸,移入 1 000 mL 容量瓶中,用水定容至刻度,混匀;或购买经国家认证并授予标准物质证书的标准物质。

②镉标准使用液(100 ng·mL^{-1}):吸取镉标准储备液 10.00 mL 于 100 mL 容量瓶中,用硝酸溶液(1%)定容至刻度,如此经多次稀释成每毫升含 100 ng 镉的标准使用液。

③镉标准曲线工作液:分别准确吸取镉标准使用液 0 mL、0.50 mL、1.00 mL、1.50 mL、2.00 mL、3.00 mL 于 100 mL 容量瓶中,用硝酸溶液(1%)定容至刻度,即得到含镉量分别为 0 ng·mL^{-1}、0.50 ng·mL^{-1}、1.00 ng·mL^{-1}、1.50 ng·mL^{-1}、2.00 ng·mL^{-1}、3.00 ng·mL^{-1}的标准系列溶液。

三、操作步骤

1. 试样制备

粮食、豆类,去除杂质;坚果类去杂质、去壳;磨碎成均匀的样品,颗粒度不大于 0.425 mm。

储于洁净的塑料瓶中，并标明标记，于室温下或按样品保存条件下保存备用。

2. 试样消解

可根据实验室条件选用以下任何一种方法消解，称量时应保证样品的均匀性。

(1)压力罐消解。称取干试样 0.3～0.5 g(精确至 0.000 1 g)、鲜(湿)试样 1～2 g(精确到 0.001 g)于聚四氟乙烯内罐，加硝酸 5 mL 浸泡过夜。再加过氧化氢溶液(30%)2～3 mL(总量不能超过罐容积的 1/3)。盖好内盖，旋紧不锈钢外套，放入恒温干燥箱，于 120～160℃保持 4～6 h，在箱内自然冷却至室温，打开后加热赶酸至近干，将消解液洗入 10 mL 或 25 mL 容量瓶中，用少量硝酸溶液(1%)洗涤内罐和内盖 3 次，洗涤液合并于容量瓶中并用硝酸溶液(1%)定容至刻度，混匀备用。同时做试剂空白试验。

(2)微波消解。称取干试样 0.3～0.5 g(精确至 0.000 1 g)、鲜(湿)试样 1～2 g(精确到 0.001 g)置于微波消解罐中，加 5 mL 硝酸和 2 mL 过氧化氢。微波消化程序可以根据仪器型号调至最佳条件。消解完毕，待消解罐冷却后打开，消化液呈无色或淡黄色，加热赶酸至近干，用少量硝酸溶液(1%)冲洗消解罐 3 次，将溶液转移至 10 mL 或 25 mL 容量瓶中，并用硝酸溶液(1%)定容至刻度，混匀备用。同时做试剂空白试验。

(3)湿法消解。称取干试样 0.3～0.5 g(精确至 0.000 1 g)、鲜(湿)试样 1～2 g(精确到 0.001 g)于锥形瓶中，放数粒玻璃珠，加 10 mL 硝酸-高氯酸混合溶液(9+1)，加盖浸泡过夜，加一小漏斗在可调式电热板上消解，若变棕黑色，再加硝酸，直至冒白烟，消解液呈无色透明或略带微黄色，放冷后将消解液洗入 10～25 mL 容量瓶中，用少量硝酸溶液(1%)洗涤锥形瓶 3 次，洗涤液合并于容量瓶中，并用硝酸溶液(1%)定容至刻度，混匀备用。同时做试剂空白试验。

(4)干法灰化消解。称取 0.3～0.5 g 干试样(精确至 0.000 1 g)、鲜(湿)试样 1～2 g(精确到 0.001 g)、液态试样 1～2 g(精确到 0.001 g)于瓷坩埚中，先小火在可调式电热炉上炭化至无烟，移入马弗炉中 500℃灰化 6～8 h，冷却。若个别试样灰化不彻底，加 1 mL 混合酸在可调式电热炉上小火加热，将混合酸蒸干后，再转入马弗炉中 500℃继续灰化 1～2 h，直至试样消解完全，呈灰白色或浅灰色。放冷，用硝酸溶液(1%)将灰分溶解，将试样消解液移入 10 mL 或 25 mL 容量瓶中，用少量硝酸溶液(1%)洗涤瓷坩埚 3 次，洗涤液合并于容量瓶中并用硝酸溶液(1%)定容至刻度，混匀备用。同时做试剂空白试验。

3. 仪器参考条件

根据所用仪器型号将仪器调至最佳状态，测定参考条件如下：

(1)波长为 228.8 nm，狭缝为 0.2～1.0 nm，灯电流为 2～10 mA，干燥温度为 105℃，干燥时间为 20 s；

(2)灰化温度为 400～700℃，灰化时间为 20～40 s；

(3)原子化温度为 1 300～2 300℃，原子化时间为 3～5 s；

(4)背景校正采用氘灯校正或塞曼(Zeeman)效应校正。

4. 标准曲线的制作

将标准曲线工作液按浓度由低到高的顺序各取 20 μL 注入石墨炉，测其吸光度值，以标准曲线工作液的浓度作横坐标，相应的吸光度作纵坐标，绘制标准曲线并求出吸光度与浓度关系的一元线性回归方程。

标准系列溶液应取不少于 5 个点的不同浓度的镉标准溶液，相关系数不应小于 0.995。如果有自动进样装置，也可用程序稀释来配制标准系列。

5. 试样溶液的测定

在测定标准曲线工作液相同的实验条件下，吸取样品消解液 20 μL，也可根据使用仪器选择最佳进样量，注入石墨炉，测其吸光度值。代入标准系列溶液的一元线性回归方程中求样品消解液中镉的含量，平行测定次数不少于两次。若测定结果超出标准曲线范围，用硝酸溶液(1%)稀释后再行测定。

6. 基体改进剂的使用

对有干扰的试样，量取 5 μL 基体改进剂磷酸二氢铵溶液(10 g·L^{-1})，和样品消解液一起注入石墨炉，绘制标准曲线时也要加入与试样测定时等量的基体改进剂。

7. 分析结果的处理

试样中镉含量按下式进行计算：

$$X=\frac{(c_1-c_0)\times V}{m\times 1\ 000} \tag{4-10}$$

式中：X 为试样中镉含量，mg·kg^{-1} 或 mg·L^{-1}；c_1 为试样消解液中镉含量，ng·mL^{-1}；c_0 为空白液中镉含量，ng·mL^{-1}；V 为试样消解液定容总体积，mL；m 为试样质量或体积，g 或 mL；1 000 为换算系数。

以重复性条件下获得的两次独立测定结果的算术平均值表示，结果保留两位有效数字。

拓展知识

干扰及其消除方法

原子吸收光谱法主要有以下类型：

- 干扰
  - 非光谱干扰
    - 物理干扰
    - 化学干扰
    - 电离干扰
  - 光谱干扰
    - 谱线干扰
    - 背景干扰

一、非光谱干扰

1. 物理干扰及其消除方法

(1)物理干扰。物理干扰是指试样在转移、灰化和原子化过程中，由于试样任何物理因素的变化而引起的原子吸收信号强度变化的效应。物理因素包括溶液的黏度、密度、表面张力、溶剂的种类、气体流速等。试样溶液的性质发生任何变化，都直接或间接地影响原子化效率。如试样的黏度发生变化时，影响吸喷速率进而影响雾量和雾化效率。试样的表面张力和黏度的变化，将影响雾滴的细度、脱溶剂效率和蒸发效率，最终影响到原子化效率。当试样中存在大量的基体元素，它们在石墨管中蒸发解离时，不仅要消耗大量的热量，而且在蒸发过程中，有可能包裹待测元素，延缓待测元素的蒸发，影响原子化效率。物理干扰一般都是负干扰，最终影响火焰分析体积中的原子密度。

(2)消除方法。配制与被测试样相似的标准样品，是消除物理干扰的常用的方法。在不知道试样组成或无法匹配试样时，可采用标准加入法或稀释法来减小和消除物理干扰。

2. 化学干扰及其消除方法

(1)化学干扰。化学干扰是指试样溶液转化为基态原子的过程中，待测元素和其他组分之间因化学作用而引起的干扰效应。它主要影响待测元素化合物的熔融、蒸发和解离过程。这种效应可以是正效应，增强原子吸收信号，也可以是负效应，降低原子吸收信号。化学干扰是一种选择性干扰，它不仅取决于待测元素与共存元素的性质，还和灰化条件有关。化学干扰是原子吸收的主要干扰，产生干扰的原因也比较复杂。

(2)消除方法。主要可以通过以下几种方式消除干扰：

①加入释放剂。待测元素和干扰元素在火焰中形成稳定的化合物时，加入另一种物质使之与干扰元素反应，生成更容易挥发的化合物，从而使待测元素从干扰元素的化合物中释放出来，加入的这种物质叫释放剂。常用的释放剂有氯化镧和氯化锶等。采用加入释放剂的方法来消除干扰时，必须注意释放剂的加入量。最佳加入量要通过实验来进行确定。

②加入保护剂。加入一种试剂使待测元素不与干扰元素生成难挥发的化合物，可保护待测元素不受干扰，这种试剂叫保护剂。保护剂的作用机理有三：一是保护剂与待测元素形成稳定的络合物，阻止干扰元素与待测元素形成难挥发化合物；二是保护剂与干扰元素形成稳定的化合物，避免待测元素与干扰元素形成难挥发的化合物；三是保护剂与待测元素和干扰元素形成各自的稳定络合物，避免待测元素与干扰元素形成难挥发的化合物。保护剂通常是配位剂，与待测元素形成更稳定的、更易原子化的化合物，把待测元素保护起来，使干扰元素不能与待测元素结合。

例如，为消除 PO_4^{3-} 对 Ca^{2+} 测定的干扰，可加入过量的 EDTA，EDTA 与 Ca^{2+} 生成稳定的配合物，它在火焰中易于原子化，抑制了 PO_4^{3-} 对 Ca^{2+} 测定的干扰。

加入保护剂与干扰物质生成更稳定或更难挥发的化合物，使待测元素释放出来，从而排除干扰。

加入 $LaCl_3$ 作为释放剂，反应如下：

$$LaCl_3 + H_3PO_4 = LaPO_4 + 3HCl$$

PO_4^{3-} 生成更稳定的 $LaPO_4$，抑制了 PO_4^{3-} 对 Ca^{2+} 的化学干扰，Ca^{2+} 被释放出来，提高了测定的灵敏度。常用的释放剂有 $LaCl_3$、$Sr(NO_3)_2$ 等。

③加入缓冲剂。于试样和标准溶液中加入一种过量的干扰元素，使干扰影响不再变化，进而抑制或消除干扰元素对测定结果的影响，这种干扰物质称为缓冲剂。而缓冲剂的加入量，必须大于吸收值不再变化的干扰元素的最低限量。但应用这种方法往往会明显地降低灵敏度。

④加入基体改进剂。对于石墨炉原子化法，在试样中加入基体改进剂，使其在干燥或灰化阶段与试样发生化学变化，其结果可以增加基体的挥发性或改变被测元素的挥发性，以消除干扰。

⑤选择合适的原子化方法。提高原子化温度，减小化学干扰。使用高温火焰或提高石墨炉原子化温度，可使难解离的化合物分解。采用还原性强的火焰与石墨炉原子化法，可使难解离的氧化物还原、分解。

3. 电离干扰及其消除方法

(1)电离干扰。电离干扰是在高温状态下产生的。有些元素的测定需要借助较高温度火焰以促进元素原子化。然而，待测元素在火焰中吸收能量之后，不仅会进行原子化并形成基态原子，基态原子形成之后还会发生电离，形成正离子和电子。产生的电子和离子是不吸收共振线的，因此在原子吸收分析时所得结果只是基态原子的吸收量，导致参与测定的基态原子数量与浓度降低，被测元素的吸光度也减小。

(2)消除方法。首先，不同元素的电离电位是有差异的，而电离电位的高低则象征着原子电离的难易程度，即电离电位越低，越容易发生电离。因此，在元素测定选择火焰温度时，可以参考元素的电离电位，尽可能选择较低的火焰温度。此外，电离性是一种元素原子的自然特性，是无法改变的，但是可以从改变原子存在环境的角度考虑，在试剂中加入低电离电位的消电离剂。消电离剂可以在元素所在环境中提供大量的自由电子，可以有效地抑制和消除电离干扰效应，代替待测基态原子发生电离，从而抑制或者消除该原子的电离。常用的消电离剂是碱金属元素。另外，标准加入法也可以在一定程度上消除某些电离干扰。

二、光谱干扰

理想的原子吸收，应该是在所选用的光谱通带内仅有光源的一条共振发射线和波长与之对应的一条吸收线。当光谱通带内多于一条吸收线时，灵敏度会降低且工作曲线线性范围变窄。当被测试液中含有与吸收线相重叠的两种元素时，无论测哪一种元素都将会产生干扰。

1.谱线干扰

(1)吸收线重叠。吸收线重叠是指样品中共存元素的吸收线与被测元素的分析线波长很接近时，两条谱线重叠或部分重叠，使测得的吸光度偏高。若多重吸收线和主吸收线波长相差的比较多时，可通过减小狭缝宽度来克服多重谱线的干扰；但若波长相差很少时，通过减小狭缝宽度仍难消除干扰，并且可能使信噪比大大降低，此时需另选谱线。

(2)非吸收线干扰。待测元素的非吸收线出现在光谱通带内，这非吸收线可能是待测元素的谱线，也可能是其他元素的谱线，此时产生的干扰使灵敏度降低和工作曲线弯曲。产生这种干扰的原因主要有复杂光谱的元素本身就发射出单色器难以分开的谱线、多元素空心阴极灯因发射线较复杂而存在非吸收干扰、光源阴极材料中的杂质所引起的非吸收干扰、光源填充的惰性气体的辐射线引起的非吸收干扰等。

光谱干扰是由于分析用的谱线与邻近线不能完全分开而产生的。采取改换良好的空心阴极灯、减小狭缝宽度、减小灯电流等方法，一般可以取得较好的抑制效果。

2.背景干扰

在石墨炉原子吸收法中，背景吸收的影响比火焰原子吸收法严重。背景干扰是一种特殊的光谱干扰。若不扣除背景干扰，有时根本无法进行测定，测量时必须予以校正。

(1)背景吸收的产生。分子吸收与光散射是形成光谱背景的主要因素。

①分子吸收：在原子化过程中所产生的气体分子、氧化物、难解离的盐类、难熔氧化物等分子对待测元素共振线的吸收而产生干扰，分子吸收是带状光谱。

②光散射：指原子化过程中产生的微小固体颗粒引起的，火焰中有气溶胶固体微粒存在时，会使入射光发生散射，产生高于真实值的假吸收，使结果偏高。

(2)消除方法。一般采用仪器校正背景的方法，如邻近非共振线校正背景、连续光源校正背景、塞曼效应校正背景和自吸效应校正背景等。

①邻近非共振线校正背景。分析线测量的是原子吸收与背景吸收的总吸光度 A_T，在分析线邻近选一条非共振线，非共振线不会产生共振吸收，此时测出的吸收为背景吸收 A_B。两次测量的吸光度值相减，所得吸光度值即为扣除背景后的原子吸收吸光度值 A。

$$A=A_T-A_B=kc \tag{4-11}$$

本法适用于分析线附近背景吸收变化不大的情况，否则准确度较差。

②连续光源校正背景(氘灯扣除背景法)。目前，原子吸收分光光度计上一般都配有连续光源自动扣除背景装备。连续光源用氘灯在紫外光区扣除背景，而碘钨灯、氙灯在可见光区扣除背景。氘灯扣除背景光路如图 4-12 所示。

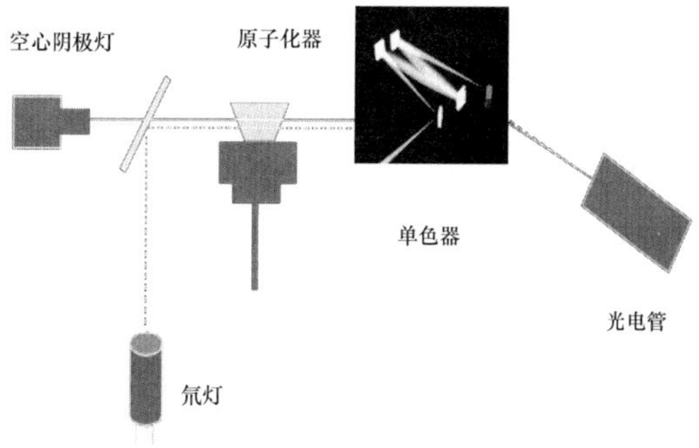

图 4-12 氘灯扣除背景光路

氘灯产生的连续光谱进入单色器狭缝，通常比原子吸收线宽度大 100 倍左右。氘灯对原子吸收的信号为空心阴极灯原子信号的 0.5%以下。由此，可以认为氘灯测出的主要是背景吸收信号，空心阴极灯测的是原子吸收和背景信号，二者相减得到原子吸收值。氘灯校正的波长和原子吸收波长相同，校正效果显然比非共振线法好。氘灯校正法已广泛应用于商品化的原子吸收光谱仪器中，为了提高背景扣除能力，从电路和光路设计上都有许多改进，自动化程度越来越高。

此法的缺点在于氘灯是一种气体放电灯，而空心阴极灯属于空心阴极溅射放电灯。两者的放电性质不同，能量分布不同，光斑大小不同，再加上不易使两个灯的光斑完全重叠，元素的原子化又引起石墨炉中原子和分子浓度在时间和空间上分布不均匀，因而造成背景扣除的误差。

③塞曼效应校正背景。塞曼效应校正背景是利用光源在磁场作用下产生谱线分裂的现象校正背景。塞曼效应分为正常塞曼效应和反常塞曼效应。塞曼效应校正背景不受波长限制，可校正吸光度高达 1.5～2 的背景，而氘灯只能校正吸光度小于 1 的背景，塞曼效应校正背景的准确度较高。利用塞曼效应校正背景的方法可以分为光源调制法和吸收线调制法两大类，其中吸收线调制法的应用较广。光源调制法是将磁场加在光源上，使共振发射线发生塞曼分裂。这一方法又称为同位素位移塞曼原子吸收法，是在同位素光源上施加一个永久磁场，使光源发射线发生塞曼分裂。而吸收线调制法是在原子化器上施加磁场，使吸收线发生塞曼效应。此法是在原子化器上施加一个永久磁场，其方向与光束垂直，使吸收线分裂为 π、$\sigma+$ 和 $\sigma-$ 组分。π 组分平行于磁场方向，$\sigma\pm$ 组分垂直于磁场方向。

④自吸效应校正背景。自吸效应校正背景法是基于高电流脉冲供电时空心阴极灯发射线的自吸效应。当以低电流脉冲供电时，空心阴极灯发射锐线光谱，测定的是原子吸收和背景吸收的总吸光度。接着以短时高电流脉冲供电，空心阴极灯发射线变宽。当空心阴极灯内积累的原子浓度足够高时，发射线产生自吸，而原子蒸气不吸收，这时测定的是背景吸收的吸光度。将两值相减即得背景校正后的吸光度值，即是校正了背景吸收的净原子吸收的吸光度值。

这种方法简单、成本低，能校正某些原子谱线重叠干扰，且可以进行全波长校正，但许多元素不能产生自吸，两种脉冲电流下空心阴极灯的谱线宽度有差别，校正不够精确，有些元素的灵敏度会降低，检出限变差，强脉冲电流会影响空心阴极灯的使用寿命。该法基本上只作为其他校正法的补充。

任务五　认知原子荧光分光光度计

任务内容

掌握原子荧光分光光度计的结构组成、各部件的功能和使用要求，学会原子荧光分光光度计的基本操作。

技术知识

一、原子荧光光谱的产生

原子荧光光谱法是1964年以后发展起来的分析方法。它是基于基态原子吸收特定波长光辐射的能量而被激发至高能态，受激原子在激发过程中发射出一定波长的光辐射而进行定量分析的发射光谱分析法。所用仪器与原子吸收光谱法相近。原子荧光光谱法具有很高的灵敏度，校正曲线的线性范围宽，能进行多元素的同时测定。原子荧光光谱是介于原子发射光谱和原子吸收光谱之间的光谱分析技术。气态自由原子吸收特征波长辐射后，原子的外层电子从基态或低能级跃迁到高能级，经过约10^{-8} s，又跃迁至基态或低能级，同时发射出与原激发波长相同或不同的辐射，称为原子荧光。原子荧光分为共振荧光、非共振荧光、双光子荧光和敏化荧光，其中非共振荧光又分为直跃荧光、阶跃荧光和反斯托克斯荧光。

二、原子荧光分光光度计的结构

原子荧光分光光度计的结构包括激发光源、原子化器、光学系统和检测器等四部分。

1.激发光源

激发光源的作用是使待测元素的原子激发而发射荧光。理想的激发光源应有发射强度高、不自吸、发光稳定、噪声小、发射谱线窄且纯度高、价格便宜、使用寿命长等特点。原子荧光分光光度计的激发光源既可为连续光源又可为锐线光源。常用的连续光源是氙弧灯，常用的锐线光源是高强度空心阴极灯、无极放电灯、激光光源等，其中高强度空心阴极灯应用最为广泛。连续光源稳定、操作简便、寿命长，能用于多元素同时分析，但检出限较差。锐线光源辐射强度高、稳定，可以得到更低的检出限。

高强度空心阴极灯是一种特殊的低压放电灯，在阴阳两极之间施加一定的电压，两极之间形成一个电场，电子在电场中运动，并与周围充入的惰性气体分子发生碰撞，使这些惰性气体电离。气体中的正离子高速移向阴极，阴极在高速离子碰撞的过程中溅射出阴极元素的基态原子，这些基态原子与周围的离子发生碰撞被激发到激发态，这些被激发的高能态原子在返回基态的过程中会发射出该元素的特征谱线。

2.原子化器

目前原子荧光分光光度计采用的原子化器均为氩氢火焰原子化器。

原子荧光分光光度计对原子化器的要求与原子吸收分光光度计基本相同。但所用的火焰与原子吸收分光光度计的不同，主要是因为在通常的原子吸收分光光度计火焰中荧光淬灭严重，必须用氩气稀释的火焰。当用氢化物发生法时，直接使用氩气气氛下的石英加热方法进行原子化，在氢化物火焰燃烧过程中加入氩气保护。这样的火焰有利于原子吸收特征辐射光子，不会产生荧光淬灭。

3. 光学系统

光学系统的作用是充分利用激发光源的能量和接收有用的荧光信号，减少和除去杂散光。色散系统对分辨能力要求不是很高，但要求有较大的集光本领，常用的色散元件是光栅。非色散型仪器的滤光器用来分离分析线和邻近谱线，降低背景。非色散型仪器的优点是照明立体角大，光谱通带宽，集光本领大，荧光信号强度大，仪器结构简单，操作方便。缺点是散射光的影响大。

4. 检测器

目前，应用最广泛的检测器是光电倍增管，在多元素原子荧光分光光度计中，也用光导摄像管、析像管等做检测器。检测器与激发光束成直角配置，以避免激发光源发射的辐射对检测原子荧光信号的影响。

任务实施

操作实施 4-6　原子荧光分光光度计的基本操作

一、仪器与试剂的准备

1. 仪器与设备

(1)原子荧光分光光度计；

(2)氩气钢瓶。

2. 材料与试剂

(1)还原试剂：1.5%的 KBH_4 溶于 0.5%的 KOH 溶液中，配制 500 mL。配制方法：先配 KOH 500 mL，称取 2.5 g KOH，溶于蒸馏水中，再加入 7.5 g KBH_4，溶解后定容至 500 mL。

(2)载液[2% HCl(V/V)]：取 20 mL 37%的优级纯盐酸溶解到 1 L 高纯水中。

(3)砷标准溶液(10 g・L^{-1})：2 mL 浓盐酸+1 g 的抗坏血酸+10 mL 0.1 mg・L^{-1} 砷标准溶液到 100 mL 容量瓶中，超纯水定容即可。

二、学生课前预习

学生每 3～5 人为一组，通过查阅资料和观看视频等完成预习报告。预习报告内容包括：(1)任务目标。(2)仪器组成。(3)操作步骤。(4)思考题：①原子荧光分光光度计使用时氩气的作用是什么？②原子荧光光谱法的基本原理是什么？

三、检查学生预习情况

各组根据汇总的相关资料，师生共同讨论、分析，用集体的智慧完成预习报告的修订及确定操作步骤。

四、学生分组操作

学生按照修订后的操作步骤，按规范要求，分组完成原子荧光分光光度计的基本操作。

1. 基本操作流程

以北京普析通用的原子荧光分光光度计为例，具体操作如下：

(1)开电脑。

(2)打开氩气。调节减压阀约为 0.2 MPa,当钢瓶中总压小于 1 MPa 时停止使用。

(3)选择分析元素灯。As、Sb 和 Bi 元素灯三种任意一个均可以。

(4)开主机电源。

(5)双击联机图标。

(6)参数设置。

①设置“仪器参数”。在仪器控制界面,设置载气:300 mL·min^{-1},屏蔽气:600 mL·min^{-1};原子化器温度:180℃;Hg 温度:0℃;灯电流:一般设为 50 mA(设置值越高,灵敏度越高,新机比较敏感,灯电流先设为 50 mA,最大值超过量程;最后改为 40 mA,还是超过量程;最后改为 30 mA,合适);点火,控温开始。

②参数设置。标准空白设置:有,则标 1 或 255;样品空白起始位置:7;测量参数:读数时间为 15 s,延迟时间为 3 s;空白判别值:载流空白;进样设置:一盘为 45 个管,载液一次进样为 1.5 mL;载液二次进样为 1.5 mL;进样量为 1.0 mL。若选“标准液”“自动稀释”,则标上浓度即可,浓度自己稀释,但进样量不是 1 mL 了。

(7)样品测量。

①用超纯水清洗管路,包括样品管道和还原剂管道。

具体操作:将吸载液的管和吸还原剂的管同时插入高纯水中,单击“清洗”按钮,清洗 3 遍。

②将进载液管道和进还原试剂管道一起进入清洗管道,单击“清洗”按钮,清洗一遍。用注射器装载液,在大塑料筒里面装还原试剂。

③清洗后,单击“自动测量”按钮。还原剂和样品一同进入管道中。载流空白:进还原剂和载液;标样空白:用载液代替即可。将进载液管插入装样品的管中。

(8)关机。

①用超纯水先清洗线路,包括样品管道和还原剂管道。单击“清洗”按钮,清洗 3 遍。具体操作是将吸载液的管和吸还原剂的管同时插入高纯水中。

②将进样品管放入载液中。清洗仪器,将进样针和还原剂的毛细管放入去离子水中,单击,输入 3 次以上的清洗次数,单击“开始”进行清洗。

③清洗完毕后,关闭氩气阀门,退出仪器工作站,关闭计算机和仪器主机电源,松开泵卡。

五、数据记录及处理

记录原子荧光分光光度计的基本操作过程、仪器操作的主要参数。

六、教师巡回指导

操作要点和注意事项如下:

(1)在开启仪器前,一定要注意开启载气。

(2)检查原子化器下部去水装置中水封是否合适。

(3)试验时注意在气液分离器中不要有积液,以防溶液进入原子化器。

(4)在测试结束后,一定要运行仪器清洗程序。

(5)更换元素灯时,一定要在主机电源关闭的情况下,不能带电插拔。

(6)元素灯的预热必须是在进行测量时,点灯的情况下才能达到预热稳定的作用,只打开主机,元素灯虽然也亮,但起不到预热稳定的作用。

七、成绩评定

学生对完成工作任务的表现进行自评和互评，各小组进行总结、考核及评估，教师做出最后评价，填写学习过程评价表。

拓展任务

拓展操作 4-4　原子荧光分光光度计的日常维护和保养

原子荧光分光光度计是一种常用并且使用广泛的光谱分析仪器。因此仪器的正确使用与日常维护和保养特别重要，不但可以减少仪器故障的发生，延长仪器的使用寿命，而且保障检测分析过程顺利进行。

(1)严格遵循开、关机程序。

(2)观察管路的密闭性能，如果管路漏液，应及时停止转泵，查清漏源。再次连接好管路，应及时清除漏液，避免液体腐蚀仪器表面。

(3)及时处理废液。

(4)测试完成以后，用去离子水清洗泵管和注射针管，并及时取下蠕动泵泵管卡，避免泵管长时间压制变形而影响其寿命。变形后可用 10%盐酸浸泡 48 h，用去离子水清洗干净备用。

(5)泵管使用一段时间后，应随时向泵管与泵头间的空隙滴加随机器提供的硅油，以保护泵管。

(6)仪器的外壳表面经过喷漆及喷塑工艺的处理，在使用过程中不要将溶液洒在外壳上，否则会在外壳上留下斑痕。如果不小心将溶液洒在了外壳上，需立即用湿毛巾擦拭干净，杜绝使用有机溶液擦拭。

(7)气液分离器和加热石英管为石英玻璃件，应避免碰撞，使用过程中可用 10%盐酸浸泡 24 h 来清除杂质，用去离子水清洗干净晾干备用。

(8)仪器长时间不用时，每隔 1 个月需要预热仪器半小时左右，有助于延长灯及仪器的使用寿命。

(9)实验室温度保持在 15～30℃，湿度保持在 45%～70%，最好是恒温恒湿。

(10)测试结束后，一定要运行仪器清洗程序。

拓展知识

原子荧光分光光度计常见问题及解决方法

在日常原子荧光光谱分析中，特别是当原子荧光分光光度计使用时间长、频率高时，常会出现一些问题。常见的问题有灵敏度突然降低、无荧光信号、空白信号很高、荧光信号不稳定、工作曲线线性差、图形不正常等。原子荧光分光光度计常见故障及解决方法见表 4-13。

表 4-13 原子荧光分光光度计常见故障及解决方法

故障现象	故障原因	排除方法
高强度空心阴极灯	①灵敏度降低、稳定性差、空心阴极灯老化。 ②新购置的空心阴极灯出现基线空白不稳定情况。 ③测定灵敏度变化较大。 ④没有信号	①需适当提高空心阴极灯的灯电流或负高压，或是更换空心阴极灯。 ②多是由空心阴极灯预热时间不够引起的。空心阴极灯需预热 30 min 以上，并空载运行 10～20 min。 ③双道不平衡，空心阴极灯照射氩氢火焰的位置不正确。用调光器调节空心阴极灯至合理位置。 ④多数是因空心阴极灯未点燃造成的。点燃空心阴极灯即可
光路系统	①基线信号值很高，原子化器的高度不合适。 ②元素的灵敏度很低，透镜聚焦点不合适。 ③一道荧光信号很强，而另一道荧光信号测定结果偏高或偏低	①调节原子化器高度。 ②需调节透镜聚焦点。 ③多是由双道干扰单道的测定造成的
管道系统	①灵敏度降低、信号图形改变、积分时间增加。 ②没有荧光信号或信号很低、图形有尖峰状。 ③图形有锯齿状，且不稳定。 ④稳定性差、灵敏度降低、“记忆效应”严重	①需压紧泵管或更换泵管。 ②需清洗、疏通或更换管道、更换连接件。 ③由通风口风量过大引起。需调小通风口风量。 ④多由模块污染引起。需取下用 15% HCl 煮沸 30 min
试剂空白	痕量元素分析中试剂空白值不准确	选择适合的生产厂家、试剂级别和生产批号

任务六 应用原子荧光光谱法进行定量分析

任务内容

掌握原子荧光光谱法在分析样品时测量条件的选择，并掌握原子荧光分光光度计的使用方法，学会对其测量数据进行分析和处理。

技术知识

一、原子荧光光谱法测量条件的选择

1. 灯电流的选择

灯的辐射强度直接影响荧光强度，原子荧光光谱法用的元素灯与原子吸收光谱法用的元素

灯不同，它允许瞬时大电流而不会产生自吸，一般用推荐值即可。对双阴极空心阴极灯可以通过调整主阴极和辅阴极的电流比例来调节灯能量，灯电流的调节与高压没有任何关系，与原子吸收光谱法不同，灯电流越大产生的荧光强度信号越大，也就是灵敏度越高，一般主阴极电流对信号灵敏度起主要作用。

2. 负高压的选择

负高压是光电倍增管的工作电压。负高压的调节与灯电流没有关系，不存在原子吸收的自动平衡概念。负高压越高，则荧光信号越大，同样噪声也增大，稳定性就相对差一点，光电倍增管有一定的耐压范围，负高压与灵敏度呈指数关系。根据具体信号强度进行选择，一般推荐在 300 V 左右，总调整范围是 200～500 V。在实际操作中，根据不同元素灵敏度的高低可以改变负高压。

3. 载气流量的选择

载气的作用就是携带被测元素的氢化物到原子化器进行原子化。载气流量太大就会造成气流速度太快，降低原子浓度，导致原子化效率降低，从而影响灵敏度。但载气流量太小则会造成信号不稳定，影响原子化效率，一般采用推荐值。

4. 屏蔽气的选择

屏蔽气的主要作用是对原子化环境进行屏蔽，防止氢化物被氧化，同时减少荧光淬灭现象。屏蔽气太小会造成屏蔽效果不好，影响信号的灵敏度和稳定性，太大则会影响原子化效率，灵敏度降低。屏蔽气多选用氩气。

5. 原子化器高度的选择

原子化器高度是指原子化器顶部距光电倍增管中心的距离，也就是光轴与原子化顶部的距离，其高度与气流量的选择有关，一般在 8 mm 左右，主要目的是使元素灯发光照射在原子化效果最好最稳定的区域。如果气流量选择较大，则原子化器高度应适当降低，一般采用推荐值即可。

6. 进样量的选择

进样量主要取决于采样环的长短。在推荐条件下，每次的进样量为 1.2 mL 左右。一般情况下要保证样品充满采样环。过量采样会造成浪费和管道污染。

7. 读数时间的选择

读数时间是指具体的信号有效测量时间。在该时间内进行信号采集，读数时间一般大于进样时间，便于把有效信号都采集在内。读数时间太长会造成过多采集空白信号，采完信号后的那段时间继续转泵主要是为了清洗管路和原子化器，可根据信号峰型和样品含量选择合适的清洗和读数延迟时间。

二、干扰及其消除方法

原子荧光光谱分析中的干扰主要有光谱干扰、化学干扰和物理干扰。

1. 光谱干扰及其消除

光谱干扰是指光源或原子化器的干扰辐射所造成的谱线重叠等干扰。它是由于待测元素的荧光信号与进入检测器的其他辐射分离不完全而造成的。

荧光谱线的重叠干扰可以通过减小光谱通带、选用其他的分析线、加入配合剂与干扰元素形成配合物及预先化学分离干扰元素、采用经过调制的光源和检测系统等方法来消除。

2. 化学干扰及其消除

化学干扰一般分为凝聚相干扰和气相干扰两类。

凝聚相干扰是指当雾化微滴挥发为气态分子前所产生的干扰。例如，干扰离子与被测元素形成了难熔的混合物或干扰阴离子与被测元素形成了稳定的化合物或配合物，从而降低了被测元素的原子化程度。这种干扰与火焰温度有关，可以用加入适当释放剂来消除。

气相干扰是发生在气相过程中的干扰，包括解离和电离干扰、荧光淬灭干扰以及化学反应中生成难解离氧化物气体分子的干扰等。由于原子荧光光谱分析常采用低温火焰，因此电离干扰不太严重，而解离干扰影响比较显著。荧光淬灭干扰与火焰的组成、通入的屏蔽气体和原子蒸气中存在的固态微粒有关，可采用减小溶液中其他干扰粒子的浓度来避免。

3. 物理干扰及其消除

在原子荧光光谱分析中，某些物理干扰与化学干扰是很难明显区别的。一般说到的物理干扰主要是指雾化-燃烧系统中溶液的提升率、雾化率、分解速度等因素对产生荧光的影响。散射光和单位体积内未蒸发的颗粒大小和数量有关，而与它的光学性质关系很小。所以要减小散射光干扰，最主要还是应该减少散射微粒。增加火焰观测高度和火焰温度，或者使用高挥发性的溶剂等都能增加气溶胶微粒的挥发性，从而减少散射微粒。消除散射干扰的另一个有效方法是测量直跃线荧光和阶跃线荧光，就可滤掉光源发射的与待测荧光波长相同的谱线。也可采用扣除散射光背景的方法来消除其干扰。

任务实施

操作实施 4-7 原子荧光光谱法测定食品中砷的含量

一、仪器与试剂的准备

1. 仪器与设备

(1)原子荧光光谱仪。

(2)砷元素空心阴极灯。

(3)天平：感量为 0.1 mg 和 1 mg。

(4)组织匀浆机。

(5)高速粉碎机。

(6)控温电热板(50～200℃)。

(7)马弗炉。

2. 材料与试剂

注：除非另有说明，本方法所用试剂均为优级纯，水为 GB/T 6682—2008 规定的一级水。

(1)盐酸。

(2)氢氧化钾(KOH)。

(3)氢氧化钠(NaOH)。

(4)硼氢化钾(KBH_4)：分析纯。

(5)硫脲($CH_4N_2O_2S$)：分析纯。

(6)硝酸(HNO_3)。

(7)硫酸(H_2SO_4)。

(8)高氯酸($HClO_4$)。

(9)硝酸镁[$Mg(NO_3)_2 \cdot 6H_2O$]：分析纯。

(10)氧化镁(MgO)：分析纯。

(11)抗坏血酸($C_6H_8O_6$)。

(12)硫脲+抗坏血酸溶液:称取 10.0 g 硫脲,加入 80 mL 水,加热溶解,待冷却后,加入 10.0 g 抗坏血酸,稀释至 100 mL。用时现配。

(13)硼氢化钾溶液(20 g · L^{-1}):称取硼氢化钾(KBH_4)20.0 g,溶于 1 000 mL 5 g · L^{-1} 氢氧化钾溶液中,摇匀。

(14)砷标准储备溶液[$\rho(As)=100\ mg \cdot mL^{-1}$]:称取 0.013 2 g 经 100℃干燥 2 h 的三氧化二砷(As_2O_3)于 25 mL 烧杯中,加入 1 mL 氢氧化钠溶液(100 g · L^{-1})和少量水使之溶解,加盐酸调酸度近中性,转入 100 mL 容量瓶中定容,混匀。

(15)砷标准工作溶液[$\rho(As)=1\ \mu g \cdot mL^{-1}$]:吸取 1.00 mL 砷标准储备溶液于 100 mL 容量瓶中,用稀硝酸(2+98)稀释至刻度,混匀。再吸取 0.10 mL 此溶液于 100 mL 容量瓶中,用稀硝酸(2+98)稀释至刻度。现配现用。

二、学生课前预习

学生每 3～5 人为一组,各小组在教师指导下,通过查阅资料和观看视频等完成预习报告。预习报告内容包括:(1)任务目标。(2)检测原理。(3)操作步骤。(4)思考题:①简述 100 mL 100 g · L^{-1} 硫脲溶液的配制方法。②原子荧光光谱法在使用时如何选择灯电流?③原子荧光光谱仪在测定样品前为什么要先进行预热?

三、检查学生预习情况

各组根据汇总的相关资料,师生共同讨论、分析,用集体智慧完成预习报告的修订及确定操作步骤。

四、学生分组操作

1.样品预处理

(1)在采样和制备过程中,应避免试样被污染。

(2)粮食、豆类等样品去杂物后粉碎均匀,装入洁净聚乙烯瓶中,密封保存备用。

(3)蔬菜、水果、鱼类、肉类及蛋类等新鲜样品,洗净晾干,取可食部分匀浆,装入洁净聚乙烯瓶中,密封,于 4℃冰箱冷藏备用。

2.试样消解

(1)湿法消解。固体试样称取 1.0～2.5 g,液体试样称取 5.0～10.0 g(或 mL)(精确至 0.001 g),置于 50～100 mL 锥形瓶中,同时做两份试剂空白。加硝酸 20 mL,高氯酸 4 mL,硫酸 1.25 mL,放置过夜。次日置于控温电热板上加热消解。若消解液处理至 1 mL 左右时仍有未分解物质或色泽变深,取下放冷,补加硝酸 5～10 mL,再消解至 2 mL 左右,如此反复两三次,注意避免炭化。继续加热至消解完全后,再持续蒸发至高氯酸的白烟散尽,硫酸的白烟开始冒出。冷却,加水 25 mL,再蒸发至冒硫酸白烟。再冷却,用水将内溶物转入 25 mL 容量瓶或比色管中,加入硫脲+抗坏血酸溶液 2 mL,补加水至刻度,混匀,放置 30 min,待测。按同一操作方法做空白试验。

(2)干灰化法消解。固体试样称取 1.0～2.5 g,液体试样取 4.00 mL(或 g)(精确至 0.001 g),置于 50～100 mL 坩埚中,同时做两份试剂空白。加 150 g · L^{-1} 硝酸镁 10 mL 混匀,低热蒸干,将 1 g 氧化镁覆盖在干渣上,于电炉上炭化至无黑烟,移入 550℃马弗炉灰化 4 h,取出放冷,小心加盐酸溶液(1+1)10 mL 以中和氧化镁并溶解灰分,转入 25 mL 容量瓶或比色管,向容量瓶或比色管中加入硫脲+抗坏血酸溶液 2 mL,另用硫酸溶液(1+9)分次洗涤坩埚后合并洗涤液至 25 mL 刻度，混匀放置 30 min，待测。按同一操作方法做空白试验。

3. 仪器参考条件

参考仪器说明书将仪器工作条件调整至测砷最佳状态，原子荧光光谱法工作条件见表 4-14。

表 4-14 原子荧光光谱法工作条件

项目	工作条件
灯电流/mA	45～80
光电倍增管负高压/V	250～300
原子化温度/℃	室温或 200
氩气压力/MPa	0.02
氩气流量/($mL \cdot min^{-1}$)	800
测量方式	荧光强度
读数方式	峰面积

4. 标准曲线制作

分别吸取砷标准工作溶液 0 mL、0.10 mL、0.20 mL、0.50 mL、1.00 mL、2.50 mL 和 5.00 mL 于一系列 25 mL 比色管中，加入 3 mL 浓盐酸和 2 mL 硫脲溶液，加水至 25 mL，摇匀，放置 10 min 后，吸取 5.00 mL 该试液，注入氢化物发生器中，记录荧光强度值。以比色管中砷质量(μg)作横坐标，荧光强度值作纵坐标，绘制标准曲线。

5. 试样测定

在相同条件下，将样品溶液分别引入仪器进行测定。根据回归方程计算出样品中砷元素的浓度。

五、数据记录及处理

试样中砷含量按下式计算：

$$X=\frac{(c-c_0)\times V\times 1\,000}{m\times 1\,000\times 1\,000} \tag{4-12}$$

式中：X 为试样中砷的含量，$mg \cdot kg^{-1}$ 或 $mg \cdot L^{-1}$；c 为试样被测液中砷的测定浓度，$ng \cdot L^{-1}$；c_0 为试样空白消解液中砷的测定浓度，$ng \cdot L^{-1}$；V 为试样消解液总体积，mL；m 为试样质量，g 或 mL；1 000 为换算系数。

六、教师巡回指导

1. 检测原理

食品试样经湿法消解或干灰化法消解处理后，加入硫脲使五价砷预还原为三价砷，再加入硼氢化钠或硼氢化钾使还原生成砷化氢，由氩气载入石英原子化器中分解为原子态砷，在高强度砷元素空心阴极灯的发射光激发下产生原子荧光，其荧光强度在固定条件下与被测液中的砷浓度成正比，与标准工作溶液比较定量。

2. 前处理

对于含砷量较高或较低样品的测定，如何才能保证测定的准确性，具体有以下几点看法：①对高含量的样品，如果称量太少，则称量误差大，但也不能称量太多，测定时浓度太高，经过多次稀释，也能造成误差。称样要根据样品含量而定，对于干样，湿法消解可以控制在 0.2～

0.5 g，干法消解就可以相对多一点。②对低含量的样品，一般取样量多，最好选择干法消解，以免湿法消解时间长。③样品定容体积不能太小，那样难将样品消解液洗净，最好用大于25 mL容器定容。④考核时，为了把样品测定准确，可先做一下预试验，看样品结果在什么范围，然后再计算一下要取多少量，定容多少体积，让测定荧光强度值落在曲线的中段为佳。

3. 空白值过高

空白溶液荧光强度过高，具体原因如下：①某些玻璃器皿含有少量的砷元素，导致荧光强度提高，故在使用前宜将各种玻璃器皿仔细清洗，然后用王水浸泡24 h，防止砷污染。②实验所用的水被少量砷污染，也会导致荧光强度提高，故实验最好使用二次去离子水，并将所用的水保存在惰性塑料容器中。③所使用酸被砷污染，在盐酸中一般都存在着一定含量的砷，即使优级纯的盐酸也有可能含有少量的砷，如果在实验过程中发现空白值过高，应及时检查所使用的盐酸是否含有被测元素，同时要保证储液瓶不被污染。④硼氢化钾被砷污染，也会导致荧光强度提高，同时要注意的是，应当将硼氢化钾溶于氢氧化钠溶液中，前后次序不能出错，配好的溶液保存在棕色瓶中，以免直接光照引起还原剂的分解并产生气泡，影响测量精度。

七、成绩评定

学生对完成工作任务的表现进行自评和互评，各小组进行总结、考核及评估，教师做出最后评价，填写学习过程评价表。

练习题

一、选择题

1. 原子吸收光谱产生的原因是（　　）。

A. 分子中电子能级的跃迁　　B. 转动能级跃迁
C. 振动能级跃迁　　D. 原子最外层电子跃迁

2. 原子吸收光谱在分析时所用的光源是（　　）。

A. 钨灯　　B. 氘灯　　C. 空心阴极灯　　D. LED灯

3. 空心阴极灯内充有（　　）。

A. 空气　　B. 惰性气体　　C. 氧气　　D. 氮气

4. 原子吸收分光光度法常用的燃气是（　　）。

A. 氢气　　B. 乙炔　　C. 笑气　　D. 空气

5. 原子吸收分光光度法产生火焰的位置是（　　）。

A. 雾化器　　B. 燃烧器　　C. 单色器　　D. 雾化室

二、填空题

1. 用原子吸收分光光度计测金属物质含量时，样品的前处理是先________，再________。

2. 原子吸收光谱仪由________、________、________和________等四个部分组成，常用的预混合型原子化器由________、________和________三部分组成。

3. 使试样原子化的方法有________和________。

4. 空心阴极灯又称元素灯，典型空心阴极灯的结构主要由__________、__________和__________等部件组成。

5. 原子吸收分光光度计的燃烧器有________和________两种，其中________燃烧器应用最广。

6. 原子吸收分光光度法中，一个元素需要一盏________，一般不能同时进行多元素分析。

7. 原子吸收分光光度计测定元素时，最常使用的燃气是________，助燃气是________。

三、问答题

1. 原子吸收光谱法分析时，为什么要用待测元素的空心阴极灯作光源，是否可以用氢灯或钨灯代替？

2. 燃助比为什么会影响测定的灵敏度？

3. 简述空心阴极灯的工作原理。

4. 简述由 200 mg·L^{-1} 铜标准储备液配制成 0 mg·L^{-1}、0.200 mg·L^{-1}、0.300 mg·L^{-1}、0.400 mg·L^{-1}、0.500 mg·L^{-1} 和 0.600 mg·L^{-1} 等系列工作液的配制方法。

5. 原子吸收分光光度计的光栅为什么放置在原子化器之后？

项目五

气相色谱分析技术

【学习目标】

知识目标

(1)理解色谱分析法的基本原理和分析过程;

(2)理解色谱参数和术语;

(3)熟悉气相色谱仪的结构组成及其各部件的功能和要求;

(4)掌握常用的色谱定性分析和定量分析方法。

能力目标

(1)能规范操作气相色谱仪;

(2)能正确设置气相色谱分离操作条件对样品进行分离检测;

(3)能利用气相色谱仪和色谱软件完成样品的定性分析和定量分析。

素质目标

(1)培养学生恪守职业道德,具有较强的质量安全、规范操作和诚信意识;

(2)培养学生创新思维及精益求精、爱岗敬业、善于思考的精神;

(3)培养学生具有良好的团队协作、沟通展示、信息获取与策划能力;

(4)养成爱护仪器设备、保持实验室干净整洁的良好习惯。

【项目概述】

色谱法是一种分离技术,始创于20世纪初。当时的俄国植物学家茨维特(Tswett)在研究植物色素成分时,采用了一根竖直的玻璃管,里面放上颗粒状的$CaCO_3$,然后用石油醚将植物色素提取后由管子的上端加入,并不断用纯石油醚淋洗,结果管内形成了不同的色带。后经分析证明,每种色带代表一种色素成分,说明不同的植物色素在管内得到了彼此间的分离。于是,茨维特就将这种分离方法形象地称为"色谱法"。

随着色谱技术的发展,色谱分离的对象早已不再仅仅局限于有色物质。换言之,色谱法早已失去了最初的含义。但"色谱"一词却一直沿用至今。

将色谱分离技术与适当的检测手段结合起来用于分析化学领域当中,就构成了一种新的分析手段——色谱分析法。目前,作为一种分离、分析多组分混合物的极为有效的物理和物理化学分析方法,色谱分析法以其高分离效能、高检测效能、高分析速度、高分析灵敏度而成为现代分析领域中广泛而重要的手段。

色谱法是仪器分析法中一种重要的分离分析方法,特别适用于多组分试样的分离分析。

它是对混合物中不同组分先进行分离，再通过检测器进行检测，从而实现定性、定量分析。

气相色谱法(gas chromatography，GC)是色谱分析法的一种，它出现于1952年，目前广泛地应用于化工、食品、医药、生化、环境科学等各个领域。在食品成分的检测中，气相色谱法常被用于食品微量成分尤其是低沸点成分的分析，如在食用油中溶剂残留量分析和农药残留的分析中具有不可替代的作用。

气相色谱法具有以下一些特点：

(1)分离效能高。气相色谱法在分离过程中反复多次利用了被分离组分间(物理的或物理化学)性质上的微小差异，因此可以产生很高的分离效能。例如，氢有三种同位素——氕、氘、氚，形成多种氢分子，又因其核自旋不同而分为正氢、仲氢；又如，有机化合物中有顺、反，邻、间、对，旋光异构体之分，这些性质上仅有极其微小差别的物质，若采用蒸馏、重结晶、萃取、升华等分离方法很难被分开，但原则上可用气相色谱法分离。

(2)快速。气相色谱法是先分离后检测，对于多组分混合物来讲，一次进样即可同时得到各个组分的定性、定量分析结果。

(3)灵敏度高。现代的气相色谱仪均配有高灵敏度的检测器，可检测 $10^{-6} \sim 10^{-9}$ 级的组分，常作为纯气体、超纯试剂中杂质的分析手段。因为灵敏度高，所以样品用量少(一般液体试样用量为 0.01～10 μL；气体试样用量为 0.1～10 mL)。

(4)不足。固体试样不能直接测定；由于气相色谱检测器不能按照物质的不同给出相应的特征信息，因此无标准样品或纯组分作对照，难以完成对未知试样的定性分析；在操作温度范围(−196～450℃)内难以挥发或热稳定性差的物质不能使用。

目前，色谱法的主要发展趋势是多机(如色-质、色-红外等)联用、计算机化、专家系统等。

【思维导图】

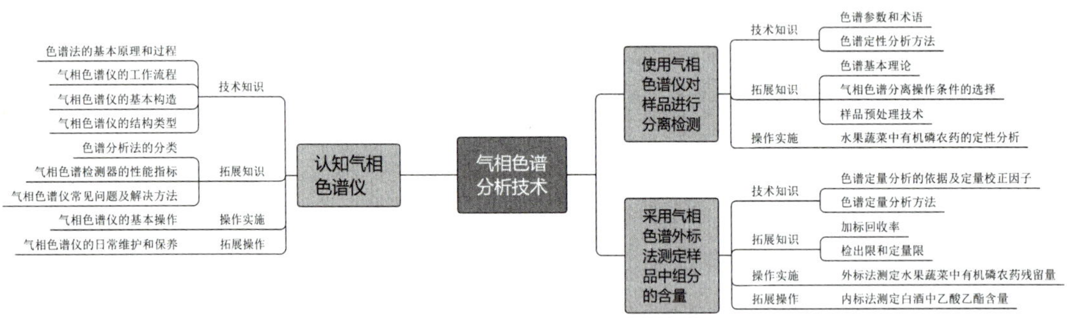

任务一　认知气相色谱仪

任务内容

理解色谱分析法的基本原理和过程，熟悉气相色谱仪的结构组成，了解各部件的功能和要求，学会规范操作气相色谱仪。

技术知识

一、色谱法的基本原理和过程

1. 色谱法的起源

视频 5-1　色谱法的起源——植物色素分离实验

色谱法的起源——植物色素分离色谱法最早源于俄国植物学家茨维特(Tswett)在 1906 年进行的植物色素分离实验:在一根玻璃柱中装入细颗粒的碳酸钙固体,将其与吸滤瓶连接,实验装置如图 5-1 所示。实验时,用石油醚萃取植物叶片中的色素,将萃取液从玻璃管上端加入,萃取液中的色素便被碳酸钙吸附,然后用石油醚自上而下淋洗,随着石油醚的加入,色素不断地向下移动,因不同色素被碳酸钙的吸附作用不同而逐渐分成几个不同颜色的谱带,这种分离方法因此得名为色谱法。

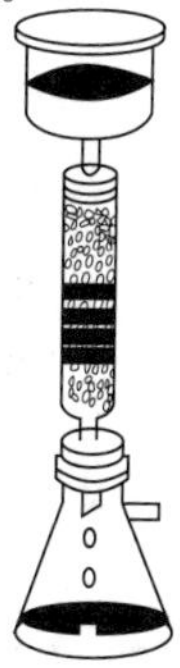

图 5-1　植物色素分离实验装置

在上述实验中,淋洗用的石油醚称为流动相,玻璃管中的碳酸钙称为固定相,装有碳酸钙的玻璃管称为色谱柱。用石油醚流动相淋洗吸附在固定相上的混合物并使其分离后依次流出色谱柱的过程称为洗脱。

2. 色谱法的基本原理

色谱法是一种分离分析方法,它是将混合物样品中的各组分先进行分离,然后顺次进行检测的分离与分析技术。

色谱分离的实质是样品组分在两相(固定相和流动相)之间不断进行的分配过程和分配平衡。其基本原理是:当流动相中携带的混合物流经固定相时,便与固定相产生相互作用(溶解、吸附、亲和作用等),由于混合物中各组分在性质和结构上的差异,与固定相和流动相的作用力大小、强弱不同,宏观上表现为各组分在固定相中移动速度的微小差异。随着流动相的移动,各组分在两相间经过反复多次的分配平衡,使各组分与固定相间相互作用的微小差异被反复多次的累加和放大,最终表现为各组分在固定相中滞留的时间不同,从而按一定次序从固定相中先后流出。与适当的柱后检测方法相结合,即可实现混合物中各组分的分离与检测。

3. 色谱法分离分析过程

色谱分离过程是利用试样中各组分在固定相和流动相之间具有不同的溶解与分配、吸附与脱附或其他亲和性的差异来实现分离的。现以分离 A、B 两组分的气-固色谱为例说明色谱分离过程。如图 5-2(a)所示,试样由流动相携带进入色谱柱,试样中的 A、B 两组分被固定相吸附,随着流动相的不断流入,被吸附的组分又从固定相中脱附,脱附的组分随着流动相向前移动时又再次被固定相吸附,由于 A、B 两组分的理化性质不同,与固定相和流动相之间的作用即吸附与脱附的能力有差异,结果表现为差速迁移,最终使 A、B 两组分彼此分离。

试样中的各组分经色谱柱分离后,按先后次序随流动相一起进入检测器,检测器将流动相中各组分浓度(或含量)的变化转变为相应的电信号,由记录仪记录下来,得到一条信号随时间变化的曲线,称为色谱流出曲线,又称色谱图,如图 5-2(b)所示。根据色谱图可对样品中组分进行定性、定量分析。

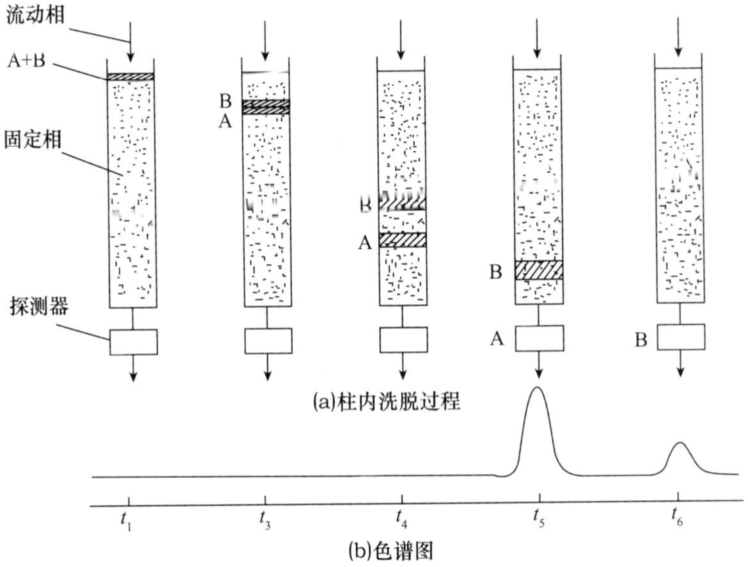

图 5-2 色谱分离分析过程示意图

二、气相色谱仪的工作流程

视频 5-2 色谱分离过程

气相色谱法是以气体作为流动相的色谱法。其流动相通常称为载气，它是不与待测试样发生相互作用的惰性气体（如氢、氮、氦等），仅用于载送试样。载气带着汽化后的待测试样进入加热的色谱柱，并携带试样分子渗透通过固定相，使试样中各组分达到分离，然后依次被检测。根据所用固定相的状态不同，气相色谱法分为气固色谱法和气液色谱法。

气相色谱仪用于分离分析试样的基本过程，如图 5-3 所示。由高压载气钢瓶供给的载气，经减压阀减压后进入净化管，除去载气中的杂质和水分，再通过流量调节阀（如稳压阀、针形阀和稳流阀）控制载气压力和流量，以稳定的压力和恒定的流速连续经过进样器（包括汽化室）、色谱柱、检测器，最后放空。待汽化室、色谱柱和检测器的温度稳定，信号基线走平后，试样由进样器注入汽化室，试样在汽化室内瞬间汽化为蒸气，并被载气带入色谱柱中进行分离。分离后的试样组分随载气依次进入检测器，检测器将各组分的浓度（或质量）变化转变为电信号，经放大器放大后，由记录仪记录色谱流出曲线，即得到所分析试样的色谱图。根据色谱图中各组分的色谱峰即可进行定性和定量分析。

试样中的不同组分在色谱柱中被分离，主要依靠两个方面的作用：一是色谱柱中的固定相对试样中的不同组分具有不同的吸附力或溶解能力，吸附力或溶解能力弱的组分流出色谱柱的速度较快，吸附力或溶解能力强的组分流出速度较慢；二是根据试样中不同组分的沸点不同，通过程序升温使沸点低的组分先流出色谱柱，沸点高的组分后流出色谱柱。

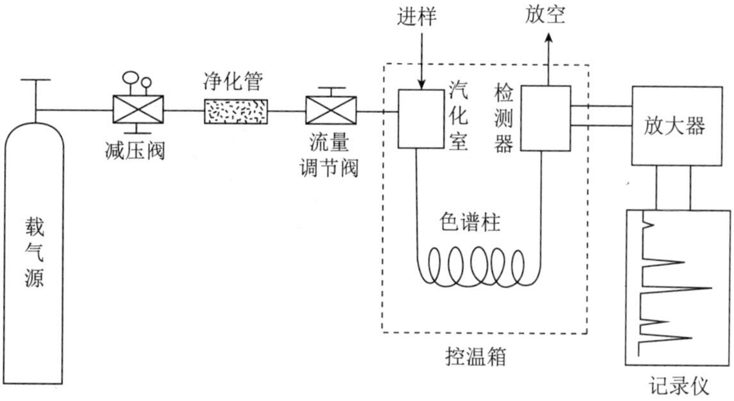

图 5-3　气相色谱仪工作流程示意图

视频 5-3　气相色谱仪的基本组成和分析流程

三、气相色谱仪的基本构造

目前，国内外气相色谱仪的种类和型号很多，如图 5-4 和图 5-5 所示。无论是何种型号的气相色谱仪，它们都是由气路系统、进样系统、分离系统、控温系统、检测系统和记录与数据处理系统组成的。样品中各组分能否分离，关键在于色谱柱和控温，分离后的组分能否被检测在于检测器，所以分离、控温及检测系统是仪器的核心。

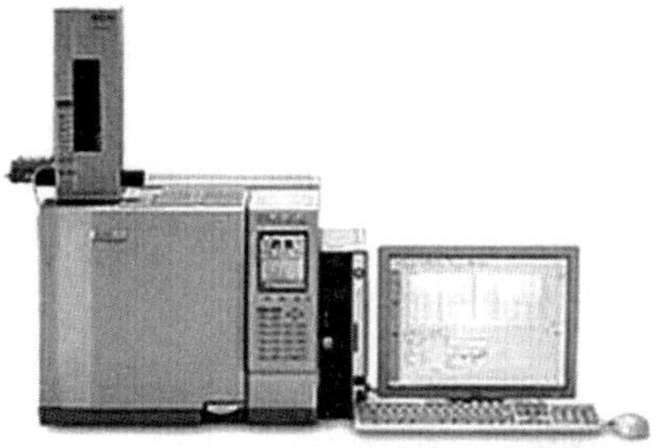

图 5-4　岛津 GC-2010 Plus 气相色谱仪

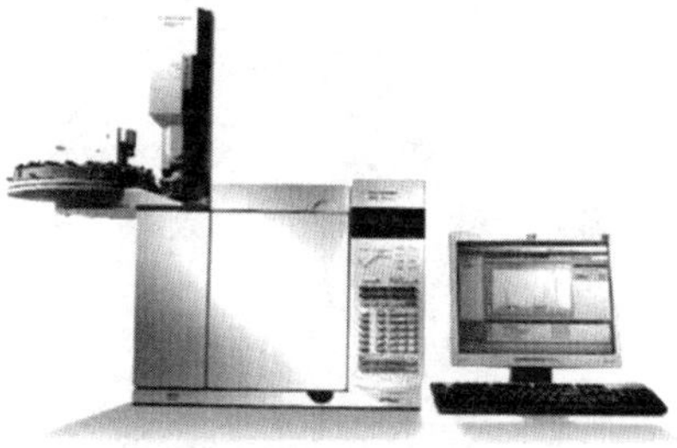

图 5-5　安捷伦 7890B 气相色谱仪

(一)气路系统

1. 气路系统的要求

气相色谱仪的气路系统是一个载气连续运行的密闭管路系统。其由气源、减压阀、净化器和气体流量控制器等组成。整个气路系统要求载气纯净、气密性好、流速稳定及流量能准确测量。

视频 5-4　气相色谱仪的气路系统

气相色谱仪的载气是载送样品进行分离的惰性气体，是气相色谱的流动相。常用的载气为氮气(N_2)、氢气(H_2)、氦气(He)、氩气(Ar)，其中氢气(H_2)在氢火焰离子化检测器中作为燃气，在热导检测器中用作载气。由于氦气(He)、氩气(Ar)价格贵，较少使用。

2. 气路系统的主要部件

(1)气体钢瓶和减压阀。载气一般可由高压气体钢瓶(图 5-6)或由气体发生器(图 5-7)提供。气相色谱仪使用的各种气体压力一般在 0.2～0.7 MPa，高压气体钢瓶的气体压力达

15 MPa 以上，因此使用高压气体钢瓶供气时需要通过减压阀减压后才能供气。

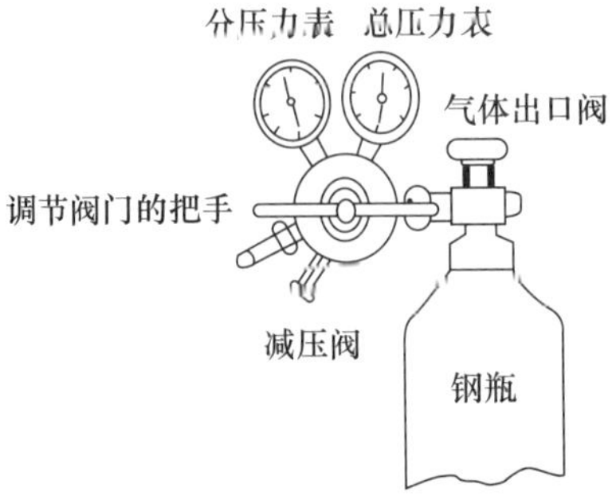

图 5-6　高压气体钢瓶

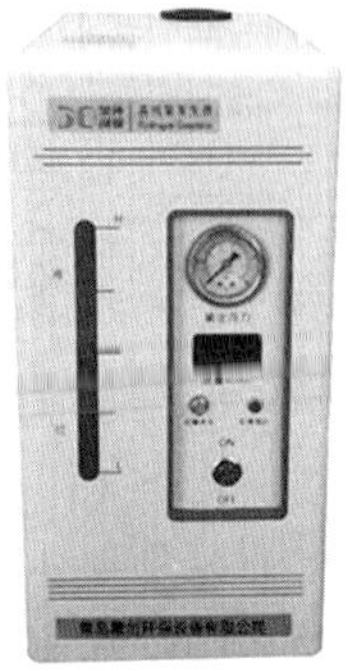

图 5-7　气体发生器

(2)净化管。高压气体钢瓶供给的气体经减压后，必须经净化管净化处理，以除去水分和杂质。净化管通常是内径为 50 mm，长为 200～250 mm 的金属管，如图 5-8 所示，管内装填的净化剂主要是 5A 分子筛（吸附气源中的水分和低摩尔质量的有机杂质），在 5A 分子筛之后可装入少量变色硅胶（当分子筛失效时，水开始被变色硅胶吸附），硅胶变红说明分子筛需要重新活化。有时还可装入一些活性炭（吸附烃类杂质）。若要去除载气中的微量氧气，则可装填 105 催化剂。为保证气体纯度，应定期进行各种净化剂的更换或烘干。

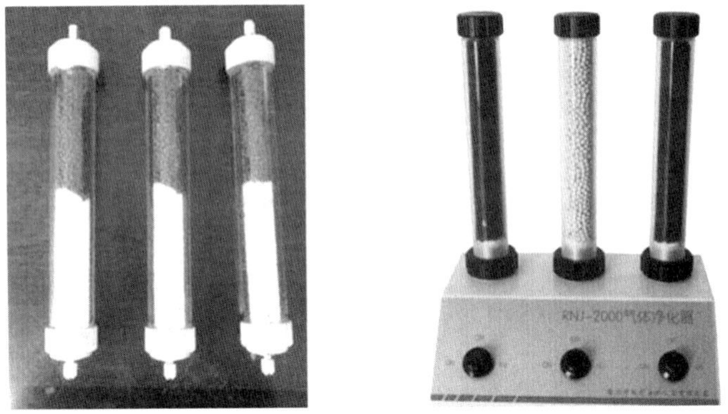

图 5-8　净化管

(3)气体调节阀。

①稳压阀。常在减压阀输出气体的管路中串联稳压阀，用以稳定载气（或燃气）的压力。现代进口仪器采用电子压力控制器（EPC）控制压力。

②针形阀。针形阀可以用来调节载气的流量，也可以用来控制燃气和空气的流量。

③稳流阀。当采用程序升温进行色谱分析时，由于色谱柱柱温不断升高，引起色谱柱阻力不断增大，致使载气流量发生变化，为了保持载气流量稳定，需要用稳流阀来自动控制。现代进口仪器采用电子压力控制器（EPC）控制流量。

(4)管路连接和检漏。气相色谱仪的气体管路连接多采用内径为 3 mm 的不锈钢管或紫铜管，通过螺母、压环和 O 形密封圈连接，连接的管路气密性要好，不能漏气。

气路检漏方法一般采用皂膜检漏法，即用毛笔蘸上肥皂水涂在各接头处，查看有无气泡溢出，有气泡则表明漏气，应重新拧紧直至不漏气为止，检查完毕，用干布将皂液擦净。

(二)进样系统

视频 5-5　气相色谱仪的进样系统

进样系统包括进样器和汽化室。它的任务是将样品定量地引入色谱系统,并使样品有效地汽化,然后用载气将样品快速"扫入"色谱柱。进样量大小、进样时间的长短及试样汽化速度等都会影响色谱分离效率和分析结果的准确性和重现性。

1. 进样器

(1)气体样品进样器。气体样品常用六通阀进样器进样,如图 5-9 所示。六通阀处于取样状态时,气体样品注入定量环,此时载气不通过定量环,直接由位置 A 流向位置 B,由 B 处流进色谱柱;当六通阀旋转至进样状态时,载气由位置 A 进入定量环,将定量环中的样品带入色谱柱。定量环有 0.5 mL、1 mL、2 mL、5 mL 等规格,可根据进样体积选择合适的定量环。

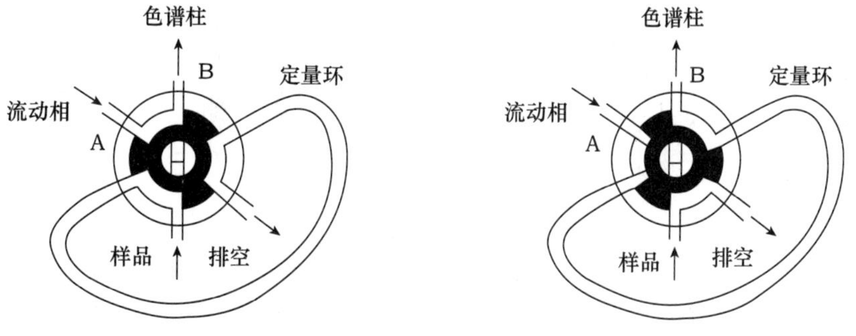

(a)取样状态　(b)进样状态

图 5-9　六通阀进样器

(2)液体样品进样器。液体样品可用微量注射器手动进样,也可用自动进样器自动进样。液体样品进样常用的进样瓶、微量注射器和自动进样器如图 5-10 所示。微量注射器有 1 μL、5 μL、10 μL、25 μL、50 μL 等规格,根据需要选择合适的微量注射器。自动进样器具有进样量准确、重现性好、自动化操作等优点。现代先进仪器都配有自动进样器。在对液体挥发物进行分析时,可采用顶空进样器进样。

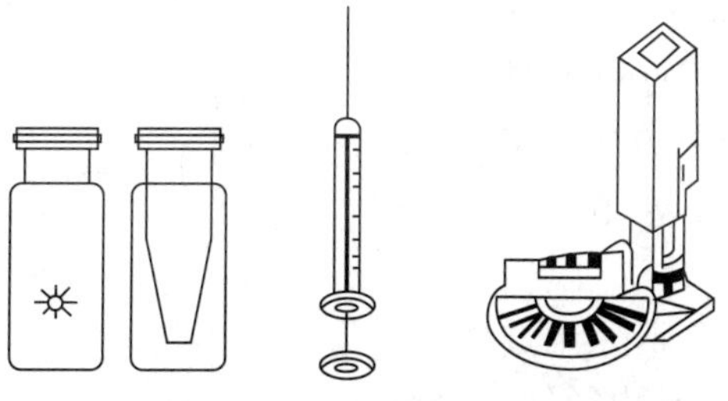

图 5-10　液体样品进样器

固体样品通常用溶剂溶解后,用微量注射器手动进样或自动进样器自动进样。对高分子化合物进行裂解分析时,样品须先经高温降解、汽化,再由载气将裂解物带入色谱柱进行分析。在对固体挥发物进行分析时,可用顶空进样器进行分析。

2.汽化室

汽化室的作用是将液体样品瞬间汽化为蒸气，再由载气将汽化后的蒸气带入色谱柱进行分析。汽化室要求热容量大、死体积小、无催化效应、压力和温度稳定且能自动控制。

根据汽化室后所连接的色谱柱不同，气相色谱仪的进样系统分为填充柱进样系统和毛细管柱进样系统，通常亦称为填充柱进样口和毛细管柱进样口（又称分流/不分流进样口）。

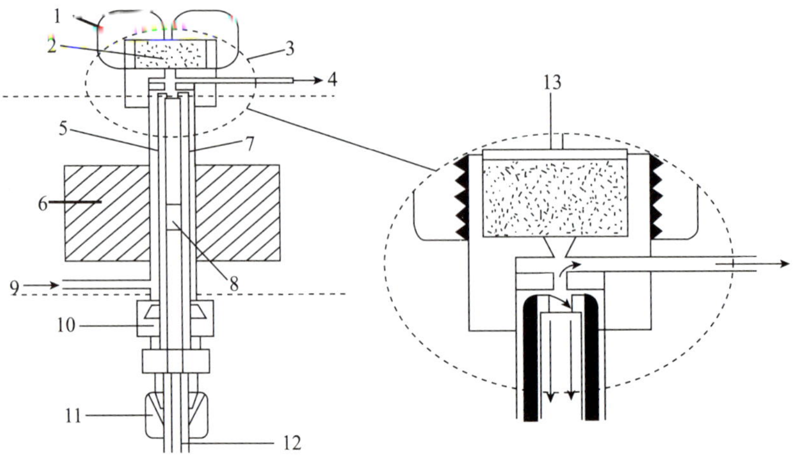

图 5-11 填充柱进样口示意图

1.固定隔垫螺母 2.隔垫 3.隔垫吹扫装置 4.隔垫吹扫气出口 5.汽化室 6.加热块 7.石英玻璃衬管 8.石英棉 9.载气入口 10.柱连接固定螺母 11.色谱柱固定螺母 12.色谱柱 13.隔垫吹扫装置放大图

填充柱进样口（图 5-11）上端是一个硅胶隔垫，它的作用是密封、稳压和防止漏气，隔垫多次使用（多次进样）后会失去作用，应经常更换。由于硅胶隔垫在高温下会发生部分降解，同时进样穿刺过程中会带出碎屑，这些物质进入色谱柱，会出现“鬼峰”（非样品杂峰），影响分析，隔垫吹扫装置可以消除这一现象。汽化室内插有一根石英玻璃衬管，它的作用是提供一个温度均匀的汽化室，防止局部过热，减少样品催化分解，降低基线噪声，便于清洗。

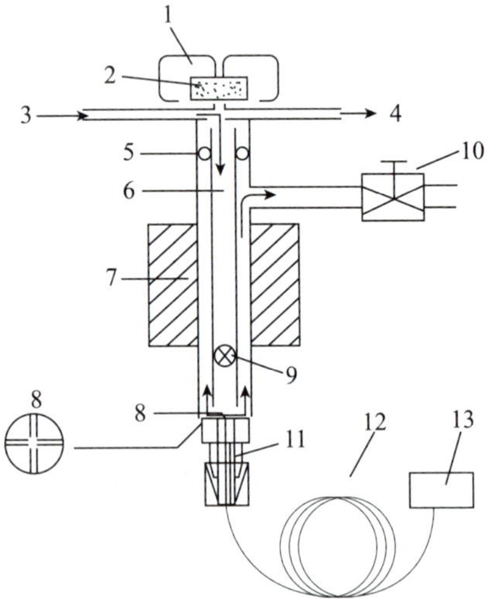

图 5-12 毛细管柱进样口示意图

1.固定隔垫螺母 2.隔垫 3.载气入口 4.隔垫吹扫气出口 5.O 形密封圈 6.玻璃衬管 7.加热块 8.分流平板 9.石英棉 10.分流阀 11.色谱柱固定螺母 12.色谱柱 13.检测器

毛细管柱进样口（分流/不分流进样口）如图 5-12 所示，由于毛细管柱内径细（0.1～0.5 mm）、柱长（25～100 m）、固定相少，装样品的容量要比填充柱小，为防止毛细管柱超载，要使用分流/不分流进样口。样品注入汽化室（石英玻璃衬管）汽化后，只有一小部分样品进入毛细管柱，部分样品随载气通过分流平板和分流阀放空。在分流模式进样时，分流比一般为 30：1（载气经分流阀放空的流量：载气进入色谱柱的流量）。

(三)分离系统

视频 5-6　气相色谱仪的分离系统

分离系统主要由色谱柱和柱箱组成。其中色谱柱是核心,它的作用是将样品中的混合组分进行分离。

1. 柱箱

气相色谱分析中,柱温是影响分离的重要因素之一,因此色谱柱要放在柱箱中。柱箱相当于一个精密的恒温箱,其基本参数是尺寸和控温参数。柱箱的尺寸主要关系到是否能安装多根色谱柱,以及操作是否方便。柱箱的控温范围一般为室温至 450℃,且均带有多阶程序升温设计,能满足色谱优化分离的需要。

2. 色谱柱

气相色谱柱一般分为填充柱和毛细管柱。

(1)填充柱。如图 5-13 所示,柱材料一般为不锈钢或玻璃材质,内装有颗粒均匀的固定相,一般内径为 2～4 mm,长为 1～5 m。形状有 U 形和螺旋形两种。填充柱制备简单,可供选择的固定相种类多,柱容量大,分离效率也足够高,应用普遍。

(2)毛细管柱(又称空心柱)。如图 5-14 所示,是将固定液均匀地涂在内径为 0.1～0.5 mm 的毛细管内壁而制成,其材料可以是不锈钢、玻璃和石英。毛细管柱渗透性较好,传质阻力小,柱长可做到几十米至几百米。与填充柱相比,毛细管柱分离效率高(理论塔板数可达 1.0×10^6)、分析速度快、样品用量小,但柱容量小,对检测器的灵敏度要求高,制备难度大。

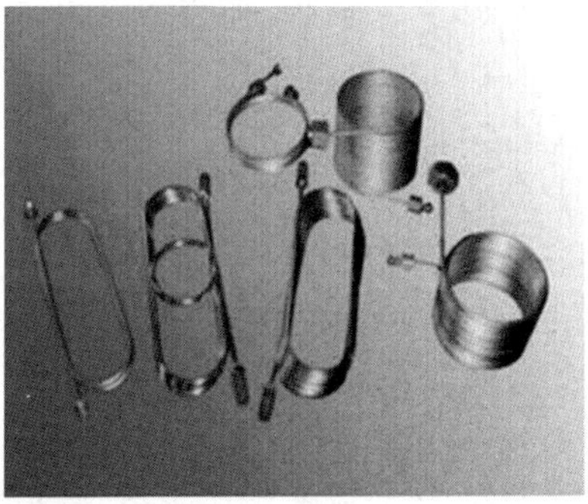

图 5-13　填充柱

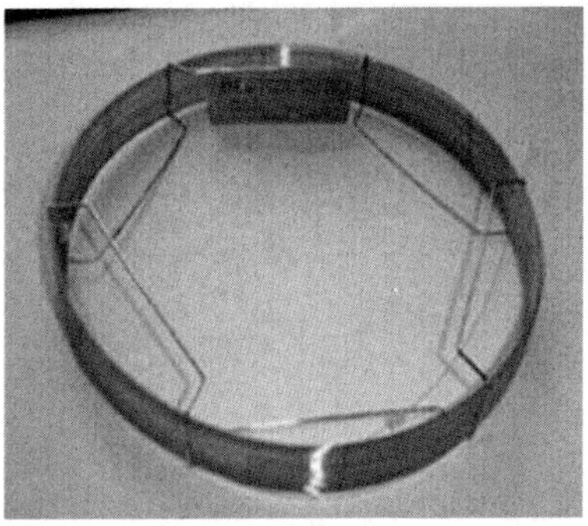

图 5-14　毛细管柱

(四)控温系统

温度是气相色谱分离条件的重要参数,它直接影响到样品的汽化、色谱柱的选择分离和检测器的灵敏度及稳定性。在气相色谱分析时,需要对汽化室、色谱柱和检测器进行温度控制。汽化室温度控制要求在保证样品中所有组分均被汽化的基础上使用最低温度以延长进样口的使用寿命。色谱柱的温度控制方式有恒温和程序升温两种,对于沸点范围很宽的混合物,往往采用程序升温法进行分析。检测器的温度控制要保证被分离后的组分在此通过时不冷凝。

(五)检测系统

检测器是气相色谱仪的重要部件。混合组分经色谱柱分离后依次进入检测器,检测器将其浓度或质量随时间的变化转变成相应的电信号,经放大显示,给出色谱流出曲线。目前检测器的种类多达数十种。根据检测原理的不同,可将检测器分为浓度型检测器(concentration sensitive detector)和质量型检测器(mass flow rate sensitive detector)两种。浓度型检测器测量的是载气中某组分浓度瞬间的变化，即检测器的响应值和组分的浓度成正比，属于非破坏型检测器，如热导检测器和电子捕获检测器等。质量型检测器测量的是载气中某组分进入检测器的速度变化，即检测器的响应值和单位时间内某组分进入检测器的质量成正比，属于破坏型检测器，如氢火焰离子化检测器和火焰光度检测器等。

视频 5-7 气相色谱仪的检测器(TCD、FID)

1. 热导检测器

热导检测器(thermal conductivity detector，TCD)是根据不同物质具有不同的热导率这一原理制成的。由于它结构简单，性能稳定，通用性好，线性范围宽，价格便宜，是应用最广、最成熟的一种检测器。

热导池由池体和热敏元件构成，热敏元件为金属丝(铼钨丝或铂金丝)。目前，普遍使用的是四臂热导池，其中两臂为参比臂，另外两臂为测量臂。将参比臂和测量臂接入惠斯通电桥，组成热导池测量线路，如图 5-15 所示。其中 R_2、R_3 为测量臂，R_1、R_4 为参比臂。R_1、R_2 分别是用作参比和测量的热敏元件，它们具有相同的长度、直径和电阻值，和另外两个电阻 R_3、R_4 构成惠斯通电桥。电源提供恒定电压加热铼钨丝，当只有载气以恒定速度通入时，载气从热敏元件带走相同的热量，热敏元件温度变化相同，其电阻值变化也相同，电桥处于平衡状态，即 $R_1R_2=R_3R_4$，此时无电压信号输出，记录仪记录的是一条直线，也就是基线。进样后，样品气和载气混合通过测量臂，由于混合气体的热导率与载气的热导率不同，测量臂和参比臂带走的热量不相等，热敏元件的温度和阻值的变化就不同，导致参比臂热丝和测量臂热丝的电阻不相等，电桥失去平衡，产生电压信号，记录仪上就有信号产生。待测样品的浓度越大，混合气体的热导率与纯载气的热导率相差就越大，输出的信号就越强。

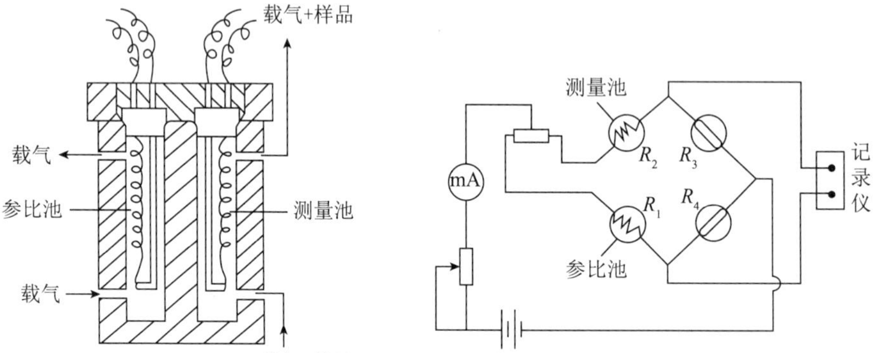

图 5-15 热导检测器示意图

热导检测器是一种通用型、非破坏性浓度型检测器，由于在检测过程中不破坏被测样品的组分，有利于样品组分的收集。载气与试样的热导率相差越大，热导检测器的灵敏度就越高，所以一般选择热导率较大的氢气和氦气作为载气。在使用热导检测器检测器时，应先通入载气，保证检测器中没有空气后才能打开检测器的电源，否则，检测器中的热丝很容易烧毁。

2. 氢火焰离子化检测器

氢火焰离子化检测器(flame ionization detector，FID)简称氢焰检测器。它是以氢气和空气燃烧作为能源，利用含碳有机物在火焰中燃烧产生离子，在外加电场作用下，使离子形成离子流，根据离子流产生的电信号强度，检测被色谱柱分离出的组分。

氢火焰离子化检测器的主要部件是离子室。离子室一般用不锈钢制成，包括气体入口、火焰喷嘴、一对电极(也就是极化极和收集极)和点火器等。极化极制成铂丝圆环,它是阴极;收集极制成金属圆筒,它是阳极。两极间距可以调节,在两极间施加一定的直流电压,形成电场,如图 5-16 所示。FID 工作时要用到三种气体,载气一般用氮气,燃气用氢气,助燃气用空气,通过调节其流量比,分别由气体入口处通入离子室,用点火器点火,在喷嘴上方形成氢火焰(温度约 2 100℃)。进样前,只有载气进入氢气-空气燃烧的火焰中,产生的电流信号称为基流,记录仪记录的是基线。进样后,被测组分被载气携带,从色谱柱流出,与氢气混合后通过喷嘴,含碳有机物在氢火焰中化学电离产生碎片离子,在电场作用下离子定向运动形成离子流,从而产生电流信号,经放大器将电信号放大以后,由记录仪记录得到被测组分的色谱峰。产生的电流大小与进入火焰的待测组分的质量成正比。

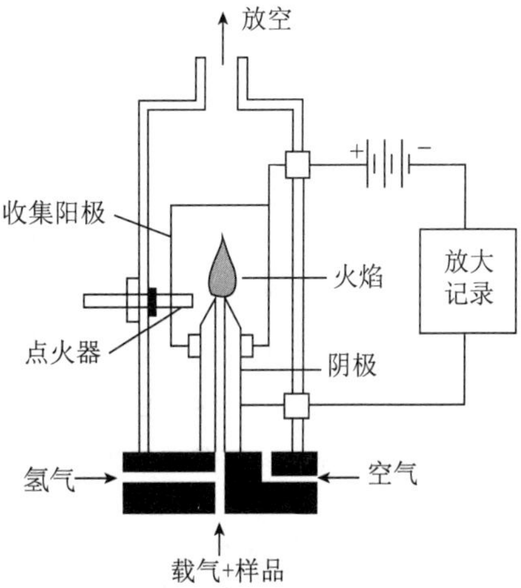

图 5-16　氢火焰离子化检测器示意图

氢火焰离子化检测器是通用型、破坏性的质量型检测器,它对能在氢火焰中燃烧电离的有机物都有很高的检测灵敏度,能检测 10^{-12}g・mL^{-1} 的痕量物质(较热导检测器高出几个数量级)。其结构简单、响应速度快、稳定性好、线性范围宽(可达 1×10^{7}),是目前应用最广泛的气相色谱检测器之一。但对在氢火焰中不能电离的无机化合物,如永久性气体、H_2O、CO_2、CO、氮的氧化物、硫化氢等物质不能进行检测。

在使用氢火焰离子化检测器时,在点火前应将检测器的温度升至 100℃以上,避免水蒸气在检测器冷凝,从而影响检测器的灵敏度。

3. 电子捕获检测器

电子捕获检测器(electron capture detector,ECD)是一种应用广泛、具有高选择性和高灵敏度的浓度型检测器,它对具有电负性(如含卤素、S、P、N、O 等)的物质具有很高的灵敏度,检出限达 10^{-14}g・mL^{-1}。电负性越强,灵敏度越高。其广泛应用于食品、农副产品中的农药残留量、大气及水质污染分析。

视频 5-8　气相色谱仪的检测器(ECD、FPD)

电子捕获检测器的结构示意图如图 5-17 所示,其主体是电离室,目前广泛采用的是圆筒状同轴电极结构。阳极是外径约 2 mm 的铜管或不锈钢管,金属池体为阴极。离子室内壁装有 β 射线放射源,常用的放射源是 ^{63}Ni。在两极间施加一直流或脉冲电压,当载气(一般为 N_2 或 Ar)进入检测器时,在放射源发射的 β 射线作用下发生电离:

$$N_2 \xrightarrow{\beta射线} N_2^+ + e^-$$

生成游离基和低能电子,这些电子在恒定电场的作用下,向阳极运动,形成恒定的电流(即基流)。当载气带着含有电负性元素的样品进入检测器时,就能捕获这些低能电子,从而使基流产生负信号(倒峰),如图 5-18 所示。被测组分的浓度越大,倒峰越大;组分中电负性元素的电负性越强,捕获电子的能力越大,倒峰也越大。在实际应用中,通过改变极性使负峰变为正峰。

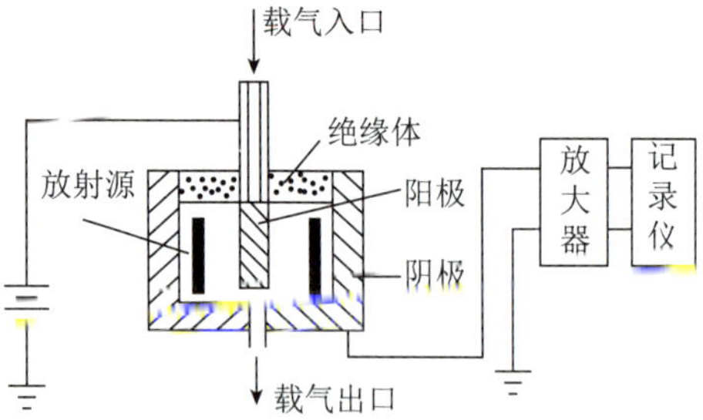

图 5-17 电子捕获检测器的结构示意图

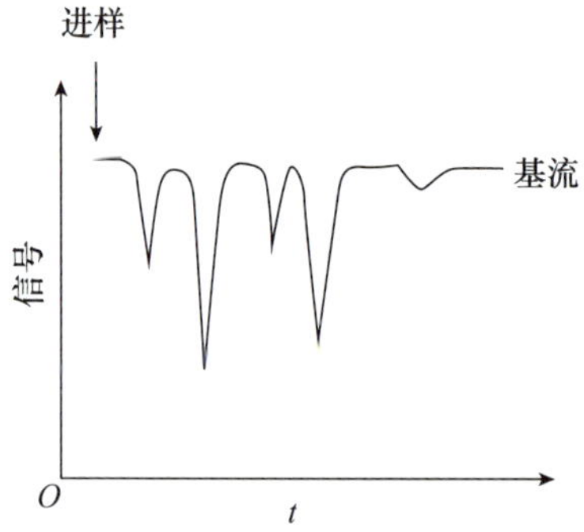

图 5-18 电子捕获检测器产生的信号

电子捕获检测器的线性范围较窄，进样量不宜太大。电子捕获内部有放射源，使用时要严格遵守实验室有关放射性物质的管理规定，检测器出口最好接到通风出口。

4. 火焰光度检测器

火焰光度检测器(flame photometric detector，FPD)又称硫、磷检测器，是对含硫、磷的有机物具有高选择性和高灵敏度的质量型检测器。对硫的检出限达 10^{-11} g·s^{-1}，对磷的检出限达 10^{-12} g·s^{-1}。这种检测器主要用于大气中痕量硫化物和农副产品、水中纳克级有机磷和有机硫农药残留量的测定。

火焰光度检测器的结构示意图如图 5-19 所示，其主要由火焰喷嘴、滤光片和光电倍增管组成。当含 S(或 P)的样品进入氢焰离子室，在富氢-空气火焰中燃烧时，发生下列反应：

$$RS + 空气 + O_2 \longrightarrow SO_2 + CO_2$$

有机硫首先被氧化成 SO_2，然后被还原成 S 原子，S 原子在适当的温度下生成激发态的 S_2^* 分子，当 S_2^* 返回基态时发射出波长为 350～430 nm 的特征分子光谱：

$$S_2^* \longrightarrow S_2 + h\nu$$

含 P 的样品燃烧时生成磷的氧化物，然后在富氢的火焰中被氢还原为化学发光的 HPO (氢氧磷)碎片，发射出 526 nm 波长的特征光谱。

这些光谱通过 S(或 P)滤光片照射到光电倍增管上，将光转变为光电流，经放大后由记录仪记录，即可得到含 S(或含 P)化合物的色谱图。

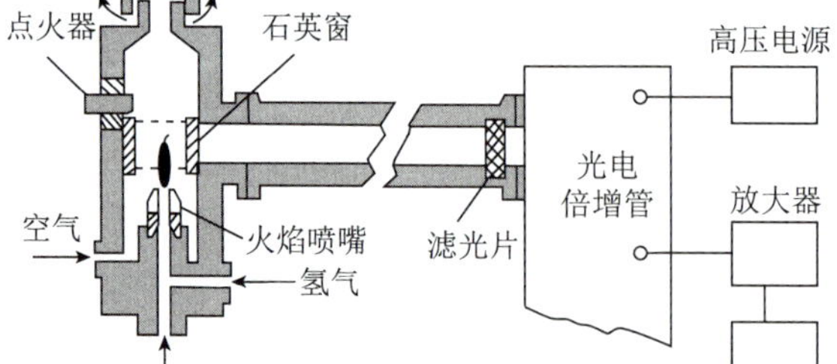

图 5-19 火焰光度检测器的结构示意图

(六)记录与数据处理系统

最早使用的记录和数据处理系统是记录仪和积分仪。随着计算机技术的广泛应用，现在基本采用色谱工作站的微型计算机系统，不仅可对色谱仪进行实时控制，协助操作者快速优化色谱分离条件，还可以自动采集数据和完成数据处理。

四、气相色谱仪的结构类型

常见的气相色谱仪有单柱单气路型和双柱双气路型。

单柱单气路型气相色谱仪（图 5-3）由高压气体钢瓶供给的载气经减压阀、稳压阀、流量计、色谱柱、检测器后放空。

双柱双气路型气相色谱仪的流程示意图如图 5-20 所示，其由高压气体钢瓶供给的载气经减压阀、稳压阀后分成两路，进入两路的色谱柱和检测器，其中一路作分析用，另一路作补偿用。这种结构可以补偿气流不稳或固定液流失对检测器产生的影响，提高了仪器工作的稳定性，因而特别适用于程序升温和痕量分析。新型双气路仪器的两个色谱柱可以装性质不同的固定相供选择进样，具有两台气相色谱仪的功能。

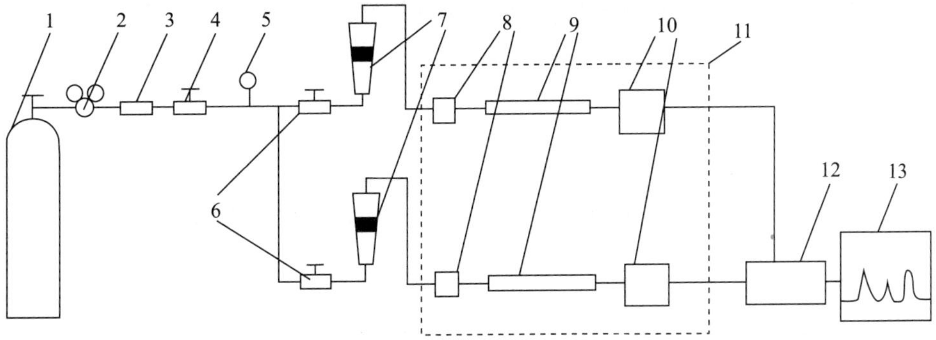

图 5-20　双柱双气路型气相色谱仪流程示意图

1. 高压气体钢瓶　2. 减压阀　3. 净化管　4. 稳压阀　5. 压力表　6. 稳流阀　7. 流量计　8. 汽化室　9. 色谱柱　10. 检测器　11. 温度控制系统　12. 检测器桥路　13. 记录仪

任务实施

操作实施 5-1　气相色谱仪的基本操作

一、仪器与试剂的准备

1. 仪器与设备

气相色谱仪（配 FPD）、DB-17 毛细管柱或相当者、氮气钢瓶、氢气发生器、全自动空气源、自动进样器或气相色谱仪专用微量注射器。

2. 材料与试剂

有机磷农药标准溶液：浓度为 0.100 $\mu g \cdot mL^{-1}$ 的乙酰甲胺磷丙酮溶液或其他有机磷农药标准溶液。

视频 5-9　气相色谱仪的基本操作

二、学生课前预习

学生每 3～5 人为一组，各小组在教师指导下，通过查阅资料和观看视频等完成预习报告。预习报告内容包括：

（1）明确操作实施目的：熟悉气相色谱仪的结构，了解仪器参数的设置；掌握气相色谱仪的基本操作程序和方法。

(2)画出气相色谱仪的结构示意图。

(3)画出气相色谱仪基本操作流程图。

(4)思考题:①汽化室起什么作用,其主要参数是什么?②样品在色谱柱中有何变化?色谱柱的参数有哪些?③FPD为什么对含磷有机化合物具有高灵敏的响应?

三、检查学生预习情况

各组根据汇总的相关资料,师生共同讨论、分析,用集体智慧完成仪器结构图、操作流程图,针对预习思考题开展研讨。

四、学生分组操作

学生按照修订后的操作流程图,按规范要求,分组操作气相色谱仪,完成待测溶液的进样分析,得到色谱图。

五、数据记录及处理

(1)整理并记录仪器的主要参数指标。

(2)按照软件中的样子画出所测样品的色谱图,指出待测组分的保留时间。

六、教师巡回指导

(一)操作流程

气相色谱仪操作流程如图5-21所示。

图5-21 气相色谱仪操作流程

(二)操作要点和注意事项

气相色谱仪的品牌型号较多,其基本操作程序基本一致,但具体操作要求不尽相同,下面以岛津GC-2010 Plus气相色谱仪(配FPD)为例来说明操作要点和注意事项。

1. 开机前的准备

(1)根据所测样品选择色谱柱,将色谱柱正确安装至柱箱。

(2)检查仪器电路和气路,确保正确连接;对气路进行试漏,保证气密性良好;确认气相色谱仪处于关闭状态。

(3)检查自动进样器清洗液、氢气发生器液位。

2. 开机启动

(1)开启载气(氮气)钢瓶总阀门,正常情况下氮气压力表(右边块)指示值一般在5~15 MPa之间,当氮气钢瓶气压降到3 MPa时应停止使用,并填充氮气。(注:总阀门逆时针旋转为打开,顺时针旋转为关闭)

(2)调节减压阀,将压力调节到0.5~0.8 MPa。(注:减压阀顺时针旋转增大压力,逆时针旋转减小压力)

(3)打开氢气发生器和全自动空气源的电源开关。(注:也可以在点火之前打开)

(4)开启气相色谱仪电源开关。

(5)打开与气相色谱仪连接的电脑,并运行气相色谱仪工作软件(LabSolutions),选“仪器”,再选“FPD”,登录到“分析”主屏幕。

(6)检查系统配置。当由于检测项目变化需要更换进样方式、色谱柱或检测器时,要重新设置系统配置,其他情况下仅需要检查。在“主项目”助手栏上单击“系统配置”图标打开“系统配置”子窗口,在窗口中将每个项目设置后按“确定”完成。

3. 方法设置

方法设置即按照样品分析要求设置仪器分析参数,为样品分析做准备。

(1)设置仪器参数。打开“数据采集窗口”,在“仪器参数视图”中输入数据采集参数。这些参数被保存到方法文件中,可用于执行数据采集。“仪器参数视图”有两个窗口:“常规”和“高级”。可在“常规”窗口中的“自动进样器”和“GC”里设置主要数据采集参数。在“高级”窗口中显示每个配置后的仪器单元标签,以对数据采集参数进行更详细地设置。主要参数包括:①色谱柱参数,包括温度、平衡时间和柱箱温度程序;②进样器参数,包括进样体积和进样器清洗参数;③进样口参数,包括汽化温度、进样方式(分流/不分流/直接注入)、载气压力和流量等;④检测器参数,如FPD需要设置温度、氢气流量和空气流量等。

(2)保存并下载仪器参数。单击“文件”菜单的“方法文件另存为”,显示“方法文件另存为”窗口。输入文件名,单击“保存”。由此可创建指定文件名的方法文件,并将新设置的仪器参数保存在该方法文件中。单击“下载”,将数据采集条件下载到仪器。

(3)启动GC。在“分析”程序主界面左侧助手栏,单击“开启GC”图标。载气供应和柱箱温度控制开始。

注意:FPD和FID在150℃以上时可点火。在单击“开启GC”前,如果右侧监视器模块中的FPD(或FID)为“ON”,则启动GC,右侧监视器中每一部分都达到设定值后,系统会自动点火;否则,在检测器温度到达150℃以上,需单击右侧监视器中“FPD(或FID)点火”为“ON”,才能完成手动点火。

(4)检查右侧监视器中每一部分设定值,各区温度开始朝设定值上升,检测器温度升至150℃以上,将检测器打开,并点火。当温度达到设定值后,“GC”状态变为“就绪”。

(5)观察检测器信号,平衡到基线平稳的状态。

4. 样品分析

样品分析有单次分析和批处理分析两种方式,可根据实际需要选择。

(1)单次分析。单击助手栏中的“单次分析”,设置样品信息(注意:“样品名称”和“样品ID”可以跳过,但一定要输入数据文件名、瓶号),设置完成后单击“确定”,仪器即对样品进行分析,工作站采集数据并存储于指定文件夹中。重复上述步骤,将所有待分析的样品进行分析。

(2)批处理分析。单击助手栏中的“主项目”的“批处理分析”图标,新建批处理表,按照表中内容将每个样品的信息依次填入表中(注意:样品瓶号、样品名称、样品ID、方法文件、数据文件,其他值可以用默认值),每个样品占一行。

保存样品序列(即保存样品批处理表)。

在“数据采集”页面中查看“色谱图视图”中的基线是否稳定,待基线平稳后调零。

在“批处理”页面中单击助手栏中的“开始”图标,仪器即开始运行批处理程序,依次自动测定样品，工作站采集色谱数据并保存数据文件。

5. 关机

（1）单击“关闭 GC”，将氢气发生器、空气源电源关闭。

（2）等待仪器降温，待检测器、进样口的温度降至 100℃以下，色谱柱降至 50℃以下（最好是降至室温），关闭 FPD。

（3）退出色谱工作站，关闭色谱仪电源开关，关闭电脑。关闭氮气钢瓶总阀门（仪器长期不用或者更换气体钢瓶时可旋松减压阀）。

（4）登记仪器使用情况，做好实验室的整理和清洁工作，并检查安全后，方可离开实验室。

七、成绩评定

学生对完成工作任务的表现进行自评和互评，各小组进行总结、考核及评估，教师做出最后评价，填写学习过程评价表。

学生总结汇报内容：①仪器的结构流程及各部分的功能作用；②仪器操作的基本程序及各环节需要注意的问题；③仪器的主要参数指标及其设置。

拓展任务

拓展操作 5-1　气相色谱仪的日常维护和保养

作为一种高准确性和高灵敏度的仪器，气相色谱仪在使用过程中不仅需要操作人员懂得专业的色谱知识，还需要具备对仪器进行常规维护的能力。对气相色谱仪的使用产生影响的因素主要包括实验室环境、气路系统（包括载气、燃气和助燃气）、进样系统、分离系统、检测系统和控温系统。

1. 实验室环境

实验室内温度、湿度、通风情况都会对气相色谱仪的使用产生影响。一般情况下要求实验室温度在 5～35℃，相对湿度在 20%～85%，室内应当空气流通并且配备防火措施。

气相色谱仪要避免在具有腐蚀性气体和粉尘较多的场所安装，不能安装在产生强磁场的机器附近，否则会影响仪器的正常运转。

工作平台位置应当适当，以便于后期出现问题时检修。供电设施要稳定，电源必须接地良好，以免发生危险。

2. 气路系统

气路系统需要维护的构件主要包括气源、管路和净化系统等。

（1）气源。保证气瓶的气密性，在更换气瓶后要及时检漏。如果实验条件允许要建立单独的气瓶室，做好防倾倒、防日光直晒措施，尤其是对于使用到氢气的气相色谱仪，要做好排风措施，避免因为氢气泄漏造成危险。

（2）管路。管路要保证其气密性，避免在工作过程中产生漏气的现象。

（3）净化系统。最常用的是水分捕集阱、烃类捕集阱和氧气捕集阱。捕集阱安装时，尽量按照水分、烃类和氧气捕集阱的顺序安装，在仪器与气源相距比较远时应尽量靠近仪器，另外捕集阱中的材质需要定期更换，保证净化效果。

3. 进样系统

（1）进样针。进样针要保持干净无污染，否则会将杂质引入色谱柱，出现“鬼峰”。在使用前和使用后都必须立刻清洗干净。长期放置或者所取用样品组分复杂时，最好用穿透性比较强的丙酮清洗。

(2)进样隔垫。进样系统中的进样隔垫是气相色谱仪最常用的消耗品之一，需定期进行更换，以防止泄漏、分解、样品流失、出现“鬼峰”等，严重时可能造成毛细管柱的堵塞。

更换进样隔垫注意事项如下：

①在切断柱气流以前，先关闭检测器(尤其是对 TCD)并降温，以防灼伤。

②部分色谱柱在停供载气时，可能因柱温升高而损坏柱子，所以进行换垫操作时，柱箱温度应降至环境温度。

③采用分流进样时，在拆开进样器之前，载气压力必须降低，避免气流将内衬管填料从进样器内吹出去，影响分析效果。

(3)汽化室。

①内衬管。内衬管主要材质有玻璃和金属。长期使用过程中可能因为样品附着被污染。另外，上端的硅胶隔垫也可能会因长期使用导致碎屑落入内衬管中。因此需要经常清洗。

玻璃内衬管：用浓铬酸浸泡 24 h 后，将内衬管放在水、甲醇和丙酮中漂洗，然后在 105℃恒温箱中充分干燥。经洗涤并干燥后，用小刷子或合适的金属丝从内表面去除固体颗粒，然后用过滤的干燥压缩空气或氮气吹管内残留的东西。

金属内衬管：不能使用浓酸而应该用非腐蚀性溶剂浸泡洗涤，然后在 105℃恒温箱中充分干燥。经洗涤、干燥后，用合适的金属丝捅下管内表面上的固体颗粒，接着用过滤的干燥压缩空气或氮气吹走掉下来的颗粒。

②分流平板。分流平板在溶液中经超声处理，烘干后使用。也可以直接用有机溶剂清洗：先用惰性溶剂清洗，再用醇类溶剂清洗，烘干后使用。

4. 分离系统

色谱柱是分离系统的主要部件，也是实现各组分分离的核心部件。色谱柱的维护主要涉及以下几个方面：

(1)在保证测定结果的情况下尽量减少进样量。色谱柱本身具有一定的柱容量，若进样量过大会造成色谱柱超载，对色谱柱造成一定的损伤。

(2)保证进入色谱柱的载气中不含氧气。在载气前安装氧气捕集阱，并定期检查捕集阱的活性，必要情况下及时更换氧气捕集阱。另外，要经常检查气密性，防止漏气时氧气进入色谱柱。

(3)色谱柱受到轻微热损坏的维护方法。将色谱柱从检测器上卸下来，在色谱柱的恒温温度极限下加热 8～16 h，把色谱柱连接到检测器的一段截取 10～15 cm，按正常情况老化处理即可。需要注意的是，处理后的色谱柱柱效会有一定程度的下降，但是仍然可以使用。

(4)对于新色谱柱和长期使用后受污染的色谱柱可以通过老化的方式净化色谱柱。不同的色谱柱配备的说明书上会介绍老化方法，一般的操作过程如下：

将色谱柱装入仪器中(注意不能连接检测器)，在载气流量适当的情况下，采用程序升温的方法，从室温逐渐升温至设定温度后持续老化数小时。观察工作界面上的基线，查看色谱柱的情况。一般情况下，强极性色谱柱和涂层厚的色谱柱老化时间比较长，弱极性色谱柱和涂层薄的色谱柱老化时间比较短。对于旧色谱柱，因为长期使用后与进样口相连接的位置受污染情况比较严重，可以用陶瓷片截掉 5 cm 左右，再进行老化。

需要注意的是，每个色谱柱都有最高使用温度，老化时的最高温度不得超过色谱柱的最高使用温度，避免造成固定相受损或流失。

(5)化学受损是造成色谱柱柱效下降的一个非常重要的因素。由于化学损坏多发于色谱柱的前端，因此把色谱柱的前端修整或切割掉0.5～1 m，通常可以消除所有色谱方面的故障。样品预处理过程中，最好采取适当的净化措施，除去一些可能对色谱柱造成损伤的杂质，一般常用的净化措施包括凝胶净化和固相萃取。

5.检测系统

检测器主要是对各组分进行测定分析。检测器受污染或不稳定会造成灵敏度下降或噪声增大。检测器的维护涉及以下几个方面：

(1)样品测定时必须要保证检测器的温度高于设定的柱箱温度，避免因组分附着造成检测器被污染。

(2)实验室内湿度不能太大，否则会造成电路受潮，检测器噪声增大。另外，灰尘不能太多，附着在检测器上的灰尘会影响检测器的灵敏度。

(3)开机时，必须是先打开载气，再打开仪器。对于需要点火的检测器必须等检测器达到设定的温度后才能进行点火。关机时必须等到检测器温度降低到设定温度以下才能关机。

(4)气相色谱法的检测器结构和原理各不相同，每种检测器都有其特定维护的方法。

①氢火焰离子化检测器。

a.氢火焰离子化检测器的使用温度若高于300℃，则陶瓷喷嘴上的密封压环必须是石墨材质。

b.重新安装氢火焰离子化检测器之前，必须更换密封的铝垫片，否则有可能会漏气。

c.若检测器长时间使用后有积炭或有机物沉积，则需要及时清洗。具体方法为：将检测器喷嘴和收集极用丙酮、甲苯、甲醇等有机溶剂进行清洗。当积炭较厚不能清洗干净时，可以对检测器积炭较厚的部分用细砂纸小心打磨。注意在打磨过程中不要对检测器造成损伤。初步打磨完成后，对污染部分进一步用软布进行擦拭，再用有机溶剂进行清洗，一般即可消除。

d.若检测器污染严重，也需要及时清洗。具体方法为：拆下喷嘴，依次用不同极性的溶剂(如丙酮、氯仿和乙醇)浸泡，并在超声波水浴中超声清洗10 min以上。还可用细不锈钢丝穿过喷嘴中间的孔，或用酒精灯烧掉喷嘴内的油状物，以达到彻底清洗的目的。

e.注意防爆。氢气属于易燃易爆气体，在未接入色谱柱时不能打开氢气；若仪器上安装有两个氢火焰离子化检测器，分析过程中不用的一个检测器必须要用闷头螺丝堵死。

f.点火。氢火焰离子化检测器必须升温至120℃以上时才能点火。检查点火是否成功时，可以将低温的扳手置于检测器上方，若有水蒸气出现，则证明点火成功，否则说明点火不成功。

②热导检测器。

a.一般情况下，热导检测器中电热丝温度与池温度之差最好在80℃范围之内，以保证获得良好的稳定性。

b.若检测器受污染，需要拆下来清洗，基本操作方法为：将检测器冷却至室温，取下色谱柱。把柱箱内检测器的接头直接堵死，将气体流量设置到20～30 $mL \cdot min^{-1}$，设置检测器的温度为400℃，热清洗4～8 h，降温后就可以正常使用。

c.开机使用前，主要测定热导检测器出口载气的流量，流量合适才能升高柱箱和热导检测器池的温度。

③电子捕获检测器。

a.由于电子捕获检测器在高灵敏度的情况下稳定性容易受到环境温度的影响，因此仪器不能放置在室内温度变化巨大或者有强气流的地方。

b. 在使用过程中，要防止电子捕获检测器过载。电子捕获检测器线性范围比较窄，很容易达到响应饱和而出现过载的现象。具体表现为峰高不再增加(或增加较小)，而半峰宽增大。检测器过载会给定量分析带来比较大的偏差。此类情况下应当稀释样品浓度，再进行测定。

c. 一般电子捕获检测器设定温度在 250～300℃。因为温度低时检测器很难平衡。但是最高使用温度也不能超过 350℃。为了保证检测器的洁净，使用一段时间后要老化检测器。

若样品量比较大或者样品组分太复杂，实验结束后可加大载气流速，将检测器升温至 350℃，烘烤 30～60 min 后再开机，以净化检测器。

d. 注意防止放射性的污染。电子捕获检测器都有放射源，因此检测器出口最好用管道连接到室外通风处。未经过培训的操作人员不能自己拆卸电子捕获检测器，并且操作人员需要至少每 6 个月应测定一次检测器有无放射性泄漏。

e. 电子捕获检测器易受污染，因此样品前处理要尽量避免使用电负性强的物质及含氧的溶剂。平时操作时也尽量避免把空气带入电子捕获检测器。工作结束后，也应保持尾吹气将检测器中残存的其他物质清除。如果较长时间不工作也应保持电子捕获检测器的密封性，以免被氧沾污。

f. 任何一根未经高温老化处理的色谱柱切不可直接接入电子捕获检测器中，以免放射源表面被污染而失效。

④火焰光度检测器。

a. 火焰光度检测器的建议工作温度在 150～250℃，温度过高容易造成底座和检测器内密封圈老化，产生漏气的现象。

b. 检测器长期不用时应当放置在干燥的环境中，以避免滤光片受潮。

c. 火焰光度检测器若受到污染，需要将检测器的喷嘴拆下来清洗(建议经过工程师培训后再自行操作)。具体操作为：从检测器部件上卸下光电倍增管组件和滤光片，并放到一个安全的地方；卸下排气管，拿开金属板盖，小心松开固定螺丝，用两把扳手在喷嘴组件底部把锻模连接头从转移管上卸下来，然后从转移管上小心地把火焰喷嘴组件拿下来。使用适当的细针或刷子检查和清理喷嘴孔中的沉积物。若喷嘴有任何损坏均需进行更换，条件允许时可直接更换喷嘴。燃烧室积盐严重，可以用水和异丙醇等清洗。发射极可取出放入干净的水中超声清洗 5 min，再用甲醇冲洗，放在干净处吹干。清洗完毕后，将检测器重新装好，即可正常使用。

d. 火焰光度检测器分析时，为了减少样品组分的吸附和分解，样品接触的管路应采用非活性的材质，如玻璃或特氟隆等。样品汽化室应插入洁净的玻璃内插管，以防止样品蒸气和先前分析样品中非极性残留物的接触。应用尽可能少的石英棉堵塞于柱头。

6. 控温系统

控温系统的正常工作对于实现分离也具有至关重要的作用，保证检测器、汽化室和柱箱按照设定的条件正常运行。一般来说，控温系统需要每月检验一次或者按照生产厂家的要求检验。

拓展知识

一、色谱法的分类

色谱法有很多种类，从不同角度出发可以有不同的分类方法。

1. 按两相所处的状态分类

(1)气相色谱法。以气体为流动相的色谱法称为气相色谱法(GC)。按照固定相的状态，气相色谱法又可分为气-固色谱法和气-液色谱法，前者固定相为固体，后者固定相为涂渍在载体表面的液体。

（2）液相色谱法。以液体为流动相的色谱法称为液相色谱法（LC）。按照固定相的状态，液相色谱法又可分为液-固色谱法和液-液色谱法，前者固定相为固体，后者固定相为涂渍在载体表面的液体。

（3）超临界流体色谱法。以超临界流体为流动相，以固体或液体为固定相的色谱法称为超临界流体色谱法。所谓超临界流体是指温度和压力在超临界温度和超临界压力之上的流体，这种流体因其密度不同，对各种物质具有不同的溶解能力。

2. 按固定相的形式分类

（1）柱色谱法。固定相装在柱内的色谱法称为柱色谱法。柱色谱法分为填充柱色谱法和毛细管柱色谱法（或称为开管柱色谱法）。固定相填充在玻璃管或金属管中的称为填充柱色谱法；固定相涂敷在管内壁的称为毛细管柱色谱法。

（2）平面色谱法。固定相呈平面状的色谱法称为平面色谱法。平面色谱法包括纸色谱法和薄层色谱法。纸色谱法是以滤纸作固定相，有机溶剂作流动相的一种色谱方法；薄层色谱法是将固定相均匀地涂铺在平板（如玻璃板等）上，形成一薄层，以有机溶剂为流动相的一种色谱方法。

纸色谱法和薄层色谱法主要适用于小分子物质的快速检测分析和少量分离制备，通常为一次性使用；而柱色谱法是常用的色谱形式，适用于各种样品的分离、分析。

3. 按分离的原理分类

（1）吸附色谱法。吸附色谱法是用吸附剂作固定相，利用吸附剂（一般是固体）表面对不同组分吸附能力的不同而将组分分离的色谱法。吸附色谱法包括气-固吸附色谱法和液-固吸附色谱法。

（2）分配色谱法。分配色谱法是用液体作固定相，利用不同组分在液体固定相和流动相中的溶解度不同而进行分离的色谱法。分配色谱法包括气-液分配色谱法和液-液分配色谱法。

（3）离子交换色谱法。离子交换色谱法是用离子交换剂作固定相，利用离子交换剂与不同离子交换能力的不同而进行分离的色谱法。离子交换色谱法只有液相离子交换色谱法。

（4）凝胶色谱法。凝胶色谱法也叫尺寸排阻色谱法，是利用多孔性物质作固定相，根据其对不同大小分子的排阻作用不同而进行分离的色谱法。凝胶色谱法只有液相凝胶色谱法。

（5）电色谱法。电色谱法是利用带电物质在电场作用下移动速度不同而进行分离的色谱方法。

二、气相色谱检测器的性能指标

衡量气相色谱检测器质量优良的性能指标为：灵敏度高，检出限低，稳定性好，响应速度快，线性范围宽，死体积小。通用型检测器要求适用范围广，选择型检测器要求选择性好。现将检测器的主要性能指标进行分述。

1. 灵敏度（sensitivity）

灵敏度亦称响应值。当一定浓度或一定质量的样品进入检测器时，会产生一定的响应信号 R。若以进样量 Q（单位是 $mg \cdot mL^{-1}$ 或 $g \cdot s^{-1}$）对响应信号 R 作图，可得到一

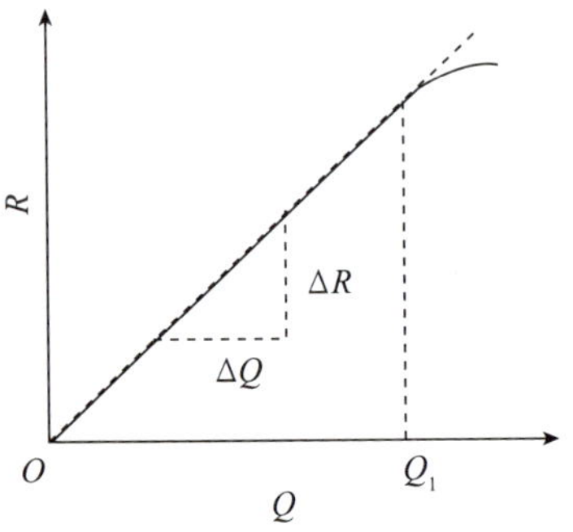

图 5-22　检测器 R-Q 关系

条直线，如图 5-22 所示。直线的斜率就是检测器的灵敏度，以 S 表示。

$$S=\frac{\Delta R}{\Delta Q} \tag{5-1}$$

因此，灵敏度就是响应信号对进样量的变化率。图 5-22 中 Q_1 为最大允许进样量，超过此量时进样量与响应信号将不呈线性关系。

对于浓度型检测器，如果样品为液体，则灵敏度的单位是 $mV \cdot mL \cdot mg^{-1}$，即每毫升载气中有 1 mg 样品时在检测器上能产生的响应信号（单位是 mV）；若样品为气体，则灵敏度的单位是 $mV \cdot mL \cdot mL^{-1}$，即每毫升载气中含有 1 mL 气体组分时在检测器上产生的响应信号（单位是 mV）。对于质量型检测器，其响应值取决于单位时间内进入检测器的某组分的量，对载气没有响应，灵敏度的单位是 $mV \cdot s \cdot g^{-1}$，即每秒进入检测器的某组分的量为 1 g 时在检测器上产生的响应信号（单位是 mV）。

2. 检出限（detection limit）

检测器的检出限与其噪声大小有关。一般认为，检测组分的信号大于 3 倍噪声时，才能确认是组分的色谱峰。因此，检出限是指检测器的响应信号等于检测器噪声大小的 3 倍时，在单位时间或单位体积内通过检测器的最低样品量（或浓度），以 D 表示，如图 5-23 所示。

$$D=\frac{3N}{S} \tag{5-2}$$

式中：N 为检测器的噪声，即基线波动，mV；S 为检测器的灵敏度；D 值越小，说明仪器越灵敏。

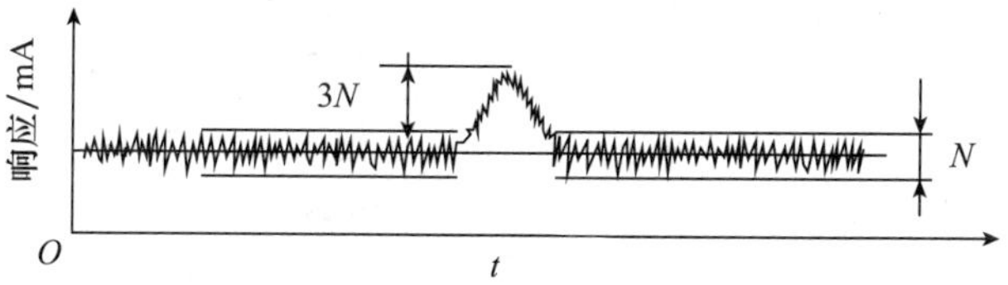

图 5-23　检出限示意图

3. 响应时间（response time）

检测器应能迅速地、真实地反映通过它的物质浓度或质量的变化，即要求响应时间短。响应时间是指进入检测器的某组分的信号达到其真值的 63% 所需要的时间。响应时间长短和检测器的体积有关。检测器体积越小，尤其是死体积越小，其响应时间越短，一般都小于 1 s。

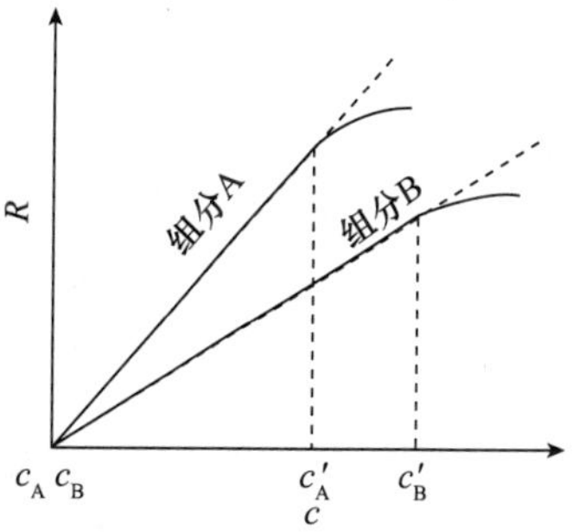

图 5-24　线性范围示意图

4. 线性范围（linear range）

线性范围是指检测器信号大小与被测物质的量呈线性关系的范围。通常用线性范围内最大和最小样品量之比或最大允许进样量（浓度）与最小检出量（浓度）之比来表示。图 5-24 中表示对 A、B 两组分进行检测的线性范围，对于 A 组分，浓度在 $c_A \sim c'_A$ 之间为线性；B 组分浓度在 $c_B \sim c'_B$ 之间为线性，很明显 B 组分的线性范围宽。

同一检测器对不同组分的线性范围不同，不同类型的检测器线性范围亦不同。例如，氢火焰离子化检测器的线性范围达 10^7，而热导检测器的线性范围只有 10^5。

常用检测器的性能参数见表 5-1。

表 5-1 常用检测器的性能参数

性能	检测器			
	热导(TCD)	氢火焰离子化(FID)	电子捕获(ECD)	火焰光度(FPD)
类型	通用型浓度型	通用型质量型	选择型浓度型	选择型质量型
灵敏度	10^4 mV·mL·mg^{-1}	10^{-2} mV·s·g^{-1}	800 A·mL·g^{-1}	400 mV·s·g^{-1}
检出限	2×10^{-6} mg·mL^{-1}	10^{-12} g·s^{-1}	10^{-14} g·mL^{-1}	10^{-12} g·s^{-1}(对 P) 10^{-11} g·s^{-1}(对 S)
最小检测浓度	0.1 μg·g^{-1}	1 ng·g^{-1}	0.1 ng·g^{-1}	10 ng·g^{-1}
线性范围	10^4	10^7	$10^2\sim10^4$	$10^3\sim10^4$(对 P) 10^2(对 S)
适用范围	有机物和无机物	含碳有机物	卤素及亲电子物	含硫、磷化合物

三、气相色谱仪常见问题及解决方法

气相色谱仪常见故障及解决方法见表 5-2。

表 5-2 气相色谱仪常见故障及解决方法

故障现象	故障原因	排除方法
电源不通	①插头接触不好； ②电源的保险丝烧断； ③仪器的保险丝烧断	①检查各接头是否插紧，并进行处理； ②更换电源的保险丝； ③更换仪器的保险丝
进样后不出峰	①记录仪或检测器没有工作； ②样品没汽化； ③色谱柱堵塞、管道漏气； ④注射器堵塞或漏气； ⑤汽化室堵塞或吸附； ⑥柱温太低	①检查记录仪及信号线有无问题，检测器有无信号输出； ②升高汽化温度； ③排除漏气及堵塞； ④修理或更换注射器； ⑤清理汽化室，净化汽化室插管； ⑥升高柱箱温度
点不着火	①喷嘴堵塞； ②点火装置有故障； ③进入检测器的燃烧气与助燃气的比例不当； ④氢气管路漏气或气瓶压力不足； ⑤气体阀门堵塞	①排除堵塞物或更换喷嘴； ②修理点火装置； ③点火时氢气流量应加大些并调整各气体比例； ④排除漏气现象或更换气瓶； ⑤清理气体阀门
基线不能调零	①基流太大； ②检测器或放大器有故障； ③TCD 的桥臂不平衡； ④FID 的喷口局部堵塞； ⑤信号线短路	①排除造成基流大的原因(如气体不纯、固定液流失、燃烧气量过大)； ②检查检测器与放大器的参数和元件是否正常，改正参数或更换元件； ③更换 TCD 的加热丝； ④排除堵塞物； ⑤排除短路

续表

故障现象	故障原因	排除方法
基线波动	①炉温控制不当； ②载气控制不当； ③TCD 电桥的电流不稳； ④使用氢气发生器时氢气波动过大	①采取相应措施； ②采取相应措施； ③检查 TCD 的电源； ④调整氢气发生器的工作电流，控制产气与用气基本平衡
基线飘移	①系统未稳定或漏气； ②气瓶压力不足； ③放大器失灵； ④TCD 元件失灵； ⑤固定液受热流失或未老化好	①等待温度达到平衡，排除泄漏； ②更换气瓶； ③检修放大器； ④更换 TCD 元件； ⑤降低柱温，老化柱子
出峰后基线下降	①进样量过大； ②燃烧气减少； ③进样垫泄漏	①减少进样量； ②排除燃烧气减少的原因； ③更换进样垫
前伸峰	①进样量过大； ②柱温过低； ③进样技术欠佳； ④色谱柱工作不良； ⑤样品分解； ⑥两种化合物共洗脱	①减少进样量，增加固定相含量，增加分流比； ②提高柱温； ③改进进样技术； ④更换色谱柱； ⑤采用失活进样衬管，调低进样器温度或排除分解的原因； ⑥提高灵敏度，减少进样量或使柱温降低 10～20℃以使峰分开，或更换色谱柱
圆头峰或平头峰	①采集系统饱和； ②检测器达到饱和； ③ECD 放射源被污染	①改变采集系统量程，减少进样量，或增加放大器衰减以减少放大器的信号输出； ②减少进样量或增加分流； ③按要求清洗
峰形不平滑	①放大器或采集系统的灵敏度过高； ②气流不稳使火焰跳动； ③燃烧气与助燃气比例不当	①适当降低放大器或采集系统的灵敏度； ②调整气体流速； ③调整气体流量的比例
峰分不开	①柱温过高； ②柱长不够； ③固定液已流失过多； ④固定液或载体选择不当； ⑤载气流速太高	①降低柱温； ②增加柱长； ③更换色谱柱； ④另选固定相重做色谱柱； ⑤降低载气流速

续表

故障现象	故障原因	排除方法
保留值不重复	①进样技术不佳。 ②漏气,特别有微漏。 ③载气流速控制不好。 ④柱温未达平衡,柱温控制不好。 ⑤程序升温中,升温重复性欠佳。 ⑥程序升温过程中,流速变化较大。 ⑦进样量太大。 ⑧柱温过高,超过了固定液的上限或太靠近温度下限。 ⑨色谱柱破损。 ⑩极性物质拖尾影响;柱降解	①提高进样技术。 ②进样口橡胶垫要经常更换,特别是在高温情况下。 ③增加柱入口处压力。 ④柱温升至工作温度后还应有一段时间平衡;检查柱箱封闭情况。 ⑤每次重新升温时,应留足够的等待时间,使起始温度保持一致。 ⑥采用恒流操作或采用更高级的气相色谱仪。 ⑦减少进样量或选择适当溶剂将样品稀释。 ⑧重新调节柱温。 ⑨更换色谱柱。 ⑩换柱;切去毛细管柱头 0.5 m,或倒空填充柱柱头或更换柱子
宽峰	①采用溶剂效应时聚焦不足; ②载气流太高或太低; ③分流流速太低; ④进样口吸附; ⑤柱过载; ⑥进样技术不佳; ⑦柱安装不当	①降低起始柱温; ②校正载气流量; ③增加分流流量; ④更换衬管,移去填充物,增加进样温度; ⑤减少进样量,增加分流比或用厚液膜柱; ⑥快速平稳进样; ⑦重新装柱
鬼峰、基线波动	①样品反闪; ②隔垫降解; ③色谱柱污染; ④汽化室污染	①降低进样量,降低进样口温度,用大容量衬管,加大载气速度; ②降低进样口温度,更换高温隔垫; ③老化色谱柱; ④清洗汽化室
溶剂峰拖尾	①色谱柱在进样口端位置不正确; ②载气气路中有密封垫的颗粒	①重插色谱柱; ②清理载气气路
拖尾峰	①进样器衬管或柱吸附活性样品; ②柱或进样器温度太低; ③两个化合物共洗脱; ④柱损坏; ⑤色谱柱选用不合适; ⑥系统死体积太大; ⑦进样技术欠佳; ⑧金属填充柱吸附	①更换衬管,如不能解决问题,就将柱进气端去掉 1～2 圈,再重新安装; ②升温(不要超过柱最高温度),进样器温度应比样品最高沸点高 25℃; ③提高灵敏度,减少进样量,降低柱温 10～20℃以使峰分开; ④更换柱; ⑤更换色谱柱; ⑥改进气路系统、减小死体积或柱后加尾吹气; ⑦提高进样技术; ⑧改用玻璃填充柱

续表

故障现象	故障原因	排除方法
假峰	①柱吸附样品，随后解吸； ②注射器污染； ③进样量太大，形成倒灌； ④进样技术太差（进样太慢）	①更换衬套，如不能解决问题，就从柱进口端去掉 1～2 圈，再重新安装； ②用新注射器及干净的溶剂试一试，如假峰消失，就将注射器冲洗几次； ③减少进样量； ④采用快速平稳的进样技术
只有溶剂峰	①注射器有毛病； ②不正确的载气流速（太低）； ③样品浓度太低； ④柱箱温度过高； ⑤柱不能从溶剂峰中解析出组分； ⑥载气泄漏； ⑦样品被柱或进样衬套吸附	①用新注射器验证； ②检查流速，如有必要，则进行调整； ③注入已知样品，如果结果很好，就提高灵敏度或加大注入量； ④检查柱箱温度，根据需要进行调整； ⑤更换成较厚涂层或不同极性的柱； ⑥检查泄漏处； ⑦更换衬套，如不能解决问题，就从柱进口端去掉 1～2 圈，并重新安装

任务二　使用气相色谱仪对样品进行分离检测

任务内容

进一步熟悉气相色谱仪的操作使用方法，学会对样品进行分离检测，并对样品中组分进行定性。

视频 5-10　色谱流出曲线

技术知识

一、色谱参数和术语

（一）色谱流出曲线

如前所述，试样中的各组分经色谱柱分离后，按先后次序随流动相依次进入检测器，检测器将流动相中各组分浓度（或含量）的变化转变为相应的电信号，由记录仪记录下来，得到一条信号随时间变化的曲线，称为色谱流出曲线，又称为色谱图，如图 5-25 所示。

视频 5-11　色谱法基本术语

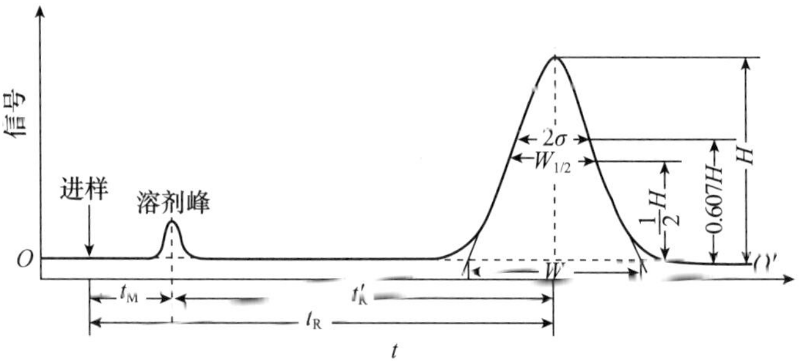

图 5-25 色谱流出曲线

在色谱流出曲线上，检测器检测到的待测组分的浓度（或含量）表现为峰状，称为色谱峰，每一个分离出的组分表现为一个色谱峰。

（二）基线

操作条件稳定后，仅有流动相通过检测器时，检测器所记录的信号随时间变化的曲线称为基线。稳定的基线应是一条水平直线，所以基线的平直与否可反映出仪器及实验条件的稳定情况，如图 5-25 中的 OO' 线。

（三）峰高（H）和峰面积（A）

色谱峰顶点到基线的垂直距离称为峰高，以 H 表示；色谱峰曲线与峰底基线所围成的区域面积称为峰面积，以 A 表示。峰高或峰面积的大小和每个组分在样品中的含量有关，因此，色谱峰的峰高或峰面积是色谱进行定量分析的依据。

（四）色谱峰区域宽度

色谱峰的区域宽度是色谱流出曲线的重要参数之一，可用于衡量色谱柱的柱效及反映色谱操作条件下的动力学因素。宽度越窄，说明色谱柱柱效越高，分离效果越好。如图 5-25 所示，区域宽度通常有三种表示方法。

1. 标准偏差 σ

标准偏差是指峰高 0.607 倍处峰宽的一半。

2. 半峰宽 $W_{1/2}$

半峰宽是指峰高一半处所对应的峰宽，$W_{1/2}=2.354\sigma$。

3. 峰底宽 W

色谱峰两侧拐点上的切线与基线交点间的距离，也称为基线宽度，$W=4\sigma$。

（五）保留值

保留值表示试样中各组分在色谱柱中的滞留时间，通常用时间 t（也可用将组分带出色柱所需流动相的体积 V）表示。在一定的色谱条件下任何一种物质都有一定的保留值，保留值是色谱定性分析的依据。

1. 用时间来表示保留值

如图 5-25 所示，用时间表示保留值，有死时间（t_M）、保留时间（t_R）和调整保留时间（t'_R）三个参数。

（1）死时间（t_M）。死时间是指不与固定相作用的物质从进样开始到出现色谱峰极大值（峰顶）时的时间。它与连接色谱柱的前后管路及柱内空隙体积有关。利用 t_M 可以测定流动

相的线速度 u。

(2)保留时间(t_R)。试样中某组分的保留时间是指从进样到出现其色谱峰极大值时的时间。它包括组分随流动相通过柱子的时间(t_M)和组分在固定相中滞留的时间。t_R 可作为色谱峰位置的标志。

(3)调整保留时间(t'_R)。扣除了死时间的保留时间,即组分在固定相上滞留的时间。

$$t'_R = t_R - t_M \tag{5-3}$$

t'_R 反映了被分析的组分因与色谱柱中固定相发生相互作用而在色谱柱中滞留的时间,更确切地表达了被测组分的保留特性,因而是色谱定性分析的基本参数。

2. 用流动相的体积来表示保留值

保留时间受流动相流速的影响,为了消除这一影响,保留值也可以用流动相体积来表示,即用保留时间乘以流动相平均流速。

(1)死体积(V_M)。死体积是指不被固定相保留的组分从进样开始到出现色谱峰极大值时所通过的流动相的体积。它反映的是整个色谱系统流路空隙体积的大小,包括连接色谱柱的前后管路、柱内空隙及进样器和流通池的空隙体积。

$$V_M = t_M \times F_C \tag{5-4}$$

式中:F_C 为流动相的流速。

(2)保留体积(V_R)。保留体积是指待测组分从进样开始到出现其色谱峰极大值时所通过的流动相体积。

$$V_R = t_R \times F_C \tag{5-5}$$

(3)调整保留体积(V'_R)。调整保留体积是指扣除了死体积的保留体积。

$$V'_R = V_R - V_M \tag{5-6}$$

3. 相对保留值($r_{2,1}$)

相对保留值也称色谱柱的选择性,是指在一定的实验条件下,组分 2 与组分 1 的调整保留时间(或调整保留体积)之比,即

$$r_{2,1} = \frac{t'_{R_2}}{t'_{R_1}} = \frac{V'_{R_2}}{V'_{R_1}} \tag{5-7}$$

相对保留值只与柱温和固定相性质有关,与其他色谱操作条件无关,它表示了固定相对这两种组分的选择性。$r_{2,1}$ 越大,分离越好,色谱柱的选择性越好。

(六)分配系数和分配比

如前所述,色谱分离的实质是基于样品组分在固定相和流动相之间反复多次的分配平衡,而描述这种分配平衡的参数是分配系数(K)和分配比(k)。

1. 分配系数 K

在一定温度和压力下,组分在两相之间分配达到平衡时的浓度之比,即

$$K = \frac{\text{组分在固定相中的浓度}}{\text{组分在流动相中的浓度}} = \frac{c_s}{c_m} \tag{5-8}$$

分配系数是色谱分离的基本参数之一,实际工作中常应用分配系数 K 来表征色谱分配过程。

色谱柱中不同组分能够分离的先决条件是其分配系数不同。分配系数小的组分,在固定相中停留时间短,较早流出色谱柱;分配系数大的组分,在流动相中的浓度较小,移动速度慢,在柱中停留时间长,较迟流出色谱柱;两组分分配系数相差越大,两峰分离得就越好。

2. 分配比 k

分配比也称容量因子或容量比，是指在一定温度和压力下，组分在两相之间分配达到平衡时的质量比，即

$$k=\frac{\text{组分在固定相中的质量}}{\text{组分在流动相中的质量}}=\frac{m_s}{m_m}=\frac{c_sV_s}{c_mV_m}=K\frac{V_s}{V_m}=\frac{K}{\beta} \tag{5-9}$$

式中：V_s、V_m 分别为色谱柱中固定相和流动相的体积，其中 V_s 在不同类型的色谱中有不同的含义，例如在气-液色谱中它为固定液的体积，在气-固色谱中为吸附剂表面容量；V_m 则为色谱柱的空隙体积。β 为相比，是两相的体积比值（$\beta=V_m/V_s$），它反映了各种色谱柱柱型及其结构特点，不同的柱型其 β 值相差较大，如填充柱的 β 值为 6～35，而毛细管柱的 β 值一般为 60～600。

分配比 k 与保留值之间的关系如下：

$$k=\frac{t'_R}{t_M}=\frac{V'_R}{V_M} \tag{5-10}$$

k 值大的组分，保留能力强，在柱中停留时间长，较迟流出色谱柱；k 值小的组分，保留能力弱，在柱中停留时间短，较早流出色谱柱；k 值为零的组分，其保留时间即为死时间。k 值一般在 1～5 的范围较适宜，k 值太大或太小（$k>20$ 或 $k<1$），都不利于色谱分析。k 值大小可根据式(5-10)直接从色谱图中测得。

分配系数 K 和分配比 k 都与组分及固定相的热力学性质有关，并随温度的变化而变化。分配系数是组分在两相中浓度比，取决于组分和两相的性质，与两相体积无关；分配比是组分在两相中质量比，不仅取决于组分和两相的性质，而且与相比有关，即组分的分配比随固定相的量而改变。对于一给定的色谱体系，组分的分离最终取决于组分在每相中的相对量，而不是相对浓度。因此，分配比是衡量色谱柱对组分保留能力的重要参数。

（七）分离度

分离度指的是相邻两个色谱峰的分开程度。图 5-26(a) 中相邻两色谱峰距离近且峰形宽，彼此重叠严重，柱效和选择性都差；图 5-26(b) 中两峰距离较大，分离很好，但峰形宽，表明选择性好，但柱效低；图 5-26(c) 中两峰分离最为理想，峰型尖锐，分离好，表明柱效高且选择性好。图 5-26(a)、图 5-26(c) 中两个峰的相对保留值相同，即它们的选择性因子一样，但分离效果明显不同，即柱效相差很大。

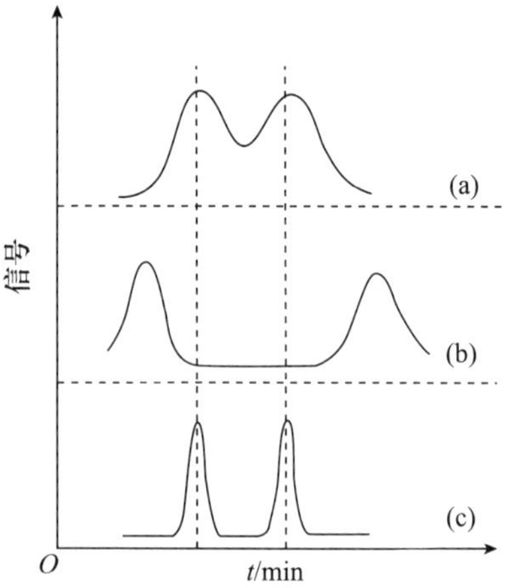

图 5-26 柱效和选择性对色谱分离的影响

分离度是色谱柱的总分离效能指标，用 R 表示。其定义为相邻两组分柱效和选择性对色谱峰的保留值之差与两组分色谱峰峰底宽度总和一半的比值，即

$$R=\frac{t_{R_2}-t_{R_1}}{\frac{1}{2}(W_1+W_2)} \tag{5-11}$$

式中：t_{R_1}、t_{R_2} 分别为两组分的保留时间；W_1、W_2 为相应组分的色谱峰峰底宽度，其单位与保留值相同。R 值越大，表明两组分的分离程度越高。$R<1.0$ 时，两峰有部分重叠；$R=1.0$ 时，分离程度可达 98%；$R=1.5$ 时，分离程度达 99.7%，是相邻两峰完全分离的标准。

视频 5-12 色谱定性分析

二、色谱定性分析方法

色谱定性分析的目的是确定每个色谱峰所代表的物质。色谱分析一般是分离、定性、定量工作同时进行,在分析之前要对样品的来源、分析目的、有何用途等进行了解,以便能估计大致组成,然后再确定分离条件和定性、定量方法。

色谱定性分析的理论依据是:在一定的固定相和一定的色谱操作条件下,任何一种物质都有各自确定的保留值,并且不受其他组分的影响。也就是说,保留值具有特征性。

目前常用的色谱定性方法有以下几种。

(一)用纯物质对照定性

用已知纯物质对照定性是最简便、最常用的色谱定性方法。

1. 利用纯物质的保留值定性

在相同的色谱条件下,对未知样品和已知标准纯物质分别进行色谱分析,得到各自的色谱图,比较两色谱图的保留时间或保留体积,若两者相同,往往是同一物质。如图 5-27 所示,未知醇的混合样品和几种纯醇标准物质在同一色谱条件下得到各自的色谱图,比较这两张色谱图中各峰的保留时间,就可鉴定出 2、3、4、7、9 峰分别为甲醇、乙醇、正丙醇、正丁醇、正戊醇。

因为不同物质在同一色谱条件下,可能具有相同的保留时间或保留体积,即保留值并非专属的,所以利用保留值定性有一定的局限性。

利用保留值定性的要求是:①具有已知标准物;②试样组成简单;③色谱条件稳定,即同一色谱柱,并且柱温、载气流速、载气温度恒定。

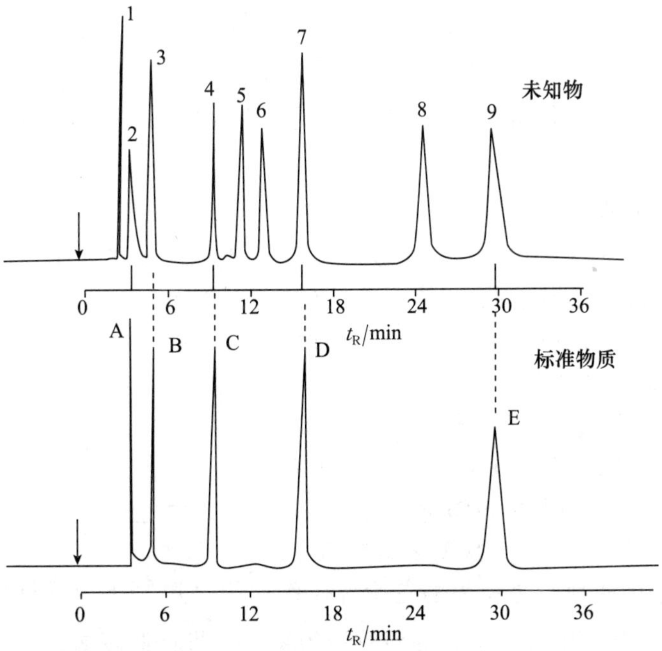

图 5-27 利用纯物质的保留值定性示意图

A 为甲醇;B 为乙醇;C 为正丙醇;D 为正丁醇;E 为正戊醇

2. 峰高增加法定性

当样品组分复杂，各组分保留值较接近时，用峰高增加法定性较理想。定性方法是：①先将未知样品进样分析得其色谱图；②在未知样品中加入一定量的已知标准物质，然后在同样的色谱条件下，作其色谱图；③对比这两张色谱图，哪个峰增高了，则说明该峰就是加入的已知标准物质的色谱峰（注意：半峰宽并不相应增加）。对比图 5-28（a）和图 5-28（b）可知，样品中的组分 1 与加入的标准物质相同。

这一方法既可避免因流动相流速的微小变化对保留时间的影响而影响定性分析的结果，又可避免色谱图图形复杂时准确测定保留时间的困难。可以说，本方法是确认某一复杂样品中是否含有某一组分的最好办法。

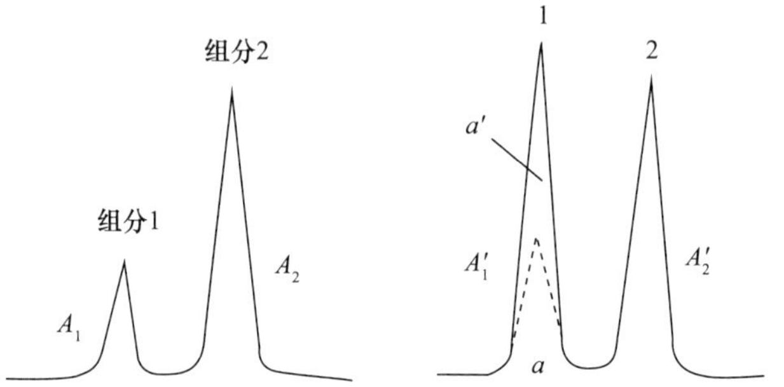

(a) 原样品色谱图　(b) 原样品内加组分1的色谱图

图 5-28　利用峰高增加法定性示意图

3. 利用相对保留值定性

利用相对保留值定性比用保留值定性更为方便、可靠。在用保留值定性时，必须使两次分析条件完全一致，有时不易做到。而用相对保留值定性时，只要保持柱温不变即可。这种方法要求找一个基准物质，一般选用苯、正丁烷、环己烷等为基准物。所选用的基准物的保留值尽量接近待测样品组分的保留值。具体方法是：在样品和标准物中分别加入同一种基准物 s，将样品的相对保留值 $r_{i,s}$ 和标准物的相对保留值 $r_{i,s}$ 相比较来确定样品中是否含有 i 组分。

（二）保留指数定性

保留指数（I）又称科瓦茨（Kovats）指数，它是一种重现性较好、可靠性较强的一种定性参数。可根据固定相和柱温直接与文献值对照而不需要基准物。

保留指数是把待测物质的保留行为用两种与之相邻的标准物（通常选用正构烷烃）来标定。该法规定：正构烷烃的保留指数为其碳原子数乘 100，如正戊烷、正己烷的保留指数分别为 500、600；非正构烷烃的保留指数，可采用两个相邻正构烷烃保留指数进行标定。如图 5-29 所示，欲测某组分 X 的保留指数 I_X 值，选用两种与之相邻的正构烷烃作参比，其中一种的碳数记为 z，另一种的碳数记为 $z+n$，将这两种参比物加入样品中进行分析，若测得它们的调整保留时间分别为 $t'_{R(X)}$、$t'_{R(z)}$、$t'_{R(z+n)}$，且 $t'_{R(z)}<t'_{R(X)}<t'_{R(z+n)}$，则组分 X 的保留指数 I_X 计算如下：

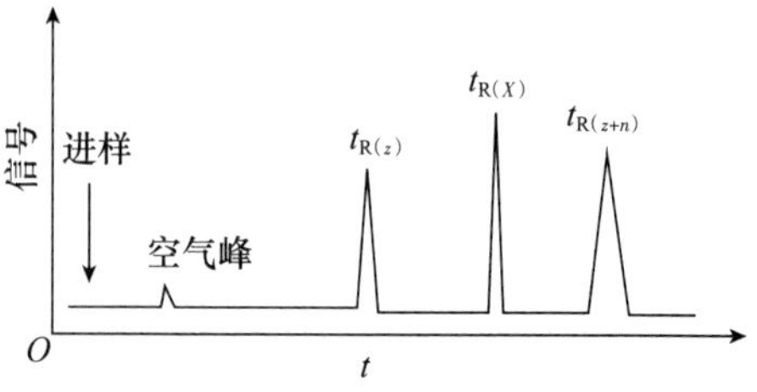

图 5-29　保留指数定性示意图

$$I_X = 100 \times \left[z + n\,\frac{\lg t'_{R(X)} - \lg t'_{R(z)}}{\lg t'_{R(z+n)} - \lg t'_{R(z)}} \right] \tag{5-12}$$

式中：n 可以等于 1,2,3,…,但数值不宜过大。根据所用固定相和柱温,将计算结果与文献值对照,找出与计算值相同的保留指数所对应的物质名称即可定性。

(三)双柱或多柱定性

无论是采用标准品直接对照定性,还是采用文献值对照定性,都是在同一根色谱柱上进行的。严格来讲,仅在一根色谱柱上采用保留值定性是不太可靠的。因有时两种或几种物质在某一色谱条件下具有相同的保留值。此时,用已知物对照定性,一般要在两根或多根性质不同的色谱柱上进行对照定性,这样可以大大提高定性结果的可信度。

双柱或多柱定性是指在两根或两根以上不同极性的柱子上,将未知物的保留值与已知标准物的保留值或其在文献上的保留值进行比较定性。若未知物和已知标准物在两根或两根以上色谱柱上的保留值都一致,最终的定性结果才比较可靠。

(四)与其他仪器结合定性

色谱法具有很高的分离效能,但它不能对已分离的每一组分进行直接定性。利用前述方法定性,也往往存在一定的缺陷。而质谱、红外光谱等是鉴定未知物的有效工具,但对复杂组分的分离则无能为力。如果将色谱和质谱、红外光谱等结合使用,则可以取长补短,既能完成复杂组分的有效分离,又可对各组分进行定性鉴定。所以气相色谱与光谱学仪器在线联用成为当今世界对复杂混合物定性的主要方法,如 GC-MS、GC-IR、GC-MS-MS 等。

任务实施

操作实施 5-2　水果蔬菜中有机磷农药的定性分析

一、仪器与试剂的准备

1. 仪器与设备

(1)气相色谱仪,带有火焰光度检测器(配磷滤光片)、毛细管柱进样口。

(2)食品加工器。

(3)涡旋混合器。

(4)匀浆机。

(5)氮吹仪。

2. 材料与试剂

(1)乙腈。

(2)丙酮:重蒸。

(3)氯化钠:140℃烘烤 4 h。

(4)滤膜:0.2 μm 有机溶剂膜。

(5)铝箔。

(6)农药标准品:有机磷农药标准品 2～3 种(敌敌畏、乙酰甲胺磷、甲基对硫磷、辛硫磷、毒死蜱等)。

(7)农药标准溶液配制。

①单一农药标准工作溶液：准确称取一定量（精确至 0.1 mg）有机磷农药标准品，以丙酮作溶剂，逐一配制成 1 000 $\mu g \cdot mL^{-1}$ 的单一农药标准储备液，贮存在 $-18℃$ 以下冰箱中。使用时，根据各农药在对应检测器上的响应值，准确吸取适量的标准储备液，用丙酮稀释配制成所需的标准工作液。

②农药混合标准工作溶液：逐一准确吸取一定体积的单一农药标准储备液分别注入同一容量瓶中，用丙酮稀释成所需质量浓度的标准工作液。

二、学生课前预习

学生每 3～5 人为一组，各小组在教师指导下，通过查阅资料和观看视频等完成预习报告。预习报告内容包括：(1)操作目的。(2)检测原理。(3)操作步骤。(4)思考题：①利用保留时间定性，需要注意哪些因素？②保留时间定性是否可靠？如果不可靠，有哪些因素会影响其可靠性？

三、检查学生预习情况

各组根据汇总的相关资料，师生共同讨论、分析，用集体智慧完成预习报告的修订及确定操作步骤及操作计划。

四、学生分组操作

学生按照修订后的操作步骤及操作计划，按规范要求，使用气相色谱仪分组完成水果蔬菜中有机磷农药的分离检测并进行定性分析。

五、数据记录及处理

(1)整理并记录本实验中仪器的测样条件。

(2)打印标准溶液和样品溶液的色谱图，按表 5-3 列出所识别的组分。

表 5-3 农药气相色谱分析数据记录表

组分名称				
标准溶液中该组分保留时间/min				
样品溶液中该组分保留时间/min				
定性结论				

六、教师巡回指导

(一)检测原理

试样中有机磷农药用乙腈提取，提取液经过滤、浓缩后，用丙酮定容，注入气相色谱仪，农药组分经毛细管柱分离，用火焰光度检测器（配磷滤光片）检测，利用保留时间定性。

(二)操作步骤

1. 试样制备

取蔬菜或水果样品可食部分，经缩分后，将其切碎，充分混匀放入食品加工器粉碎，制成待测样。若不能及时处理样品，应放入分装容器中，于－20～－16℃条件下保存，备用。

2. 提取

准确称取 10 g 左右试样(精确到 0.01 g)于 100 mL 离心管中，加入 20.0 mL 乙腈，用高速组织捣碎机匀浆提取 2 min 后，用滤纸过滤，滤液收集到装有 2～3 g 氯化钠的 50 mL 具塞量筒中，收集滤液 20 mL 左右，盖上塞子，剧烈振荡 1 min，在室温下静置 30 min，使乙腈相和水相分层。

注意：为了保证样液中能检出特定农药，可做样品加标实验，即称取 10 g 样品放入离心管中后，加入适量含有特定农药的标准溶液，然后再按后续步骤进行提取。

3. 净化

用移液管从具塞量筒中移取 4.0 mL 乙腈相溶液于 10 mL 刻度试管中，将其置于氮吹仪中，温度设为 75℃，缓缓通入氮气，蒸发近干。用移液管移入 2.0 mL 丙酮，在涡旋混合器上混匀，用 0.2 μm 有机溶剂膜过滤后，分别移入自动进样器进样瓶中，并做好标记，供色谱测定。

4. 测定

(1)色谱参考条件。

①色谱柱：50%聚苯基甲基硅氧烷(DB-17 或 HP-50＋)柱，30 m×0.53 mm×1.0 μm，或相当者。

②温度。

进样口温度：220℃。

检测器温度：250℃。

柱温：150℃(保持 2 min)$\xrightarrow{8℃/\text{min}}$250℃(保持 12 min)。

③气体及流量。

载气：氮气，纯度≥99.999%，流速为 10 $\text{mL}\cdot\text{min}^{-1}$。

燃气：氢气，纯度≥99.999%，流速为 75 $\text{mL}\cdot\text{min}^{-1}$。

助燃气：空气，流速为 100 $\text{mL}\cdot\text{min}^{-1}$。

④进样方式：不分流进样，样品溶液一式两份，由双自动进样器同时进样。

(2)色谱分析。分别吸取 1.0 μL 标准混合溶液和净化后的样品溶液注入色谱仪中，测得各自的色谱图。在软件中以样品溶液中色谱峰的保留时间与标准溶液中各组分的保留时间对照定性，如果样品溶液中某组分的保留时间与标准溶液中某一农药的保留时间相差在±0.05 min 内的可认定为该农药。

七、成绩评定

学生对完成工作任务的表现进行自评和互评，各小组进行总结、考核及评估，教师做出最后评价，填写学习过程评价表。

学生总结汇报内容：①本组的数据和实验结果。②未知样中组分的定性分析流程是什么？基本方法是什么？③如何提高保留时间定性结果的可靠性？

拓展知识

一、色谱基本理论

色谱分析的基本前提是混合物中各待测组分之间或待测组分与非待测组分之间实现

完全分离，应满足两个条件：一是相邻两色谱峰间的距离即峰间距要足够大，峰间距由组分在两相间的分配系数决定，即与色谱过程的热力学性质有关；二是色谱峰的宽度应尽量窄，峰的宽窄由组分在色谱柱中的传质和扩散行为所决定，即与色谱过程的动力学性质有关。因此，色谱分析有两个基本理论：一个是以热力学平衡为基础的塔板理论；另一个是以动力学为基础的速率理论。两个理论相辅相成，较为满意地揭示了色谱分离过程中的有关问题和现象。

（一）塔板理论

塔板理论是1941年由马丁(Marin)和詹姆斯(James)提出的半经验理论。该理论将色谱柱视为一个精馏塔，即把色谱柱分成许多小段，每一段相当于一块塔板，每一段的长度称为塔板高度 H，在每一块塔板上都可完成一次分配平衡。当样品随流动相进入色谱柱后，样品中的各组分就沿着假想的塔板在两相间不断地进行着分配平衡。色谱柱的塔板数越多，分配平衡的次数就越多，其分离效果就越好。只要各组分的分配系数存在差异，就可以得到良好的分离。

视频 5-13 塔板理论

在塔板理论中，描述色谱柱效能的参数为理论塔板数 n 和理论塔板高度 H。

若色谱柱的总长为 L，则理论塔板数 n 为

$$n=\frac{L}{H} \tag{5-13}$$

由于塔板高度 H 不易从理论上获得，因此无法由式(5-13)计算理论塔板数 n。计算 n 的经验公式为

$$n=5.54\left(\frac{t_R}{W_{1/2}}\right)^2=16\left(\frac{t_R}{W}\right)^2 \tag{5-14}$$

式中：t_R 为组分的保留时间；$W_{1/2}$ 为以时间为单位的半峰宽；W 为以时间为单位的峰底宽。

组分的保留时间越长、峰形越窄，则理论塔板数 n 值越高，柱效就越高。在实际应用中，用式(5-14)计算的 n 值偏高，因为保留时间中包括了死时间。若用调整保留时间代替保留时间，则可求得有效理论塔板数 n' 为

$$n'=5.54\left(\frac{t'_R}{W_{1/2}}\right)^2=16\left(\frac{t'_R}{W}\right)^2 \tag{5-15}$$

有效塔板高度 H' 为

$$H'=\frac{L}{n'} \tag{5-16}$$

由于在相同色谱条件下，对不同物质计算所得的塔板数不一样，因此，在说明柱效时，除注明色谱条件外，还应该指出是对什么物质而言的。

塔板理论从热力学角度形象地描述了组分在色谱柱中的分配平衡和分离过程，成功地解释了色谱峰的正态分布现象和浓度极的位置，提出了计算和评价柱效的一些参数。但由于其假设不符合实际分离过程，不能解释造成谱带扩展的原因和影响柱效的各种因素，不能说明为什么在不同的流速下测得的塔板数不同，因此，应用上受到限制。

（二）速率理论

1956年，荷兰学者范第姆特(Van Deemter)等提出了色谱过程动力学理论——速率理论。该理论吸收了塔板理论中塔板高度的概念，并把影响塔板高度 H 的动力学因素结合进去，导

出了塔板高度 H 与载气流速 u 的关系，即范第姆特方程：

$$H=A+\frac{B}{u}+Cu \tag{5-17}$$

式中：A、B、C 为常数，分别代表涡流扩散、分子纵向扩散系数和传质阻力系数。由此可以看出，塔板高度 H 受涡流扩散项 A、分子纵向扩散项 B/u 和传质阻力项（Cu）等因素的影响。

视频 5-14
速率理论

1. 涡流扩散项 A

由于填充物（固定相）颗粒大小、形状不同及排列不均匀，当组分随流动相通过时，组分分子与柱内填充物颗粒发生碰撞，在前进中会不断改变行经路径，形成紊乱的类似“涡流”的流动。如图 5-30 所示，组分分子③在固定相中的行经路径最短，最先流出色谱柱；组分分子②在固定相中行经路径较长，较迟流出色谱柱；组分分子①在固定相中行经路径最长，最后流出色谱柱。这种由于行经路径的不断改变，致使相同组分到达检测器的时间不同，引起色谱峰展宽，称为涡流扩散。

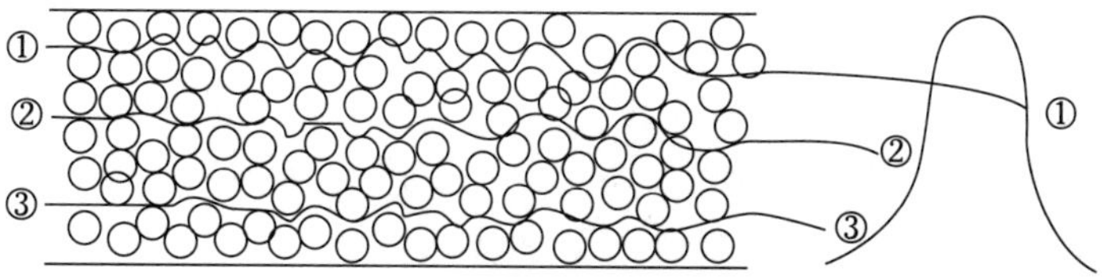

图 5-30　色谱柱中的涡流扩散示意图

2. 分子纵向扩散项 B/u

分子纵向扩散项是由柱内存在着浓度梯度造成的。当组分随流动相进入色谱柱时，由于存在浓度梯度，组分分子必然在柱内向四周扩散造成谱带展宽，如图 5-31 所示。分子扩散程度与流动相的流速 u 成反比，即流速 u 越小，分子扩散程度越大，色谱峰展宽就越明显。

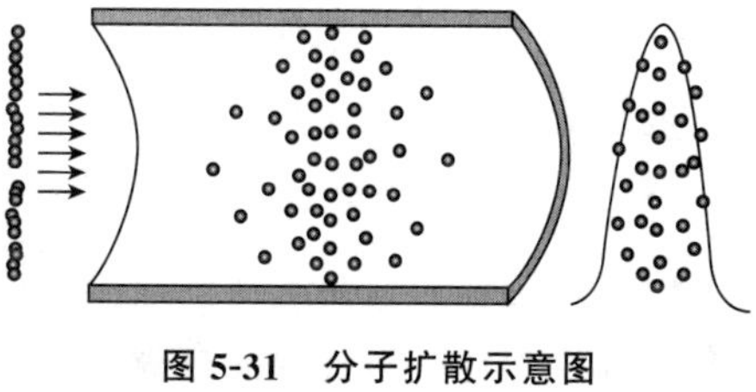
图 5-31　分子扩散示意图

3. 传质阻力项 Cu

传质阻力分为流动相传质阻力和固定相传质阻力。组分从流动相移动到固定相表面进行两相间的质量交换时，所受到的阻力称为流动相传质阻力。它与流动相本身的黏度及固定相的粒度大小、形状有关，选择黏度小的流动相和粒度小且均匀的固定相，可以降低流动相传质阻力，提高柱效。组分从两相的界面迁移至固定相内部达到交换分配平衡后，又返回到两相界面的过程中所受到的阻力称为固定相传质阻力。它与固定相的液膜厚度及组分在固定相中的扩散系数有关，降低液膜厚度，提高组分在固相中的扩散系数，可降低固定相传质阻力。

以上三种因素的影响不是孤立的。如流速加大，分子纵向扩散项影响减小，但传质阻力项的影响增大；温度升高，流动相的黏度降低有利于传质，但又加剧了分子纵向扩散项的影响。在实际应用中，通过色谱分离条件的选择来平衡这些矛盾，提高柱效。

速率理论是在继承塔板理论的基础上发展起来的。它阐明了影响色谱峰展宽的物理化学因素，并指明了提高和改进色谱柱效能的方向，对毛细管柱色谱和高效液相色谱的发展起到指导性的作用。

二、气相色谱分离操作条件的选择

在气相色谱分析中，除了要选择合适的固定相即色谱柱之外，还要选择分离的最佳操作条件，以提高柱效，增大分离度，满足样品分析需要。

(一)载气及其流速的选择

1. 载气的种类

根据范第姆特方程，当载气流速较小时，分子纵向扩散系数 B 为影响色谱柱塔板高度 H 的主要因素，为了降低纵向扩散，可采用分子质量较大的 N_2 或 Ar 作载气；在流速较高时，应采用分子质量较小的 H_2 或 He 作载气，有利于降低气相传质阻力。载气的选择还必须考虑检测器的适应性，TCD 常用 H_2 或 He 作载气，可以获得较高的灵敏度；FID 和 FPD 常用 N_2 作载气(H_2 作燃烧气，空气作助燃气)；ECD 常用 N_2 作载气。

2. 载气的流速

根据范第姆特方程，在固定其他实验条件(如柱温等)不变的情况下，对于一定的色谱柱和试样，必有一个最佳的载气流速，此时柱效最高。实验方法是：于不同的载气流速下测得试样组分的保留时间和峰底宽，计算出有效塔板高度 H，以载气流速 u 作横坐标，塔板高度 H 作纵坐标，绘制出 H-u 曲线，如图 5-32 所示。曲线最低点处对应的塔板高度 H 最小(记为 $H_{最小}$)，柱效最高，对应的载气流速即为最佳载气流速(记为 $u_{最佳}$)。

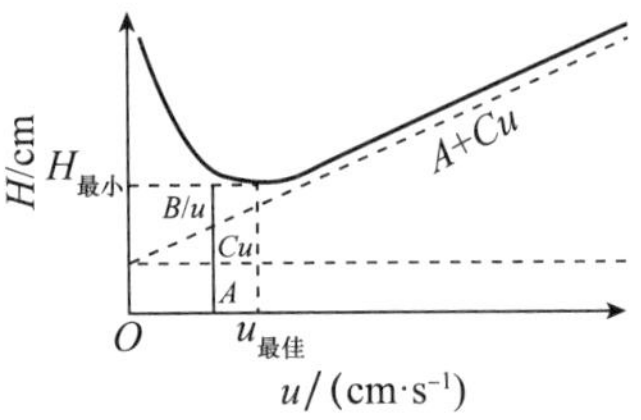

图 5-32 塔板高度与载气流速的关系

在实际工作中，为了节省分析时间，使用的载气流速稍高于最佳载气流速。对于一般的色谱柱(内径为 3～4 mm)，常用的载气流速为 20～100 mL·min^{-1}；而对于毛细管柱(内径为 0.25 mm)，通常用的载气流速为 1～2 mL·min^{-1}。

(二)汽化温度的选择

液体样品进样后，首先在汽化室瞬间汽化，再随流动相进入色谱柱分离。汽化温度的选择原则是：在确保样品组分都能在瞬间被汽化的基础上使用最低温度。即是说，汽化温度要足够高，保证样品组分都被汽化；同时温度不能太高，否则会造成样品氧化分解，降低隔垫使用寿命。一般汽化温度较柱温高 30～70℃或比样品组分中最高沸点高 30～50℃。

(三)柱温的选择

柱温是色谱分离的重要操作参数，它直接影响分离效能和分析速度。降低柱温可使色谱柱的选择性增加；升高柱温可以缩短分析时间，提高柱效。

色谱柱控温是靠控制炉温(空气浴加热)来实现的。炉温的控温方式有恒温和程序升温两种。恒温即在整个分析过程中炉温恒定，一般用于单一组分或简单样品的分析，实际应用较少。程序升温即在一个分析周期内，炉温连续地随时间由低温向高温线性或者非线性地变化，以使沸点不同的组分各在其最佳柱温下流出，从而改善分离效果，缩短分析时间。

程序升温包含起始温度、升温速率、维持时间及最终温度。起始温度要足够低，以保证混合物中低沸点组分能够得到满意分离。对于沸点相近的组分，应降低升温速率，延长维持时间，相反，对于沸点相差较大的组分，应提高升温速率，缩短分析时间。炉温的最终温度应高于样品组分中沸点最高组分的温度，确保样品中所有的组分都被汽化，都能流出色谱柱被检测，同时保护色谱柱。但是，炉温的最终温度不能高于色谱柱的最高使用温度，否则会造成色谱柱固定液大量流失，破坏色谱柱。对于宽沸程的多组分混合物，程序升温更显其优越性。

图 5-33 所示为恒温和程序升温分离 13 种有机磷农药标准样品色谱图比较。从图中可以看出，采用程序升温不仅可以改善分离，而且可以缩短分离时间，得到理想的色谱图。

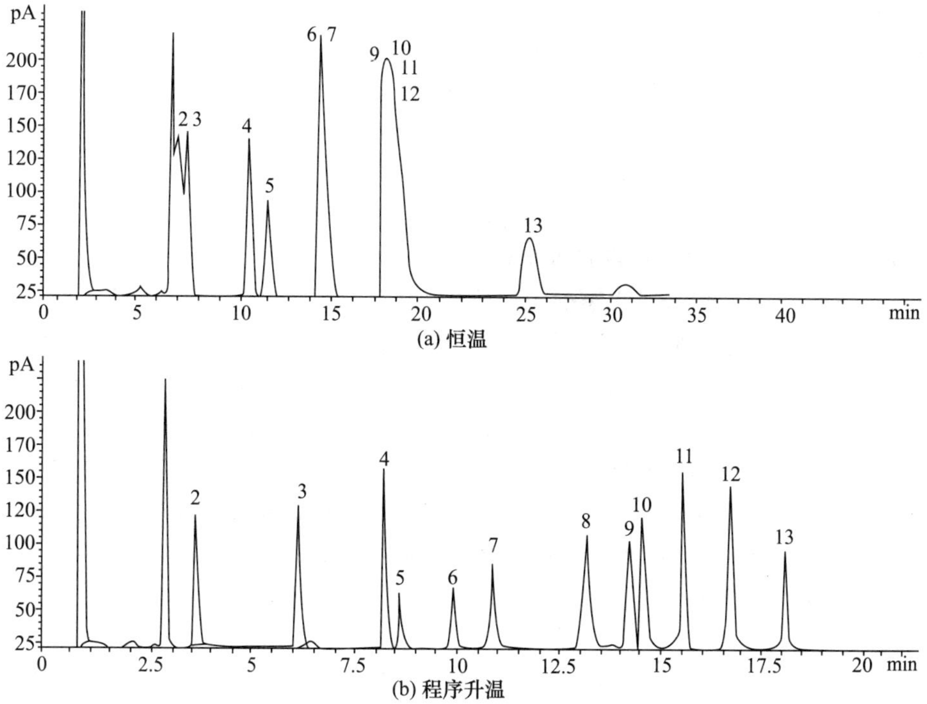

图 5-33　分离 13 种有机磷农药标准样品色谱图

(四)进样量和进样时间的选择

进样量应控制在使半峰宽基本不变，而峰高与进样量呈线性增加的范围内。进样量太大时，柱效会下降，致分离不好；进样量太小，检测器响应太低，致分析误差增大。一般液体样品进样量控制在 0.1～10 μL，气体样品进样量控制在 0.1～10 mL。

进样速度必须很快，若进样时间太长，会导致色谱峰扩展甚至变形，分离效果变差。现大多数仪器都配有自动进样器，进样速度不会有问题。若手动进样，进样时间应控制在 1 s 之内。

三、样品预处理技术

在用气相色谱法对样品进行分析时，经常会遇到采集的原始样品不适合仪器直接分析，如样品中被测组分的含量太低、基质干扰太大、样品呈固态或呈不均匀流体等。这就需要应用一些物理或化学的方法，对原始样品进行预处理。

样品的预处理包括将样品待测组分与样品基体和干扰组分分离、富集和转化成气相色谱仪可分析的形态，其目的包括提高样品浓度、提高检测灵敏度、排除杂质和基本干扰、防止样品变质。

样品处理的原则是：样品处理操作尽可能简单易行；处理过程中应防止样品被污染；防止被测组分发生变化或丢失；处理必须定量完成。

下面介绍几种常用的气相色谱样品制备(预处理)技术。对于某一样品,可能使用其中一种制备技术,也可能同时使用几种制备技术,这要根据样品和欲测组分的物理化学性质及使用的仪器对样品的要求来决定,在能满足分析要求的前提下,尽可能选用最简单和最经济的制备技术。

1.溶剂萃取

溶剂萃取是利用物质在两相间的传质即物质从一相转入另一相的过程对组分进行分离。按被测样品的物态不同,溶剂萃取分为液-液萃取、液-固萃取和液-气萃取。

(1)液-液萃取。常用于液体样品中被测物质与基质的分离,它是利用样品中不同组分在两种互不相溶的溶剂中的溶解度或分配比的不同来达到分离、提取或纯化的目的。

(2)液-固萃取。利用萃取溶剂将固体样品中欲分离组分溶解萃取出来,从而达到与基体分离的目的。最简单的方法就是将固体样品直接放萃取溶剂中,密封后加热振荡,再经离心和过滤使液-固分离,欲萃取组分进入溶剂。这种萃取方法效率低,溶剂容易流失,很少使用。目前常用的液-固萃取方法有超声萃取、微波萃取、索氏萃取、超临界流体萃取(SFE)和加速溶剂萃取(ASE)。其中,加速溶剂萃取的萃取速度快、溶剂用量少、萃取效率高,且具有可萃取的样品范围宽、自动化程度高等特点,是近年来发展较快的一种新的液-固萃取技术。

(3)液-气萃取。又称溶剂吸收,它是利用吸收液(通常是水和有机溶剂)收集气体、蒸气和气溶胶等样品。选择或制备吸收液主要考虑以下因素:①吸收液应对被采集的样品组分具有较大的溶解度;②被吸收的样品组分在吸收液中具有足够的稳定性;③适于仪器分析;④价格低、易于获得,并尽可能回收利用。

2.固相萃取

固相萃取(solid phase extraction,SPE)是利用固体吸附剂将液体样品中的目标化合物吸附,与样品的基体和干扰化合物分离,然后再用洗脱液洗脱或加热解吸附,达到分离和富集目标化合物的目的。与溶剂萃取相比,固相萃取具有溶剂用量少、花费时间短、操作简便等优点,不足之处是目标化合物回收率较低,精密度较差。

固相萃取制备样品的一般操作流程如下:

(1)固相萃取柱活化。固相萃取柱在使用前必须用适当的溶剂活化,目的是除去吸附剂中可能存在的杂质,同时湿润吸附剂,提高回收率和重现性。不同类型的萃取柱活化用的溶剂不同,如反相固相萃取柱通常用水溶性有机溶剂如甲醇淋洗;正相固相萃取柱通常用目标化合物所在的有机溶剂(样品基体)进行淋洗。

(2)上样。将液态或溶解后的固态样品倒入活化后的萃取柱,然后利用抽真空、加压或离心等方法使溶液过柱,样品进入吸附剂。

(3)洗涤和洗脱。在样品进入吸附剂、目标化合物被吸附后,可先用较弱的溶剂将保留值弱的干扰物质洗脱掉,再用较强的溶剂将目标化合物洗脱下来,加以收集。若选择的吸附剂对目标化合物吸附很弱或不吸附,而对干扰物质有较强吸附,也可将目标化合物先淋洗下来加以收集,而使干扰物质保留在吸附剂上,达到分离目的。

收集目标化合物洗脱液,经微孔滤膜过滤(或经浓缩、氮吹、溶解、过滤)后上 GC 进样分析。

3.衍生化

衍生化技术是通过化学反应将样品中难于分析检测的目标化合物定量地转化成另一种易于分析检测的化合物,通过后者的分析检测可以对目标化合物进行定性或定量分析。在气相色谱分析中，某些高沸点、不汽化或热不稳定的化合物不能直接用气相色谱进行分析，通过衍生化技术可以将这类化合物转化成可以汽化或热稳定的衍生物，再用气相色谱进行分析。

气相色谱常用的样品衍生化（柱前衍生）方法有硅烷化衍生化、酯化衍生化、酰化衍生化和卤化衍生化。

任务三　采用气相色谱外标法测定样品中组分的含量

任务内容

熟悉气相色谱定量分析的基本流程和方法，学会采用外标法测定样品中组分的含量，并对测定数据进行处理。

技术知识

一、色谱定量分析的依据及定量校正因子

定量分析就是确定样品中某种组分的准确含量。

色谱定量分析的依据是：在一定的色谱条件下，组分 i 的质量或浓度与检测器的响应信号（峰面积 A_i 或峰高 h_i）成正比，即

$$m_i = f_i^A A_i \tag{5-18}$$

或

$$m_i = f_i^h h_i \tag{5-19}$$

视频 5-15　色谱定量分析（上）

式中：m_i 为组分 i 的质量；f_i^A 和 f_i^h 分别为峰面积 A_i 和峰高 h_i 的定量校正因子。

从式(5-18)、式(5-19)可以看出，色谱定量分析是基于峰面积（或峰高）与组分的量成正比关系。但同一检测器对不同的物质有不同的响应值，就是说两种物质即使含量相同，得到的色谱峰面积（或峰高）也往往不相等。所以不能用峰面积（或峰高）来直接计算物质的含量。为使响应值能真实地反映物质的量就要对响应值进行校正，因此引入定量校正因子。

1. 绝对校正因子 f_i

绝对校正因子 f_i 是指单位峰面积或单位峰高所代表的组分的量，即

$$f_i^A = \frac{m_i}{A_i} \tag{5-20}$$

或

$$f_i^h = \frac{m_i}{h_i} \tag{5-21}$$

式中：f_i^A 和 f_i^h 为组分 i 的绝对校正因子；A_i 为组分 i 的峰面积；h_i 为组分 i 的峰高；m_i 为组分 i 通过检测器的量，g 或 mol 或%。

绝对校正因子主要由仪器的灵敏度所决定。它不易准确测定，也无法直接应用。因此，定量分析中都是应用相对校正因子。

2. 相对校正因子 f_i'

用一个物质作为标准，用相对校正因子将所有待测物的峰面积（或峰高）校正成相对于这

个标准物质的峰面积(或峰高),使各组分的峰面积(或峰高)与其质量的关系有一个统一的标准进行折算。

相对校正因子是某待测组分 i 与标准物质 s 的绝对校正因子之比,即

$$f_i' = \frac{f_i}{f_s} = \frac{A_s m_i}{A_i m_s} = \frac{h_s m_i}{h_i m_s} \tag{5-22}$$

式中:f_i'为待测组分的相对校正因子;f_i、f_s分别为组分 i 和标准物质 s 的绝对校正因子;A_i、A_s 分别为组分 i 和标准物质 s 的峰面积,h_i、h_s 分别为组分 i 和标准物质 s 的峰高;m_i、m_s 分别为组分 i 和标准物质 s 通过检测器的量。

相对校正因子只与检测器类型有关,而与色谱操作条件(如柱温、流速、固定相性质等)无关,可以查表得到。

【例 5-1】 苯、甲苯、乙基苯相对校正因子的测定:分别准确称取一定量的苯、甲苯和乙基苯,置于一干燥洁净的 25 mL 容量瓶中,用丙酮稀释定容,混匀。取一定量溶液注入色谱仪,获得色谱图,测量其峰面积。以苯为基准物,按计算公式计算各组分的相对校正因子 f_i'。测定结果见表 5-4。

表 5-4 苯、甲苯、乙基苯相对校正因子

组分	质量/g	峰面积/mm²				相对校正因子 f_i'
		1	2	3	平均	
苯(标准物)	2.220	442	440	438	440	1
甲苯	2.220	429	431	430	430	1.02
乙基苯	2.221	418	422	420	420	1.05

二、色谱定量分析方法

常用的色谱定量分析方法有归一化法、外标法和内标法,其中外标法应用最为广泛。

1. 归一化法

所谓归一化法就是把被测样品中所有组分的峰面积全部测量出来,把各个组分的峰面积乘以相对校正因子并求和,这一和值相当于所有组分的总质量,即所谓"归一"。再用此和去除每一组分校正后的峰面积,即得该组分的质量分数。

样品中组分 i 的质量分数按下式计算:

$$w_i = \frac{m_i}{m} \times 100\% = \frac{A_i f_i'}{\sum_{i=1}^{n} A_i f_i'} \times 100\% \tag{5-23}$$

式中:w_i 为样品中组分 i 的质量分数;m_i 为组分 i 的质量;A_i 为组分 i 的峰面积;f_i'为组分 i 的相对校正因子;m、$\sum_{i=1}^{n} A_i f_i'$ 为样品中所有组分的含量之和。

若色谱峰狭窄或峰宽基本相同,可用峰高代替峰面积进行归一化定量,即

$$w_i = \frac{m_i}{m} \times 100\% = \frac{h_i f_i'}{\sum_{i=1}^{n} h_i f_i'} \times 100\% \tag{5-24}$$

这种方法快速简便,适于工厂和一般化验室使用。此时,式中的 f_i'为峰高相对校正因子。

应用归一化法的前提条件是：试样中的所有组分均能被色谱柱有效分离，且所有组分均产生可测量的色谱峰。归一化法的优点是简便、准确，对进样量要求不严。缺点是必须所有组分都流出色谱柱并被检测，不适于痕量分析。它常用于产物及副产物都清楚的混合物含量的测定。

【例 5-2】某色谱条件下，分析乙醇、苯、正庚烷和乙酸乙酯四组分样品，测得各组分的峰面积和相对校正因子见表 5-5。

表 5-5　各组分的峰面积和相对校正因子

组分	乙醇	苯	正庚烷	乙酸乙酯
峰面积/cm^2	5.0	4.0	9.0	7.0
相对校正因子 f_i'	1.22	1.00	1.12	0.99

用归一化法计算各组分的含量。

【解】根据式(5-24)得

$$w_{乙醇}=\frac{5.0\times1.22}{5.0\times1.22+4.0\times1.00+9.0\times1.12+7.0\times0.99}\times100\%$$

$$=\frac{5.0\times1.22}{27.11}\times100\%=22.50\%$$

$$w_{苯}=\frac{4.0\times1.00}{27.11}\times100\%=14.75\%$$

$$w_{正庚烷}=\frac{9.0\times1.12}{27.11}\times100\%=37.18\%$$

$$w_{乙酸乙酯}=\frac{7.0\times0.99}{27.11}\times100\%=25.56\%$$

2. 外标法

外标法又称标准曲线法，是所有定量分析中最通用的一种方法。将待测组分的纯物质配成不同浓度的标准溶液(一般为 4～6 个)，在一定操作条件下，分别取相同体积的标准溶液进样分析，从得到的色谱图上测出相应信号峰面积 A(或峰高 h)，绘制 A-c 或 h-c 的标准曲线。在完全相同的条件下，取相同体积的样品溶液进样分析，根据所得的峰面积 A_x 或峰高 h_x 作标准曲线，曲线拟合出回归方程，根据回归方程去求含量 c_x。

视频 5-16　色谱定量分析(下)

当被测试样中各组分浓度变化范围不大时，可不必绘制标准曲线，而用单点校正法测定。即配制一个与被测组分含量相近的标准溶液，在相同条件下先后进样分析，由被测组分和标准组分的峰面积比(或峰高比)求出被测组分的含量，即

$$w_x=\frac{A_x}{A_s}w_s \tag{5-25}$$

式中：w_x 为未知样中被测组分的含量；A_x 为未知样中被测组分的峰面积；w_s 为标准溶液中被测组分的含量；A_s 为标准溶液中被测组分的峰面积。

外标法的优点是操作简单，不需要校正因子，适于日常控制分析和大量同类样品分析。缺点是进样量要求十分准确，操作条件需严格控制。测定结果的准确度取决于进样量的重现性和操作条件的稳定性。

3. 内标法

当试样中的组分不能全部出峰，只有测定的组分才出峰时，可采用这种方法。

所谓内标法是将一定量的纯物质作为内标物，加入已准确称量的试样中，根据试样和内标物的质量及其在色谱图上相应的峰面积（或峰高）比，求出某组分的含量。

例如，要测定试样中组分 i（质量为 m_i）的质量分数 w_i，可事先于试样（质量为 m）中加入质量为 m_s 的内标物，则

$$\frac{m_i}{m_s}=\frac{A_i f_i'}{A_s f_s'} \tag{5-26}$$

即

$$m_i=\frac{A_i f_i'}{A_s f_s'}m_s \tag{5-27}$$

$$w_i=\frac{m_i}{m}\times 100\%=\frac{A_i f_i' m_s}{A_s f_s' m}\times 100\% \tag{5-28}$$

在分析工作中，常以内标物作为基准物计算相对校正因子，即 $f_s'=1$，此时计算公式简化为

$$w_i=\frac{A_i f_i' m_s}{A_s m}\times 100\% \tag{5-29}$$

式中：f_i' 为组分 i 的相对校正因子；A_i、A_s 分别为组分 i 和内标物 s 的峰面积。

内标法定量的具体做法如下：

（1）内标法标准曲线的绘制。将各待测组分的纯物质配成不同浓度的混合标准溶液，在每一浓度的混合标准溶液中准确加入等量内标物，在一定色谱条件下，分别取相同体积的标准溶液进样分析。若将得到的色谱图重叠，则如图 5-34 所示。从得到的色谱图上测出相应信号峰面积 A，以标准峰面积/内标峰面积（A_{is}/A_s）作纵坐标、浓度 c 作横坐标绘制标准曲线，如图 5-35 所示。

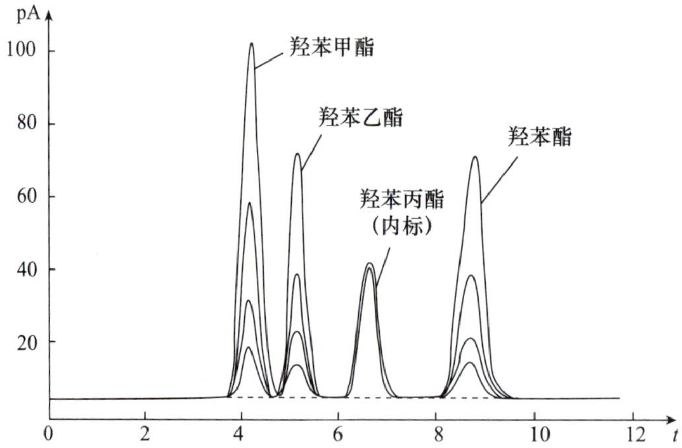

图 5-34 内标法标准系列重叠色谱图

（2）未知样的测定和定量。在未知试样中准确加入与标准溶液等量的内标物（确保内标物在试样中的浓度与在标准溶液中的浓度一致），在完全相同的条件下，取相同体积的样品溶液进样分析，根据所得的峰面积/内标峰面积（A_i/A_s），从标准曲线上查得含量。

内标法中内标物的选择至关重要，作为内标物需要满足以下条件：①它是试样中不存在的纯物质；②物理化学性质与待测组分相似或相近；③不与待测组分产生化学反应；④在待测组

分中间或附近出峰，且与组分完全分离；⑤浓度适当，其峰面积与待测组分相差不大。

内标法的优点是定量准确，它可以抵消色谱条件（如柱温、载气流速、进样量等）变化对测定结果的影响，特别是在样品前处理前加入内标物，然后再进行前处理时，可部分补偿待测组分在样品前处理时的损失；同时内标法不要求所有组分都出峰达到分离完全。缺点是选择合适的内标物较困难，且对样品及内标物的称量要求非常准确，操作比较复杂。

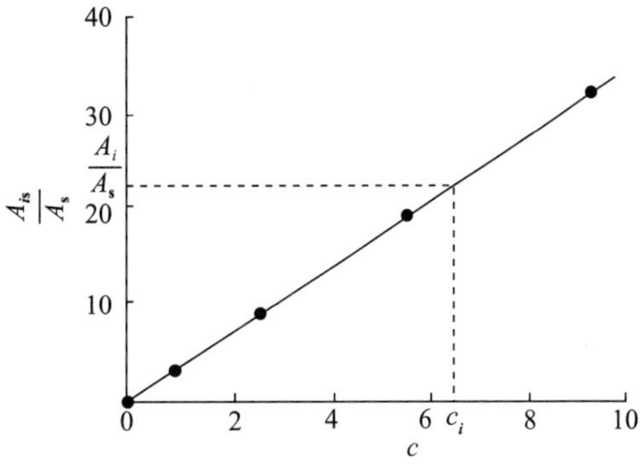

图 5-35　内标法标准曲线

【**例 5-3**】用气相色谱法测定样品中甲酸、乙酸和丙酸的含量，以环己酸为内标物，称取 1.055 0 g 样品、0.190 7 g 环己酸，混合均匀后进样 1 μL，得到表 5-6 中的数据。

表 5-6　样品中各组分的峰面积和相对校正因子

组分	甲酸	乙酸	丙酸	环己酸
峰面积/mm^2	14.8	72.6	42.4	133.0
相对校正因子 f_i'	3.83	1.78	1.07	1.00

试计算样品中甲酸、乙酸、丙酸的含量。

【**解**】根据公式得

$$w_{甲酸}=\frac{3.83\times 14.8\times 0.190\,7}{133.0\times 1.055\,0}\times 100\%=7.70\%$$

$$w_{乙酸}=\frac{1.78\times 72.6\times 0.190\,7}{133.0\times 1.055\,0}\times 100\%=17.56\%$$

$$w_{丙酸}=\frac{1.07\times 42.4\times 0.190\,7}{133.0\times 1.055\,0}\times 100\%=6.17\%$$

任务实施

操作实施 5-3　外标法测定水果蔬菜中有机磷农药残留量

一、仪器与试剂的准备

1. 仪器与设备

(1)气相色谱仪，带有火焰光度检测器（配磷滤光片）、毛细管柱进样口。

(2)食品加工器。

(3)涡旋混合器。

(4)匀浆机。

(5)氮吹仪。

2. 材料与试剂

(1)乙腈。

(2)丙酮:重蒸。

(3)氯化钠:140℃烘烤 4 h。

(4)微孔滤膜:0.2 μm 有机溶剂膜。

(5)铝箔。

(6)农药标准品:有机磷农药标准品 2～3 种(敌敌畏、乙酰甲胺磷、甲基对硫磷、辛硫磷、毒死蜱等)。

(7)农药标准储备液配制:准确称取一定量(精确至 0.1 mg)有机磷农药标准品,以丙酮作溶剂,逐一配制成 1 000 $\mu g \cdot mL^{-1}$ 的单一农药标准储备液,贮存在－18℃以下冰箱中。农药标准储备液也可从有资质的单位直接购买。

二、学生课前预习

学生每 3～5 人为一组,各小组在教师指导下,通过查阅资料和观看视频等完成预习报告。预习报告内容包括:(1)操作目的。(2)检测原理。(3)操作步骤。(4)思考题:①用标准曲线法定量的优缺点是什么?②为了保证外标法定量结果的准确性,实验过程中要注意哪些问题?

三、检查学生预习情况

各组根据汇总的相关资料,师生共同讨论、分析,用集体智慧完成预习报告的修订及确定操作步骤及计划,针对预习思考题进行研讨。

四、学生分组操作

学生按照修订后的操作步骤及计划,按规范要求,应用气相色谱法分组完成外标法测定水果蔬菜中有机磷农药残留量。

五、数据记录及处理

1. 整理并记录仪器的分析条件(表 5-7)

表 5-7　仪器分析条件记录表

<table>
<tr><td>样品名称</td><td colspan="2"></td><td>检测日期</td><td></td></tr>
<tr><td>仪器型号</td><td colspan="2"></td><td>检测器</td><td></td></tr>
<tr><td rowspan="8">仪器分析条件</td><td>色谱柱</td><td colspan="3"></td></tr>
<tr><td>进样口温度</td><td></td><td>检测器温度</td><td></td></tr>
<tr><td>柱温</td><td colspan="3"></td></tr>
<tr><td>流速</td><td>/(mL · min⁻¹)</td><td>柱温</td><td>/℃</td></tr>
<tr><td>载气</td><td colspan="3">种类:　　　　　　　　流量:</td></tr>
<tr><td>燃气</td><td colspan="3">种类:　　　　　　　　流量:</td></tr>
<tr><td>助燃气</td><td colspan="3">种类:　　　　　　　　流量:</td></tr>
<tr><td>进样方式</td><td></td><td>进样量</td><td></td></tr>
</table>

2. 样品中农药残留检测实验数据记录和处理(表 5-8)

表 5-8　农药残留检测实验数据

<table>
<tr><td>组分名称</td><td colspan="3"></td><td>保留时间</td><td colspan="2"></td></tr>
<tr><td rowspan="4">校准曲线</td><td>级别号</td><td>1</td><td>2</td><td>3</td><td>4</td><td>5</td></tr>
<tr><td>浓度 $\rho/(\mu g \cdot mL^{-1})$</td><td></td><td></td><td></td><td></td><td></td></tr>
<tr><td>峰面积 A_s</td><td></td><td></td><td></td><td></td><td></td></tr>
<tr><td>回归方程</td><td colspan="3"></td><td>相关系数 R</td><td></td></tr>
<tr><td rowspan="5">样品
预处理</td><td colspan="3">项目</td><td>平行样 1</td><td colspan="2">平行样 2</td></tr>
<tr><td colspan="3">样品质量 m/g</td><td></td><td colspan="2"></td></tr>
<tr><td colspan="3">提取溶剂总体积 V_1/mL</td><td></td><td colspan="2"></td></tr>
<tr><td colspan="3">吸取提取溶液体积 V_2/mL</td><td></td><td colspan="2"></td></tr>
<tr><td colspan="3">样品溶液定容体积 V_3/mL</td><td></td><td colspan="2"></td></tr>
<tr><td rowspan="3">样品测试
结果</td><td colspan="3">样品中该农药的保留时间</td><td></td><td colspan="2"></td></tr>
<tr><td colspan="3">样品溶液中该农药的峰面积 A_x</td><td></td><td colspan="2"></td></tr>
<tr><td colspan="3">样品溶液中该农药的浓度 $\rho_x/(\mu g \cdot mL^{-1})$</td><td></td><td colspan="2"></td></tr>
<tr><td rowspan="3">结果计算</td><td colspan="3">试样中该农药的含量 $w/(mg \cdot kg^{-1})$</td><td></td><td colspan="2"></td></tr>
<tr><td colspan="3">$\overline{w}/(mg \cdot kg^{-1})$</td><td colspan="3"></td></tr>
<tr><td colspan="6">结果计算公式：$w = \dfrac{\rho_x \times V_1 \times V_3}{m \times V_2}$　　单点校正计算公式：$w = \dfrac{A_x \times V_1 \times V_3}{A_s \times m \times V_2} \times \rho$</td></tr>
</table>

3. 加标回收实验数据记录和处理(表 5-9)

表 5-9　加标回收实验数据

<table>
<tr><td>重复平行样品编号</td><td>1</td><td>2</td></tr>
<tr><td>用于加标的标准溶液浓度 $\rho_s/(\mu g \cdot mL^{-1})$</td><td></td><td></td></tr>
<tr><td>加入试样中的标准溶液体积 V_s/mL</td><td></td><td></td></tr>
<tr><td>加入试样中的标准物质的质量 $M/\mu g$</td><td></td><td></td></tr>
<tr><td>试样中该组分的质量 $M_0/\mu g$</td><td></td><td></td></tr>
<tr><td>加标试样中该组分的质量 $M_1/\mu g$</td><td></td><td></td></tr>
<tr><td>加标回收率 P/%</td><td></td><td></td></tr>
<tr><td>$\overline{P}$/%</td><td></td><td></td></tr>
<tr><td colspan="3">计算公式：$P = \dfrac{M_1 - M_0}{M} \times 100\%$</td></tr>
</table>

六、教师巡回指导

(一)混合标准溶液的配制

1. 单一农药标准溶液配制

准确吸取一定量的单一农药标准储备液,用丙酮逐级稀释配制成 0.100 $\mu g \cdot mL^{-1}$ 标准工作液。

2. 农药混合标准溶液配制

逐一准确吸取一定体积的单个农药储备液分别注入同一容量瓶中,用丙酮稀释至规定刻度。使用前用丙酮稀释成所需质量浓度的系列标准工作液。

(二)样品处理

1. 样品制备

取蔬菜或水果样品可食部分,经缩分后,将其切碎,充分混匀放入食品加工器粉碎,制成待测样。若不能及时处理样品,应放入分装容器中,于－20～－16℃条件下保存,备用。

2. 提取

准确称取 10 g 左右试样(精确到 0.01 g)于 100 mL 离心管中,加入 20.0 mL 乙腈,用高速组织捣碎机匀浆提取 2 min 后,用滤纸过滤,滤液收集到装有 2～3 g 氯化钠的 50 mL 具塞量筒中,收集滤液 20 mL 左右,盖上塞子,剧烈振荡 1 min,在室温下静置 30 min,使乙腈相和水相分层。

3. 净化

用移液管从具塞量筒中移取 4.0 mL 乙腈相溶液于 10 mL 刻度试管中,将其置于氮吹仪中,温度设为 75℃,缓缓通入氮气,蒸发近干。用移液管移入 2.0 mL 丙酮,在涡旋混合器上混匀,用 0.2 μm 有机溶剂膜过滤后,分别移入自动进样器进样瓶中,做好标记,供色谱测定。

(三)加标回收实验

称取 10 g 左右试样(精确到 0.01 g)于 100 mL 离心管中,准确加入 10 $\mu g \cdot mL^{-1}$ 农药混合标准溶液 100 μL,然后按上述样品提取和净化的步骤进行处理,得到样品加标处理液。

(四)测定

1. 色谱参考条件

(1)色谱柱:50%聚苯基甲基硅氧烷(DB-17 或 HP-50+)柱,30 m×0.53 mm×1.0 μm,或相当者。

(2)温度。

进样口温度:220℃。

检测器温度:250℃。

柱温:150℃(保持 2 min)$\xrightarrow{8℃/min}$250℃(保持 12 min)。

(3)气体及流量。

载气:氮气,纯度≥99.999%,流速为 10 $mL \cdot min^{-1}$。

燃气:氢气,纯度≥99.999%,流速为 75 $mL \cdot min^{-1}$。

助燃气:空气,流速为 100 $mL \cdot min^{-1}$。

(4)进样方式:不分流进样,样品溶液一式两份,由双自动进样器同时进样。

2. 色谱分析

分别吸取 1.0 μL 标准混合溶液和净化后的样品溶液注入色谱仪中，测得各自的色谱图。按照外标法的定量分析方法在软件中进行色谱数据处理（积分参数设置、标准曲线制作、未知样定量），得出未知样的定量结果。

3. 定量结果计算

试样中被测农药残留量以质量分数 w 计，单位以 mg・kg^{-1} 表示，按以下公式计算：

$$w=\frac{A_x \times V_1 \times V_3}{A_s \times m \times V_2} \times \rho \tag{5-30}$$

式中：ρ 为标准溶液中农药的质量浓度，mg・kg^{-1}；A_x 为样品溶液中被测农药的峰面积；A_s 为农药标准溶液中被测农药的峰面积；V_1 为提取溶剂总体积，mL；V_2 为吸取出用于检测的提取溶液的体积，mL；V_3 为样品溶液定容体积，mL；m 为试样的质量，g。

计算结果保留两位有效数字，当结果大于 1 mg・kg^{-1} 时保留三位有效数字。

七、成绩评定

学生对完成工作任务的表现进行自评和互评，各小组进行总结、考核及评估，教师做出最后评价，填写学习过程评价表。

学生总结汇报内容：①本组的数据和实验结果；②操作要点总结；③操作过程中存在的问题及解决策略。

拓展知识

一、加标回收率

加标回收率（fortified recovery）一般是将已知质量或浓度的被测物质添加到待测样品中作为测定对象，按样品的处理步骤分析，得到的结果与理论值的比值。

加标回收率分为空白加标回收率和样品加标回收率。

1. 空白加标回收率

在没有被测物质的空白样品基质中加入定量的标准物质，按样品的处理步骤分析，得到的结果与理论值的比值即为空白加标回收率。

2. 样品加标回收率

相同的样品取两份，其中一份加入定量的待测成分标准物质，称为加标样品；两份同时按相同的分析步骤分析，加标样品所得的结果减去未加标样品所得的结果，其差值同加入标准物质的理论值之比即为样品加标回收率。其计算公式为

$$P=\frac{X_1 - X_0}{m} \times 100\% \tag{5-31}$$

式中：P 为加入的标准物质的回收率，%；m 为加入的标准物质的质量；X_1 为加标试样的测定值；X_0 为未加标试样的测定值。

加标回收率旨在衡量测定值与真值之间的误差，是判定分析方法准确度和可行性的指标。加标回收率的测定是实验室内经常用以自控的一种质量控制技术。

测定加标回收率时要注意以下几点：①同一样品的子样取样量必须相等；②各类子样的测定过程必须按相同的操作步骤进行；③加标量不能过大，一般为待测物含量的 0.5～2.0 倍，且

加标后的总含量不应超过方法的测定上限；④加标物的浓度宜较高，加标物的体积应很小，一般以不超过原始试样体积的1%为好。

二、检出限和定量限

1. 检出限(limit of detection，LOD)

检出限是衡量仪器或方法灵敏度(检出目的物)的指标。其分为仪器检出限和方法检出限。

(1)仪器检出限是指无样品基质存在，在与样品测定完全相同的条件下，某种分析仪器能够检出分析目的物的最小量或最低浓度。

(2)方法检出限是指有样品基质存在，在与样品测定完全相同的条件下，某种方法能够检出分析目的物的最小量或最低浓度。

在色谱分析仪器上，最低检出限是在色谱图上可清楚地确认分析目的物色谱峰的下限，通常为基线噪声的3倍($S/N=3$)。

2. 定量限(limit of quantitation，LOQ)

定量限是衡量仪器或方法灵敏度(定量目的物)的指标。其分为仪器定量限和方法定量限。

(1)仪器定量限是指无样品基质存在，在与样品测定完全相同的条件下，某种分析仪器能够准确定量分析目的物的最小量或最低浓度。

(2)方法定量限是指有样品基质存在，在与样品测定完全相同的条件下，某种方法能够准确定量分析目的物的最小量或最低浓度。

在色谱图上可准确定量分析目的物色谱峰值的下限，通常为基线噪声的10倍($S/N=10$)。

3. 测定方法

(1)仪器检出限或定量限。仪器检出限或定量限用某分析目的物的最低浓度标样测定。某些色谱分析仪器化学工作站可以直接测定信噪比(S/N)。例如，α-BHC标样浓度为0.01 $mg \cdot L^{-1}$，$S/N=30$，则仪器LOD=0.001 $mg \cdot L^{-1}$，仪器LOQ=0.003 $mg \cdot L^{-1}$。

(2)方法检出限或定量限。方法检出限或定量限用添加某分析目的物最低浓度水平或预测水平的样品，经过该方法的全部操作程序测定，并重复实验两次。例如，α-BHC添加在韭菜中，添加水平为0.01 $mg \cdot L^{-1}$，按方法规定的全部操作程序处理加标样品，样品最终浓度为0.01 $mg \cdot L^{-1}$，$S/N=12$，则方法LOD=0.002 5 $mg \cdot L^{-1}$，方法LOQ=0.008 $mg \cdot L^{-1}$。

拓展任务

拓展操作5-3 内标法测定白酒中乙酸乙酯含量

一、检测原理

样品被汽化后，随同载气进入色谱柱，利用样品中的各组分在气液两相中具有不同的分配系数，在柱内形成迁移速度的差异而得到分离。分离后的组分先后流出色谱柱，进入氢火焰离子化检测器，根据色谱图上各组分峰的保留值与标样相对照进行定性；利用峰面积(或峰高)，以内标法定量。

二、仪器和材料

(1)气相色谱仪:带有氢火焰离子化检测器。

(2)色谱柱。

毛细管柱:LZP-930 白酒分析专用柱(柱长为 18 m,内径为 0.53 mm)或 FFAP 毛细管色谱柱(柱长为 35~50 m,内径为 0.25 mm,涂层为 0.2 μm),或其他具有同等分析效果的毛细管色谱柱。

填充柱:柱长不短于 2 m。载体为 Chromosorb W(AW)或白色担体 102(酸洗,硅烷化),80~100 目。固定液为 20% DNP(邻苯二甲酸二壬酯)加 7%吐温 80,或 10%PEG(聚乙二醇)1 500 或 PEG 20 M。

(3)微量注射器:10 μL、1 μL。

三、试剂和溶液

(1)乙醇溶液(体积分数 60%):用乙醇(色谱纯)加水配制。

(2)乙酸乙酯溶液(体积分数 2%):作标样用。吸取乙酸乙酯(色谱纯)2 mL,用 60%乙醇溶液定容至 100 mL。

(3)乙酸正戊酯溶液(体积分数 2%):使用毛细管柱时作内标用。吸取乙酸正戊酯(色谱纯)2 mL,用 60%乙醇溶液定容至 100 mL。

(4)乙酸正丁酯溶液(体积分数 2%):使用填充柱时作内标用。吸取乙酸正丁酯(色谱纯)2 mL,用 60%乙醇溶液定容至 100 mL。

四、分析步骤

1. 色谱参考条件

(1)毛细管柱。

载气(高纯氮):流速为 0.5~1.0 $mL \cdot min^{-1}$,分流比约 37∶1,尾吹为 20~30 $mL \cdot min^{-1}$。

氢气:流速为 40 $mL \cdot min^{-1}$。

空气:流速为 400 $mL \cdot min^{-1}$。

检测器温度(T_D):220℃。

汽化室温度(T_J):220℃。

柱温(T_C):起始温度为 60℃,恒温 3 min,以 3.5℃ · min^{-1} 程序升温至 180℃,继续恒温 10 min。

(2)填充柱。

载气(高纯氮):流速为 150 $mL \cdot min^{-1}$。

氢气:流速为 40 $mL \cdot min^{-1}$。

空气:流速为 400 $mL \cdot min^{-1}$。

检测器温度(T_D):150℃。

汽化室温度(T_J):150℃。

柱温(T_C):90℃,等温。

载气、氢气、空气的流速等色谱条件随仪器而异,应通过试验选择最佳操作条件,以内标峰与样品中其他组分峰获得完全分离为准。

2. 校正因子(f 值)的测定

吸取乙酸乙酯溶液(体积分数 2%)1.00 mL,移入 100 mL 容量瓶中,加入内标溶液(乙酸正戊酯溶液[体积分数 2%(用毛细管柱时用)]或乙酸正丁酯溶液[体积分数 2%(用填充柱时用)])1.00 mL,用乙醇溶液(体积分数 60%)稀释至刻度。上述溶液中乙酸乙酯和内标溶液的浓度均为 0.02%(体积分数)。待色谱仪基线稳定后,用微量注射器进样,进样量随仪器的灵敏度而定。记录乙酸乙酯和内标溶液的保留时间及其峰面积(或峰高),用其比值计算出乙酸乙酯的相对校正因子。

校正因子按下式计算:

$$f=\frac{A_1}{A_2}\times\frac{d_2}{d_1} \tag{5-32}$$

式中:f 为乙酸乙酯的相对校正因子;A_1 为标样 f 值测定时内标溶液的峰面积(或峰高);A_2 为标样 f 值测定时乙酸乙酯的峰面积(或峰高);d_2 为乙酸乙酯的相对密度;d_1 为内标溶液的相对密度。

3. 样品测定

吸取样品 10.0 mL 于 10 mL 容量瓶中,加入内标溶液(乙酸正戊酯溶液[体积分数 2%(用毛细管柱时用)]或乙酸正丁酯溶液[体积分数 2%(用填充柱时用)])0.10 mL,混匀后,在与 f 值测定相同的条件下进样,根据保留时间确定乙酸乙酯峰的位置,并测定乙酸乙酯与内标溶液的峰面积(或峰高),求出峰面积(或峰高)之比,计算出样品中乙酸乙酯的含量。

五、结果计算

样品中的乙酸乙酯含量按下式计算:

$$X=f\times\frac{A_3}{A_4}\times I\times10^{-3} \tag{5-33}$$

式中:X 为样品中乙酸乙酯的质量浓度,$g \cdot L^{-1}$;f 为乙酸乙酯的相对校正因子;A_3 为样品中乙酸乙酯的峰面积(或峰高);A_4 为添加于酒样中内标溶液的峰面积(或峰高);I 为内标溶液的质量浓度(添加在酒样中),$mg \cdot L^{-1}$。

所得结果保留两位小数。

精密度:在重复性条件下获得的两次独立测定结果的绝对差值,不应超过平均值的 5%。

练习题

一、选择题

1. 色谱法实质上是利用了(　　)具有不同的分配系数进行定性和定量分析的。

A. 相同的物质在不同的两相　　B. 相同的物质在相同的两相

C. 不同的物质在相同的两相　　D. 不同的物质在不同的两相

2. 色谱法具有高选择性是指(　　)。

A. 能分离组成复杂的混合物　　B. 能分离性质极为相近的物质

C. 可分析少到 $10^{-13}\sim10^{-11}$g 的物质　　D. 所需样品少,适合于微量和痕量分析

3. 气相色谱分析样品中各组分的分离是基于(　　)的不同。

A. 保留时间　　B. 分离度

C. 容量因子　　D. 分配系数

4.相对保留值除了与柱温有关外,还与(　　)有关。

A.柱长　　B.柱内径　　C.固定相　　D.载气流速

5.在气相色谱分析法中,(　　)为常用的辅助气体。

A.CO_2　　B.CO　　C.CH_4　　D.空气

6.色谱的数据处理系统对物质的定性依据是(　　)。

A.峰面积　　B.峰高　　C.半峰宽　　D.峰的位置

7.通常把色谱柱内不移动的、起分离作用的固体物质叫(　　)。

A.担体　　B.载体　　C.固定相　　D.固定液

8.在气相色谱分析中,定性的参数是(　　)。

A.保留值　　B.峰高　　C.峰面积　　D.半峰宽

9.气相色谱中与含量成正比的是(　　)。

A.保留体积　　B.保留时间　　C.相对保留值　　D.峰面积

10.在气-液色谱中,色谱柱使用的上限温度取决于(　　)。

A.试样中沸点最高组分的沸点　　B.试样中沸点最低组分的沸点

C.试样中各组分沸点的平均值　　D.固定液的最高使用温度

11.气相色谱仪中不需要进行温度控制的是(　　)。

A.色谱柱　　B.检测器　　C.汽化室　　D.电子积分仪

12.下列选项中,不能靠(　　)来评价气相色谱检测器的性能好坏。

A.基线噪声与漂移　　B.检测器的线性范围

C.灵敏度与检测限　　D.检测器体积的大小

13.在气-液色谱系统中,被分离组分与固定液分子的类型越相似,它们之间(　　)。

A.作用力越大,保留值越大　　B.作用力越小,保留值越大

C.作用力越小,保留值越小　　D.作用力越大,保留值越小

14.气相色谱仪分离效率的好坏主要取决于(　　)。

A.进样系统　　B.色谱柱

C.热导池　　D.检测系统

15.选择程序升温方法进行分离的样品主要是(　　)。

A.同分异构体　　B.同系物

C.沸点差异大的混合物　　D.极性差异大的混合物

二、填空题

1.气相色谱仪由________、________、________、________、________、________六大系统组成。

2.气相色谱仪运行时,________的平直与否能够反映仪器及实验条件的稳定情况。

3.气相色谱按照其固定相的状态不同分为________色谱和________色谱两类。

4.色谱流出曲线又称________,是由记录仪记录下的一条________随________变化的曲线。

5.色谱峰的________或________的大小和每个组分在样品中的含量有关,因此它们是色谱进行________分析的依据。

6.在一定的色谱条件下,任何一种物质都有一定的________,它是色谱________分析的

依据。

7. 常用的色谱定量分析方法有________、________和________。

三、问答题

1. 试举例说明色谱分离过程。

2. 什么是色谱的保留时间和调整保留时间？保留时间受哪些因素影响？

3. 色谱定性的依据是什么？常用的定性分析方法有哪些？

4. 什么是定量校正因子？色谱定量分析时为什么要用定量校正因子？在什么情况下可以不用校正因子？

5. 应用归一化法定量分析需要满足什么条件？

6. 气相色谱仪是由哪几部分组成的？各有什么作用？

7. 试比较毛细管柱气相色谱和一般气相色谱之间的差异，并说明其优越性。

8. 请描述至少两种气相色谱检测器的检测原理、用途和使用时的注意事项。

9. 气相色谱分析条件有哪些？对进样口的温度设置有何要求？

10. 什么是程序升温？程序升温的作用是什么？

11. 简述气相色谱分析样品的操作步骤和操作注意事项。

项目六

高效液相色谱分析技术

【学习目标】

知识目标

(1)理解柱色谱法分离原理；

(2)掌握高效液相色谱法的实验技术及测定方法；

(3)熟悉高效液相色谱仪的结构部件及其主要性能。

能力目标

(1)能正确使用高效液相色谱仪及配套实验设备；

(2)能根据待测样品和实验室设备条件进行最佳实验条件的筛选；

(3)能正确进行图谱数据记录和处理；

(4)熟练操作高效液相色谱仪，并熟悉高效液相色谱仪的日常维护与保养。

素质目标

(1)具有食品安全国家标准和安全生产的社会责任感；

(2)培养科学严谨、一丝不苟的敬业精神；

(3)具有保护环境、节约资源和可持续发展的意识；

(4)强化诚实守信的品德素养；

(5)具有团队合作互助意识，良好的沟通展示、信息获取与策划能力。

【项目概述】

高效液相色谱法(high performance liquid chromatography，HPLC)又称高压液相色谱、高速液相色谱、高分离度液相色谱、近代柱色谱等，是20世纪60年代末70年代初发展起来的一项分离分析技术。随着科学技术的不断发展，高效液相色谱法也在不断地被改进和完善，目前已经成为应用极为广泛的化学分离分析的重要手段。高效液相色谱是色谱法的一个重要分支，以液体为流动相，采用高压输液系统，将具有不同极性的单一溶剂或不同比例的混合溶剂、缓冲溶液等流动相泵入装有固定相的色谱柱，在柱内各成分被分离后，进入检测器进行检测，从而实现对试样的分析。该方法已成为食品、化学、医学、工业和法检等学科领域中重要的分离分析技术。

与气相色谱法相比，液相色谱法不受样品挥发性和热稳定性及相对分子质量的限制，只要求把样品制成溶液即可，非常适合于分离生物大分子、离子型化合物、不稳定的天然产物及其他各种高分子化合物等。此外，液相色谱的流动相不仅起到使样品沿色谱柱移动的作用，而且与固定相一样，与样品分子发生选择性的相互作用，这就为控制和改善分离条件提供了一个额外的可变因素。而气相色谱法采用的流动相是惰性气体，对组分没有亲和力，仅起运载作用。高效液相色谱法具有高分离速率、高分离效率、高检测灵敏度等特点。

【思维导图】

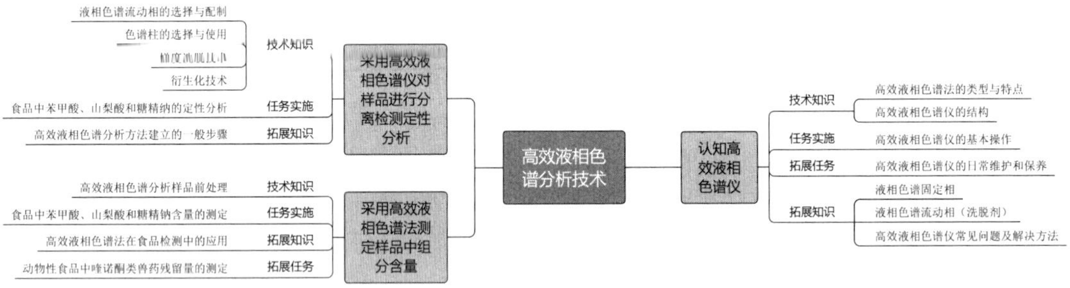

任务一　认知高效液相色谱仪

任务内容

熟悉高效液相色谱仪的结构组成、各部件的主要性能和要求及仪器的结构类型，学会使用高效液相色谱仪测定标准物质溶液的浓度，并能进行色谱柱、流动相、梯度洗脱程序的选择。

技术知识

按分离机理可以将液相色谱法分为五类：液-液分配色谱法、液-固吸附色谱法、离子色谱法、尺寸排阻色谱法、亲和色谱法。

一、高效液相色谱法的特点

液相色谱法最初阶段是采用大直径的玻璃管柱在室温和常压下用液位差输送流动相，称为经典液相色谱法，该方法柱效低、时间长。高效液相色谱法是在经典液相色谱法的基础上，于 20 世纪 60 年代后期引入了气相色谱理论而迅速发展起来的。它与经典液相色谱法的区别是填料颗粒小而均匀，小颗粒具有高柱效，但会引起高阻力，需用高压输送流动相，同时分析速度快，故称高效液相色谱法。

高效液相色谱法有“三高一广一快”的特点：

(1)高压：流动相为液体，流经色谱柱时，受到的阻力较大，为了能迅速通过色谱柱，必须对载液加高压。

(2)高效：分离效能高。可选择固定相和流动相以达到最佳分离效果，比工业精馏塔和气相色谱的分离效能高出许多倍。

(3)高灵敏度：紫外检测器检出限可达 0.01 ng，进样量在微升数量级。

(4)应用范围广：70%以上的有机化合物可用高效液相色谱分析，特别是高沸点、大分子、强极性、热稳定性差化合物的分离分析，显示出优势。

(5)分析速度快、载液流速快：较经典液相色谱法速度快得多，通常分析一个样品在 15～30 min，有些样品甚至在 5 min 内即可完成，一般小于 1 h。

此外，高效液相色谱还有色谱柱可反复使用、样品不被破坏、易回收等优点，但也有缺点，高效液相色谱的缺点是有“柱外效应”。在从进样到检测器之间，除了柱子以外的任何死空间（进样器、柱接头、连接管和检测池等）中，如果流动相的流型有变化，被分离物质的任何扩散和滞留都会显著地导致色谱峰的加宽，柱效率降低。

二、高效液相色谱仪的结构

高效液相色谱仪由高压输液系统、进样系统、分离系统、检测系统和数据处理系统组成。结构示意图如图 6-1 所示。

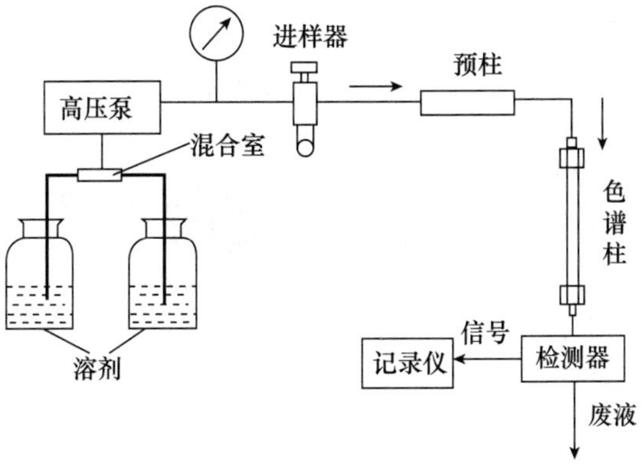

视频 6-1　高效液相色谱仪的组成

图 6-1　普通配置的带有预柱的高效液相色谱仪的结构示意图

1. 高压输液系统

高压输液系统的功能是向色谱柱提供压力高且流速稳定的流动相，驱动待检样品随着流动相通过色谱分离柱和检测系统。输液系统包括脱气装置、储液瓶、输液泵、梯度控制装置。

（1）脱气装置。脱气的目的是防止流动相从高压柱流出时，释放出的气泡（溶解在溶剂中的 N_2、O_2 等）进入检测器而使噪声剧增，甚至不能检测。溶剂脱气方式有氦气鼓泡、超声波脱气、真空脱气等。

图 6-2 所示为四路溶剂的在线真空脱气系统。在线脱气装置是指在流动相进入输液泵之前，对流动相进行连续脱气的装置。多采用真空脱气技术，即流动相通过一段由多孔性合成树脂膜制造的输液管时，该输液管外有真空容器，真空泵工作时，膜外侧被减压，流动相中的残留气体从膜内进入膜外而被脱除。

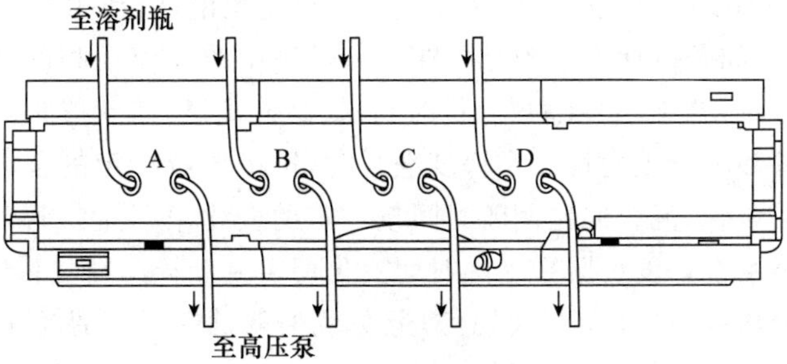

图 6-2　在线真空脱气系统

(2)储液瓶。储液瓶用来储存流动相，一般由化学稳定性好的玻璃、聚四氟乙烯等材料制成，要求能承受一定压力、耐腐蚀、易于脱气操作。

(3)输液泵。输液泵是高效液相色谱仪系统中重要的部件，其作用是将流动相以稳定的流速或压力输送到色谱分离系统，使样品在色谱柱中完成分离。泵的性能好坏直接影响到整个系统的质量和分析结果的可靠性。输液泵应具备如下性能：流量稳定，RSD<0.5%，这对定性、定量的准确性至关重要；流量范围宽，分析型应在 0.1～10 mL・min^{-1} 范围内连续可调，制备型应能达到 100 mL・min^{-1}；输出压力高，一般应能达到 150～300 kg・cm^{-2}；液缸容积小；密封性能好，耐腐蚀。

输液泵目前应用最多的是柱塞往复泵。柱塞往复泵的液缸容积小，可至 0.1 mL，因此易于清洗和更换流动相，特别适合再循环和梯度洗脱；改变电机转速能方便地调节流量，流量不受柱阻影响；泵压可达 400 kg・cm^{-2}。输液泵工作示意图如图 6-3 所示。

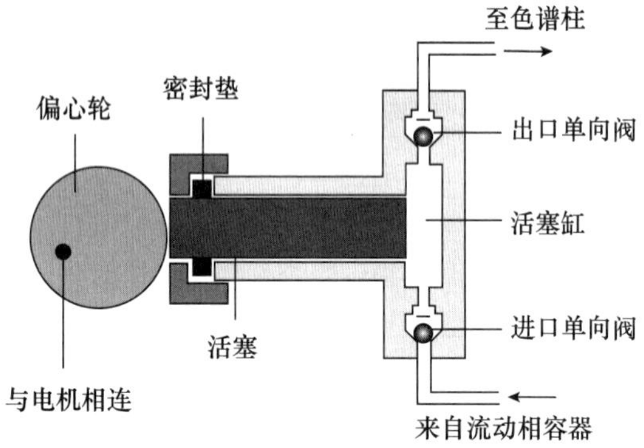

图 6-3 输液泵工作示意图

为了延长输液泵的使用寿命和维持其输液的稳定性，必须按照下列注意事项进行操作：

①防止任何固体微粒进入泵体，因为尘埃或其他任何杂质微粒都会磨损柱塞、密封环、缸体和单向阀，因此应采用微孔膜过滤，预先除去流动相中的所有固体微粒。输液泵的过滤器应经常清洗或更换。

②流动相不应含有任何腐蚀性物质，含有缓冲液的流动相不应保留在泵内，尤其是在停泵过夜或更长时间的情况下。如果将含缓冲液的流动相留在泵内，由于蒸发或泄漏，甚至只是溶液的静置，就可能析出盐的微细晶体，这些晶体将和上述固体微粒一样损坏密封环和柱塞等。因此，必须泵入纯水将输液泵充分清洗后，再换成适合色谱柱保存和有利于泵维护的溶剂。

③输液泵工作时要留心防止溶剂瓶内的流动相被用完，否则空泵运转也会磨损柱塞、缸体或密封环，最终产生漏液。

④输液泵的工作压力绝不要超过规定的最高压力，否则会使高压密封环变形，产生漏液。

⑤流动相应该先脱气，以免在泵内产生气泡，影响流量的稳定性。如果有大量气泡，泵就无法正常工作。

(4)梯度控制装置。梯度控制装置用来控制流动相的组分，分为等梯度(等浓度)洗脱和梯度洗脱两种方式。等梯度(等浓度)洗脱是在整个分离过程中，流动相的组成不变，这种方式柱效能相对较低，分析时间长。梯度洗脱是指在分离过程中改变流动相的组成(溶液极性、离子强度、pH 等)。采用梯度洗脱可以缩短分析时间，提高分离度，改善峰形，提高检测灵敏度，但是常常引起基线漂移和降低重现性。在梯度洗脱时，按操作者给定的程序将两种或两种以上的溶剂在泵前或泵后混合，混合的比例随时间按一定的变化率(梯度)自动连续地变化。流动相的组成及其洗脱强度按梯度洗脱程序随时间变化使得复杂样品在尽量短的时间内所有待测的组分均有较好的分离度，谱峰间距较均匀，避免色谱峰前挤后松甚至强保留组分出不来的现象。

梯度洗脱有两种实现方式：高压梯度(内梯度)和低压梯度(外梯度)，如图 6-4 所示。

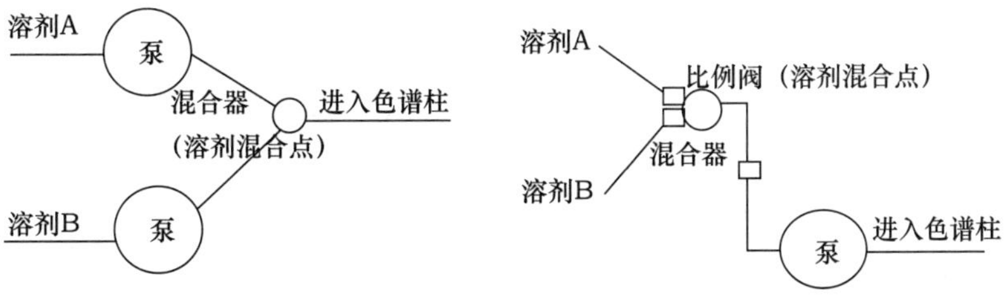

(a) 高压梯度　　(b) 低压梯度

图 6-4　梯度洗脱工作示意图

高压梯度是用两台高压输液泵将两种溶剂输入混合器，进行混合后再送入色谱柱。其主要优点是：两台高压输液泵的流量皆可独立控制，可获得任何形式的梯度程序，精度高，易于实现控制的自动化；高压混合不易产生气泡，对洗脱液的脱气要求较低。但需两台高压输液泵，故成本较高。

低压梯度是在常压下将两种溶剂输送至混合器中混合，然后用高压输液泵将流动相输入色谱柱中。其主要优点是：仅需使用一台高压输液泵，成本低廉，使用方便；另外，因混合是在泵加压前完成，可避免高压混合中洗脱液的体积变化而引起流量不稳定等问题。但低压混合易产生气泡，故对脱气要求较高，建议配置在线脱气机。

2. 进样系统

进样系统的作用是将待检样品准确送入色谱柱，要求密封性好、死体积小、重复性好，进样引起色谱分离系统的压力和流量波动要很小。常用的有手动进样器和自动进样器两种。

(1)手动进样器。手动进样器为六通阀进样器，如图 6-5 所示。其结构和作用原理与气相色谱中的六通阀相同。进样体积由定量环确定，常规的高效液相色谱仪通常使用 10 μL 和 20 μL 体积的定量环。进样时先将样品注入定量环，然后将阀门转动 60°到进样位置，高压输液泵输送的流动相带着样品进入色谱柱。

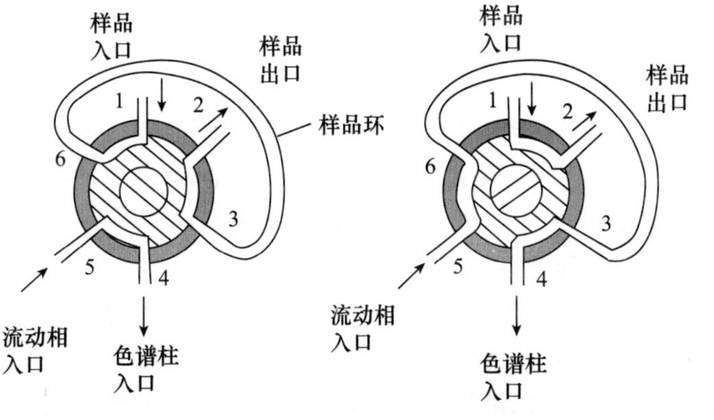

(a) 采样状态　　(b) 进样状态

视频 6-2　六通阀进样器工作原理

图 6-5　六通阀采样和进样示意图

(2)自动进样器。自动进样器是由计算机自动控制定量阀，按预先编制的注射样品操作程序进行工作的。取样、进样、复位、样品管路清洗和样品盘的转动，全部按预定程序自动进行，一次可进行几十个或上百个样品的分析。自动进样器进样重复性高，适合于大量样品的分析，节省人力，可实现自动化操作。自动进样器示意图如图 6-6 所示。

3. 分离系统

分离系统是高效液相色谱仪实现高效、快速分离的核心，由连接管、色谱柱、保护柱、色谱柱恒温装置等组成，其中色谱柱是色谱仪的“心脏”。

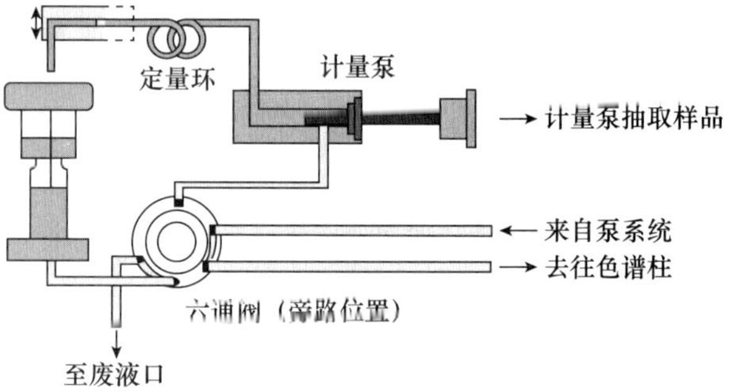

图 6-6 自动进样器示意图

(1) 色谱柱。色谱柱由柱管、压帽、卡套(密封环)、筛板(滤片)、接头、螺丝等组成，如图 6-7 所示。柱效能高、选择性好、分析速度快、性能稳定是对色谱柱的一般要求。色谱柱管是内部抛光的不锈钢柱，压力不高于 70 $kg \cdot cm^{-2}$ 时，一般长为 5～25 cm，内径为 2～5 mm。色谱柱管也可采用厚壁玻璃或石英管，管内壁要求有很高的光洁度。色谱柱两端的柱接头内装有筛板，是烧结不锈钢或钛合金，孔径为 0.2～20 μm，取决于填料粒度，目的是防止填料漏出。

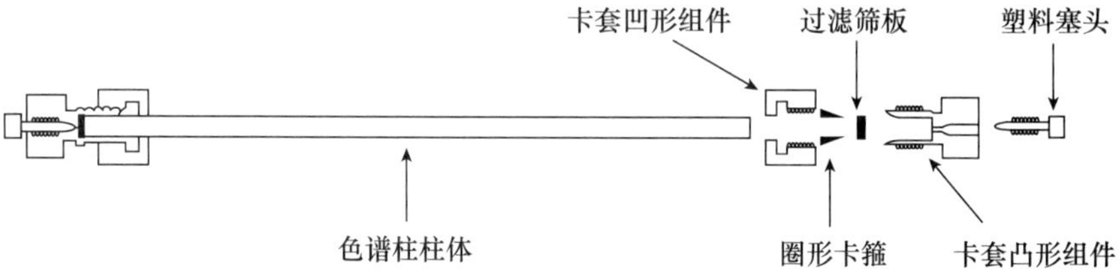

图 6-7 液相色谱柱结构

色谱柱内部填充各种微粒(粒径为 3～10 μm)填料，又称固定相，是色谱柱的主体。从化学组成上看，固定相主要有硅胶氧化铝、键合型硅胶等。键合型硅胶是利用硅胶表面的羟基与带有活性基团的有机化合物通过化学反应制得。依据键合型硅胶表面的官能团不同，化学键合相主要有正相、反相和离子交换键合相三种类型。正相键合相是指键合的有机分子中含有极性基团，常见的有醚基(—ROR′)、氰基(—CN)、氨基($—NH_2$)和二醇基($—CHOH—CH_2OH$)。反相键合相键合的有机分子中含有的是烷基(—R)或苯基($C_6H_5—$)，烷基 R 的链长是 C_2～C_{18}，随着 R 碳链的增长，固定相的极性逐渐降低，疏水性逐渐增强。其中最常用的是 C_{18}，即十八烷基键合硅胶，又称 ODS。离子交换键合相分为两类：一类是阳离子交换固定相，含磺酸基($—SO_3H$)或羧基(—COOH)；另一类是阴离子交换固定相，含季氨基($—R_4N^+$)或氨基($—R_2N$)。硅胶基质的化学键合相是目前应用最广的固定相，约占整个 HPLC 所用固定相的 3/4。

常见的分配柱填料有 C_{18} 柱、C_8 柱、C_6 柱、C_4 柱、C_1 柱、阴离子交换柱、阳离子交换柱、苯基柱、氨基柱、氰基柱，常见的吸附柱填料有硅胶柱。

(2)保护柱。保护柱，又称预柱，是在色谱柱的前端装有与分析柱相同固定相的短柱(长为 5～30 mm)，可以经常而且方便地更换，起到保护分析柱和延长分析柱寿命的作用。其保护作用在于：一是阻截样品中的难洗脱组分和机械杂质，保护分析柱的性能；二是淋洗溶剂由于经过保护柱而使其中的固定相饱和，不再洗脱分析柱中的固定相。

(3)色谱柱恒温装置。在高效液相色谱分析系统中，对色谱柱温度控制的要求越来越高，色谱柱恒温箱可以精确、稳定地控制色谱柱的使用温度，对于提高色谱柱的柱效，改善色谱峰的分离度，缩短保留时间，降低反压，保证分析样品结果的重复性，具有不可忽视的作用。常用的色谱柱恒温装置有水浴式、电加热式和恒温箱式三种。液相色谱常用柱温范围为室温至 65℃，最高温度不超过 100℃。

4. 检测系统

检测系统即检测器，是用于连续监测被色谱系统分离后的柱流出物的组成和含量变化的装置。其作用是将柱流出物的组成和含量变化转化为可供检测的信号，完成定性和定量分析。HPLC 检测器可分为通用型检测器和选择型检测器两类。

通用型检测器可连续测量色谱柱流出物（包括流动相和样品组分）的全部特性变化。通常采用差分测量法。这类检测器包括示差折光检测器、电导检测器和蒸发激光散射检测器等。通用型检测器适用范围广，但由于对流动相有响应，因此易受温度、流动相流速和组分变化的影响，噪声和漂移都较大，灵敏度较低，一般不能用于梯度洗脱（蒸发激光散射检测器除外）。

视频 6-3　高效液相色谱仪的检测系统（一）

选择型检测器用于测量被分离样品组分某种特性的变化，这类检测器对样品中组分的某种物理或化学性质敏感。这类检测器包括紫外检测器、荧光检测器、安培检测器等。选择型检测器灵敏度高，受操作条件变化和外界环境影响小，并且可用于梯度洗脱操作。

(1) 紫外-可见光检测器（UVD）。紫外-可见光检测器，简称紫外检测器，是高效液相色谱法广泛使用的检测器。它的作用原理是被分析试样组分对特定波长紫外光或可见光的选择性吸收，组分浓度与吸光度的关系遵守朗伯-比尔定律。

紫外-可见光检测器具有很高的灵敏度，最小检测浓度可达 10^{-9} g · mL^{-1}。这种检测器对温度和流速不敏感，可用于梯度洗脱。缺点是不适用于对紫外光或可见光完全不吸收的试样，溶剂的选用受到限制（紫外光不能透过的溶剂如苯等不能用）。应用此检测器，还能获得分离组分的紫外吸收光谱，即当试样组分通过流通池时，短时中断液流进行快速扫描（停流扫描），以得到紫外吸收光谱，为定性分析提供信息，据此选择最佳检测波长。

紫外检测器可分为固定波长紫外检测器和可变波长紫外检测器。固定波长紫外检测器是采用汞灯的 254 nm 或 280 nm 谱线为测量波长，许多有机官能团可吸收这些谱线。可变波长紫外检测器（VWD）实际上是紫外-可见分光光度计作检测器，由于扩大了波长范围，使得应用范围大为增加，具有更好的选择性，即可选择对所分析组分最适宜而对溶剂背景不敏感的波长工作。可变波长紫外检测器的光路如图 6-8 所示。

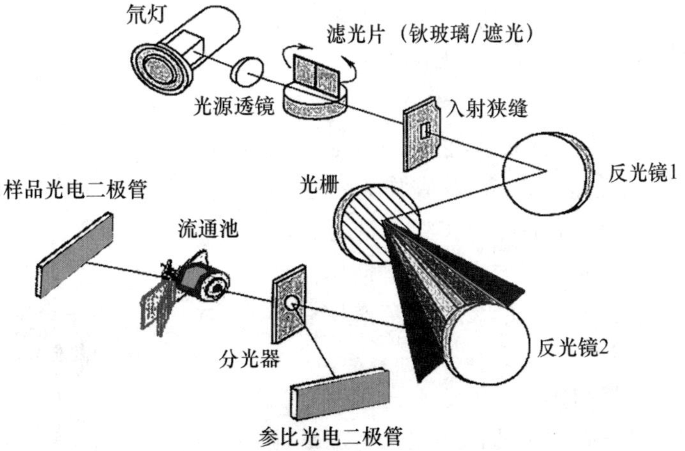

图 6-8　可变波长紫外检测器的光路

(2)光电二极管阵列检测器(DAD)。光电二极管阵列检测器是紫外检测器的一个重要进步。在此检测器中,先使光源发出的紫外光或可见光通过液相色谱流通池,被流动相中的组分进行特征吸收,通过入射狭缝之后进行分光,使含有吸收信息的全部波长的光聚焦在二极管阵列上同时被检测,并用电子学方法及计算机技术对二极管阵列进行快速扫描并采集数据。光电二极管阵列检测器光路如图 6-9 所示。由于扫描速度非常快,每帧图像仅需 10^{-2}s,远远超过色谱流出峰的速度,因此无须停流扫描而观察色谱柱流出物的各个瞬间的动态光谱吸收图。经计算机处理后可得到三维色谱光谱图,因此可利用色谱保留值规律及光谱特征吸收曲线综合进行定性分析。

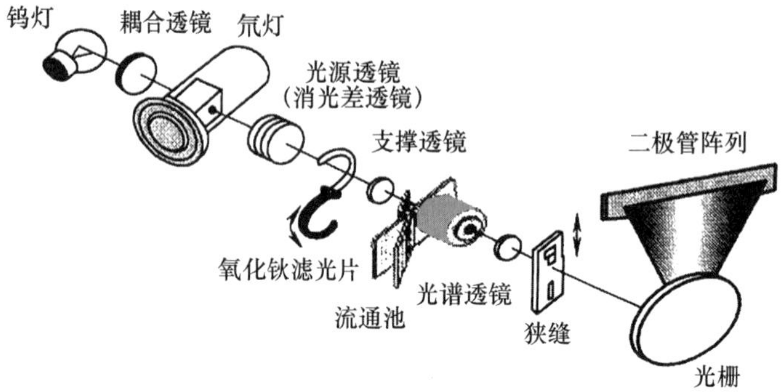

视频 6-4 高效液相色谱仪的检测系统(二)

图 6-9 光电二极管阵列检测器光路

(3)荧光检测器(FLD)。荧光检测器是一种高灵敏度和高选择性的检测器,适用于能产生荧光的物质的检测。许多物质,特别是具有对称共轭结构的有机芳环分子受紫外光激发后能辐射出比紫外光波长长的荧光,如多环芳烃、维生素 B 类、黄曲霉素、卟啉类化合物等,许多生化物质包括某些代谢产物、药物、氨基酸、胺类、甾族化合物都可用荧光检测器检测,其中某些不发射荧光的物质亦可通过化学衍生转变成能发出荧光的物质而得到检测。在一定条件下,荧光强度与化合物浓度成正比。

荧光检测器的光路结构如图 6-10 所示,由光源(氙灯或卤钨灯)产生 250 nm 以上强连续光谱,经透镜和激发光滤光片选择特定波长的激发光,通过样品流通池,样品受激发后向四周发射荧光,为避免激发光干扰,取与激发光成直角方向的荧光进行检测。

荧光检测器的灵敏度比紫外检测器要高百倍。当要对痕量组分进行选择性检测时,它是一种强有力的检测工具,但它的线性范围较窄,不宜作为一般的检测器来使用。荧光检测器也可用于梯度洗脱。测定中不能使用可熄灭、抑制或吸收荧光的溶剂作流动相。对不能直接产生荧光的物质,要使用色谱柱后衍生技术,操作比较复杂。

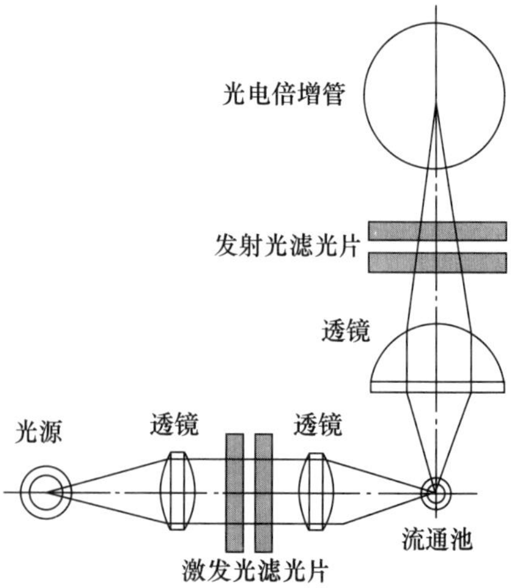

图 6-10 荧光检测器的光路结构

(4)示差折光检测器(RID)。示差折光检测器又称折光指数检测器,是通过连续监测参比池与测量池中溶液的折射率之差来测定试样浓度的检测器。溶液的光折射率是溶剂(流动相)和溶质(试样）各自的折射率乘其浓度之和，因此溶有试样的流动相和纯流动相折射率之差，表示试样在流动相中的浓度。几乎每种物质都有各自的折射率，因此都可用示差折光检测器来检测，它是一种通用型的浓度检测器。

示差折光检测器对温度变化很敏感，使用时温度变化要求保持在±0.001℃范围内。此检测器对流动相流量变化也敏感，要求流动相组成完全恒定，稍有变化都会对测定产生明显影响，因此不宜用于梯度洗脱。此外，示差折光检测器灵敏度较低，不宜用于痕量分析。

（5）电化学检测器（ECD）。常用电化学检测器包括电导检测器和安培检测器。电导检测器主要用于离子色谱法，检测原理是基于组分在某些介质中电离后电导值的变化来测定其含量。检测池内有一对平行的铂电极，构成电桥的一个测量臂。当电离组分通过时，其电导值和流动相电导值之差被记录，得出色谱图。电导检测器对温度和流速敏感，不能用于梯度洗脱。安培检测器用于测定能氧化还原的物质，灵敏度很高。其检测原理是组分通过电极表面，当两电极间施加大于该组分的氧化（或还原）电位的恒定电压时，组分被电解而产生电流，服从法拉第定律，记录得色谱图，检测池相当于一个微型电解池。

（6）蒸发激光散射检测器（ELSD）。蒸发激光散射检测器是近年新出现的高灵敏度通用型检测器。其工作原理是：首先将柱洗脱液雾化形成气溶胶，然后在加热的漂移管中将溶剂蒸发，余下的不挥发性溶质颗粒在光散射检测池中得到检测。ELSD 的响应不依赖于样品的光学特性，任何挥发性低于流动相的样品均能被检测，不受其官能团的影响。ELSD 最大的优越性在于能检测不含发色团的化合物，包括氨基酸、脂肪酸、糖类、表面活性剂等，尤其对于一些较难分析的样品，如磷脂、皂苷、生物碱、甾族化合物等无紫外吸收或紫外末端吸收的化合物，更具有其他 HPLC 检测器无法比拟的优越性。

5. 数据处理系统

高效液相色谱数据处理系统包括记录仪、色谱数据处理机和色谱工作站。目前一般使用色谱数据处理机和色谱工作站来记录和处理数据，在使用时按照软件的有关说明或指导书进行操作。

任务实施

操作实施 6-1　高效液相色谱仪的基本操作

视频 6-5　高效液相色谱仪的基本操作（上）

一、仪器与试剂的准备

1. 仪器与设备

高效液相色谱仪、分析天平、离心机、涡旋振荡器、超声波发生器等。

2. 材料与试剂

氨水、亚铁氰化钾、乙酸锌、无水乙醇、正己烷、甲醇、乙酸铵、甲酸、0.2 μm 水相微孔滤膜、塑料离心管等。

视频 6-6　高效液相色谱仪的基本操作（下）

二、学生课前预习

学生每 3～5 人为一组，以小组为单位合作学习，通过查阅资料和观看视频等完成预习报告。预习报告内容包括：（1）画出仪器的组成示意图。（2）画出操作流程图。(3)思考题:①高效液相色谱仪使用前为什么要进行预热?②为什么使用后需要用冲洗溶液对色谱柱进行冲洗?该使用哪种试剂作为冲洗液?

三、检查学生预习情况

根据各组汇总的相关资料,师生共同讨论、分析,采用头脑风暴法绘制高效液相色谱仪的操作流程图。

四、学生分组操作

学生按照修订后的操作流程,按规范要求,分组完成高效液相色谱仪的基本操作任务。分组进行乙酰磺胺酸钾标准系列的测定,测定浓度为 4 $\mu g \cdot mL^{-1}$、8 $\mu g \cdot mL^{-1}$、12 $\mu g \cdot mL^{-1}$、16 $\mu g \cdot mL^{-1}$、20 $\mu g \cdot mL^{-1}$。检测器为二极管阵列检测器(DAD);色谱柱为 C_{18}(5 μm,4.6 mm×250 mm);流动相为甲醇+0.02 $mol \cdot L^{-1}$ 乙酸铵溶液(3+97);流速为 0.8 $mL \cdot min^{-1}$;柱温为 30℃;检测波长为 230 nm;进样量为 20 μL。

五、数据记录及处理

(1)记录仪器的主要参数指标。

(2)从图 6-11 中可以得到哪些信息?

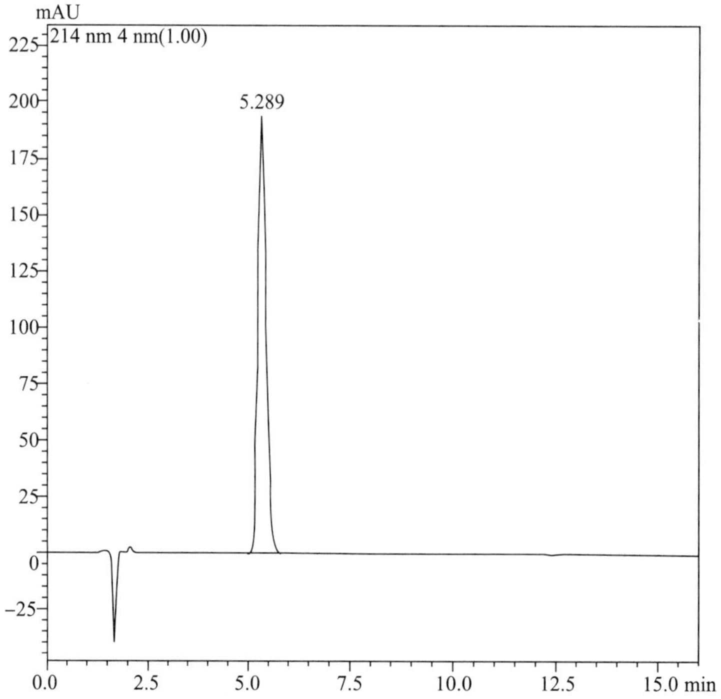

图 6-11 乙酰磺胺酸钾标准溶液液相色谱图

六、教师巡回指导

1.操作流程

高效液相色谱仪的操作流程如图 6-12 所示。

图 6-12　高效液相色谱仪的操作流程

2.操作要点和注意事项

(1)仪器开机。仪器正常工作条件:环境温度为 5～35℃,相对湿度为 20%～80%,大气压力为 75～106 kPa,供电电源交流电压为 220 V±22 V,频率为 50 Hz±0.5 Hz,接地电阻小于等于 4 Ω。

打开电源开关,接通电源,待泵和检测器自检结束后,仪器预热 30 min,打开色谱工作站。

(2)仪器排气。打开排液阀,排出管路中气泡,直至气泡排尽,关闭排液阀。

(3)仪器参数的设置。通过色谱工作站软件设置输液泵流量、各流动相比例、洗脱梯度、检测波长、运行时间等参数,设置完成后下载此方法保存至仪器。

(4)基线测试。待达到设定参数值时,查看基线是否平稳,基线平稳则可进行进样测试。

(5)标准系列的测定。单击启动或运行按钮,设置好数据文件信息和保存路径后,使用注射器将样品由手动进样口注入仪器,或是启用自动进样程序,开始检测。

(6)数据处理。样品检测结束后,通过色谱工作站软件分析数据。

(7)仪器关机。所有样品检测完毕,冲洗色谱柱一段时间;结束后停泵,关闭软件,切断仪器电源。

七、成绩评定

学生对完成工作任务的表现进行自评和互评,各小组进行总结、考核及评估,教师做出最后评价,填写学习过程评价表。

拓展任务

拓展操作 6-1　高效液相色谱仪的日常维护和保养

高效液相色谱仪是精密仪器,正确安装、使用和保养对保持仪器良好的性能和保证测试的准确度有重要作用。

一、仪器安装的环境要求

(1)温、湿度应在仪器规定的范围内且不会突然改变,一般要求环境温度为 5～35℃,相对湿度为 20%～80%,大气压力为 75～106 kPa。

(2)没有振动和阳光直射。

(3)清洁无尘,无腐蚀性气体,有良好的通风。

(4)没有强磁场和电场。

(5)电源电压、容量和频率符合仪器规定,电压波动在±10%以内,没有频率波动,一般要求供电电源交流电压为220 V±22 V,频率为50 Hz±0.5 Hz,接地电阻小于等于4 Ω。

二、仪器保养和维护方法

在日常工作中,液相色谱仪的保养非常重要,各部件的具体保养要求如下。

1. 储液瓶及溶剂处理

(1)溶剂在使用前应用微孔滤膜过滤后才可使用,以保持储液瓶的清洁。

(2)在泵的进口和出口与进样阀之间,应设置过滤器,过滤器使用3~6个月后或出现阻塞现象时要及时更换新的,以保证仪器正常运行和溶剂的质量。

(3)储液器内的溶液如长时间未用,应清洗储液器并更换溶液,应使用专用储液瓶并定期用酸、水和溶剂清洗(最后一次清洗应选用色谱级的水或有机溶剂)。

(4)溶剂变质或被污染或含微小颗粒会堵塞溶剂过滤头,从而影响泵的运行。清洗溶剂过滤头的具体方法是:取下过滤头,用硝酸溶液(1+4)超声清洗15 min,用蒸馏水超声清洗10 min,用洗耳球吹出过滤头中的液体,用蒸馏水超声清洗10 min,用洗耳球吹净过滤头中的水分,用色谱级的水清洗后按原位装上。

2. 输液泵

(1)每次使用前应放空,排除气泡,并使新流动相从放空阀流出20 mL左右。

(2)更换流动相时一定要注意流动相之间的互溶性问题,如更换非互溶性流动相,则应在更换前使用能与新、旧流动相均互溶的介质清洗泵。

(3)如用缓冲溶液作流动相或一段时间不使用泵,工作结束后应在泵中用超纯水或去离子水洗去系统中的盐,然后用色谱纯甲醇或乙腈冲洗。

(4)仪器使用一段时间后,应用扳手卸下在线过滤器的压帽,取出其中的密封环和不锈钢烧结过滤片一同清洗,具体方法同过滤头的清洗,清洗后按原位装上。

(5)使用缓冲溶液时,由于脱水或蒸发,流动相中的盐类物质会在柱塞杆后部形成晶体。输液泵运行时,这些晶体会损坏密封圈和柱塞杆,所以应该经常清洗柱塞杆后部的密封圈。

(6)输液泵长时间不使用,必须用去离子水清洗泵头及单向阀,以防阀球被阀座"锚住",泵头吸不进流动相。

(7)柱塞和柱塞密封圈长期使用会发生磨损,应定期更换密封圈,同时检查柱塞杆表面有无损耗。

(8)实验室应常备密封圈、各式接头、保险丝等易耗部件和拆装工具。

3. 进样器

(1)使用六通阀进样器,保持清洁可延长阀的使用寿命。

(2)进样前应使样品混合均匀,以保证结果的精确度。

(3)样品瓶应清洗干净,无可溶解的污染物。

(4)自动进样器的针头应有钝化斜面,侧面开孔;针头一旦弯曲应立即换上新针头,不能弄直了继续使用;吸液时,针头应没入样品溶液中,但不能碰到样品瓶底。

(5)避免注射过浓的样品溶液,以免残留液在进样阀内析出固体而引起堵塞;为了防止缓冲盐和其他残留物留在进样系统中，每次工作结束后应冲洗整个系统。

4. 色谱柱

(1)选择使用适宜的流动相(尤其是 pH)，以避免固定相被破坏。有时可以在进样器前面连接预柱，分析柱是键合硅胶时，预柱为硅胶，可使流动相在进入分析柱之前预先被硅胶“饱和”，避免分析柱中的硅胶基质被溶解。色谱柱的管外以箭头显著地标示了柱的使用方向，安装和更换色谱柱时一定要使流动相按箭头所指方向流动。

(2)在进样阀后加流路过滤器(0.22 μm 不锈钢烧结片)，挡住来源于样品和进样阀垫圈的微粒。

(3)在流路过滤器和分析柱之间加上保护柱，收集阻塞柱进口的、来自样品的、会降低柱效能的化学杂质。

(4)流动相流速不可一次改变过大，应避免色谱柱受突然变化的高压冲击，使柱床受到冲击，产生空隙。

(5)色谱柱应在要求的 pH 范围和柱温范围内使用，不要把柱放在有气流的地方或直接放到阳光下，气流和阳光都会使柱产生温度梯度，造成基线漂移。如果怀疑基线漂移是由温度梯度引起的，可以加装色谱柱恒温箱使柱恒温。

(6)样品进样量不应过载。一般进样量在 10～20 μL，进样前应将样品进行必要的净化，以免其中的杂质对色谱柱造成损伤。

(7)每次工作结束后，应用强溶剂(乙腈或甲醇)冲洗色谱柱。柱不用或储藏时，应将其封闭储存在惰性溶剂中。

(8)色谱柱使用一段时间后，柱效能会下降，此时可对色谱柱进行再生处理。再生处理方法：用相当于 20 倍柱体积的溶剂(水、甲醇、氯仿、异丙醇)并按顺序冲洗柱子，建议按柱子的箭头方向冲洗，一般来说色谱柱不能反冲，只有生产者指明该柱可以反冲时，才可以反冲除去留在柱头的杂质，否则反冲会迅速降低柱效。

(9)样品的前处理也很重要，任何样品都要尽可能去除杂质，完全溶解，尽量减少对色谱柱的污染，以延长色谱柱的使用寿命。

(10)对色谱柱做好标记，用于不同分析目的的色谱柱不要混用等。

5. 检测器

检测器每次使用时应及时排出流通池中的气泡。分析前，在柱平衡将完成时(通常大于 30 min)，再打开检测器；分析完成后，马上关闭检测器，以延长检测器的使用寿命。

三、液相色谱法的主要类型

1. 液-液分配色谱法

液-液分配色谱法中，流动相和固定相都是液体。一个液相作为流动相，另一个液相(固定液)则分散在很细的惰性载体或硅胶上作为固定相，流动相与固定相之间应互不相溶(极性不同，避免固定液流失)，它们之间有一个明显的分界面，固定液对于被分离组分是一种很好的溶剂。当试样进入色谱柱，各组分按照它们各自的分配系数很快地在两相间达到分配平衡，导致各组分迁移速度不同，从而实现分离。

依据固定相和流动相的相对极性的不同，液-液分配色谱法可分为液-液正相分配色谱法和液-液反相分配色谱法。液-液正相分配色谱法中，固定液是极性的，流动相是非极性的，固定相的极性大于流动相的极性，可用来分离极性较强的水溶性样品，非极性组分先洗脱出来，极性组分后洗脱出来。液-液反相分配色谱法中，固定液是非极性的或弱极性的，流动相极性较强，固定相的极性小于流动相的极性，可用来分离脂溶性样品和易离解的样品（如有机酸、有机碱、酚类等），极性组分先洗脱出来，非极性组分后洗脱出来。

2. 液-固吸附色谱法

液-固吸附色谱法是以固体吸附剂作为固定相，吸附剂通常是多孔的固体颗粒物质，如氧化铝、硅胶、活性炭、碳酸钙、氧化镁等，在它们的表面存在吸附中心，根据物质在固定相上的吸附作用不同进行分离。当试样分子被流动相带入色谱柱内，与吸附剂结构和性质相似的组分易被吸附，呈现高保留值；反之，与吸附剂结构和性质差异较大的组分不易被吸附，呈现低保留值。

液-固吸附色谱是指流动相为液体，固定相为固体吸附剂的色谱方法。分离的实质是利用组分在吸附剂（固定相）上的吸附能力以及被流动相洗脱难易程度的不同而获得分离，分离过程是一个吸附与解吸附的平衡过程。常用的吸附剂为硅胶或氧化铝，粒度为 5～10 μm。适用于非离子型化合物的分离，尤其是异构体以及具有不同极性取代基化合物间的分离。具有不同官能团的化合物在液-固吸附色谱中的保留顺序为：烷基＜卤素（F＜Cl＜Br＜I）＜醚＜硝基化合物＜腈＜叔胺＜酯＜酮＜醛＜醇＜酚＜伯胺＜酰胺＜羧胺＜碳胺。

3. 离子色谱法

离子色谱法是分析离子的一种液相色谱方法。根据分离机理，离子色谱法可分为离子交换色谱法（HPIC）、离子排斥色谱法（HPIEC）和离子对色谱法（MPIC）。

离子交换色谱法是利用离子交换原理和液相色谱技术的结合来测定溶液中阳离子和阴离子的一种分离分析方法。离子交换色谱法利用被分离组分与固定相之间发生离子交换的能力差异来实现分离。离子交换色谱法的固定相一般为离子交换树脂，树脂分子结构中存在许多可以电离的活性中心，待分离组分中的离子会与这些活性中心发生离子交换，形成离子交换平衡，从而在流动相与固定相之间形成分配，固定相的固有离子与待分离组分中的离子之间相互争夺固定相中的离子交换中心，并随着流动相的运动而运动，最终实现分离。

4. 尺寸排阻色谱法

尺寸排阻色谱法以凝胶为固定相。它类似于分子筛的作用，但凝胶的孔径比分子筛要大得多，一般为数纳米到数百纳米。溶质在两相之间不是靠其相互作用力的不同来进行分离，而是按分子大小进行分离。分离只与凝胶的孔径分布和溶质的流动力学体积或分子大小有关。试样进入色谱柱后，随流动相在凝胶外部间隙以及孔穴旁流过。在试样中一些太大的分子不能进入胶孔而受到排阻，因此就直接通过柱子，首先在色谱图上出现，一些很小的分子可以进入所有胶孔并渗透到颗粒中，这些组分在柱上的保留值最大，在色谱图上最后出现。

5. 亲和色谱法

亲和色谱法是一种利用固定相的结合特性来分离分子的色谱方法。亲和色谱法在凝胶过滤色谱柱上连接与待分离的物质有一定结合能力的分子，并且它们的结合是可逆的，在改变流动相条件时二者还能相互分离。它的原理是将一对能可逆结合和解离生物分子的一方作为配基（也称为配体），与具有大孔径、亲水性的固相载体相偶联而制成专一的亲和吸附剂，再用此亲和吸附剂填充色谱柱，当含有被分离物质的混合物随着流动相流经色谱柱时，亲和吸附剂上的配基就有选择地吸附能与其结合的物质，而其他的蛋白质及杂质不被吸附，从色谱柱中流出，使用适当的缓冲溶液使被分离物质与配基解吸附，即可获得纯化的目的产物。

拓展知识

与气相色谱相比，高效液相色谱中的固定相和流动相对样品组分的分离都起着至关重要的作用。选择合适的固定相和流动相是完成液相色谱分析的最关键因素，不同类型的液相色谱所选用的固定相和流动相是不相同的。

一、液相色谱固定相

1. 液-固吸附色谱用固定相

液-固吸附色谱常用的固定相有硅胶、氧化铝、分子筛、聚酰胺等全多孔型或薄壳型的固体吸附剂。目前，较常用的是直径为 5～10 μm 的全多孔型硅胶微粒，其特点是颗粒小，传质距离短，柱效高。

视频 6-7　液相色谱固定相和流动相

2. 液-液分配色谱及离子对色谱用固定相

(1)全多孔型担体。高效液相色谱法使用的担体为颗粒均匀的氧化铝、氧化硅、硅藻土等制成的直径为 100 μm 的全多孔小球，以及一种由纳米级硅胶堆聚而成的直径小于 10 μm 的全多孔型担体。

(2)表面多孔型担体。它是在直径为 30～40 μm 的实心玻璃微球表面附一层 1～2 μm 的多孔硅胶而成的。目前，粒径在 5～10 μm 的全多孔微粒担体成为使用最广泛的高效担体。

在液-液分配色谱固定相中，固定液的种类相对比较少。原则上讲，凡气-液色谱可以使用的固定液，只要不与流动相互溶，同样可用在液-液分配色谱中。但和气相色谱不同，液相色谱的流动相参与分离过程，因此可用于液-液分配色谱的固定液就只有极性不同的几种，如强极性的 β,β′-氧二丙腈、非极性的角鲨烷及中等极性的聚乙二醇-400 等。

(3)化学键合型固定相。它是借助化学反应将有机分子通过化学键的形式结合担体表面。根据在硅胶表面(具有≡Si—OH 基团)的化学反应不同，键合固定相分为硅氧碳键型(≡Si—O—C)、硅氧硅碳键型(≡Si—O—Si—C)、硅碳键型(≡Si—C)及硅氮键型(≡Si—N)。在硅胶表面利用硅烷化得到≡Si—O—Si—C 键型(18 烷基键合相)的反应为

在上述类型中，目前使用最多的是≡Si—O—Si—R—C 型，这是由于它的化学稳定性、耐水性、耐热性、耐有机溶剂性。

化学键合型固定相具有以下特点：

①表面无液坑，较一般液体固定相传质快。

②固定液不易流失，增加了固定相的耐冲刷性，从而延长了柱子的使用寿命。

③可以随心所欲地键合不同的官能团来满足分离选择性需要，从而应用于多种色谱类型及样品分离分析。表 6-1 给出了化学键合相色谱的应用实例。

④利于梯度淋洗，利于与灵敏检测器的匹配以及馏分的收集。

⑤但由于键合基团不一定能将担体表面全覆盖，即存在键合基团覆盖率问题；分离机制既不属于全部吸附，又非典型的液-液分配，还存在分子中的非极性部分与疏水基团产生的缔合作用，兼而有之，只是按键合量的多少有所侧重。

表 6-1 化学键合相色谱的应用实例

试样类型	键合基团	流动相	色谱类型	实例
低极性 溶解于烃类	—C_{18}	甲醇-水 乙腈-水 乙腈-四氢呋喃	反相	多环芳烃、甘油三酯、类脂、脂溶性维生素、甾族化合物、氢醌
中等极性 可溶于醇	—CN —NH_2	乙腈、正己烷 氯仿 正己烷 异丙醇	正相	溶性维生素、甾族、芳香醇，胺、类脂止痛药 芳香胺、脂，氯化农药、苯二甲酸
	—C_{18} —C_8 —CN	甲醇、水 乙腈	反相	甾族、可溶于醇的天然产物、维生素、芳香酸、黄嘌呤
高极性 可溶于水	—C_{18} —CN	甲醇、乙腈、水、缓冲溶液	反相	水溶性维生素、胺、芳醇、抗生素、止痛药
	—C_{18}	甲醇、水、乙腈	反相离子对	酸、磺胺类染料、儿茶酚胺
	—SO_3^-	水及缓冲溶液	阳离子交换	无机阳离子、氨基酸
	—NR_3^+	磷酸缓冲溶液	阴离子交换	核苷酸、糖、无机阴离子、有机酸

3. 离子交换色谱用固定相

这类色谱的固定相就是离子交换树脂，它有薄壳型离子交换树脂和离子交换键合固定相两种类型。

(1)薄壳型离子交换树脂。常用的是薄壳型离子交换树脂，即以薄壳玻璃珠作为担体在其表面涂以约 1%的离子交换树脂。

(2)离子交换键合固定相。其中的担体可以是薄壳玻璃珠，也可以是微粒硅胶。因此，离子交换键合固定相又进一步分为两种类型：键合薄壳型和键合微粒担体型。

上述两种类型的离子交换树脂，又可分为阴离子和阳离子交换树脂。进一步地按离子交换功能团酸碱性及其强弱可分为强酸性、强碱性、弱酸性、弱碱性。其中，强酸性和强碱性离子交换树脂的稳定性相对更好些，pH 适用范围也比较宽，因此在高效液相色谱中使用得也更广泛些。

4. 空间排阻(凝胶)色谱用固定相

排阻色谱用固定相就是凝胶。所谓凝胶，系指含有大量液体(通常为水)的柔软并富有弹性的物质，是一种经过交联而具有立体多孔网状结构的多聚体。其分为软质、半硬质和硬质三种类型。

(1)软质凝胶。如葡聚糖凝胶、琼脂糖凝胶等，适用于水为流动相的凝胶过滤色谱。

(2)半硬质凝胶。如苯乙烯二乙烯基苯交联共聚凝胶(交联聚苯乙烯凝胶)是目前应用最多的这类凝胶。适用于非极性有机溶剂，但不适于丙酮、乙醇一类的极性溶剂。另外，由于不同溶剂的溶胀因子不同，因此不得随意更换溶剂。能耐较高压力，但流速不可过大。

(3)硬质凝胶。如多孔硅胶、多孔玻璃微球等，其中，多孔硅胶具有化学稳定性、对热稳定性及机械强度高，可在柱中直接更换溶剂等特点，是目前用得较多的无机凝胶。

二、液相色谱流动相(洗脱剂)

溶质在液相色谱中的保留值取决于溶质和流动相、固定相之间的作用强度。由于溶质在液体中的溶解度远大于其在气体中的溶解度，因此，一般认为气相色谱的流动相不参加色谱分离过程，而液相色谱的流动相不仅参加分离过程，而且是液相色谱分离过程中极为重要的调节因素。特别在选定液相色谱固定相之后，流动相的选择也很重要。流动相的种类和配比均能显著地影响液相色谱的分离效果。与气相色谱分析相比，液相色谱的流动相是其分离分析的一个极为重要的因素。理想的液相色谱流动相应当满足黏度低、与检测器兼容性好、易于纯化和毒性低等要求。

常用溶剂的极性由大至小的顺序如下：

水，甲酰胺，乙腈，甲醇，乙醇，丙醇，丙酮，二氧六环，四氢呋喃，甲乙酮，正丁醇，醋酸乙酯，乙醚，异丙醚，二氯甲烷，氯仿，溴乙烷，苯，氯丙烷，甲苯，四氯化碳，二硫化碳，环己烷，己烷，庚烷，煤油。

为了获取适宜的流动相极性，高效液相色谱法经常采用多元组合的溶剂系统，并根据其各自在组合溶剂系统中所起的作用分为洗脱剂和调节剂。前者决定基本的分离，后者调节样品组分的滞留并对某几个组分具有选择性的分离作用。因此，流动相中的洗脱剂和调节剂的组合选择直接影响分离效率。在正相色谱中，洗脱剂采用低极性的溶剂(正己烷、苯、氯仿等)；而调节剂则根据样品组分的性质选择极性较强的针对性溶剂(醚、酯、酮、醇、酸等)。在反相色谱中常以水为流动相的主体，以加入不同配比的有机溶剂作为调节剂。常用的有机溶剂有甲醇、乙腈、二氧六环、四氢呋喃等。

在正相色谱中，溶剂的冲洗强度随极性增加而增大；在反相色谱中，溶剂的冲洗强度随极性的增加而减小。应该注意的是，尽管液相色谱流动相用溶剂都是些具有适当纯度的商品化有机溶剂，但有些这类的溶剂并不适于直接做液相色谱流动相使用，需要事先进行纯化，以除去干扰性杂质。如卤代有机溶剂有可能包含有微量的酸性杂质而使系统中的不锈钢部件遭受破坏或与水混合后易于分解或与各种醚类(如乙醚)反应，形成的产物对不锈钢部件造成腐蚀；卤代化合物(如二氯乙烷)易与某些有机溶剂(如乙腈)发生作用形成结晶，对系统造成堵塞。一些液相色谱常用的流动相溶剂及其性质见表 6-2。

表 6-2　常用的流动相溶剂及其性质

溶剂	沸点/℃	黏度/cP	毒性/(μg·mL^{-1})	溶剂	沸点/℃	黏度/cP	毒性/(μg·mL^{-1})
正己烷	68	0.32	500	四氢呋喃	66	—	200
正庚烷	98	—	500	乙腈	80	0.29	40
二氯甲烷	40	0.44	—	甲醇	65	0.58	200
氯仿	61	0.57	50	乙醇	78	1.19	1 000
四氯化碳	77	0.97	—	异丙醇	82	2.30	400
丙酮	56	0.32	1 000	水	100	1.01	—
二氧六环	101	1.54	100				

1. 正相色谱常用流动相

正相色谱分为硅胶吸附色谱和正相键合色谱。

视频 6-8 正相色谱和反相色谱

正相色谱所用流动相，按其吸附强度大小分类，称为溶剂洗脱能力序列。常以 ε^0（单位面积标准吸附剂的吸附能）作为流动相溶剂的吸附强度参数。即 ε^0 值越大，表明溶剂的吸附强度越大。表 6-3 给出了在正相色谱中以硅胶为固定相时一些溶剂的吸附强度参数 ε^0。在正相色谱中，样品分子的 k 值随流动相溶剂 ε^0 值的增加而下降，因此，溶剂洗脱能力序列可用于特定的分离问题寻找最佳的流动相溶剂强度。比如，在等度洗脱（即流动相溶剂的强度不随时间改变而变化的冲洗方式）中，若最初选用的流动相溶剂强度太大或太小使样品 k 值过小或过大，则可自表 6-3 中改用 ε^0 值较为合适的其他溶剂代替。当然，改变溶剂种类的同时也改变了样品的选择性 α 值，为了进一步调整所需的 α 值，特别是二元流动相要比纯溶剂使用得更多些。表 6-3 同时给出了一些二元组合流动相在硅胶柱上的 ε^0 值。

表 6-3　在硅胶柱上液固色谱流动相溶剂的洗脱能力序列洗脱强度

洗脱强度参数 ε^0	Ⅰ	Ⅱ	Ⅲ
0.00	戊烷	戊烷	戊烷
0.05	4.2%氯化异丙烷/戊烷	3%二氯甲烷/戊烷	4%苯/戊烷
0.10	10%	7%	11%
0.15	21%	14%	26%
0.20	4%乙醚/戊烷	26%	乙酸乙酯/戊烷
0.25	11%	50%	11%
0.30	23%	82%	23%
0.35	56%	3%乙腈/苯	56%
0.40	2%甲醇/乙醚	11%	
0.45	4%	31%	
0.50	8%	乙腈	
0.55	20%		
0.60	50%		

2. 反相色谱常用流动相

反相色谱常用流动相溶剂有水、甲醇、乙腈和四氢呋喃。通常用甲醇、水的混合流动相足以满足多数样品的分离要求。甲醇的毒性比乙腈小，且价格低廉。因此，其成为反相色谱法中常用的流动相溶剂的强组分。

3. 离子交换色谱用流动相

离子交换色谱主要在含水介质中进行。组分的保留值可用流动相中盐的浓度（或离子强度）及介质酸碱度进行控制，增加盐的浓度可使保留值降低。由于不同的流动相离子与交换树脂之间的作用力不同，因此，流动相中的离子类型对样品组分的保留值有显著影响。通常阴离子的保留顺序由大至小为：柠檬酸离子＞SO_4^{2-}＞草酸离子＞I^-＞NO_3^-＞CrO_4^{2-}＞Br^-＞SCN^-＞Cl^-＞$HCOO^-$＞CH_3COO^-＞OH^-＞F^-，所以用柠檬酸根离子洗脱比用氟离子来得快。阳离子的保留顺序由大至小大致为：Ba^{2+}＞Pb^{2+}＞Ca^{2+}＞Ni^{2+}＞Cd^{2+}＞Cu^{2+}＞Co^{2+}＞Zn^{2+}＞Mg^{2+}＞Ag^+＞Cs^+＞Rb^+＞K^+＞NH_4^+＞Na^+＞H^+＞Li^+，但彼此差别不如阴离子明显。

流动相 pH 与组分保留值之间有一定关系，对于阳离子交换柱：随流动相 pH 增加，保留值减小；而对于阴离子交换柱：随流动相 pH 增加，保留值增加。

4. 空间排阻色谱用流动相

排阻色谱法所用流动相应与凝胶非常相似，以便浸润凝胶并防止其吸附作用的发生。当固定相采用的是软质凝胶时（通常如此），所选流动相溶剂必须能溶胀凝胶。因为在这种情况下，软质凝胶的孔径大小是流动相溶剂吸留量的函数。另外，对于一些扩散系数相对低的大分子而言，流动相溶剂自身的黏度大小也是十分重要的因素，黏度过高将使扩散作用受到一定制约，从而影响分辨率。一般来讲，分离高分子有机化合物，主要采用四氢呋喃、甲苯、间甲苯酚、N，N-二甲基甲酰胺等作流动相；分离生物样品则主要是采用水、盐缓冲溶液、乙醇及丙酮等作流动相。

三、高效液相色谱仪常见问题及解决方法

1. 色谱柱柱压高

高效液相色谱仪使用过程中会出现柱压高的故障，出现这种故障的原因主要是缓冲液盐分（如乙酸铵等）沉积于柱内或是样品污染沉积。

（1）流动相中缓冲液盐分沉积。先用 40～50℃的纯水低速正向冲洗柱子，待柱压逐渐下降后，相应提高流速冲洗，柱压大幅度下降后，用常温纯水冲洗，之后用纯甲醇冲洗柱子 30 min。

（2）样品污染沉积。由样品的沉积引起污染的 C_{18} 柱，先用纯水反向冲洗柱子，随后换成甲醇冲洗，接着用甲醇＋异丙醇（4＋6）冲洗柱子（冲洗时间的长短由样品污染的情况而定），再换成甲醇冲洗，然后用纯水冲洗，最后用甲醇正向冲洗柱子 30 min 以上。

2. 流动相中气泡溢出

使用过程中发现流动相内有气泡，关闭泵，打开泄压阀，打开 Purge 键，清洗脱气，气泡不断从过滤器冒出，进入流动相，无论打开 Purge 键几次，都无法清除不断产生的气泡。产生该种故障的原因是过滤器长期沉浸于乙酸铵等缓冲液内，过滤器内部由于霉菌的生长繁殖，形成菌团，阻塞了过滤器，缓冲液难以流畅地通过过滤器，空气在泵的压力作用下经过滤器进入流动相。处理过滤器浸泡于 5％硝酸溶液中，超声清洗几分钟即可；亦可将过滤器浸泡于 5％硝酸溶液中 12～36 h，轻轻振荡几次，再将过滤器用纯水清洗几次，打开泄压阀，打开 Purge 键清洗脱气，如仍有气泡不断从过滤器冒出，继续将过滤器浸泡于 5％硝酸溶液中，如没有气泡不断从过滤器中冒出，说明过滤器内部的霉菌菌团已被硝酸破坏，流动相可以流畅地通过过滤器。打开泄压阀，打开泵，流速调至 1.0～3.0 $mL \cdot min^{-1}$，纯水冲洗过滤器 1 h 左右，即可将过滤器清洗干净。关闭泄压阀，纯甲醇冲洗半小时即可。

3. 仪器既无压力指示又无液体流过

高效色谱仪使用过程中出现这种故障的原因主要是泵密封垫圈磨损或是大量气泡进入泵体。

（1）泵密封垫圈磨损。更换密封垫圈即可。

（2）大量气泡进入泵体。在泵作用的同时，用一个 50 mL 的玻璃针筒在泵的出口处帮助

抽出空气。

4.仪器压力波动大，流量不稳定

高效色谱仪使用过程中出现这种故障的原因主要是系统中有空气或者单向阀的宝石球和阀座之间夹有异物，使得两者不能密封。处理工作中注意观察流动相的量，保证不锈钢滤器沉入储液器瓶底，避免吸入空气，流动相要充分脱气。如为单向阀和阀座之间夹有异物，拆下单向阀，放入盛有丙酮的烧杯用超声波清洗。

5.出峰不佳，峰分叉

高效色谱仪使用过程中出现这种故障的原因主要是色谱柱被污染或是柱头填料塌陷。

(1)色谱柱被污染：先用纯水反向冲洗柱子，然后换成甲醇冲洗，接着用甲醇＋异丙醇(4＋6)冲洗柱子(冲洗时间的长短由样品污染的情况而定)，再换成甲醇冲洗，然后用纯水冲洗，最后甲醇正向冲洗柱子 30 min 以上。如冲洗后依然出峰不佳，则考虑第二种情况。

(2)柱头填料塌陷：拧开柱头，检查柱填料是否硬结或塌陷。去除硬结部分(污染的填料)，装入新填料，滴一滴甲醇，填料下陷，再填，用与柱内径相同的顶端平滑的不锈钢杆压紧，再填平，滴甲醇，再压紧反复几次，直至装满填平。柱头用甲醇冲洗干净，擦净柱外壁的填料，拧紧柱头，用纯甲醇冲洗 30 min 以上。

6.峰面积重复性不佳

(1)进样阀漏液。更换进样阀垫圈。

(2)加样针不到位。保证加样针插到底，注射样品溶液后须快速、平稳地从 LOAD 状态转换到 INJECT 状态，以保证进样量的准确。

(3)液量不足。保证足够的液量。

任务二　采用高效液相色谱仪对样品进行分离检测定性分析

任务内容

进一步熟悉高效液相色谱仪的操作使用方法，学会采用适当的分析条件对样品进行分离检测，并对样品中组分进行定性分析。

视频 6-9　液相色谱流动相的选择与配制

技术知识

一、液相色谱流动相的选择与配制

液相色谱理想的流动相应具有低黏度、与检测器匹配、与色谱系统适应性好、易于得到纯品、有利于样品的回收和低毒性等特征。

1.流动相的成分选择

(1)流动相应不改变色谱柱填料的任何性质。某些低交联度的离子交换树脂和排阻色谱填料有时遇到某些有机相会溶胀或收缩，从而改变色谱柱填床的性质。碱性流动相不能用于硅胶柱系统。酸性流动相不能用于氧化铝、氧化镁等吸附剂的柱系统。

(2)纯度。色谱柱在使用过程中有大量的溶剂通过，溶剂杂质过多就会使色谱柱填料被污

染或降低检测器对被检测组分的灵敏度。另外，色谱柱的寿命与大量流动相通过有关，特别是当溶剂所含杂质在柱上积累时。所以我们在选择流动相时尽量使用色谱级的专用试剂，若使用其他级别的试剂一定要重蒸微孔过滤后使用。

(3)与检测器匹配。使用紫外-可见光检测器时，所用流动相在检测波长下应没有吸收，或吸收很小。当使用示差折光检测器时，应选择折光系数与样品差别较大的溶剂作流动相，以提高灵敏度。

(4)黏度要低，应小于 2 MPa・s。高黏度溶剂会影响溶质的扩散、传质，降低柱效，还会使柱压降增加，使分离时间延长。最好选择沸点在 100℃以下的流动相。

(5)对样品的溶解度要适宜。如果溶解度欠佳，样品会在柱头沉淀，不但影响纯化分离，且会使柱效降低、达不到物质分离的目的。

(6)样品易于回收。应选用沸点较低、易挥发性溶剂。

2.流动相的前处理

所有溶剂在使用前都必须经微孔滤膜过滤，以除去杂质。用微孔滤膜过滤时，特别要注意分清有机相滤膜和水相滤膜。有机相滤膜一般用于过滤有机溶剂，过滤水溶液时流速低或滤不动。水相滤膜只能用于过滤水溶液，严禁用于有机溶剂，否则滤膜会被溶解。对于混合流动相，可在混合前分别过滤，如需混合后过滤，首选有机相滤膜。

所用流动相必须先脱气，否则容易产生气泡，影响输液泵的正常工作。气泡还会影响柱的分离效率，影响检测器的灵敏度、基线稳定性，甚至导致无法检测。此外，溶解在流动相中的氧还可能与样品流动相甚至固定相发生反应。溶解气体还会引起溶剂 pH 的变化，容易使结果产生误差。溶解氧能与某些溶剂(如甲醇、四氢呋喃)形成有紫外吸收的络合物，此络合物会提高背景吸收，并导致检测器灵敏度的轻微降低，但更重要的是会在梯度淋洗时造成基线漂移。

3.流动相的比例选择

(1)由强到弱原则。一般先用 90%的乙腈(或甲醇)/水(或缓冲溶液)进行试验，这样可以很快地得到分离结果，然后根据出峰情况调整有机溶剂(乙腈或甲醇)的比例。

(2)三倍规则。每减少 10%的有机溶剂(甲醇或乙腈)的量，保留因子约增加三倍，此为三倍规则。调整的过程中，注意观察各个峰的分离情况，找到最佳比例以保证标准物质出峰效果。

(3)粗调转微调原则。当组分分离达到一定程度，应将有机溶剂 10%的改变量调整为 5%，并据此规则逐渐降低调整率，直至各组分的分离情况不再改变即为最佳比例。

二、色谱柱的选择与使用

利用液相色谱仪进行分析，对于色谱柱的选择，首先根据其待测样品的成分性质进行大致的分类，例如可以根据分离规模来进行选择色谱柱的类别，色谱柱根据其直径的尺寸大小不同具有非常多的型号。如制备柱，其直径较大，一般大于 10 m，还有分析柱，其直径尺寸大概是 25 mm，以及一些微型柱，包括有纳米柱、毛细管柱等。如脂溶性的样品适合的色谱柱是调料式的孔径，而水溶性非离子型的则比较适合反向色谱柱法等。

液相色谱仪分离条件的选择包括分离模式和柱系统的选择，是高效液相色谱方法建立的关键步骤。一般可在充分考虑样品的溶解度、分子量、分子结构和极性差异的基础上，确定适当的分离模式和柱系统。

分离模式和柱系统如图 6-13、图 6-14、图 6-15 所示。

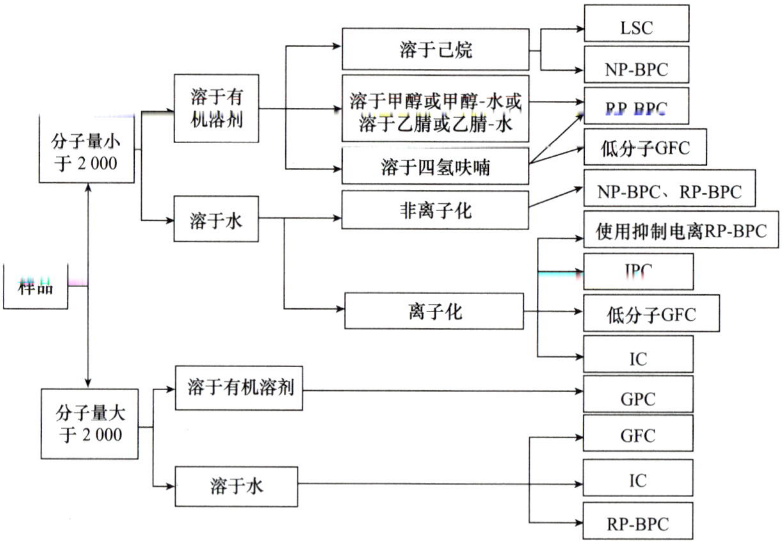

图 6-13　高效液相色谱仪分离模式结构图

LSC 为液-固色谱法；NP-BPC 为正相键合相色谱法；RP-BPC 为反相键合相色谱法；GPC 为凝胶渗透色谱法；IPC 为离子对色谱法；GFC 为凝胶过滤色谱法；IC 为离子色谱法

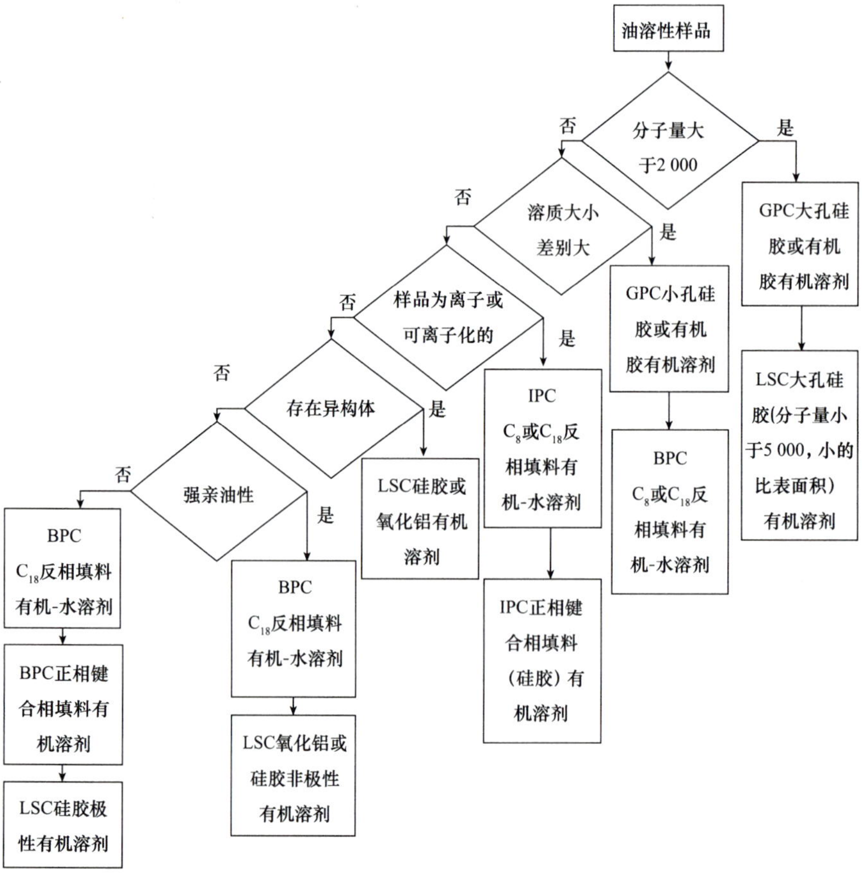

图 6-14　油溶性样品柱系统选择图

三、梯度洗脱技术

通常情况下，液相色谱操作中的流动相组成和比例是恒定的，这种洗脱化合物的方式被称为等度洗脱；但是为了改善分析结果，某些操作需要连续改变流动相中各溶剂组分的比例以连续改变流动相的极性，使每个分析组分都有合适的容量因子 k，并使样品中的所有组分可在最短时间内实现最佳分离，这种洗脱方式称为梯度洗脱。

1. 梯度洗脱的原理

流动相由几种不同极性的溶剂组成，通过改变流动相中各溶剂组成的比例改变流动相的极性，使每个流出的组分都有合适的容量因子 k，并使样品中的所有组分可在最短时间内实现最佳分离。

当样品随梯度起点的流动相进入色谱柱入口时，由于起点流动相中强洗脱溶剂 B 含量较低，化合物 C_1（保留性适中）和化合物 C_2（保留性较强）因分配系数（k 值）较高而滞留于色谱柱入口附近，几乎未移动。一段时间后，B 增加到一定数值，C_1 的 k 值达到足够小，其在柱中的移动速率明显增大，并且随着 B 的增加，其移动速率愈加快速，直到 C_1 流出色谱柱，被检测器检测到并被记录成色谱峰 C_1，C_1 虽然比等梯度时的保留时间长很多，但 C_1 的的平均 k 值却很小，因而色谱峰并未展宽，灵敏度仍处于较高水平。B 持续增加，在随后的某个时间点，C_2 的 k 值也降到 10 以下，C_2 的移动速率也开始变快，以与 C_1 类似的方式 C_2 被洗脱出色谱柱，其平均 k 值同样很小，色谱峰亦未展宽，灵敏度处于较高水平。

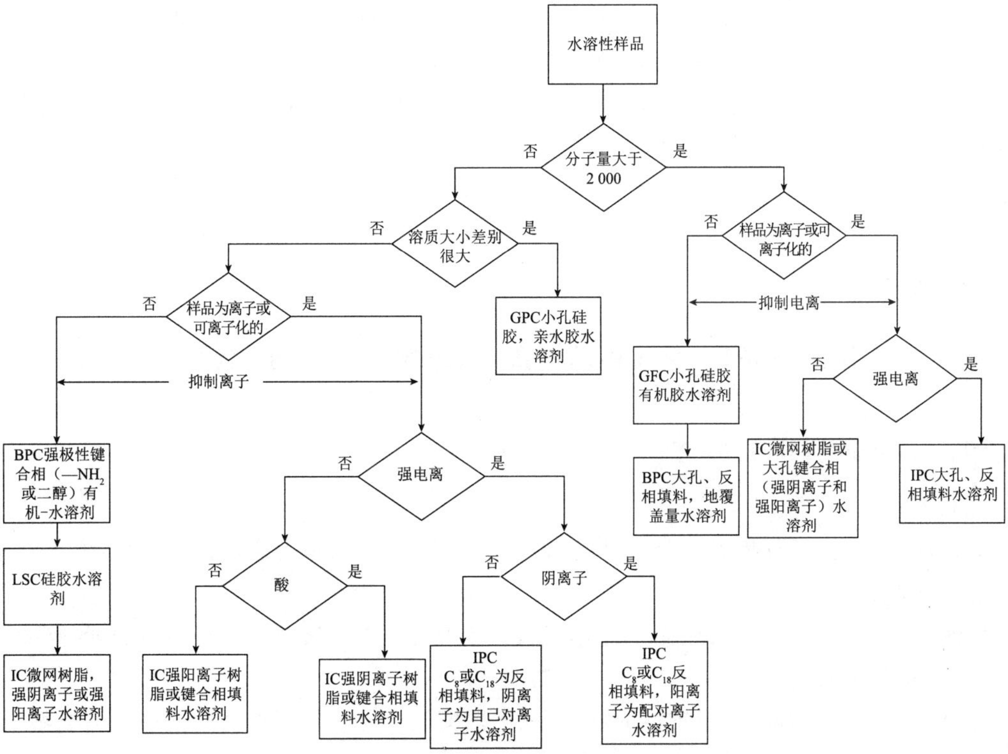

图 6-15　水溶性样品柱系统选择图

2. 梯度洗脱的要求

（1）洗脱液体积应足够大，一般要高于柱体积几十倍，从而使分离的各物质峰不致太拥挤。

（2）梯度的上限要足够高，使紧密吸附的物质能被洗脱下来。

(3)梯度不要上升太快，要恰好使移动的区带在快到柱末端时达到解吸状态。待测物过早解吸，会引起区带扩散；而待测物过晚解吸会使峰形过宽。

梯度洗脱在大分子样品分析、等度下具有较宽 k 值的多种样品分析、待测样品含有强保留的干扰物等情况下有较好的应用。梯度洗脱技术能缩短待测物的分析周期，提高色谱仪分离能力，改善待测物的峰型，消除拖尾，增加灵敏度等优点。

四、衍生化技术

衍生化是一种利用化学变换把化合物转化成类似化学结构的物质。一般来说，一个特定功能的化合物参与衍生反应，溶解度、沸点、熔点、聚集态或化学成分会产生偏离。由此产生的新的化学性质可用于量化或分离。样品的衍生化的作用主要是把难于分析的物质转化为与其化学结构相似但易于分析的物质，便于量化和分离。当检测物质不容易被检测时，如无紫外吸收等，可以将其进行处理，如加上生色团等，生成可被检测的物质。这在仪器分析中被广泛应用。

高效液相色谱的化学衍生法是指在一定条件下利用某种试剂(通称化学衍生试剂或标记试剂)与样品组分进行化学反应，反应的产物有利于色谱检测或分离。一般化学衍生法主要有以下几个目的：提高样品检测的灵敏度；改善样品混合物的分离度；适合于进一步做结构鉴定，如质谱、红外或核磁共振等。

衍生化常用的反应有酯化、酰化、烷基化、硅烷化、硼烷化、环化和离子化等。衍生化反应从是否形成共价键来说，可分为标记和非标记反应。标记反应是在反应过程中，被分析物与标记试剂之间生成共价键；所有其他类型的反应，如形成离子对、光解、氧化还原、电化学反应等都是非标记反应。从衍生反应的场所来分，有柱前衍生化、柱上衍生化和柱后衍生化。从是否与仪器联机的角度来说，可分为在线、离线和旁线(自动化)三种。目前在高效液相色谱法中以离线的柱前衍生化法与在线的柱后衍生化法使用居多，旁线衍生化方法是发展方向。

任务实施

操作实施 6-2　食品中苯甲酸、山梨酸和糖精钠的定性分析

一、仪器与试剂的准备

1. 仪器与设备

高效液相色谱仪、分析天平、离心机、匀浆机、涡旋振荡器、恒温水浴锅、超声波发生器等。

2. 材料与试剂

氨水、亚铁氰化钾、乙酸锌、无水乙醇、正己烷、甲醇、乙酸铵、甲酸、0.22 μm 水相微孔滤膜、50 mL 塑料离心管。

苯甲酸钠、山梨酸钾、糖精钠标准物质，或经国家认证并授予标准物质证书的标准物质。

二、学生课前预习

学生每 3～5 人为一组，小组合作学习，通过查阅标准和资料等完成预习报告。预习报告内容包括：(1)画出食品中苯甲酸、山梨酸和糖精钠的定性分析的操作流程图。(2)思考题：①流动相使用前为什么要超声脱气？②通过哪些数据对比对食品中苯甲酸进行定性分析？

三、检查学生预习情况

根据各组汇总的相关资料，师生共同讨论、分析，采用头脑风暴法绘制高效液相色谱仪定性分析的操作流程图。

四、学生分组操作

学生按照修订后的该操作流程，按规范要求，分组完成该食品中苯甲酸、山梨酸和糖精钠的定性分析任务。

(1)测定浓度。苯甲酸、山梨酸、糖精钠单点混合标准系列的测定，测定浓度为 1.00 mg・L^{-1}。

(2)色谱参考条件。

色谱柱：C_{18} 柱，柱长为 250 mm，内径为 4.6 mm，粒径为 5 μm，或等效色谱柱。

流动相：甲醇＋乙酸铵溶液(5＋95)。

流速：1 mL・min^{-1}。

检测波长：230 nm。

进样量：10 μL。

(3)在相同条件下对待测样品同时进行分析，得到色谱图，将混合标准溶液的保留时间、保留体积、调整保留体积、特征保留体积、相对保留值、保留系数等数据与待测样品中未知组分的保留数据进行比较，可进行定性分析。同样条件下重复试验的保留数据的分散性，其相对标准偏差应小于等于 3%。

五、数据记录及处理

(1)记录仪器的主要参数指标。

(2)记录标准试样和待测样品的色谱图(图 6-16)。

(3)样品的定性。

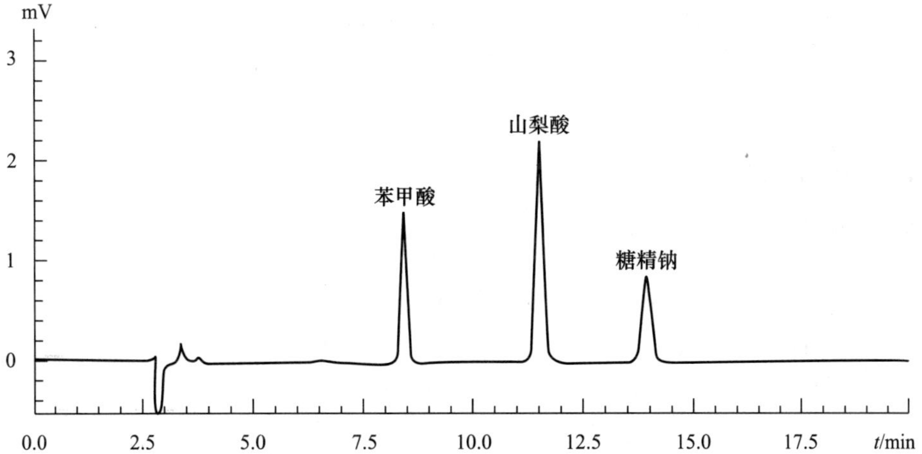

图 6-16　1 mg・L^{-1} 苯甲酸、山梨酸和糖精钠标准溶液液相色谱图

六、教师巡回指导

1. 色谱峰的定性鉴别

通过保留值，通常指保留时间进行定性。在相同分析条件下，保留时间相同并不一定是同一组分，保留时间不同肯定不是同一组分。需要制订保留时间误差范围。

2. 定性分析技术

(1)标准加入法。用标准样品的保留值定出被测组分的位置。将已知标准物质加到待测样品中，若某一峰增高，且改变色谱柱或流动相组分后仍能使该峰增高，则可认定该峰与标准物质为同一物质。

(2)光电二极管阵列检测器法。利用光电二极管阵列检测器，同时比较标准和待测物质的保留时间和紫外光谱图。如果两者均一致，则可认定待测物与标准物质为同一物质。如果保留时间一致，而紫外光谱有较大差别，则可认定待测物与标准物质为不同物质。

(3)两谱联用技术。若标准物质由于结构、理化性质相似，很多物质具有十分接近甚至相同的保留值，我们可以运用红外光谱、紫外光谱、核磁共振光谱和质谱等与高效液相色谱两谱联用技术对化合物进行定性分析。

七、成绩评定

学生对完成工作任务的表现进行自评和互评，各小组进行总结、考核及评估，教师做出最后评价，填写学习过程评价表。

拓展知识

高效液相色谱分析方法建立的一般步骤

高效液相色谱法是 20 世纪 60 年代后期发展起来的一种分析方法。高效液相色谱法的应用远远广于气相色谱法。世界上约有 80%的有机化合物可以用高效液相色谱法来分析测定。近年来，它广泛用于合成化学、石油化学、生命科学、临床化学、药物研究、环境监测、食品检验及法学检验等领域。

一、高效液相色谱分析的系统方法

高效液相色谱分离的系统方法如图 6-17 所示。

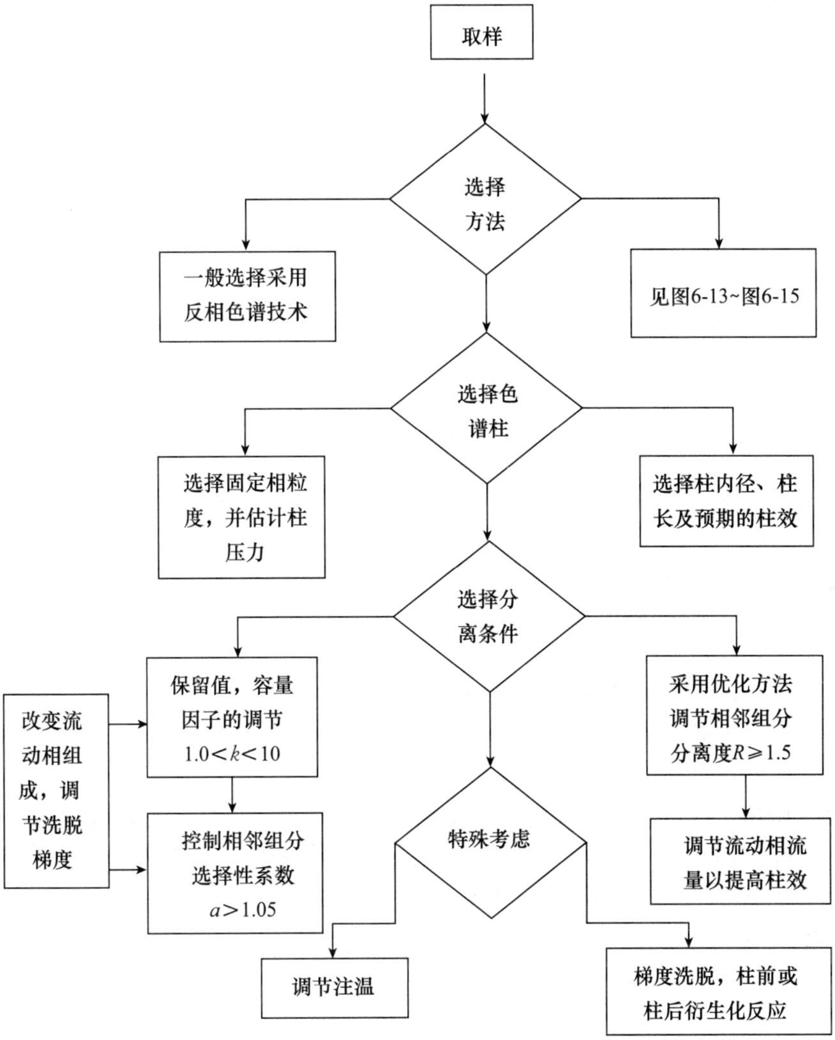

图 6-17　高效液相色谱分离的系统方法

二、高效液相色谱分析方法建立的具体步骤

1. 取样及预处理的操作

高效液相色谱分析要求按样品的分析目的选择合适的取样方法。根据样品形式和分析目的，样品可直接进高效液相色谱仪，或者对分析物进行萃取、衍生、浓缩等预处理。

(1)取样。取样应根据分析目的、样品性质及测试项目使用最佳方法进行，考虑具有样品代表性及能区分每个样品特征的差异。为了防止由于老化之类的外部因素引起的变化，预处理和进样的过程应尽可能快地进行。如果样品需要贮存，要预先确认样品不会因为贮存和转移运输发生变化。如果在初步试验和实际测定时样品量和分析物浓度存在较大差别，则设定的条件将无效。用于取样和样品贮存的容器和器具不应含有任何吸附样品或溶解于样品的物质。

(2)预处理。样品在进高效液相色谱仪之前，应针对分析目的、样品性质和测试项目使用最合适的方法进行预处理。

预处理包括下列过程：称重、蛋白质脱除、萃取(液液萃取、固相萃取、溶剂蒸馏、超滤分离、超临界流体萃取等)、净化(液液萃取、固相萃取等)、脱水、脱盐、浓缩、定容、衍生、标准物加入、溶剂调整(衍生化、溶解在适于进样的溶剂中)等。必要时使用 0.2～0.5 μm 的过滤膜对样品进行过滤以除去不溶物。预处理有可能引起来自试剂、容器、环境等的污染，引起杂质的混入以及分析物的损失，应引起注意。

2. 仪器配置

(1)流动相供应单元。输送流动相(洗脱剂)到色谱柱的供应单元包括洗脱剂储液器、脱气器、供液泵、梯度洗脱单元。

(2)进样器。进样器的材料和构造应确保所进的样品没有吸附保留，进样重复性好。如果用自动进样器自动进行许多试样的进样，那么它应具有以下基本功能：重复性、定量进样准确性、保留小、极小的样品量等。

(3)分离单元。液相色谱仪的分离单元包括色谱柱、色谱柱箱。从进样器到色谱柱入口的流路和从色谱柱出口到检测器的流路应使用死体积尽可能小的管路，以免样品谱带扩散。可使用保护柱来防止分析柱性能损坏。使色谱柱箱可提高分离分析的稳定性从而确保分析精度。色谱柱箱应具有温度控制功能。控制温度可优化色谱柱性能、增强分离选择性以及防止柱温受环境温度变化的影响。

(4)检测器。洗脱剂从色谱柱进入检测器的微流池，检测器按照不同原理以流动相作为背景检测分析物的浓度或体积。

(5)数据处理机。数据处理机显示色谱图和计算得到的定量结果。计算可通过制备校准曲线，用浓度对保留时间、峰高、峰面积等作图。

3. 选择色谱柱

按照色谱柱填料和洗脱剂的组合，HPLC 有多种分离方式。按分析物的化学、物理特性合理地选择分离方式和色谱柱。

4. 选择分离条件

(1)洗脱剂的选择。在选择洗脱剂时，应按分离模式或检测模式选择洗脱剂，洗脱剂应能合适地分离分析物、不会化学的或物理的破坏柱填料、能溶解样品而没有破坏、与检测器相适应，以满足要求。表 6-4 所列为按分离模式选择洗脱剂。

表 6-4 按分离模式选择洗脱剂

<table>
<tr><th colspan="2">分离模式</th><th>洗脱剂</th><th>备注</th></tr>
<tr><td colspan="2">吸附色谱</td><td>己烷、戊烷、二氯甲烷、乙醚、异丙醇、甲醇，以及其他具有不同极性的有机溶剂，可混合使用</td><td>洗脱剂极性越高、洗脱能力越强。分离选择性随洗脱剂的极性改变。除此之外，还随氢键、可受性和偶极作用而改变</td></tr>
<tr><td rowspan="3">分配色谱</td><td>正相色谱</td><td>己烷、戊烷、二氯甲烷、乙醚、异丙醇、甲醇，以及其他具有不同极性的有机溶剂，可混合使用</td><td>洗脱剂极性越高、洗脱能力越强。分离选择性由分析物在洗脱剂和固定相中的溶解性决定。除此之外，还随氢键、可受性和偶极作用而改变</td></tr>
<tr><td>反相色谱</td><td>甲醇、乙腈、四氢呋喃和其他有机溶剂同水或缓冲溶液混合使用</td><td>洗脱剂极性越低、洗脱能力越强。分离选择性由分析物在洗脱剂和固定相中的溶解性决定。除此之外，还随氢键、可受性和偶极作用而改变。如果分析物是离子型化合物，洗脱剂的 pH 将严重影响保留/分离。在离子型化合物电离的 pH 下，保留很弱，而在非电离的 pH 下，保留变强</td></tr>
<tr><td>反相离子对色谱</td><td>能同要分析的离子形成离子对的缓冲溶液被制备，加入疏水试剂作为对离子。这样的缓冲溶液同甲醇、乙腈、四氢呋喃和其他有机溶剂混合使用</td><td>有机溶剂的混合比越大，洗脱能力越强。作为离子对色谱的洗脱剂，调整离子对试剂浓度和 pH 很重要</td></tr>
</table>

续表

分离模式	洗脱剂	备注
离子交换色谱	缓冲溶液被使用，其缓冲能力使得分析物的电荷差别在一定的 pH 下最大。通常初始洗脱剂的浓度是 20～50 mmol·L^{-1}	初始洗脱剂是分析物在该 pH 下电离的缓冲溶液，分析物被保留。然后，氯化钠和其他碱以梯度或线性增加添加浓度的方式加入缓冲溶液中。另外，缓冲溶液的 pH 将改变，以便使分析物朝非电离方向转化。反之，洗脱剂也可能是在该 pH 下分析物不电离的缓冲溶液，并且分析物可通过只是移动被分离。如果树脂型离子交换剂被使用，除了离子交换外，还可能存在疏水作用、氢键、尺寸排除等。因此，加入有机溶剂可调整分离
离子排阻色谱	在羧酸或其他弱酸的情况下，使用水或 1～10 mmol·L^{-1} 的酸的水溶液(pH 为 2～3)。在弱碱性化合物情况下，主要用水	一般来说，如果分析物被电离，洗脱就快，如果不电离，洗脱就慢。通常，洗脱剂的 pH 应选择以使分析物间的电离速度的差最大
亲和色谱	使用的缓冲溶液的 pH 和离子强度适于分析物和配体相互作用，蛋白质等的亲和色谱常使用三氢氯酸缓冲溶液、磷酸缓冲溶液、醋酸缓冲溶液等	在其中分析物有可能同配体偶合的洗脱剂应同色谱柱保持平衡样品进到色谱柱。然后离子强度和 pH 将改变，这是一种非特定洗脱。另外，游离的过量配体或其相似物质溶液应被使用，这是一种特定洗脱

(2)洗脱剂的制备。最适合分离的洗脱剂通常用两种或更多种溶剂充分混合制备。除了尺寸排阻色谱，很少使用单一溶剂。关于混合洗脱剂的制备，应注意以下几点：①使用能够完全混合的溶剂。②充分搅拌以获得均匀组成。③混合洗脱剂的组成可用室温下混合前的体积比表示。混合洗脱剂的体积不一定等于各溶剂体积的总和。④如果混合时溶液温度改变，应冷却至室温。⑤当有机溶剂和缓冲溶液或离子对试剂混合时，如果产生沉淀的可能性很高，应使用孔径为 0.5 μm 或更小的过滤膜进行过滤除去沉淀。⑥依赖于贮存条件，有些洗脱剂可能容易发生组成变化、化学变化、吸水等。

(3)洗脱梯度的选择。梯度洗脱就是洗脱剂组成按时间程序改变，将分析物从色谱柱中洗脱。与等度洗脱相比，梯度洗脱减少了洗脱时间，而峰形更尖锐。洗脱剂组成可以呈线性、梯度或指数变化。通常有两种梯度洗脱方式：一种是低压梯度洗脱，使一个单元泵作为输送液体的设备；另一种是高压梯度洗脱，需要多个单元泵。

5.特殊考虑

(1)调节柱温。使用色谱柱箱可提高分离分析的稳定性从而确保分析精度。色谱柱箱应具有温度控制功能。控制温度可优化色谱柱性能、增强分离选择性以及防止柱温受环境温度变化的影响。

(2)色谱柱衍生化。柱前衍生化：如果不能直接检测分析物，或者需要高灵敏性或高选择性检测，或者需要优化分离，可在试样进色谱柱前使试样中的目标成分衍生化。柱前衍生化有两种情形：一种是加入试样溶液中分析物的衍生剂；另一种是加入进行氧化、还原、分解等反应的试剂。柱前衍生化可通过自动进样器具备的功能自动进行，这样的功能包括加入试剂、混合反应液体、控制反应时间、注射反应液体等。

柱后衍生化：分析物通过色谱柱分离后，衍生试剂、pH 调节溶液等与流出物混合，将其加热、光照或通过像非固定酶色谱柱之类的一个反应器，使其经过衍生反应之后再检测。

任务三 采用高效液相色谱法测定样品中组分含量

任务内容

熟悉高效液相色谱定量分析的基本流程和方法，学习样品预处理技术，学会采用外标法测定样品中组分含量，并对测定数据进行处理。

技术知识

高效液相色谱分析样品前处理

高效液相色谱分析要求按样品的分析目的选择合适的取样方法。根据样品形式和分析目的，样品可直接进高效液相色谱仪，或者对分析物进行萃取、衍生、浓缩等预处理。

目前，液相色谱通常采用的样品处理技术有固相萃取(MXPD)、超临界萃取(SFE)、固相微萃取技术。下面就简单介绍几个主要的样品处理技术：

(1)溶剂萃取。在色谱分析样品制备中，溶剂萃取方法主要有液-液萃取、液-固萃取和液-气萃取，它们都是属于两相间的传质过程，即物质从一相转入另一相的过程。溶剂萃取技术在液相色谱分析的样品制备过程中，是使用最为广泛的一种技术。在液-液萃取中非常重要的操作是急速的振动样品，这样可以确保两相的完全接触，有助于质量传递。由于物质剧烈的振动，使乳化现象经常发生，特别是那些含有表面活性剂和脂肪的样品。为了防止乳化形成，常采用加热或加盐的方法破乳。通过改变 K 值，改变溶剂或化学平衡作用的添加剂，如使用缓冲剂调节 pH，盐调节离子强度等。

(2)固相萃取。固相萃取(SPE)是利用固体吸附剂将液体样品中的目标化合物吸附，与样品的基体和干扰化合物分离。然后再用洗脱液洗脱或加热解吸附，达到分离和富集目标化合物的目的。与液-液萃取相比，固相萃取有很多优点：固相萃取不需要大量互不相溶的溶剂，处理过程中不会产生乳化现象，它采用高效、高选择性的吸附剂(固定相)，能显著减少溶剂的用量，简化样品的预处理过程，同时所需费用也有所减少。固相萃取的缺点是目标化合物的回收率和精密度要略低于液-液萃取。固相萃取实质上是一种液相色谱分离，其主要分离模式也与液相色谱相同，可分为正相(吸附剂极性大于洗脱液极性)、反相(吸附剂极性小于洗脱液极性)、离子交换和吸附。固相萃取所用的吸附剂与液相色谱常用的固定相相同，只是在粒度上有所区别。最简单的固相萃取装置就是一根直径为数毫米的小柱。

(3)固相微萃取。固相微萃取(SPME)是在固相萃取上发展起来的一种新型、高效的样品预处理技术，它集采集、浓缩于一体，简单、方便、无溶剂，不会造成二次污染，是一种有利于环保的很有应用前景的预处理方法。与液-液萃取和固相萃取相比，具有操作时间短、样品量小、无需萃取溶剂、适用于分析挥发性与非挥发性物质、重现性好等优点。

固相萃取过程是一个平衡过程，萃取的平衡时间与搅拌速度、固定相的膜厚以及被分析样品的分配常数、扩散系数、萃取温度有关。大分子质量的物质比小分子质量的物质需更长的分析时间。搅拌有利于减少达到平衡所需时间，当达到平衡时，固相微萃取方法的灵敏度最高。

(4)微波萃取。微波萃取就是利用极性分子可迅速吸收微波能量来加热一些具有极性的溶剂，如乙醇、甲醇、丙酮和水等。因非极性溶剂不能吸收微波能量，所以在微波萃取中不能使用 100％的非极性溶剂作为萃取溶剂。一般可在非溶剂中加入定比例的极性溶剂来使用。

微波萃取技术就是将样品放在聚四氟乙烯材料样品杯中，加入萃取溶剂后将样品杯放入密封性好、耐高压又不吸收微波能量的萃取罐中。由于萃取罐是密封的，当萃取溶剂加热时，由于萃取溶剂的挥发使罐内压力增加，压力的增加使萃取溶剂的沸点也大大增加，这样就提高了萃取温度。同时由于密封，萃取溶剂也不会损失，也就减少了萃取溶剂的用量。

(5)加速溶剂萃取。加速溶剂萃取是一种全新的处理固体和半固体的样品的方法，该方法是在较高温度(50～200℃)和压力条件(103～20.6 MPa)下，用有机溶剂萃取。它的突出优点是有机溶剂用量少、快速和回收率高，已成为样品前处理最佳方式之一，已广泛用于环境、药物、食品和高聚物等样品的前处理，特别是农药残留量的分析。加速溶剂萃取方法已在水产品中农药残留量的检测中应用十分广泛，如六六六、滴滴涕的检测，常对生物样进行加速溶剂萃取，大大提高了检测速度，同时，对于样品进行进一步的净化起到了辅助作用。

(6)凝胶渗透色谱。凝胶渗透色谱是被用来去除脂肪和其他分子量相对较高的化合物，适用的样品范围极广，回收的农药品种多，回收率也高，不仅对油脂净化效果好，而且分析的重现性好，柱子可以重复作用，已成为药物残留分析中的通用净化方法。其作用类似一组分子筛，将样品溶液加到柱子上后，用溶剂淋洗，分子量大于农药的类脂肪，色素、蜡质等先被淋洗出来，然后农药按分子量大小相继被淋洗出来。常用的淋洗剂有环已烷、二氯甲烷、甲苯、乙酸乙酯等，这种技术在欧美国家应用非常普遍。

任务实施

操作实施 6-3　食品中苯甲酸、山梨酸和糖精钠含量的测定

一、仪器与试剂的准备

1. 仪器与设备

高效液相色谱仪(配紫外检测器)、分析天平(感量为 0.001 g 和 0.000 1 g)、离心机(转速大于 8 000 r·min^{-1})、50 mL 塑料离心管、匀浆机、涡旋振荡器、恒温水浴锅、超声波发生器等。

2. 材料与试剂

氨水、亚铁氰化钾、乙酸锌、无水乙醇、正已烷、甲醇、乙酸铵、甲酸，果汁饮料。0.22 μm 水相微孔滤膜、苯甲酸钠、山梨酸钾、糖精钠标准物质，经国家认证并授予标准物质证书的标准物质。

二、学生课前预习

学生每 3～5 人为一组，各小组在教师指导下，通过查阅标准和资料等完成预习报告。预习报告内容包括：(1)画出食品中苯甲酸、山梨酸和糖精钠含量的检验流程图。(2)思考题：①对于一般性样品，实验中采用什么方法对样品进行前处理？②请说出该方法中仪器的参考条件。

三、检查学生预习情况

各组根据汇总的相关资料，师生共同讨论、分析，采用头脑风暴法绘制食品中苯甲酸、山梨酸和糖精钠含量的检验流程图。

四、学生分组操作

参考《食品安全国家标准　食品中苯甲酸、山梨酸和糖精钠的测定》(GB 5009.28—2016)进行测定。

1. 试样制备

取多个预包装的饮料、液态奶等均匀样品直接混合;非均匀的液态、半固态样品用组织匀浆机匀浆;固体样品用研磨机充分粉碎并搅拌均匀;奶酪、黄油、巧克力等采用 50～60℃加热熔融,并趁热充分搅拌均匀。取其中的 200 g 装入玻璃容器中,密封,液体试样于 4℃保存,其他试样于－18℃保存。

2. 试样提取

(1)一般性试样。准确称取约 2 g(精确到 0.001 g)试样于 50 mL 具塞离心管中,加水约 25 mL,涡旋混匀,于 50℃水浴超声 20 min,冷却至室温后加亚铁氰化钾溶液 2 mL 和乙酸锌溶液 2 mL,混匀,于 8 000 $r \cdot min^{-1}$ 离心 5 min,将水相转移至 50 mL 容量瓶中,于残渣中加水 20 mL,涡旋混匀后超声 5 min,于 8 000 $r \cdot min^{-1}$ 离心 5 min,将水相转移到同一 50 mL 容量瓶中,并用水定容至刻度,混匀。取适量上清液过 0.22 μm 滤膜,待液相色谱测定。

(2)含胶基的果冻、糖果等试样。准确称取约 2 g(精确到 0.001 g)试样于 50 mL 具塞离心管中,加水约 25 mL,涡旋混匀,于 70℃水浴加热溶解试样,于 50℃水浴超声 20 min,冷却至室温后加亚铁氰化钾溶液 2 mL 和乙酸锌溶液 2 mL,混匀,于 8 000 $r \cdot min^{-1}$ 离心 5 min,将水相转移至 50 mL 容量瓶中,于残渣中加水 20 mL,涡旋混匀后超声 5 min,于 8 000 $r \cdot min^{-1}$ 离心 5 min,将水相转移到同一 50 mL 容量瓶中,并用水定容至刻度,混匀。取适量上清液过 0.22 μm 滤膜,待液相色谱测定。

(3)油脂、巧克力、奶油、油炸食品等高油脂试样。准确称取约 2 g(精确到 0.001 g)试样于 50 mL 具塞离心管中,加正己烷 10 mL,于 60℃水浴加热约 5 min,并不时轻摇以溶解脂肪,然后加氨水溶液(1＋99)25 mL,乙醇 1 mL,涡旋混匀,于 50℃水浴超声 20 min,冷却至室温后,加亚铁氰化钾溶液 2 mL 和乙酸锌溶液 2 mL,混匀,于 8 000 $r \cdot min^{-1}$ 离心 5 min,弃去有机相,水相转移至 50 mL 容量瓶中,加亚铁氰化钾溶液 2 mL 和乙酸锌溶液 2 mL,混匀,于 8 000 $r \cdot min^{-1}$ 离心 5 min,将水相转移至 50 mL 容量瓶中,于残渣中加水 20 mL,涡旋混匀后超声 5 min,于 8 000 $r \cdot min^{-1}$ 离心 5 min,将水相转移到同一 50 mL 容量瓶中,并用水定容至刻度,混匀。取适量上清液过 0.22 μm 滤膜,待液相色谱测定。

视频 6-10　饮料中苯甲酸和山梨酸的测定(一)样品和流动相的准备

3. 仪器参考条件

色谱柱:C_{18} 柱,柱长为 250 mm,内径为 4.6 mm,粒径为 5 μm,或等效色谱柱。

流动相:甲醇＋乙酸铵溶液(5＋95)。

流速:1 $mL \cdot min^{-1}$。

检测波长:230 nm。

进样量:10 μL。

4. 标准曲线的制作

甲酸、山梨酸和糖精钠(以糖精计)混合标准中间溶液(200 $mg \cdot L^{-1}$):分别准确吸取苯甲酸、山梨酸和糖精钠标准储备溶液各 10.0 mL 于 50 mL 容量瓶中,用水定容,于 4℃贮存,保存期为 3 个月。

苯甲酸、山梨酸和糖精钠(以糖精计)混合标准系列工作溶液:分别准确吸取苯甲酸、山梨酸和糖精钠混合标准中间溶液 0 mL、0.05 mL、0.25 mL、0.50 mL、1.00 mL、2.50 mL、5.00 mL 和 10.0 mL,用水定容至 10 mL,配制成质量浓度分别为 0 $mg \cdot L^{-1}$、1.00 $mg \cdot L^{-1}$、5.00 $mg \cdot L^{-1}$、10.0 $mg \cdot L^{-1}$、20.0 $mg \cdot L^{-1}$、50.0 $mg \cdot L^{-1}$、100 $mg \cdot L^{-1}$ 和 200 $mg \cdot L^{-1}$ 的混合标准系列工作溶液,临用现配。

视频 6-11　饮料中苯甲酸和山梨酸的测定(二)样品的仪器分析

5. 标准及试样的测定

将混合标准系列工作溶液分别注入液相色谱仪中,测定相应的峰面积,以混合标准系列工作溶液的质量浓度作横坐标,以峰面积作纵坐标,绘制标准曲线。

将试样溶液注入液相色谱仪中,得到峰面积,根据标准曲线得到待测液中苯甲酸、山梨酸和糖精钠(以糖精计)的质量浓度。

视频 6-12　饮料中苯甲酸和山梨酸的测定(三)数据处理

五、数据记录及处理

(1)记录仪器的主要参数指标。

(2)记录混合标准系列及待测样品的色谱图(图 6-18)。

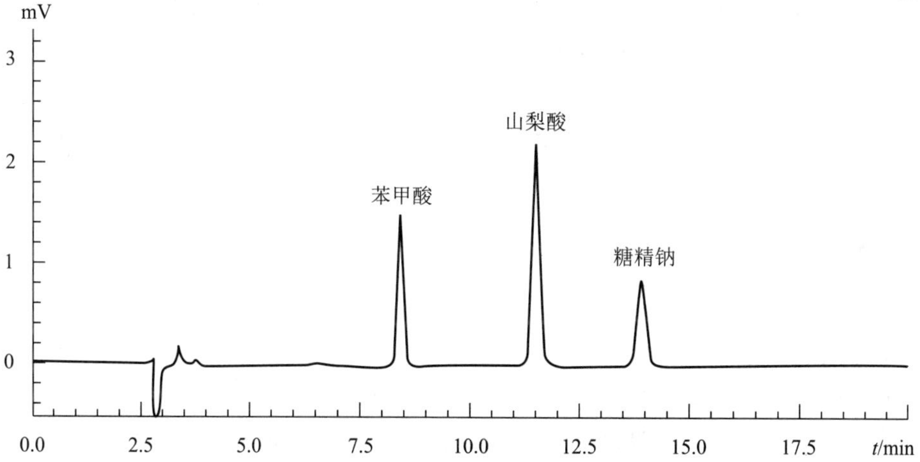

图 6-18　1 $mg \cdot L^{-1}$ 苯甲酸、山梨酸和糖精钠标准溶液液相色谱图

(3)分析结果。试样中苯甲酸、山梨酸和糖精钠(以糖精计)的含量计算公式如下:

$$X = \frac{\rho \times V}{m \times 1\,000} \tag{6-1}$$

式中:X 为试样中待测组分含量,$g \cdot kg^{-1}$;ρ 为试样液中待测物的质量浓度,$mg \cdot L^{-1}$;V 为试样定容体积,mL;m 为试样质量,g;1 000 为由 $mg \cdot kg^{-1}$ 转换为 $g \cdot kg^{-1}$ 的换算因子。

结果保留三位有效数字。

六、教师巡回指导

1. 定量分析的基本要求

色谱方法是相对定量方法,如果不考虑损失及杂质干扰等因素,其结果同标准样品的准确程度关系密切,对于准确度的衡量方法是做回收率实验或不同方法之间的比较。色谱定量分析要求要有高纯物质做标准,被定量测量的组分峰要与其他组分达到基线分离的效果,同时保留时间符合定性参数的要求。

2. 定量分析方法

色谱定量分析方法按照测量参数分为峰面积法和峰高法。峰面积法和峰高法的选择主要取决于检测器线性范围内峰高和峰面积的准确性和重现性。按照分析方法来分，又可分为面积归一化法、标准曲线法、内标法、标准加入法。

(1)面积归一化法。该法适用于复杂样品组分的含量测定，前提是样品中所有组分全部流出色谱柱并在色谱图上都出现色谱峰，所有峰面积和为总面积，然后根据每个峰面积与总面积的比例来计算待测物质含量。该法简便，进样量的准确性和操作条件的变动对测定结果影响不大，一般用在原料或中间体的多，分析快，适用于中控过程的检测。

(2)标准曲线法。该法是指用待测组分的标准物质作对照物质，以对照物和样品中待测组分的响应信号相比较进行定量分析的方法，又称外标法或外标一点法。标准曲线法是利用标准物质配制一系列浓度的对照物溶液确定工作曲线，求出斜率、截距。在完全相同的条件下，准确进样与对照物溶液相同体积的样品溶液，根据待测组分的信号，从标准曲线上查出其浓度，或用回归方程计算。

(3)内标法。内标法是指按浓度梯度添加一定量的标准品(对照品)于空白溶剂中制成对照样品，与未知试样平行地进行样品处理并检测，不同浓度的标准品进样，以峰面积为值绘制成标准曲线，从而推算出未知试样中被测组分浓度的定量方法。

(4)标准加入法。标准加入法又名标准增量法或直线外推法，是一种被广泛使用的检验仪器准确度的测试方法。该法是将一定量已知浓度的标准溶液加入待测样品中，测定加入前后样品的浓度。加入标准溶液后的浓度将比加入前的高，其增加的量应等于加入的标准溶液中所含的待测物质的量。如果样品中存在干扰物质，则浓度的增加值将小于或大于理论值。这种方法尤其适用于检验样品中是否存在干扰物质。

3. 操作要点及注意事项

(1)绘制标准工作曲线时，不同浓度的标准样品的数量范围一般为 4～6；

(2)标准样品的浓度间隔一般是等间隔，或两头稍密，中间宽些；

(3)待测组分浓度最好在标准工作曲线的中部，浓度值不能超出标准工作曲线两端；

(4)在扣除各种空白干扰后，一般可将原点视为标准工作曲线应通过的一点，即 A 值尽可能小。

七、成绩评定

学生对完成工作任务的表现进行自评和互评，各小组进行总结、考核及评估，教师做出最后评价，填写学习过程评价表。

拓展知识

高效液相色谱法在食品检测中的应用

高效液相色谱法是以液体为流动相，采用高压输液系统的一种分析分离技术，是色谱法的一个重要分支。高效液相色谱法分析的样品是液体，不受样品挥发性的限制。在已知的有机化合物中，约有 80%能用高效液相色谱法分离、分析。目前，高效液相色谱法广泛应用于分离、分析、纯化有机化合物等方面。在食品检测中，高效液相色谱法也扮演着极为重要的角色。

一、高效液相色谱法在食品添加剂检测中的应用

食品添加剂是指为改善食品品质和色、香、味，以及为防腐、保鲜和加工工艺的需要而加入食品中的人工合成或天然物质。食品添加剂可分为防腐剂、着色剂、甜味剂、抗氧化剂等。食品添加剂必须在合理的使用范围及使用量内使用，才能保证不会给消费者健康带来危害。

高效液相色谱法对防腐剂的测定主要体现在食品中苯甲酸、山梨酸和糖精钠含量的检测，对于食品中合成着色剂的检测，国家标准(GB/T 5009.35—2016)中规定的是使用高效液相色谱法测定。另外，高效液相色谱法检测技术还体现在甜味剂(乙酰磺胺酸钾、糖精钠、阿斯巴甜)、抗氧化剂、维生素等检测。

二、高效液相色谱法在食品营养成分检测中的应用

食品营养成分检测中糖含量是重要的指标，通过高效液相色谱法能有效地确定食品中的糖含量，并且操作简单，灵敏度高，支持多种糖类成分的检测，弥补了传统化学方法不能确定糖类组成的现状。目前，国际上将高效液相色谱法作为酒类糖分含量测定的仲裁法，并将该方法作为糖类成分检测的“金标准”向全世界范围推广，其效果显著。

高效液相色谱法在食品营养成分蛋白质与氨基酸检测中的应用也比较广泛。一般情况下，由于蛋白质的相对分子质量大，因此在溶液扩散过程中极容易出现扩散系数小、黏度大等不良现象，这些现象的存在将会严重影响色谱分离效果，因此对蛋白质的检测一直是食品检测中的重难点问题。有关文献中提到在蛋白质的检测分析中，建立了以 HC 方法为核心的新型分析方法，有效地检测了婴幼儿配方食品中的糠氨酸含量，取得了良好效果。

三、高效液相色谱法在食品安全检测中的应用

高效液相色谱法可以对食品中污染物、药物残留物、非法添加物、加工贮藏中产生毒素进行测定。

黄曲霉毒素是黄曲霉、寄生曲霉等产生的有毒代谢产物，食品储存不当易产生黄曲霉毒素。它是一种毒性极强的真菌毒素。我们可以利用高效液相色谱法测定食品中黄曲霉毒素 B_1 和黄曲霉毒素 B_2 的含量。

丙烯酰胺常出现在油炸后的含碳水化合物的食物(如炸薯条、炸土豆片)中，调查研究表明丙烯酰胺具有神经毒性作用，有文献建立了用二极管阵列检测法及高效液相色谱法测定食品中丙烯酰胺的方法。该法采用反相 C_{18} 色谱柱，甲醇-水为流动相，二极管阵列检测器，扫描波长范围为 190～370 nm，检测波长为 210 nm，丙烯酰胺在 0.1～10 $mg \cdot L^{-1}$ 浓度范围内线性良好，可用于食品中丙烯酰胺的痕量分析。

瘦肉精又称盐酸克伦特罗，它既不是兽药也不是饲料添加剂，而是肾上腺类神经兴奋剂。盐酸克伦特罗被添加在饲料中用以提高猪的生长速率和瘦肉比例，人食用了含有盐酸克伦特罗的猪肉后会出现中毒的反应。我国早已禁止在饲料及动物饮用水中使用盐酸克伦特罗，但仍有报道称人因食用含有盐酸克伦特罗残留的猪肉及内脏等造成中毒事件。我们可利用高效液相色谱法测定动物源食品中含有的微量盐酸克伦特罗。该法使用 C_{18} 色谱柱，甲醇-0.01 $mol \cdot L^{-1}$ 磷酸二氢钾溶液为流动相，经紫外检测器在波长 209 nm 处检测，方法简单实用，可用于市场监测、食物中毒样品溯源检验。

近年来，许多食品中都被检出含有苏丹红，因其致癌性为广大消费者所熟知。苏丹红是一种化学染色剂，并不属于食品添加剂，它对人体的肝肾等器官有明显的毒害作用。苏丹红的检测也是通过高效液相色谱法来完成的。

三聚氰胺是一种有机化合物，常被用作化工原料，不可食用。在摄入人体后会造成肾结石并堵塞肾小管，甚至有可能导致肾衰竭。由于常规的食品中蛋白质的检测方法不能将其区分出来，不法商人将其掺入食品中，用来提高食品检测中的蛋白质含量指标。毒奶粉事件爆发后，国家迅速制定了三聚氰胺的检测标准，其中第一法就是高效液相色谱法。该法采用 C_8 或 C_{18} 色谱柱，离子对试剂缓冲液和乙腈混合溶液作为流动相，紫外检测器或二极管阵列检测器，在波长为 240 nm 条件下，回收率在 80%～110%，检出限为 2 mg·kg^{-1}。

拓展任务

拓展操作 6-2　动物性食品中喹诺酮类兽药残留量的测定

本方法适用于虾肉、鱼肉、鸡肉和奶粉中环丙沙星、丹诺沙星、恩诺沙星、沙拉沙星、氟甲喹、诺氟沙星、二氟沙星、麻保沙星、喹酸、萘啶酸、培氟沙星、司帕沙星、奥比沙星、氟罗沙星和洛美沙星残留量的测定。

一、方法提要

用磷酸盐缓冲液和乙腈提取试样中残留的喹诺酮药物，经正己烷去除油脂、C_{18} 和 MAX 固相萃取柱净化后，采用高效液相色谱荧光检测器和紫外检测器检测，外标法定量。

二、试剂与材料

除另有规定外，所有试剂均为分析纯，水为去离子水或 GB/T 6682—2008 规定的一级水。

(1)乙腈：色谱纯。

(2)甲醇：色谱纯。

(3)正己烷：色谱纯。

(4)十二水合磷酸钠。

(5)氢氧化钠。

(6)磷酸。

(7)25%氨水。

(8)甲酸。

(9)乙腈饱和正己烷溶液：100 mL 乙腈中加入 100 mL 正己烷，充分振荡后，静置分层，取上层液体。

(10)0.02 mol·L^{-1} 磷酸溶液：准确量取 1.4 mL 磷酸于 1 L 容量瓶中，用水定容至 1 L。

(11)5 mol/L 氢氧化钠溶液：称取 200 g 氢氧化钠，用水溶解并定容至 1 L。

(12)磷酸钠缓冲溶液(50 mmol·L^{-1}，pH 为 7.4±0.2)：称取 19 g 十二水合磷酸钠，用水溶解并定容至 1 L，加磷酸调节 pH 至 7.4±0.2。

(13)样品提取液：180 mL 磷酸盐缓冲液中加入 20 mL 乙腈。

(14)洗脱液 1：取 25 mL 25%氨水，加入 75 mL 甲醇。

(15)洗脱液 2：取 4 mL 甲酸，加入 96 mL 甲醇。

(16)定容液:0.02 mol·L^{-1} 磷酸+乙腈(80+20)。

(17)标准品:环丙沙星、丹诺沙星、恩诺沙星、沙拉沙星、氟甲喹、诺氟沙星、二氟沙星、麻保沙星、噻酸、萘啶酸、培氟沙星、司帕沙星、奥比沙星、氟罗沙星和洛美沙星,纯度不小于99%。

(18)标准储备溶液:称取环丙沙星、丹诺沙星、恩诺沙星、沙拉沙星、氟甲喹、诺氟沙星、二氟沙星、麻保沙星、噻酸、萘啶酸、培氟沙星、司帕沙星、奥比沙星和氟罗沙星的标准品(精确至0.1 mg),用乙腈溶解,配制成浓度为100 μg·mL^{-1} 的标准储备溶液,在−18℃以下避光保存。

(19)中间混合标准溶液:根据每种药物在仪器上的响应灵敏度,确定其在混合标准溶液中的浓度。依据每种药物的混合标准液浓度及其标准储备液浓度,移取一定量的单个药物的标准储备液于10 mL容量瓶中,用乙腈定容至刻度,配制成浓度为10 μg·mL^{-1} 的中间标准溶液,在0~4℃避光保存。

(20)混合标准工作溶液:根据需要用乙腈稀释成适用浓度的标准工作溶液,在−18℃以下避光保存。

(21)C_{18} 固相萃取柱(含碳量为17%):3 mL,500 mg,或相当者。

(22)MAX阴离子交换固相萃取柱:6 mL,500 mg,或相当者。

(23)微孔滤膜:0.2 μm,有机相。

三、仪器与设备

(1)液相色谱仪:配备紫外和荧光检测器。

(2)组织捣碎机。

(3)天平:感量为0.000 1 g和0.001 g。

(4)pH计:±0.1。

(5)均质器:10 000 r·min^{-1}。

(6)振荡器。

(7)离心机:10 000 r·min^{-1}。

(8)氮吹仪。

(9)涡旋混合器。

(10)超声波水浴。

(11)分液漏斗:50 mL。

(12)具塞离心管:聚四氟乙烯,50 mL。

(13)刻度试管:10 mL。

四、试样制备

从原始样品取出有代表性样品约500 g,用组织捣碎机充分捣碎混匀,均分成两份,分别装入洁净容器作为试样,密封,并标明标记。将试样置于−18℃以下避光保存。

五、测定步骤

1. 提取

称取约2 g(精确至0.01 g)均质后的试样于50 mL聚四氟乙烯离心管中,加入20 mL样品提取液(二、13),振荡提取20 min后,离心机以10 000 r·min^{-1} 速度离心10 min。移取上清液10 mL于50 mL分液漏斗中,30 mL乙腈饱和正己烷(二、9)分三次液-液分配除脂,振荡5 min,静置后收集下层。

2. 净化

(1)C_{18} 固相萃取柱净化。C_{18} 固相萃取柱依次用 5 mL 甲醇、5 mL 水预淋洗后，转入 10 mL 提取液。用 5 mL 水进行淋洗，弃去。用 5 mL 洗脱液 1 进行洗脱，收集洗脱液于 10 mL 试管中。整个固相萃取净化过程控制流速不超过 2 mL·min^{-1}。洗脱液在 50℃下用氮气吹至约 1 mL 后加入 9 mL 磷酸盐缓冲液，涡旋混匀 1 min，超声波助溶 1 min，待过 MAX 固相萃取柱。

(2)MAX 固相萃取柱净化。MAX 固相萃取柱依次用 2 mL 甲醇、2 mL 5 mol·L^{-1} 的氢氧化钠溶液、2 mL 水预淋洗后，转入磷酸盐缓冲液溶解液。依次用 2 mL 25%的氨水、2 mL 甲醇进行淋洗，弃去。用 5 mL 洗脱液 2 进行洗脱，收集洗脱液于 10 mL 试管中。整个固相萃取净化过程控制流速不超过 2 mL·min^{-1}。洗脱液在 50℃下用氮气吹干。用定容液(二、16)定容至 1 mL，涡旋混匀 1 min 后，超声波助溶 1 min，过 0.2 μm 微孔滤膜供仪器检测。

3. 测定

(1)仪器条件。

色谱柱：XTerra MS C_{18} 柱，4.6 mm×250 mm，5 μm，或相当者。

流动相：A 为乙腈，B 为 0.02 mol·L^{-1} 磷酸，梯度洗脱条件见表 6-5。

柱温：40℃。

流速：1.0 mL·min^{-1}。

进样量：10 μL。

检测波长：15 种喹诺酮药物的紫外和荧光检测波长见表 6-6。

表 6-5 梯度洗脱条件

时间/min	A：乙腈/%	B：0.02 mol·L^{-1} 磷酸/%
0	12	88
17	12	88
25	16	84
28	20	80
40	40	60
40.1	12	88
45	12	88

表 6-6 15 种喹诺酮药物的紫外和荧光检测波长

时间/min	紫外波长/nm	激发波长/nm	发射波长/nm	检测药物
0～16		294	514	麻保沙星
16～32		280	450	氟罗沙星、诺氟沙星、培氟沙星、环丙沙星、洛美沙星、丹诺沙星、恩诺沙星、奥比沙星、沙拉沙星、二氟沙星
	280			司帕沙星
32～36		260	380	喹酸
36～40		318	368	萘啶酸、培氟沙星

(2)液相色谱测定。根据样液中待测喹诺酮药物的含量，选定浓度相近的标准工作溶液，待测样液中喹诺酮药物的响应值应在仪器检测的线性范围内(0.4 ng·mL^{-1}～5 μg·mL^{-1})。对标准工作溶液及样液等体积参插进样测定。在上述仪器条件下，麻保沙星、氟罗沙星、诺氟沙星、培氟沙星、环丙沙星、洛美沙星、丹诺沙星、恩诺沙星、奥比沙星、沙拉沙星、二氟沙星、司帕沙星、喹酸、萘啶酸和氟甲喹保留时间分别约为 14.3 min、17.1 min、18.1 min、19.6 min、21.1 min、23.1 min、23.7 min、25.0 min、26.2 min、30.3 min、30.7 min、31.6 min、34.1 min、38.3 min 和 39.4 min。

4. 空白试验

除不加试样外，按上述测定步骤进行。

六、数据记录及处理

试样中分析物的残留含量，用检测仪器的数据处理机或按式(6-2)计算，计算结果需将空白值扣除。

$$X=\frac{A\times c\times V}{A_s\times m\times 1\,000} \tag{6-2}$$

式中：X 为试样中喹诺酮药物残留含量，mg·kg^{-1}；A 为样液中的峰面积；c 为标准工作溶液中浓度，ng·mL^{-1}；V 为样液最终定容体积，mL；A_s 为标准工作溶液中的峰面积；m 为试样的质量，g。

七、成绩评定

教师根据学生的预习、操作情况和小组互评等评定学生本次操作成绩。

练习题

一、选择题

1. 液-固吸附色谱是以固体吸附剂作为固定相，吸附剂常用固体颗粒物质有(　　)。

A. 氧化铝　　B. 硅胶　　C. 活性炭　　D. 二氧化硅

2. 液相色谱法中，溶剂在使用前应做哪些处理？(　　)

A. 过滤　　B. 加热　　C. 脱气　　D. 通气

3. 液相色谱法有等度洗脱和梯度洗脱两种形式，梯度洗脱的优点有哪些？(　　)

A. 提高分离度　　B. 缩短分离时间　　C. 降低最小检测量　　D. 提高分离精度

4. 色谱柱应如何存放？(　　)

A. 存放前充分冲洗　　B. 选用合适的存放溶剂

C. 接好堵头，避免固定相干涸　　D. 注意存放环境

5. 常用有机溶剂有①色谱纯，②优级纯，③分析纯，纯度从高到低的顺序正确的是(　　)。

A. ①>②>③　　B. ①<②<③　　C. ①>③>②　　D. 三者纯度相同

6. 高效液相色谱法配制流动相所用的水可选择下列哪些水？(　　)

A. 新鲜制备的高纯水　　B. 纯水机或超级纯水机制备的水

C. 蒸馏水　　D. 重蒸馏水

7. 流动相可储存于下列哪些容器中？（　　）

A. 玻璃容器　　B. 塑料容器

C. 聚四氟乙烯容器　　D. 不锈钢容器

8. 下列哪种检测器不能使用梯度洗脱？（　　）

A. 光电二极管阵列检测器　　B. 示差折光检测器

C. 荧光检测器　　D. 紫外检测器

9. 在高效液相色谱法中，通用型检测器是（　　）。

A. 光电二极管阵列检测器　　B. 示差折光检测器

C. 荧光检测器　　D. 紫外检测器

10. 在高效液相色谱法中，提高柱效的途径有（　　）。

A. 提高柱温　　B. 降低板高

C. 降低流动相流速　　D. 减小填料粒径

二、填空题

1. 根据键合固定相与流动相相对极性的强弱，键合相色谱法分为________和________。

2. 在反相键合相色谱法中，键合固定相的极性________流动相的极性。

3. 梯度洗脱装置依据溶液混合的方式可分为________和________。

4. 高效液相色谱仪中常用的进样器有________和________。

5. 流动相常用的脱气方法有________、________和________。

6. 高压输液系统一般包括________、________、________和________等。

7. 高效液相色谱法的流动相在使用前必须经过过滤，有机溶液用________滤膜过滤，水溶液用________滤膜过滤。

8. 流动相的 pH 应使用________进行测定。

三、问答题

1. 简述高效液相色谱法中液-固吸附色谱中常用的固定相。

2. 高效液相色谱法对流动相的要求有哪些？

3. 简述六通阀进样器的工作原理。

4. 简述高效液相色谱仪的日常维护要求。

5. 简述样品预处理的目的及要求。

项目七
色谱-质谱联用分析技术

【学习目标】

知识目标

(1)理解色谱-质谱联用分析法的基本概念及应用特点;

(2)掌握色谱-质谱联用法的原理、质谱峰的类型和色谱-质谱联用图谱解析及基本应用方法;

(3)熟悉常见色谱-质谱联用仪的结构及其主要性能。

能力目标

(1)会识别气-质、液-质联用色谱图和质谱图;

(2)能运用分子离子峰信息解析简单化合物结构;

(3)熟练操作气-质、液-质联用仪,并利用其进行样品的定性、定量分析。

素质目标

(1)树立细致严谨的食品检验工作作风,实事求是的科学探究精神;

(2)养成日常维护和保养大型分析仪器的良好习惯,遵守职业道德;

(3)培养学生竞争意识、创新思维和发展能力;

(4)培养学生团队合作、信息获取、沟通展示、计划决策能力。

【项目概述】

一、质谱分析技术

1912 年,J. J. Thomson 研制了世界上第一台质谱仪;1913 年,他报道了关于气态元素的第一个研究成果,证明了氖元素有 ^{20}Ne、^{22}Ne 两种同位素的存在。Aston 用质谱法发现同位素并将质谱法应用于质量分析而于 1922 年获得诺贝尔奖。20 世纪 30 年代,离子光学理论的发展有力地促进了质谱技术的发展,开始出现了诸如双聚焦质谱分析器的高灵敏度、高分辨率的仪器。1942 年,出现了第一台用于石油分析的商品化仪器,质谱法的应用得到突破性的发展。20 世纪 60 年代以后,质谱法开始应用于复杂化合物的鉴定和结构分析,在有机化学和生物化学中得到广泛的应用。随着气相色谱(GC)、高效液相色谱(HPLC)等仪器和质谱联机及计算机的飞速发展,使质谱成为分析复杂化合物最有效的工具,使它在生命科学、食品科学、环境科学、药物检测等领域中已成为必不可少的分析技术手段。

质谱法(mass spectrometry,MS)是利用电磁学原理,采用高能粒子束(如电子、原子、离子等)使已经汽化的分子离子化,或将固态及液态样品直接转变成气态离子,让分解出的离子加速导入质量分析器中,然后按质荷比(该离子的相对质量与其所带电荷数的比值,m/z)的大小顺序、极性进行分离收集和记录而建立起来的仪器分析方法。质谱法突出特点如下:

(1)特征性强,可以测定化合物的相对分子质量。根据各类有机化合物分子的断裂规律以及质谱中的分子碎片峰、离子峰,提供化合物结构信息,推测分子式和结构式。

(2)灵敏度高,进样量少。目前有机质谱仪绝对灵敏度可达 50 pg(1 pg 为 10^{-12}g),无机质谱仪绝对灵敏度可达 10^{-14}g,用微克级甚至更少的样品就能完成定性或定量分析,并可得到满意的分析结果。

(3)分析速度快,并可实现多组分同时分析。完成一次全扫描,仅需要一至几秒,甚至可达到 1/1 000 s。

(4)应用范围广。测定样品可以是有机物,也可以是无机物。其可用于同位素分析、化合物结构分析、生产过程检测、环境检测等。被分析的样品可以是气体、液体和固体。

(5)气相色谱仪、高效液相色谱仪等联用可进一步提高分析性能。

二、色谱-质谱联用技术

目前,气相色谱和液相色谱均可与质谱联用,但气-质联用更普及。对质谱而言,色谱是质谱的进样及分离系统;对色谱而言,质谱则是色谱的检测器。

色谱-质谱联用的关键是解决色谱和质谱的接口以及相关信息的高速获取与储存问题。二者除了工作气压之外,其他性能十分匹配。由于色谱仪的出口压力为常压,其流出物必须经过色谱-质谱联用的连接器-接口降压后,才能进入质谱仪的离子化室,以满足离子化室低压要求。

1. 气相色谱-质谱联用

气相色谱-质谱(GC-MS)联用仪一般由气相色谱仪、接口、质谱仪组成。为使工作压力相匹配,其接口通常采用分子分离器连接方式。常用的分子分离器有扩散型、半透膜型和喷射型。这是一种富集装置,通过分子分离器可使进入质谱仪中的试样气体的比例增加,同时可维持离子源的真空度。与气相色谱联用的质谱仪主要有四极质谱仪、飞行时间质谱仪、离子阱质谱仪等。

GC-MS 的工作原理是:混合试样注入气相色谱仪,试样经色谱柱分离后,直接进入"接口",除去载气,试样中各组分分子依次进入质谱的离子源中,电离为离子。试样离子被离子源的加速电压加速,射入质谱仪的质量分析器中,对各组分各种离子进行分离排序,然后依次由检测器检测,各种信号经计算机处理系统处理后获得每一组分的质谱图和整个混合物试样的色谱图(即总离子流色谱图),用以对组分进行定性、定量和结构分析。

如果所用质谱仪为高分辨率质谱,还可测定化合物的精确相对分子质量和分子式。GC-MS 可直接用于混合物的分析,如致癌物分析、污水分析、食品分析、农作物残留量分析、中草药成分分析、害虫性诱剂分析、香料成分分析等许多色谱法无法分析的课题。但 GC-MS 只适用于分析易汽化的样品。

2. 液相色谱-质谱联用

对于挥发度低、难汽化、极性强、相对分子质量大及热稳定性差的样品,可使用液相色谱-质谱(LC-MS)联用法。LC-MS 联用仪由液相色谱仪、接口、质谱仪组成。LC-MS 联用技术的关键与 GC-MS 联用技术相似,解决"接口"是最重要的难题。通常液相色谱是"高压-液相-分子”体系，而质谱是“高真空-气相-离子”体系，因此，LC-MS 联用接口要解决的主要问题是：

(1)在样品进入质谱仪之前除去 LC 流动相；

(2)使分离出的组分电离，即“接口”同时兼作质谱的离子源。

目前应用的接口有：大气压化学电离源接口、离子束接口、电喷雾电离源接口等，它们都能在大气压下完成去溶剂和样品分子的电离。通常一种类型接口只适用于某类分析对象，因此常用的 LC-MS 联用仪大多有多个可以互相切换的接口。

LC-MS 联用仪是分析相对分子质量大、极性强的生物样品(如蛋白质等)不可缺少的分析仪器。目前已广泛应用于生物化学(多肽、蛋白质、核酸结构分析)、临床医学(某些疾病诊断)、环保、化工、中药研究及农、林等领域。

【思维导图】

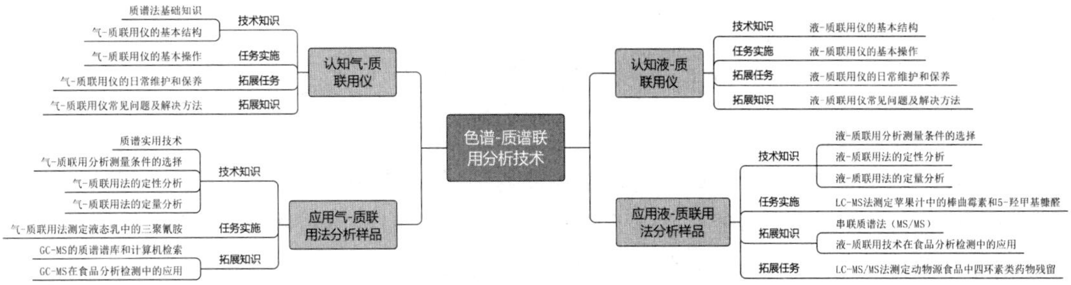

任务一　认知气-质联用仪

任务内容

了解质谱法的基本原理，掌握各离子源和质量分析器的原理，熟悉气-质联用仪的结构组成、各部件的主要性能和要求，熟练掌握气-质联用仪操作规程。

技术知识

一、质谱法基础知识

1. 质谱法的基本原理

质谱法是将样品置于高真空环境中，在高速电子流或强电场等作用下，样品分子失去外层电子而生成分子离子或化学键断裂生成各种碎片离子，再将分子离子和碎片离子引入一个 6～8 kV 的强电场中加速；此时所有带单位正电荷的离子获得相似的动能(因电场加速前的离子动能相对很微小)，但具有不同质荷比(m/z)的离子具有不同的速度；利用离子质荷比的不同及其速度的差异在质量分析器中将其分离，然后依次通过检测器并记录其强度，通过解析可获得有机化合物的分子式，提供相应化合物的结构信息，从而进行定性或定量分析。

当今质谱技术都是在单聚焦质谱基础上发展的，仅用一个扇形磁场进行质量分析的质谱仪称为单聚焦质谱仪。单聚焦质量分析器实际上是处于扇形磁场中的真空扇形容器，因此，也称为磁扇形分析器。其基本原理是：自离子源发生的离子束在加速电极电场(800～8 000 V)

的作用下，使质量为 m 的正离子获得 v 的速度，以直线方向(n)运动(图 7-1)，其动能为

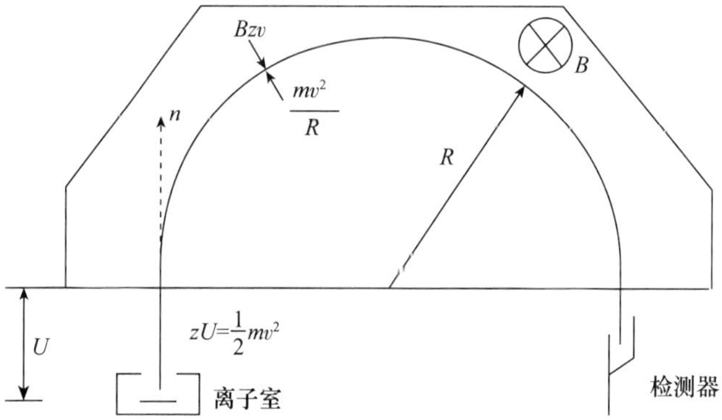

图 7-1 正离子在正交磁场中的运动

$$zU=\frac{mv^2}{2} \tag{7-1}$$

式中：z 为离子电荷数；U 为加速电压。

显然，在一定的加速电压下，离子的运动速度与质量 m 有关。

当此具有一定动能的正离子进入垂直于离子速度方向的均匀磁场时，正离子在磁场力的作用下，将改变运动方向(磁场不能改变离子的运动速度)做圆周运动。

设离子做圆周运动的轨道半径为 R，则运动离心力必然和磁场力相等，故

$$Bzv=\frac{mv^2}{R} \tag{7-2}$$

式中：B 为磁场强度。

合并式(7-1)及式(7-2)，可得

$$\frac{m}{z}=\frac{B^2R^2}{2U} \tag{7-3}$$

式(7-3)称为磁分析器质谱方程式，是设计磁质谱仪的主要依据。

由此可见，离子在磁场内运动半径 R 与 m/z、B、U 有关。因此只有在一定的 U 及 B 条件下，某些具有一定质荷比 m/z 的正离子才能以运动半径为 R 的轨道到达检测器。

若 B、R 固定，$m/z\propto 1/U$，只要连续改变加速电压(电压扫描)；或 U、R 固定，$m/z\propto B^2$，连续改变 B，就可使具有不同 m/z 的离子顺序到达检测器发生信号而得到质谱图。

2. 质谱仪

质谱仪是用来检测和记录待测物质的质谱，并以此进行相对分子(原子)质量、分子式测定及组成和结构分析的仪器。质谱仪必须通过进样装置将样品导入，电离装置把样品电离为离子，质量分析装置把不同质荷比的离子分开，检测装置辨识处理信号后得到样品的质谱图。由于有机样品、无机样品和同位素样品的形态、性质不同，分析要求也不同，因此所用的电离装置、质量分析装置和检测装置也有所不同。按用途可分为同位素质谱仪(测定同位素)、无机质谱仪(测定无机物)、有机质谱仪(测定有机物)、生物质谱仪(测定生物大分子)等；按质量分析器的工作原理可分为静态(电磁场强度稳定)和动态(电磁场强度可变)两种质谱仪。但是不管是哪种类型的质谱仪，其基本组成结构有进样系统、离子源、质量分析器、检测器和数据分析系统。此外，由于整个装置必须在高真空条件下运行，还应有

高真空系统，如图 7-2 所示。

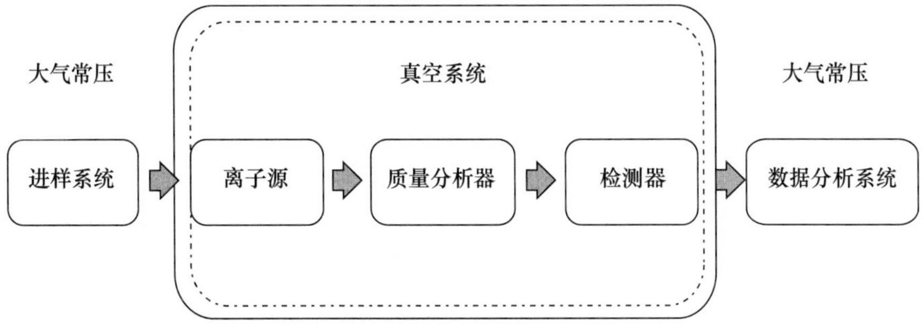

图 7-2　质谱仪主要组成

(1)真空系统。质谱仪中离子的产生和经过的系统必须处于高真空状态(离子源真空度应达到 $10^{-5}\sim10^{-4}$ Pa，质量分析器的真空度应达到 10^{-6}Pa)。若真空度较低，则大量氧会烧坏离子源的灯丝；会使本底增高，干扰质谱图；引起额外的离子-分子反应，改变裂解模型，使质谱解释复杂化；干扰离子源中电子束的正常调节；用作加速粒子的几千伏高压会引起放电；等等。

一般真空系统是由机械真空泵和扩散泵或分子涡轮泵串联组成。机械真空泵将系统的真空度预抽到 $10^{-2}\sim10^{-1}$ Pa，再经扩散泵或涡轮分子泵继续抽吸并维持所需的高真空度。因为机械真空泵能达到的极限真空度为 10^{-3} Pa，无法满足要求，必须依靠高真空泵。扩散泵是常用的高真空泵，其性能稳定可靠，缺点是启动慢，从停机状态到仪器能正常工作所需时间长；分子涡轮泵则相反，仪器启动快，但使用寿命不如扩散泵。由于分子涡轮泵使用方便，没有油的扩散污染问题，因此，近年来大多数质谱仪都使用分子涡轮泵。分子涡轮泵直接与离子源或质量分析器相连，抽出气体再由机械真空泵排到体系之外。

(2)进样系统。进样系统的作用是高效重复地将样品引入离子源且不引起离子源真空度的降低。目前常用的进样系统有直接探针进样、间歇式进样和色谱联用进样。

①直接探针进样。对于高沸点的液体、固体样品，可将其置于进样杆顶部的探针中经过真空锁直接引入离子源，调节加热温度，探针中试样的温度可以在数秒钟内加热到较高温度(如300℃)，使样品汽化为气体(图 7-3)。此方法引入离子源的样品可少至纳克级，且进样简便。

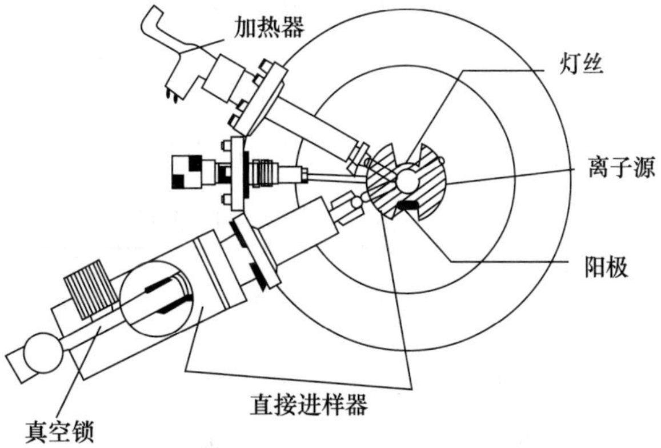

图 7-3　直接探针进样系统示意图

②间歇式进样。对于气体及沸点不高且易挥发的液体样品可采用间歇式方式进样。通过可拆卸式的样品管将少量固体和液体引入样品贮存器(真空度<1 Pa，温度≥150℃)，由于进样系统的压强远大于离子源的压强，样品分子可通过分子漏隙(带有小针孔的玻璃或金属膜)以分子流的形式渗透进高真空的离子源中，如图 7-4 所示。

③色谱联用进样。近年质谱进样系统发展较快的是样品经色谱柱分离后，经接口式进样技术，流出物导入质谱，经离子化后供质谱分析，即色谱-质谱联用技术，包括气相色谱-质谱联用、液相色谱-质谱联用，两者联合应用使其兼有色谱法的优良分离性能和质谱良好的鉴别和

检测能力，是目前检测复杂混合物最有效的分析手段。其中进样接口主要技术包括喷雾技术（电喷雾、热喷雾和离子喷雾）、传送装置（粒子束）和粒子诱导解吸（快原子轰击）等。

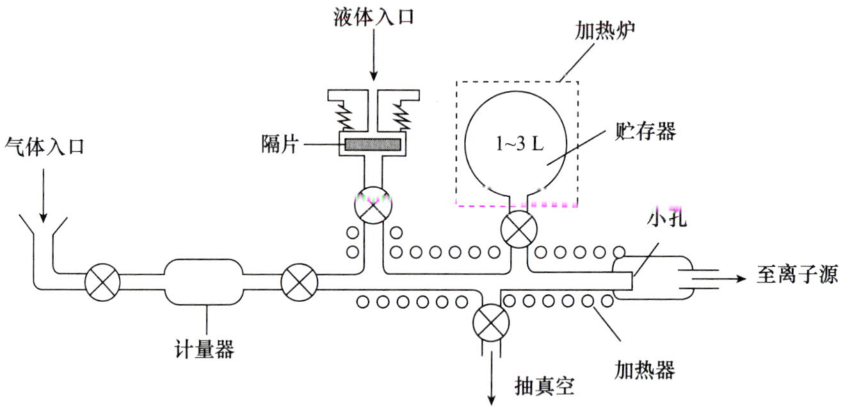

图 7-4 间歇式进样系统示意图

(3)离子源。离子源是质谱仪的“心脏”，其性能优劣决定了离子化效率，也决定质谱仪的灵敏度和分辨率特性。其功能是将进样系统引入的气态样品分子转化为带电的离子，因被分析的样品的组成、结构和稳定性的不同，电离难易程度和需要的能量差别也较大，且为了质谱图的解析方便，所以需要采用不同的电离方法，也就有了许多不同电离方式的离子源。表 7-1 列出的离子化方式是目前质谱仪常用的电离方式，其中电子轰击电离、化学电离和电喷雾电离应用最广泛。在采用质谱法研究时，应根据所研究物质的性质和目的选用配有相应电离方式离子源的质谱仪。

①电子轰击电离源（EI）。EI 是最早应用的一种离子源，常用于气相色谱-质谱联用仪。它是用铼或钨的灯丝电加热到 2 000℃，产生能量为 10～70 eV 的高速电子束，当样品进入电离室时，这些高速电子轰击样品分子，若电子的能量大于被测分子的电离电位，将导致样品分子电离：

$$M + e^-(高速) \longrightarrow M^+ + 2e^-(低速)$$

式中：M 为样品分子；e^- 为电子；M^+ 为分子离子。

表 7-1 质谱研究中常用的电离方式

电离方式	简称	类型	离子化试剂
电子轰击电离	EI	气相	高能电子
化学电离	CI	气相	试剂离子
场解吸电离	FD	解吸	高电极电势
场致电离	FI	解吸	高电极电势
电感耦合等离子体	ICP	气相	高能离子体
大气压化学电离	APCI	气相	试剂离子
激光解吸电离	LD	气相	激光
电喷雾电离	ESI	解吸附	高电场
快原子轰击电离	FAB	解吸	高能电子

样品分子 M 失去一个电子形成的正离子 M^+ 称为分子离子。大多数有机化合物形成分子离子所需要的能量为 15～20 eV。当具有更高能量(如 70 eV)的电子轰击有机化合物分子时，就会使分子中的化学键断裂，生成各种低质量数的碎片离子和中性自由基，多余的电子则被电子捕集极收集。

$$M^+ \nearrow M_1^+ + N_1\cdot \quad \cdots\cdots \quad M^+ \searrow M_2^+ + N_2\cdot$$

式中：M_1^+、M_2^+ + 为碎片离子；$N_1\cdot$、$N_2\cdot$ 为中性自由基。

如果碎片离子还有较高内能，将继续裂解直至离子内能低于化学键解离能。图 7-5 所示为 EI 工作原理示意图。离子束可以通过推斥极(使正离子向质量分析器方向运动)、聚焦电极(使正离子在运动中聚焦集中)或加速电极(使正离子得到加速)进入质量分析器中。

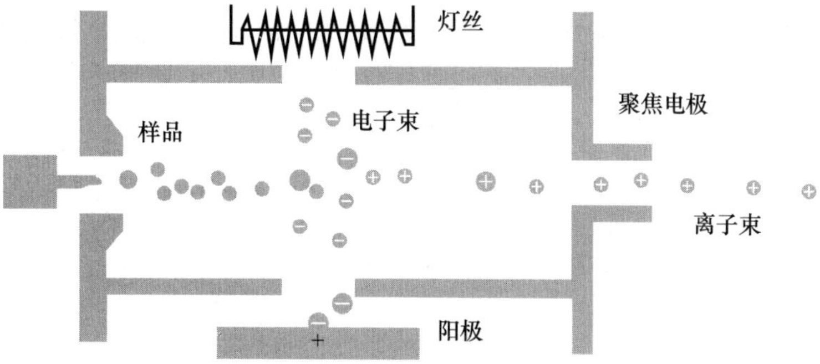

图 7-5　EI 工作原理示意图

利用 EI 得到的离子流稳定性好、产率高，得到的质谱离子峰多，提供的分子结构的一些重要官能团也就多，可构建标准谱库，应用广泛。其缺点是当样品分子质量较大或稳定性差或极性大、难汽化时，常常得不到分子离子，难以给出完整的分子离子信息，因而也就不能测定这些样品的分子质量，质谱解析困难。

为了解决这类有机物的质谱分析，发展了一些软电离技术，如化学电离、场致电离、场解吸电离、快原子轰击电离等。

②化学电离源(CI)。CI 主要是反应气体质子传递使待测样品电离，即样品分子的电离是由离子-分子反应产生的。样品直接放在进样探头顶端的玻璃毛细管中，通过隔离阀进入离子源；反应气经过压强控制与测量后导入电离室。化学电离源常用的反应气有 CH_4、NH_3、H_2 等。以甲烷作反应气体、M 作样品为例，以高能量电子轰击时，发生下述反应：

反应气的电离。CH_4 导入离子化室，使其压力约为 10^2 Pa，再导入样品 M 蒸气，使其浓度为反应气的 10^{-4}～10^{-3} 倍。用高能量的电子(100 eV)轰击反应气 CH_4 使之电离，产生一系列的正离子。

一级反应：

$$CH_4 + e^- \longrightarrow CH_4^+ + CH_3^+ + CH_2^+ + CH^+ + C^+ + H_2^+ + H^+ + ne^-$$

在该反应过程中，生成的碎片离子主要是 CH_4^+ 和 CH_3^+，它们又与反应气体作用，生成两种新的自由基或离子。

二级离子-分子反应：

$$CH_4^+ + CH_4 \longrightarrow CH_3\cdot + CH_5^+$$

$$CH_3^+ + CH_4 \longrightarrow H_2 + C_2H_5^+$$

$$CH_2^+ + CH_4 \longrightarrow H_2 + C_2H_4^+$$

$$CH_2^+ + CH_4 \longrightarrow H_2 + H\cdot + C_2H_3^+$$

$$CH^+ + CH_4 \longrightarrow H_2 + H\cdot + C_2H_2^+$$

三级离子-分子反应：

$$C_2H_5^+ + CH_4 \longrightarrow H_2 + C_3H_7^+$$

$$C_2H_3^+ + CH_4 \longrightarrow H_2 + C_3H_5^+$$

$$C_2H_2^+ + CH_4 \longrightarrow \text{聚合体}$$

上述反应中，主要的离子是 CH_5^+（占 47%左右）、$C_2H_5^+$（占 41%左右）、$C_3H_5^+$（占 6%左右）。它们再与样品分子 M 发生离子-分子反应。

产生准分子离子峰。由于样品浓度比反应气浓度低得多，样品分子与反应器离子碰撞机会比电子碰撞机会大得多，因此样品分子主要是与反应气离子发生反应。在反应气离子中 $C_2H_5^+$ 和 CH_5^+ 都是很强大的质子给予体，它们与样品分子 M 反应生成准分子离子峰（QM^+）$[M+H]^+$ 或 $[M-H]^+$。

质子的转移：

$CH_5^+ + M \longrightarrow [M+H]^+ + CH_4$	产生（M+1）峰
$C_2H_5^+ + M \longrightarrow [M+H]^+ + C_2H_4$	产生（M+1）峰
$C_2H_5^+ + M \longrightarrow [M-H]^+ + C_2H_6$	产生（M−1）峰
$C_3H_5^+ + M \longrightarrow [M-H]^+ + C_3H_6$	产生（M+1）峰

复合反应：

$CH_5^+ + M \longrightarrow [M+CH_5]^+$	产生（M+17）峰
$C_2H_5^+ + M \longrightarrow [M+C_2H_5]^+$	产生（M+29）峰

这样，样品经过电荷交换等种种离子-分子反应，一般有较强的准分子离子峰 $[M+H]^+$、$[M-H]^+$、$[M+17]^+$、$[M+29]^+$ 等产生，而碎片离子峰的种类比较少，所以质谱图大为简化，容易解析。利用化学电离的优点有：质谱图简单，因电离样品分子的不是高能电子流，而是能量较低的二次离子，样品分子的裂解可能性大大降低，产生碎片离子峰的数目随之减少；即使是分析不稳定的有机化合物，也能得到强度大的准分子离子峰，可提供样品相对分子质量信息，且可作基峰用于定量分析。图 7-6 所示为 EI 和 CI 所得质谱图的比较示意图。

③电喷雾电离源（ESI）。ESI 主要应用于液相色谱-质谱联用仪。它既作为液相色谱和质谱仪之间的接口装置，同时又是电离装置。它的主要部件是由一个多层套管组成的电喷雾喷嘴。最内层是液相色谱流出物，外层是喷射气。样品溶液从具有雾化器套管的毛细管末端流出，在流出的瞬间受到管端几千伏的高电压、雾化气（常用氮气）的吹扫及温度的作用，使溶剂在高压作用下形成喷雾蒸气，即构成无数细微带电液滴。

另外，在喷嘴的斜前方还有一个辅助气喷嘴，辅助气的作用是使微滴的溶剂快速蒸发。在微滴蒸发过程中表面电荷密度逐渐增大，当增大到某个临界值时，离子就可以从表面蒸发出来。离子产生后借助于喷嘴与锥孔之间的电压，穿过取样孔进入分析器。如图 7-7 所示，气帘的作用就是阻止不带电荷的粒子通过毛细管进入真空离子室，也能减小分子-离子的聚合。毛细管的作用是维持离子化室和聚焦单元间的真空度差，隔离其入口处的高压。电喷雾电离可采用正离子或负离子两种模式，可根据被分析离子的极性决定。

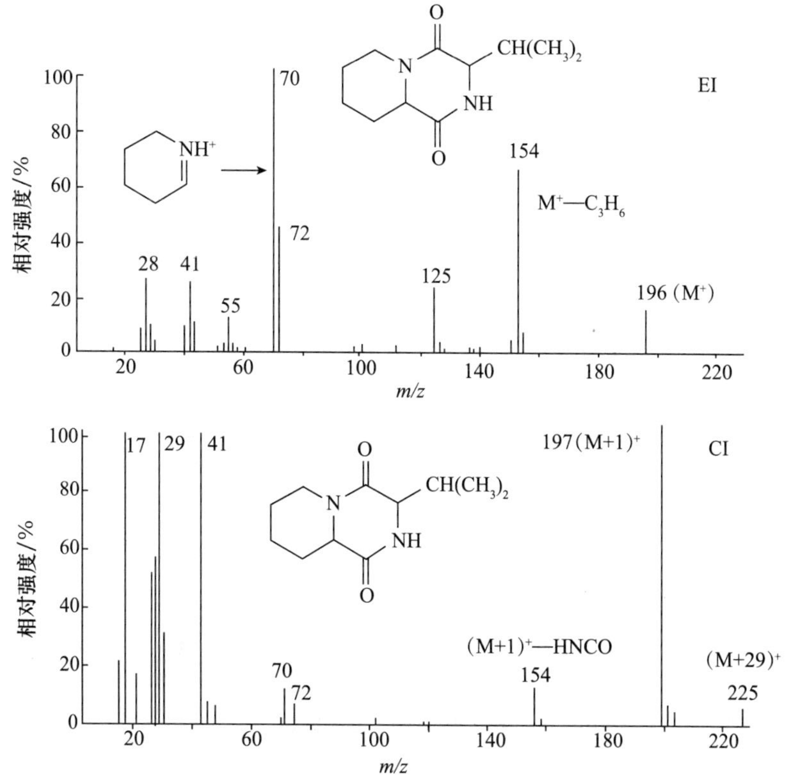

图 7-6　EI 和 CI 所得质谱图的比较示意图

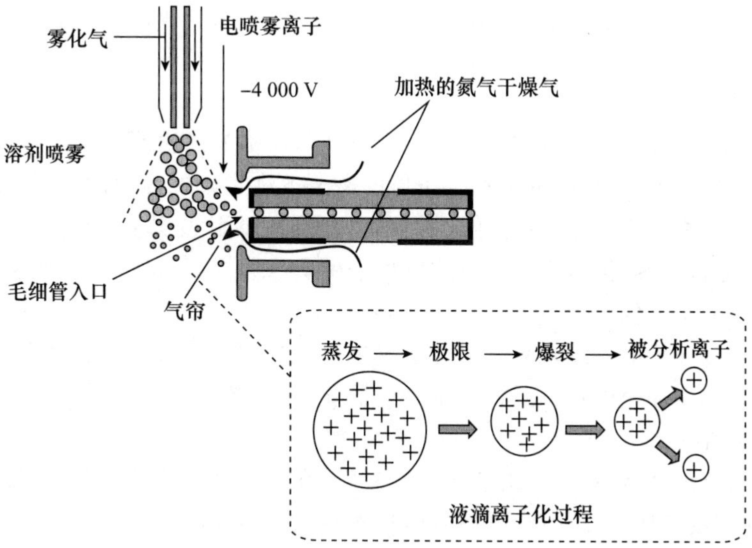

图 7-7　ESI 工作原理

电喷雾电离是一种软电离方式，即便是分子质量大、稳定性差的化合物，也不会在电离过程中发生分解，适合分析极性强的大分子有机化合物，如蛋白质、肽、糖等。电喷雾电离的最大特点是容易形成多电荷离子，如一个分子质量为 10 000 Da 的分子，若带有 10 个电荷，则其质荷比只有 1 000 Da，一般质谱仪都可以分析。根据这一特点，目前电喷雾电离可以测量分子质量在 300 000 Da 以上的蛋白质。由此可见，电喷雾电离的优点有：样品分子不易发生裂解，质谱为无碎片质谱，特别适合于热不稳定的生物大分子，获得生物大分子的相对分子质量信息；可在大气压条件下，使溶液中样品分子离子化，适合于高效液相色谱联用。

④大气压化学电离源（APCI）。APCI 的结构与电喷雾电离源基本相同，不同之处在于 APCI 喷嘴的下游放置一个针状电晕放电电极，通过高压放电，使空气中某些中性分子电离，产生 H_3O^+、N_2^+、O_2^+、O^+ 等离子，溶剂分子也会被电离，这些离子与样品分子进行离子-分子反应，使样品分子离子化，这些反应过程包括由质子转移和电荷交换产生正离子，质子脱离和电子捕获产生负离子等，如图 7-8 所示。

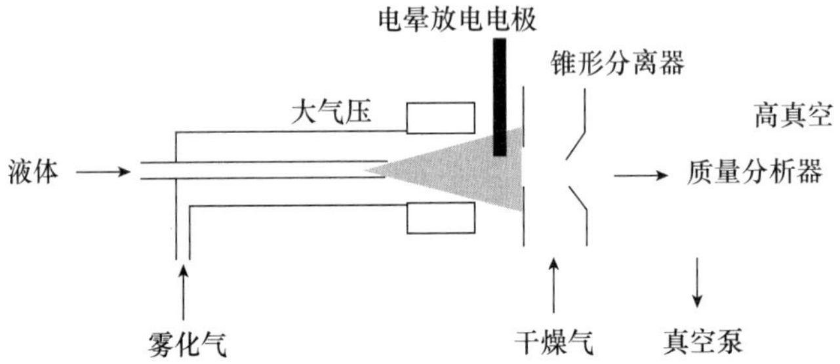

图 7-8 APCI 工作原理

大气压化学电离源主要产生单电荷离子，所以分析的化合物分子质量一般小于 1 000 Da。大气压化学电离的优点有：离子化效率高，样品溶液借助雾化气的作用喷入加热器，溶质与溶剂均转化为蒸气，对流动相的组成要求小于电喷雾电离，适用于非极性或中等极性的小分子分析；电离在大气压条件下进行，与 CI 相比离子损失少，碎片离子也少，主要是准分子离子，适合于高效液相色谱联用。

(4)质量分析器。质量分析器是质谱仪的“眼睛”，也称为滤质器。其作用是将离子源产生的离子按照质荷比的大小分开，并使符合条件的离子飞过此分析器，而不符合条件的离子即被过滤掉。质量分析器的种类很多，按照空间分离方式有单聚焦质量分析器、双聚焦质量分析器、四极杆质量分析器等；按时间分离方式有离子阱质量分析器、飞行时间质量分析器、傅里叶变换离子回旋共振质谱仪等。

①单聚焦质量分析器。单聚焦质量分析器主要根据离子在磁场中的运动轨迹，将不同质量的离子分开。它由加速电场、磁铁、质量分离器管、出射狭缝及真空系统组成。这种分析器实际上是一个处在扇形磁场中的真空管状容器，如图 7-9 所示。在离子源中形成的各种离子被加速电场加速获得动能；加速后的离子进入磁场，在磁场作用下做圆周运动，在进行质谱分析时，需要顺次确定各质荷比的离子的强度，检测器置于固定位置；可以固定 U(加速电压)，连续改变 B(磁场强度)，扫描不同 m/z 的离子顺序到达检测器发生的信号从而得到 m/z 离子的质谱图。这种方式是由一点出发、具有相同质荷比的离子，以同一速度不同角度进入磁场偏转后，离子束可重新汇聚于一点，因而称为单聚焦质量分析器。

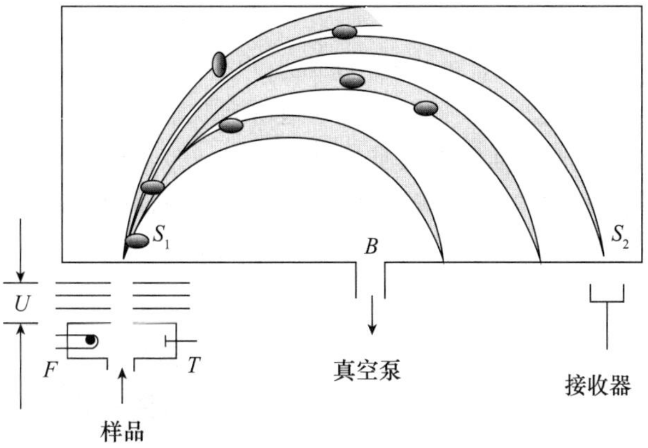

图 7-9　单聚焦质量分析器工作原理

前面讨论的是理想状态，事实上在单聚焦质量分析器中，离子源产生的离子在进入加速电场前，其初始动能并不为零，由于初始样品分子动能分散及离子源内电场不均匀等原因，常造成其初始能量各不相同，即使是相同质荷比的离子，其初始能力也有差异，导致相同质荷比的离子最后不能全部聚焦到一点，相邻两种质量的离子也很难分离，所以单聚焦质量分析器的分辨率不高，目前只适用于同位素质谱仪和气体质谱仪。

②双聚焦质量分析器。双聚焦质量分析器是在单聚焦分析器的基础上发展起来的，为了消除离子能量分散对分辨率的影响，通常在扇形磁场前加一扇形电场。该扇形电场是一个弯曲的同心圆筒。进入电场的离子受到一个静电力的作用改做圆周运动。离子所受电场力与离子运动的离心力平衡，即

$$zE=\frac{mv^2}{r} \tag{7-4}$$

式中：z 为离子电荷数；E 为电场强度。

将式(7-1)和式(7-4)联立，得

$$r=\frac{2U}{E}=\frac{mv^2}{zE} \tag{7-5}$$

由式(7-5)可以看出，如果电场强度 E 一定，离子轨道半径取决于离子的速度、动能、质荷比 m/z。所以扇形电场是一个能量分析器，不起 m/z 分离作用；对于 m/z 相同的离子，它是一个速度分离器。这样，m/z 相同而能量不同的离子，经过静电电场后会彼此分开，即静电场有能量色散作用。如果设法使静电场的能量色散作用和磁场的能量色散作用大小相等，方向相反，就可以消除能量分散对分辨率的影响，只要是 m/z 相同的离子，经过电场和磁场后就可以汇聚到一点，另一质荷比的离子汇聚在另一点，改变离子加速电压可以实现质量扫描。这种由电场和磁场共同实现 m/z 分离的分析器叫双聚焦质量分析器，

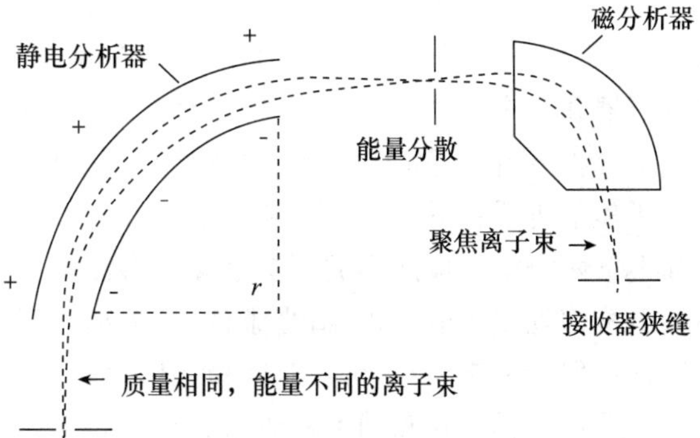

图 7-10　双聚焦质量分析器工作原理

如图 7-10 所示。

双聚焦质量分析器具有高分辨率，一般可达几万或更高，灵敏度高，适用于有机质谱仪。但其扫描速度慢，操作、调整比较烦琐，而且仪器造价也比较昂贵。另外，单、双聚焦质量分析器都有磁场参与进行分离，所以也称为磁质分析器。

③四极杆质量分析器。四极杆质量分析器是由四根截面为双曲面或圆形的棒状电极组成，两组电极间施加一定的直流电压和频率为射频范围的交流电压。四极杆质量分析器工作原理如图 7-11 所示。

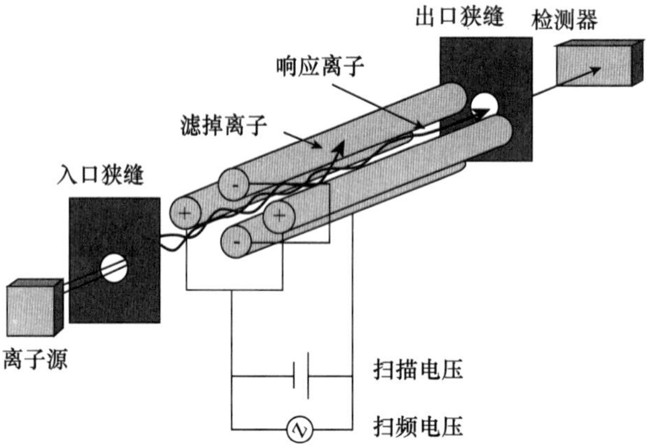

图 7-11　四极杆质量分析器工作原理

当离子束进入圆形电极所包围的空间后，离子做横向摆动。在一定的直流电压、交流电压、频率和一定的尺寸等条件下，只有某种（或一定范围内）质荷比的离子才能到达检测器并产生信号（此类离子称为共振离子），其他离子在运动过程中撞击电极而被过滤掉，被真空泵抽走（此类离子称为非共振离子）。如果使交流电压的频率不变而进行电压扫描（连续改变直流和交流电压的大小且两者电压比恒定），或保持电压不变而进行频率扫描（连续改变交流电压的频率），就可使不同质荷比的离子按顺序到达检测器而得到质谱图，其扫描速度远高于磁质谱仪器（单、双聚焦质量分析器）。

四极杆质量分析器的优点是质荷比分辨率较高，测量范围可达 2 000，灵敏度高；分析速度快，适合与色谱仪联用。缺点就是精密度和准确度低于双聚焦质量分析器。将两个四极杆质量分析器和一个碰撞室（在两个四极杆中间）串联起来，组成三重四极杆质量分析器，比单四极杆质量分析器有更好的专属性、选择性和灵敏度。

④离子阱质量分析器。离子阱是由四极杆发展而来的，由一个双曲线表面的中心环形电极和上下两个端电极间形成一个室腔。直流电压和高频电压加在环形电极和端盖电极之间，两端电极都处于地电位，在适当条件下，由离子源注入的特定质荷比的离子在阱内稳定区，其轨道振幅保持一定大小，可长时间留在阱内，反之不稳定态离子振幅很快增长，撞击到电极而消失。质量扫描方式和四极杆质量分析器相似，即在恒定的直流交流比下扫描高频电压以得到质谱图。检测时在引出电极上加负电压脉冲使正离子从阱内引出而被电子倍增器检测。

离子阱在有机质谱中用于构成离子阱质谱仪与 GC 的小型台式联用装置上，有全扫描和选择离子扫描功能，同时利用离子储存技术，可以选择任一质量离子进行碰撞解离，实现二级或多级分析功能；扫描速度快、分辨率高；母离子到子离子的碎裂途径简单清晰，对质谱能进行更清晰的解析。其缺点是无法获得准确质量信息，定量灵敏度低于四极杆质量分析器。

⑤飞行时间质量分析器。此种分析器的工作原理较简单，从离子源飞出的离子动能基本一致，在加速电场加速后，再进入长度为 L（约 1 m）的无电场又无磁场的漂移管中。离子到达漂移管另一端的时间 T 为

$$T = L\sqrt{\frac{m}{2zU}} \tag{7-6}$$

在加速电场一定时，离子到达漂移管另一端的时间与离子 m/z 的平方根成正比，这样不同的质荷比离子就在不同的时刻离开漂移管到达检测器。为了防止连续离子化和加速将导致检测器的连续输出而无法获得信息，飞行时间质量分析器辅以脉冲式（约 10 kHz）电子轰击离子化和用具有相同频率的脉冲电场加速，再馈入一个具有相同水平扫描频率的显示器，从而得到质谱图。

飞行时间质量分析器的特点是质量范围宽、扫描速度快，既不需要电场也不需要磁场。但是存在分辨率低的缺点，主要原因是离子进入漂移管前的时间分散、空间分散和能量分散。这样即使是质荷比相同的离子，由于产生时间的先后、空间的前后和初始动能的大小不同，到达检测器的时间就不相同，因而降低了分辨率。目前，通过采取激光脉冲电离方式、离子延迟引出技术和离子反射技术，可在很大程度上克服。现在飞行时间质谱仪的分辨率可达到 20 000 以上，测定分子质量可超过 300 000 Da，具有很高的灵敏度。

(5)检测器。质谱仪常用的检测器有电子倍增管、闪烁检测器和法拉第杯等。

①电子倍增管。电子倍增管的工作原理是从质量分析器飞出的离子轰击阴极产生电子发射，电子在电场的作用下，依次轰击下一级电极释放更多的电子而被放大，如图 7-12 所示。电子倍增管有 10～20 级，放大倍数一般在 10^5～10^8。现代质谱仪中常用隧道电子倍增管，其工作原理与电子倍增管工作原理相似。因其体积小，多个隧道电子倍增管可以串联，同时检测多个质荷比不同的离子，减少样品重复测定的次数，提高分析的效率。但电子倍增管一次使用时间过长，放大增益会减小，检测灵敏度会下降。

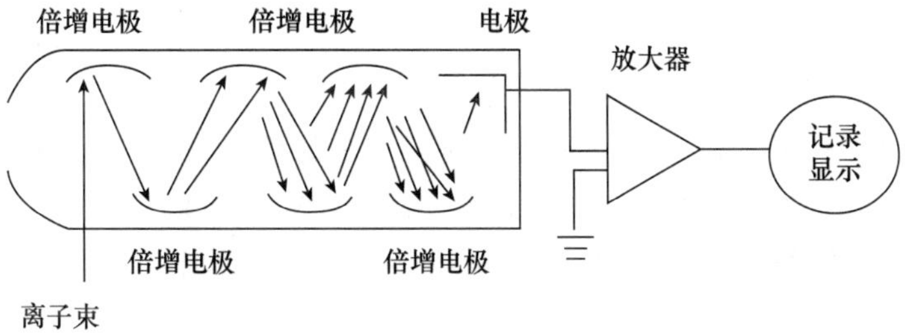

图 7-12　隧道电子倍增管工作原理

②闪烁检测器。由质量分析器飞出的高速离子轰击闪烁体使其放光，然后用光电倍增管检测闪烁体发出的光，从而得到离子流量的信息。

③法拉第杯。法拉第杯是质谱仪中最简单的一种检测器，其工作原理如图 7-13 所示。法拉第杯与质谱仪的其他部分保持一定的电位差以便捕获离子。当离子经过入口狭缝和一个或多个抑制栅电极进入杯时，产生电流，经高电阻 R 转换成电压后放大记录。

法拉第杯的入口狭缝是用来控制进入接受杯中的离子种类，阻止不需检测的离子进入杯中，调节狭缝宽度，可改变质谱仪的分辨率。抑制栅电极抑制离子轰击产生的电子飞出杯外。法拉第杯结构简单，稳定性好，灵敏度高，但只适用于加速电压小于 1 kV 的质谱仪。

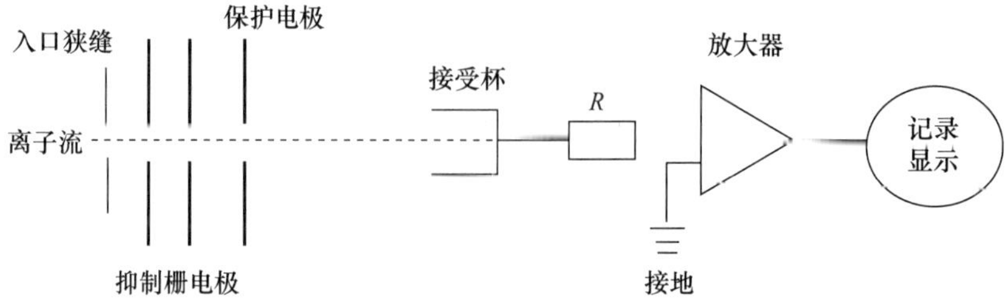

图 7-13　法拉第杯工作原理

3. 质谱仪的主要性能指标

(1)质量范围。质量范围即质谱仪测量质量数的范围。例如,质量范围为 1～800,则该质谱仪能测定的质荷比为 1～800 的离子。质量范围的大小取决于质量分析器。

(2)分辨率。分辨率即表示仪器分开两个相邻质量离子的能力,通常用 R 表示。如果仪器能刚刚分开质量为 m_1 和 m_2 的两个质谱峰,则仪器的分辨率 $R=m_1/(m_2-m_1)$。

【例 7-1】 CO 和 N_2 所形成离子,其质量分别为 27.994 9 和 28.006 1,若某仪器能够刚好分开这两种离子,则该仪器的分辨率 $R=27.994\ 9/(28.006\ 1-27.994\ 9)\approx 2\ 500$。

在实际测量时,并不一定要求两个峰完全分开,而是可以有部分的重叠。一般最常用的是 10%峰谷定义,如图 7-14 所示。两个相邻质谱峰的质量分别为 m_1 和 m_2,规定两个峰的信号大小(峰高)相同,它们的峰谷相当于峰高的 10%即为 10%峰谷。一般 R 在 10 000 以下者称为低分辨,R 在 10 000～30 000 称中分辨,R 在 30 000 以上称为高分辨。低分辨仪器只能给出整数的离子质量数;高分辨仪器则可以给出小数点后四位数字的离子质量数,可以用来更进一步解析化合物的分子式。

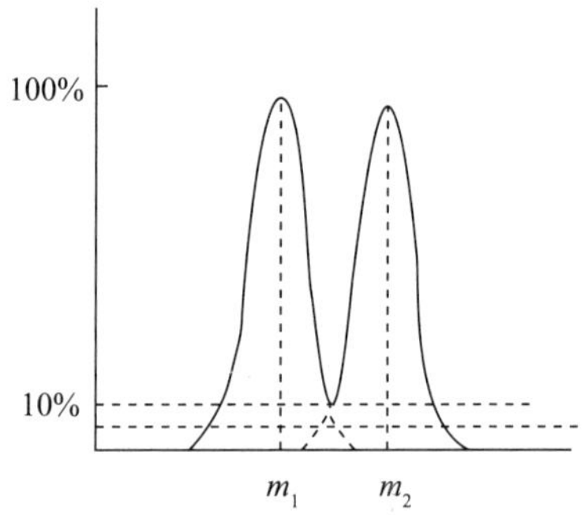

图 7-14　10%峰谷分辨率

(3)灵敏度。不同用途的质谱仪,灵敏度表示方法不同。如有机质谱仪常采用绝对灵敏度,它表示对于一定的样品,在一定分辨率的情况下,产生具有一定信噪比的分子离子峰所需要的样品量。目前有机质谱仪的灵敏度可优于 10^{-10} g。

(4)准确度。准确度是指质谱分析的测量值(质量、同位素比值或化学组分)与真实值的偏差。

【例 7-2】 测得某分子离子峰精确质量为 250.105 6,而它真实值是 250.105 9,则准确度为 $|250.105\ 6-250.105\ 9|/250.105\ 9\approx 1.2\times 10^{-6}$。

二、气-质联用仪的基本结构

质谱法具有灵敏度高、定性能力强等特点,但进样要纯才能发挥其特长,进行定量分析较复杂;气相色谱法则具有分离效率高、定量分析简便的特点,但定性能力却较差。因此这两种方法若能联用,可以相互取长补短。其优点是:气相色谱仪是质谱法的理想的"进样器",试样经色谱分离后以纯物质形式进入质谱仪,就可充分发挥质谱法的特长;质谱仪是气相色谱法的理想的"检测器",色谱法所用的检测器如氢焰电离检测器、热导池检测器、电子捕获检测器等都有局限性,而质谱仪能检出几乎全部化合物,灵敏度又很高。

所以，色谱-质谱联用技术既发挥了色谱法的高分离能力，又发挥了质谱法的高鉴别能力。这种技术适用于做多组分混合物中未知组分的定性鉴定；可以判断化合物的分子结构；可以准确地测定未知组分的相对分子质量；可以修正色谱分析的错误判断；可以鉴定出部分甚至未分离开的色谱峰；等等。因此这种技术日益受到重视，现在几乎全部先进的质谱仪器都具有可以进行联用的气相色谱仪，并配有可以在计算机上应用的工作站。

图 7-15 所示为气相色谱-质谱联用仪(GC-MS)组成方框图。GC-MS 主要由色谱部分、质谱部分和数据分析系统三部分组成。色谱部分和一般的色谱仪基本相同，包括载气系统、汽化室和柱箱，也带有分流/不分流进样系统，程序升温系统，压力、流量自动控制系统等。

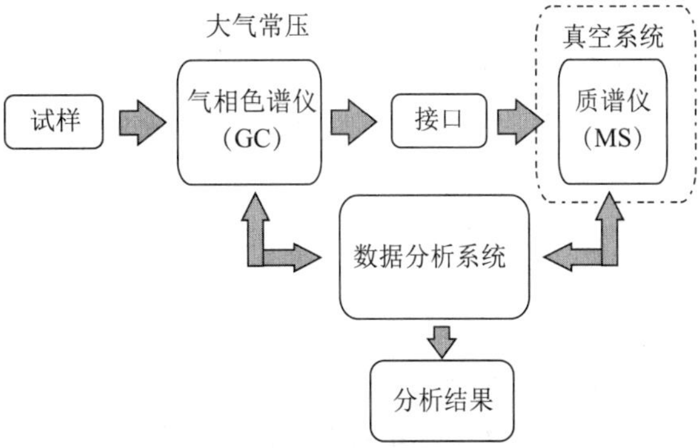

图 7-15 GC-MS 组成方框图

色谱仪是在常压下工作，而质谱仪需要高真空，因此，如果色谱仪使用填充柱，必须经过一种接口装置——分子分离器，将色谱载气去除，使样品气进入质谱仪；如果色谱仪使用毛细管柱，则可以将毛细管直接插入质谱仪离子源。因为毛细管载气流量比填充柱小得多，不会破坏质谱仪真空。

GC-MS 的质谱仪部分可以是磁式质谱仪、四极杆质谱仪，也可以是飞行时间质谱仪和离子阱。目前使用最多的是四极杆质谱仪。四极杆质谱仪扫描速度快、灵敏度高、结构简单。

GC-MS 还有一部分是计算机系统。由于计算机技术的提高，GC-MS 的主要操作都可以由计算机自动完成。这些操作包括自动进样、利用标准样品校准质谱仪、设置色谱和质谱的工作条件、数据的收集和处理以及检索谱库等。

不同于气相色谱仪，GC-MS 一般使用氦气作载气，原因是：He 的电离电位为 24.6 eV，是气体中最高的，它难以电离，不会因气流不稳而影响色谱图的基线；He 的相对分子质量只有 4，易于与其他组分分子分离。He 的质谱峰很简单，主要在 $m/z=4$ 处出现，不干扰后面的质谱峰。

任务实施

操作实施 7-1 气-质联用仪的基本操作

视频 7-1 气-质联用仪基本操作（以赛默飞为例）

一、仪器与试剂的准备

1. 仪器与设备

气相色谱-质谱联用仪：配有电子轰击电离离子源(EI)。

2. 材料与试剂

氦气(99.999%)。

二、学生课前预习

学生每 3～5 人为一组，以小组为单位互助学习，通过查阅资料和观看视频等完成预习报告。预习内容包括：(1)任务目标。(2)操作步骤。(3)思考题：为什么要先开载气再开仪器，关机时的顺序呢？

三、检查学生预习情况

根据各组汇总的相关资料，师生共同讨论、分析，用集体智慧完成预习报告的修订及确定实验操作步骤。

四、学生分组操作

学生按照修订后的实验操作步骤，按规范要求，分组完成气-质联用仪的基本操作任务。

1. 开机

(1)打开断电保护电源，开稳压电源。

(2)打开载气（氦气），设置分压阀压力约为 0.5 MPa。打开尾吹气（氮气），调节减压阀至出口压力为 0.5 MPa。

(3)根据待测样品选择合适的毛细管柱，并将其两端分别连接进样口及质谱检测器。

(4)依次打开气相色谱仪、质谱仪和电脑电源，等待仪器自检完毕，单击进入电脑桌面上的 GC-MS 的联机软件。

2. 调谐

调谐应在仪器至少开机 2 h 后方可进行，若仪器长时间未开机，为得到好的调谐结果将时间延长至 4 h。

在工作站中单击“视图”菜单，选择“调谐及真空控制”，进入“调谐与真空控制”界面，在“调谐”菜单中选择“自动调谐”，进行调谐。在“真空”菜单中选择真空状态，观察真空泵运行状态，如果仪器真空泵配置为分子涡轮泵，状态显示涡轮泵转速，应很快达到 100%，否则，说明系统有漏气，应检查侧板是否压正、放空阀是否拧紧、柱子是否接好。

3. 设置仪器参数

(1)配置气相色谱参数。对 GC 的载气模式、流量、分流比、进样口温度、色谱柱、柱温、程序升温等参数进行设定。

(2)配置质谱参数。对四极杆及离子源的温度、扫描方式、扫描范围、EM 电压等参数进行设定。

(3)编辑数据采集方法。进入样品信息窗口，输入样品的各项信息，然后进入样品自动运行并检测阶段。

4. 数据分析

待仪器运行完所有的样品后，进入离线色谱工作站界面。

(1)制作标准曲线。一般以 5 个标准点作一条标准曲线，其各个标准化合物的相关系数均要求大于 99.5%。

(2)调出每个样品的总离子图，检查试样的谱图中各个化合物出峰的时间与标准品中的各个化合物出峰时间是否一致，从而达到定性定量分析的目的。

5. 关机

(1)进入工作站系统，进入调谐和真空控制界面选择放空，在跳出的画面中单击确定进入放空程序。仪器在一定的时间内降低真空度，四极杆和离子源的温度降低至 100℃以下，同时降低色谱柱的柱温和进样口温度至室温。

(2)仪器采用的是涡轮泵系统，需要等到涡轮泵转速降至 10%以下，大概 40 min 后退出工作站软件，并依次关闭计算机、质谱仪、气相色谱仪电源，最后关掉载气（条件允许，载气不关更好）和稳压电源。

五、数据记录及处理

操作要点及注意事项如下：

（1）在打开检测器开关的同时，应按下检测器侧门，以便抽真空。如果真空泵声音不正常，检查侧门和放空阀是否关闭。

（2）洗针包括溶剂洗针和样品洗针，一般设置进样前溶剂洗 3 次、样品洗 3 次，进样后再用溶剂洗 3 次；样品赶气泡一般重复进行 6 次，进样量设为 1～1.5 μL。

（3）选择分流模式进样，分流比设为 30∶1；选择不分流模式进样，分流阀设在 0.85～1.00 min 打开。样品含量较高时，一般选分流模式；样品含量很低时，选择不分流模式。

（4）溶剂延迟时间是根据样品溶剂峰的出峰时间确定，一般设置为 3～5 min；质量扫描范围设置应涵盖待测组分的质量范围，在满足样品分析的基础上使用最小质量范围，以提高数据采集灵敏度。

（5）定量分析一般选择恒流模式。使用恒流模式，柱流量不能设置太大，一般设置为 1.0～1.5 $mL \cdot min^{-1}$，否则压力大会损坏柱子。

（6）炉温的最高设置温度不能高于色谱柱最高使用温度。

（7）编辑 MS 离子选择（SIM）参数时，每组采集 6～9 个离子，每个离子驻留时间为 60～100 ms。采集的离子数目越少、驻留时间越长，采集的数据灵敏度和精度就越高。

（8）采用质量扫描（Scan）模式采集数据和采用离子选择（SIM）模式采集数据要分别保存为不同的方法文件。除非使用 Scan/SIM 同时采集模式。

（9）若调谐结果水分超过 20%，可在调谐之前预运行 GC 升温程序，赶走气路中的水分；若 N_2 和 O_2 丰度过高且 N_2∶O_2 浓度比为 8∶1 时，表示系统漏气，应查明原因加以排除（如重新连接色谱柱等）。

六、教师巡回指导

（1）气-质联用仪的开机和关机顺序。

（2）调谐的意义。为了得到好的质谱数据，在进行样品分析前应对质谱仪的参数进行优化，这个过程就是质谱仪的调谐。调谐中将设定离子源部件的电压；设定 amu gain 和 amu off 值以得到正确的峰宽；设定电子倍增器（EM）电压保证适当的峰强度；设定质量轴保证正确的质量分配。

调谐包括自动调谐和手动调谐两类方式，自动调谐中包括自动调谐、标准谱图调谐、快速调谐等方式。如果分析结果将进行谱库检索，一般先进行自动调谐，然后进行标准谱图调谐以保证谱库检索的可靠性。

（3）质谱仪的基本结构。

七、成绩评定

学生对完成工作任务的表现进行自评和互评，各小组进行总结、考核及评估，教师做出最后评价，填写学习过程评价表。

拓展任务

拓展操作 7-1 气-质联用仪的日常维护和保养

大型精密分析仪器状态是检验工作中一个非常重要的影响因素，正确地使用及维护保养不仅可以确保仪器的良好状态，还可以延长仪器和易耗件的使用寿命。

一、日常维护

气相色谱-质谱联用仪日常保养维护主要是对载气（是否有气，气体状态）、进样口、玻璃衬管（是否污染严重）、进样垫（针扎多了变成碎屑）、O 形环（表面是否有损坏）、色谱柱（色谱峰型是否正常）。

1. 载气

(1)检查钢瓶压力。气体纯度必须达到 99.999%，并使用专用钢瓶灌装，载气纯度不够，或剩余的载气量不够时，会造成 m/z 28 的谱线丰度过大，有杂质气体干扰。一般载气压力在 3～5 MPa 时就必须对气体进行更换。

(2)检查真空状态。查看真空度，发现真空是否异常，这个异常是针对平时记录的一个值做比较。

(3)查看气体净化程度。一般载气进入色谱柱前都需经过净化，除去载气中的残留烃类化合物、氧、水等杂质，以提高载气的纯度，延长色谱柱使用寿命，减少色谱柱固定相流失，而且很大程度地降低背景噪声，使基线更加稳定。建议最好安装一个高容量脱氧管和载气净化器或使用复合型载气净化管。净化装置应及时更换，脱氧管使用时间过长，吸附的氧气会随着载气进入仪器，导致 m/z 32 的谱线丰度过大。市售的脱氧管通常会用氮气进行饱和，安装时必须用氦气将脱氧管内和管线里的氮气吹扫干净，再接至仪器上。

(4)钢瓶及气体管线的检漏。检漏时，可以使用肥皂水作为测漏液检查每个管线接点，特别要注意钢瓶头部分。每换一次气体钢瓶，必须用测漏液全面检查钢瓶及进气口接点，确保钢瓶与进气管线没有漏气。将钢瓶打开，调整至一定压力，关闭气相色谱仪进样口的压力，关闭气瓶的总阀，开启分压阀，若有漏气，一段时间后分压表的压力会有明显的下降。定时查看压力表（每小时一次）和压力降低情况，可由此查知气体主管线是否漏气。

2. 进样口

参考前述气相色谱进样口的日常维护和保养。

(1)进样垫片使用多次后，会由于针插入次数太多，导致微量漏气。微量漏气不易察觉，一般来说微漏可造成目标分析物出峰提前，因为炉温较高时空气中的氧气会氧化色谱柱固定液，使固定液流失加大，降低柱效，但要通过长时间比较才能发现。一般在自动进样 150 次或手动进样 50 次时就开始换新的进样垫片。

(2)衬管的洁净度直接影响到仪器的检测限，应注意对衬管进行检查，一般玻璃衬管在自动进样 150 次后也需要进行更换。如果更换下来的衬管不太脏，可以用无水甲醇或丙酮超声清洗，取出烘干后继续使用；太脏则需先用清洁剂再用溶剂清洗，然后对衬管进行硅烷化处理后再度使用。这里需要特别强调的是，玻璃棉的装填要分布均匀，装的位置也要有一定的要求。

3. 色谱柱

色谱柱维护判断的标准就是在测试时是否出现鬼峰，峰是否拖尾，保留时间和积分面积是否有显著性变化等。如果有出现上述状况，可以在清洗离子源时对色谱柱柱头进行切割，把前面一段已经被污染的部分色谱柱去掉；注意此时的老化不同于新柱子。

(1)色谱柱的选择与老化。色谱柱固定液的极性越高，其温度使用上限越低，随着柱温的升高固定液流失程度也越大。选择固定液的原则一般是能用极性低的则尽量不选用极性高的。新购毛细管商品柱一般出厂前已老化好，所以使用前一般不需要长时间老化，新柱老化一般不接质谱仪或其他检测器，设定一个程序升温程序走 2～3 次就能满足分析需要。其中程序升温程序的起始温度要低，一般设为 50℃，最高温度可选择低于柱使用温度上限 30℃或在平时使用的最高温度，升温速率要慢，一般设为 $5℃ \cdot min^{-1}$。如果色谱柱出现鬼峰、拖尾峰，保留时间和积分面积有显著性变化等，可以进行老化。旧柱老化时可接质谱仪或其他检测器，程序升温的最高温度可比平时使用的最高温度高一些，但不能超过柱允许使用的温度上限，老化的时间最好控制在 2 h 之内最好。

(2)色谱柱的使用与保存。色谱柱使用时应注意说明书中标明的最低和最高温度，不能超过色谱柱的温度上限使用，否则会造成固定液流失，还可造成对检测器的污染。要设定最高允许使用温度，如遇人为或不明原因的突然升温，GC 会自动停止升温以保护色谱柱。氧气、无机酸碱和矿物酸都会对色谱柱固定液造成损伤，应杜绝这几类物质进入色谱柱。

色谱柱拆下后通常将色谱柱的两端插在不用的进样垫上，如果只是暂时拆下数日则可放于干燥器中。

(3)色谱柱的安装。色谱柱的安装应按照说明书操作，切割时应用专用的陶瓷切片，切割面要平整。不同规格的毛细管柱选用不同大小的石墨垫圈，注意接进样口一端和接质谱一端所用的石墨垫圈是不同的，不要混用。进入进样口一端的毛细管长度要根据所使用的衬管而定，一般仪器公司会提供专门的比对工具，同样，进入质谱一端的毛细管长度也需要用仪器公司提供的专门工具比对。柱接头螺帽不要拧得太紧，若因太紧压碎石墨圈反而容易造成漏气，一般用手拧紧后再用扳手紧 1/4 圈即可。接质谱仪前先开机让柱末端插入盛有有机溶剂的小烧杯，看是否有气泡溢出且流速与设定值相当。严禁无载气通过时高温烘烤色谱柱，以免造成固定液被氧化流失而损坏色谱柱。

4. 离子源

离子源清洗前先准备好相关的工具及试剂，然后打开机箱，小心地拔开与离子源连接的电缆，拧松螺丝，取下离子源。在整个操作过程中，一要小心谨慎，二要避免灰尘进入腔体。将离子源各组件分离，在离子源的所有组件中，灯丝、线路板和黑色陶瓷圈是不能清洗的。离子源不锈钢加热块需要用氧化铝擦洗，将 600 目的氧化铝粉用甘油或去离子水调成糊状，用棉签蘸着擦洗，重点擦洗上述组件的内表面，即离子的通道。氧化铝擦洗完毕后，用水冲净，然后分别用去离子水、甲醇、丙酮浸泡，超声清洗，待干后组合好装回离子源，盖好机箱，清洗完毕。

5. 诊断与调谐

质谱仪一般都有诊断功能，如果仪器灵敏度急剧下降或谱图出现明显异常，则应该进行诊断，帮助查找原因。如果仪器正常，每一项测试都应该通过，如果哪一项测试未能通过，可点击查看详细信息，并保存页面，以方便与仪器公司的维修工程师联系，进行维修。在做质谱仪的调谐之前，先将质谱仪的范围调至 50～650，打开灯丝、校正气，观察 m/z 100 的特征峰，看其周围是否干净，如果有干扰离子，则升高柱温、进样口温度，先将杂质赶出，确保 m/z 100 的周围干净，方可进行调谐。在调谐过程中，若增益部分的校正不能通过，m/z 502 的特征峰找不到，或电子倍增管的电压增加太多，接近 100 V，则很有可能是离子源被污染严重，需要清洗。

6. 质谱仪的维护

开机时先开 GC，后开质谱仪，设定合适的离子源温度和传输线温度，不要忘记打开真空补偿，否则真空难以达到 50 mTorr 以下。关机前关闭传输线温度，离子源温度需降至 175℃以下，等待分子涡轮泵转速降下来后，仪器会提示"OK to turn off power"，此时方可关闭电源。

实验前需先确定离子源是否达到指定温度，一般推荐使用 250℃；当柱流速为 1 mL·min^{-1} 时，前极压力正常在 30～50 mTorr 之间；打开灯丝看空气/水的背景，确认真空没有泄漏。

7. 其他

(1)清洁仪器整机，确保无有机试剂残留、无污渍；

(2)检查洗液瓶和废液瓶放置正确并且洗液充足干净，废液已倾倒；

(3)检查自动进样器和转盘是否运转正常；

(4)仪器连接线是否有脱落。

二、周保养

周保养于每周五下午完成，可与当次日保养合并作业。

(1)每周检查空气滤网，如有污脏须清洗并更换之。这个清洗可以依次用洗洁精、自来水、纯水冲洗，烘干再装回去。

(2)每周检查氦气的压力，如钢瓶的压力小于 3 MPa，须更换之。

三、月保养

月保养于每月最后一个周五下午完成，可与当次周保养合并作业。

(1)每月检查真空油泵液位：真空油泵油面位于标示刻线范围内(上限和下限中间即可)。

真空油泵油更换：关掉仪器，把泵连接的仪器的管子拔掉，倒出用过的油，并换上新的，打开真空油泵运转，查看是否能正常工作。

(2)每月清洗离子源一次，必要时将进样口处柱头去掉 2～3 cm。

每次进行离子源操作时需要戴清洁的无粉手套，用丙酮(或甲醇)清洗所用工具以防污染，在拆离子源时要特别小心，不要用过大的力气，所有的东西都要轻拿轻放，千万不要触碰灯丝，取下的部件放置在合适的位置，尽量避免交叉污染。

将部件放入洁净的烧杯，倒入丙酮或甲醇(分析纯以上)，超声波清洗，最后烘干后安装。

四、年保养

(1)真空泵油须半年更换一次。

(2)石英衬管、O 形圈约 1 年更换一次。

(3)气体纯化管约 1 年更换一次。

拓展知识

气-质联用仪常见问题及解决方法

气-质联用仪常见故障及排除方法见表 7-2。

表 7-2　气-质联用仪常见故障及排除方法

故障现象	故障原因	排除方法
调谐参数改变时，调谐峰强度的变化滞后	①离子源被污染； ②预四极杆被污染； ③离子源部件未安装到位，电路未接通	①对离子源依次用甲醇、丙酮超声清洗各 15 min； ②对预四极杆依次用甲醇、丙酮超声清洗各 15 min； ③将离子源拆下，重新安装
调谐质谱仪时，需要过高的离子能量和推斥电压	①离子能量过高是由于离子源被污染，推斥电压过高是预四极杆、四极杆被污染； ②质谱仪调谐未达到最佳状态	①对离子源、预四极杆、四极杆依次用甲醇、丙酮超声清洗各 15 min 及保养维护； ②重新调谐质谱仪
调谐参数改变时，仪器响应不明显	离子源短路或电路未接通	取出离子源，用万用表测量各部件间的电路连接是否正常
调谐峰的形状不好，有肩峰	①质谱仪调谐未达到最佳状态； ②离子源被污染； ③分析器有缺陷或损坏	①重新调谐质谱仪； ②对离子源依次用甲醇、丙酮超声清洗各 15 min； ③检查分析器外观是否有缺陷或损坏
调谐时，无参考峰出现	①参考标样的瓶中无参考标样； ②参考标样的管路被堵塞； ③空气泄漏	①添加参考标样全氟三丁胺于质谱仪内置的参考样瓶中； ②拆下管路，用丙酮超声清洗； ③检查空气峰 m/z 28 的高度，若大于 10% 氦气峰 m/z 4 的高度，表明有空气泄漏，用注射器将丙酮滴在各接口处，通过观察丙酮的分子离子峰 m/z 58 的强度变化，进一步查明泄漏的确切位置
出现不规则、粗糙的调谐峰	①离子源被污染； ②灯丝老化； ③质谱仪调谐未达到最佳状态	①对离子源依次用甲醇、丙酮超声清洗各 15 min； ②更换灯丝； ③重新调谐质谱仪
m/z 18、28、32 峰大于 10% 氦气峰 m/z 4	①空气泄漏； ②氦气即将用尽，气瓶内杂质富集； ③新近清洗的离子源未烘干； ④柱子被污染	①检漏，检查柱子的连接情况； ②更换载气瓶并安装脱气装置； ③设置 250℃ 的离子源温度烘烤离子源； ④老化柱子
灯丝状态良好时，无离子产生	①离子源需要重新校准； ②空气泄漏严重	①利用校准工具重新校准离子源； ②检漏并紧固各连接处
调谐质谱仪时，高质量峰 m/z 502、614 不显示	预四极杆短路	将预四极杆拆下，用氦气或氮气吹干

续表

故障现象	故障原因	排除方法
质谱仪的质量标尺无法校准	①质谱仪调谐未达到最佳状态； ②离子源温度过高或过低； ③空气泄漏； ④发射电子的能量不合适	①重新调谐质谱仪； ②将离子源温度设在180～220℃； ③检查空气峰 m/z 28的高度，若大于10%氦气峰 m/z 4的高度，表明有空气泄漏，用注射器将丙酮滴在各接口处，通过观察丙酮的分子离子峰 m/z 58的强度变化，进一步查明泄漏的确切位置； ④将发射电子的能量设定为70 eV
灵敏度低	①质谱仪调谐未达到最佳状态； ②质谱仪的质量标尺校准不精确； ③离子源被污染； ④离子源温度过高或过低，导致样品分解或吸附在离子源内； ⑤柱子伸入离子源内的深度不合适； ⑥分流进样器和阀有故障； ⑦柱效降低； ⑧进样器被污染； ⑨检测器电压太低； ⑩空气泄漏	①重新调谐质谱仪； ②重新校准质谱仪的质量标尺； ③对离子源依次用甲醇、丙酮超声清洗各15 min； ④调节离子源温度； ⑤调整柱子进入离子源的深度； ⑥检查进样器和阀； ⑦更换柱子； ⑧对衬管依次用甲醇、丙酮超声清洗各15 min或更换衬管； ⑨检测器电压应为350～450 V； ⑩检查空气峰 m/z 28的高度，若大于10%氦气峰 m/z 4的高度，表明有空气泄漏，用注射器将丙酮滴在各接口处，通过观察丙酮的分子离子峰 m/z 58的强度变化，进一步查明泄漏的确切位置
质量色谱图中无噪声（呈一条平直的线）	检测器电压太低	提高检测器电压
噪声过多	①离子源被污染； ②供电系统产生杂峰	①对离子源依次用甲醇、丙酮超声清洗各15 min； ②安装电源净化装置
出现平头峰	①柱子中的样品过载； ②检测器过载	①分流进样或稀释样品； ②降低检测器电压
保留时间不稳定	①毛细管柱的固定相发生降解； ②进样器漏气； ③载气管路泄漏	①切去毛细管柱端0.5 m或更换柱子； ②改善进样器密封状况； ③检漏并紧固
高沸点化合物灵敏度低、峰形差	①离子源温度太低导致样品被吸附； ②气相色谱接口的温度太低； ③气相色谱升温程序的终温太低	①提高离子源温度； ②提高气相色谱接口的温度，使之与升温程序的终温一致； ③提高气相色谱升温程序的终温
峰拖尾	①进样器的温度太低； ②气相色谱接口的温度太低； ③载气流速太小； ④衬管、柱子被污染	①提高进样器的温度； ②提高气相色谱接口的温度； ③提高载气流速； ④对衬管依次用甲醇、丙酮超声清洗各15 min，老化柱子
出现歪斜峰或变形峰	①扫描速度太低，致使每个色谱峰的扫描次数不够； ②色谱峰太窄； ③质谱仪调谐未达到最佳状态	①提高扫描速度，尽可能使每个色谱峰的扫描次数大于6次； ②改变色谱条件； ③重新调谐

续表

故障现象	故障原因	排除方法
同位素比例不正确	①质谱仪的质量标尺校准不精确； ②质谱仪调谐后的各质量峰比例不正确； ③空气泄漏	①重新校准质谱仪的质量标尺； ②排除方法是重新调谐质谱仪； ③检查空气峰 m/z 28 的高度，若大于10%氦气峰 m/z 4 的高度，表明有空气泄漏，用注射器将丙酮滴在各接口处，通过观察丙酮的分子离子峰 m/z 58 的强度变化，进一步查明泄漏的确切位置
分子离子峰太弱	①离子源的温度、电流过高（超过裂解温度和电离电流）； ②化学电离气压过高或过低（对于化学电离源）	①调整离子源温度、电流； ②调整化学电离气压
质谱图中同位素峰丢失	①质谱仪的质量标尺校准不精确； ②质谱仪调谐未达到最佳状态； ③离子源被污染； ④检测器电压太低； ⑤检测器故障	①重新校准质谱仪的质量标尺； ②重新调谐质谱仪； ③对离子源依次用甲醇、丙酮超声清洗各15 min； ④提高检测器电压； ⑤检查检测器的灵敏度
质谱的重现性不好	①离子源被污染； ②离子源加热器不稳定； ③灯丝损坏； ④质谱仪调谐未达到最佳状态； ⑤质谱仪的质量标尺校准不精确； ⑥空气泄漏	①对离子源依次用甲醇、丙酮超声清洗各15 min； ②更换离子源加热器； ③更换灯丝； ④重新调谐质谱仪； ⑤重新校准质谱仪的质量标尺； ⑥检查空气峰 m/z 28 的高度，若大于10%氦气峰 m/z 4 的高度，表明有空气泄漏，用注射器将丙酮滴在各接口处，通过观察丙酮的分子离子峰 m/z 58 的强度变化，进一步查明泄漏的确切位置
总离子流色谱图中出现大的干扰峰	①空气泄漏； ②载气质量有问题； ③样品被污染	①检查空气峰 m/z 28 的高度，若大于10%氦气峰 m/z 4 的高度，表明有空气泄漏，用注射器将丙酮滴在各接口处，通过观察丙酮的分子离子峰 m/z 58 的强度变化，进一步查明泄漏的确切位置； ②更换载气； ③改进样品前处理方法
总离子流色谱图逐渐升高	①柱子的固定相流失（特征峰 m/z 为207、281）； ②空气泄漏	①老化或更换柱子； ②检查空气峰 m/z 28 的高度，若大于10%氦气峰 m/z 4 的高度，表明有空气泄漏，用注射器将丙酮滴在各接口处，通过观察丙酮的分子离子峰 m/z 58 的强度变化，进一步查明泄漏的确切位置
总离子流色谱图缓慢下降	①吹扫阀被关闭； ②吹扫流速太低	①打开吹扫阀； ②提高吹扫流速
色谱峰过宽	①进样器的温度太低； ②柱子中的样品过载； ③气相色谱升温太慢	①提高进样器的温度； ②分流进样； ③改变气相色谱的升温程序

任务二　应用气-质联用法分析样品

任务内容

了解质谱扫描的三种模式，学会使用气-质联用仪设定色谱条件和质谱条件，获得化合物的色谱图和质谱图，掌握质谱图中几种离子峰类型，并能进行谱图解析和定性定量分析。

技术知识

一、质谱实用技术

1. 质谱图信息

在质谱分析中，主要用条(棒)图形式表示质谱数据，即为质谱图。质谱图横坐标是质荷比 m/z，纵坐标是相对强(丰)度。相对强度是把原始质谱图上最强的离子定为基峰，并规定其相对强度为 100%，其他离子峰以此基峰的相对百分数表示。

视频 7-2　质谱图提供主要信息

分子在离子源中可以产生多种电离，在质谱图中出现多种离子峰，归纳起来有以下几种类型：分子离子峰、同位素离子峰、碎片离子峰、重排离子峰、亚稳离子峰、多电荷离子峰等，它们的强度与分子结构及离子源的电离方式有关。

(1)分子离子峰。样品分子受到高速电子撞击后，失去一个电子生成的离子称为分子离子或母离子，相应的质谱峰称为分子离子峰或母峰，用 M^+ 表示。分子离子的质量与样品分子的相对分子质量相等。分子离子峰的相对强度取决于 M 相对于裂解产物的稳定性。如芳香族化合物因含有共轭 π 电子，容易失去一个电子形成稳定的分子离子，其 M^+ 峰相对强度较大；而支链烷烃或醇类化合物的分子离子很不稳定，表现为 M^+ 峰相对很少或不存在。各类有机物分子离子的稳定性(即 M^+ 峰的相对强度)的次序一般为芳香烃＞共轭多烃＞环状化合物＞羰基化合物＞醚＞酯＞胺＞醇＞支链烃。

有时分子离子一产生就与其他离子或分子碰撞而结合成为质量数更高的分子，因此在辨认分子离子峰时可参照以下规则：有机化合物分子中不含 N 或含偶数个 N，分子质量一定是偶数，分子离子峰 M^+ 为偶数；有机化合物分子中含有奇数个 N，分子质量一定是奇数，分子离子峰 M^+ 为奇数。因为有机化合物主要由 C、H、O、N、S、X 等元素组成，其中 ^{12}C、^{16}O、^{32}S 质量数(相对原子量)及化合价均为偶数，而 H、X 的相对原子量及化合价均为奇数，而只有 N 相对原子量为偶数(14)而化合价为奇数(3、5)。

一般来说，分子离子峰应该是质谱图中最高 m/z 的离子峰，但由于样品中有微量杂质、离子源不干净、毛细管柱污染等原因常出现干扰。鉴别方法是把最高质量的离子峰与最靠近它的碎片离子峰进行比较，由分子离子峰 M^+ 失去某些小基团的碎片峰如 M－15(—CH_3)、M—17(—OH)、M—18(H_2O)等，即在最高质量数离子峰和最近的碎片离子峰间相差 15、17、18 是合理的，因为由分子中失去—CH_3、—OH、H_2O 是相当普遍的。

一些有机化合物如醚、酯、胺、酰胺等质谱图上分子离子峰很小或者根本找不到，而 M＋1、M－1 峰却比较大，这是由于它们的分子离子在离子源中容易捕获一个 H 或失去一个 H，即表现分子离子峰为 M＋1 或 M－1。

所以总结归纳分子离子峰一般有以下几个特征：

①一般出现在质谱图的最右侧(存在同位素峰除外)。

②分子离子的稳定性与结构紧密相关，具有 π 电子的芳香族、共轭多烯及环状化合物的分子离子稳定性好，分子离子峰强度大；含孤对电子的醇、胺、硝基化合物及多侧链化合物的分子离子不稳定，分子离子峰小或有时不出现。

③分子离子所含的电子数目一定是奇数，含电子数目是偶数的离子不是分子离子。

④分子离子的质量数服从“氮规则”。若有机分子中含氮原子的数目是偶数或不含氮原子，则分子离子的质量数是偶数；若分子中含氮原子数目为奇数，则分子离子的质量数是奇数。不符合氮规则的离子，不是分子离子。

⑤假定的分子离子峰与相邻的质谱峰间的质量数要有意义。如在比该峰小 3～14 个质量数间出现峰，则该峰不是分子离子峰。因一个分子同时失去 3～5 个氢原子是不可能的，能失去的最小基团通常是甲基，所以相邻的离子峰应是 M－15 峰。

(2)同位素离子峰。有机化合物一般由 C、H、O、N、S、Cl 及 Br 等元素组成，它们都有同位素，其天然丰度比见表 7-3。不同元素的同位素因含量的不同，在质谱图中会出现含有这些同位素的离子峰，称为同位素离子峰。常用 M 表示轻质同位素峰，M＋1、M＋2 等表示重质同位素峰。表 7-4 列出了有机化合物中常见同位素的天然丰度。同位素天然丰度比及分子中同位素原子数目决定重质同位素峰和轻质同位素峰的峰强度比。

表 7-3 同位素天然丰度比

同位素	$^{13}C/^{12}C$	$^{2}H/^{1}H$	$^{17}O/^{16}O$	$^{18}O/^{16}O$	$^{15}N/^{14}N$	$^{34}S/^{32}S$	$^{37}Cl/^{35}Cl$	$^{81}Br/^{79}Br$
丰度比/%	1.12	0.015	0.04	0.20	0.36	4.44	31.98	97.28

表 7-4 有机化合物中常见同位素的天然丰度

同位素	相对丰度/%	峰类型	同位素	相对丰度/%	峰类型
^{1}H	99.985	M	^{18}O	0.204	M＋2
^{2}H	0.015	M＋1	^{32}S	95.000	M
^{12}C	98.893	M	^{33}S	0.760	M＋1
^{13}C	1.107	M＋1	^{34}S	4.220	M＋2
^{14}N	99.634	M	^{35}Cl	75.770	M
^{15}N	0.366	M＋1	^{37}Cl	24.230	M＋2
^{16}O	99.759	M	^{79}Br	50.537	M
^{17}O	0.037	M＋1	^{81}Br	49.463	M＋2

在一般有机分子鉴定时，可以通过同位素峰统计分布来确定其元素组成，分子离子的同位素离子峰的相对强度之比符合一定的统计规律。例如，在 CH_4 的质谱图中，其分子离子峰的 m/z 为 17、16，而其相对强度之比 $I_{17}/I_{16}=0.011$。$m/z=16$ 的分子离子峰是由最大丰度的同位素组成的分子离子($^{12}C^{1}H_4$)产生的；$m/z=17$ 的分小离子峰是由分子离子($^{13}C^{1}H_4$)和($^{12}C^{1}H_3^{2}H$)共同形成的。

分子离子峰和同位素离子峰的相对强度是可以估算的，对于含有 C、H、O、N 元素组成的有机化合物，分子式可写成 $C_xH_yO_zN_w$，近似计算 M+1、M+2 与 M 的强度比值：

$$(M+1)\times100/M=1.08x+0.016y+0.04z+0.37w$$

$$(M+2)\times100/M=(1.08x+0.02y)^2/200+0.2z$$

同样对含硫的有机化合物，也可用类似的方法计算。

对于含卤素的有机化合物，F 和 I 是单一同位素（无重质同位素），分子中含一个氯原子，^{35}Cl 和 ^{37}Cl 的丰度比 M：(M+2)=100：32≈3：1，分子中含有一个溴原子，^{79}Br 和 ^{81}Br 的丰度比 M：(M+2)=100：97.3≈1：1。由此可见，后两个重质同位素丰度很大。分子中含有多个 Cl 和 Br 的有机化合物，将有非常强的 M+2、M+4、M+6 等同位素离子峰。因 $^2H/^1H$、$^{17}O/^{16}O$ 的天然丰度比太小，同位素峰可忽略不计，但 $^{34}S/^{32}S$、$^{37}Cl/^{35}Cl$、$^{81}Br/^{79}Br$ 的天然丰度比很大，它们的同位素峰非常明显，因而可以利用同位素峰强比推断分子中是否含有 S、Cl、Br 及原子的数目。分子中若含有三个氯，如 $CHCl_3$，会出现 M、M+2、M+4、M+6 峰，如图 7-16 所示。采用二项式展开式 $(a+b)^n$ 可以计算分子离子峰和同位素离子峰的丰度比，这里 a 为轻质同位素的丰度，b 为重质同位素的丰度，n 为分子中同种卤素原子个数。

【例 7-3】 $CHCl_3$ 中 ^{35}Cl：^{37}Cl=100：32.5=3：1，按 $(a+b)^3=a^3+3a^2b+3ab^2+b^3=27+27+9+1$，因此在 $m/z=118$ 附近各峰的丰度比为 m/z 118：m/z 120：m/z 122：m/z 124=27：27：9：1。

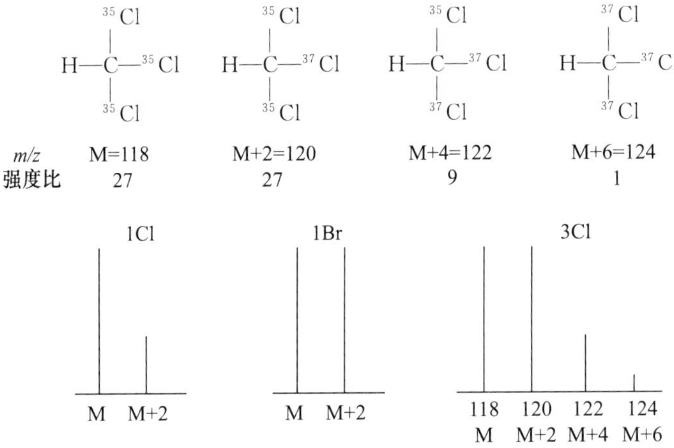

图 7-16　氯化物和溴化物的同位素峰强比

（3）碎片离子峰。分子在离子源中获得的能量超过分子离子化所需的能量，造成分子中的化学键断裂而产生碎片离子，碎片离子如有足够的能量会继续裂解成更小的最碎片离子，碎片离子相应的质谱峰称为碎片离子峰。如图 7-17 中质荷比 74、59、43 等碎片离子峰，碎片离子的形成与分子结构有着密切的关系，且大多数是有规律的，人们可根据碎片离子的种类推测原有化合物的大致结构。

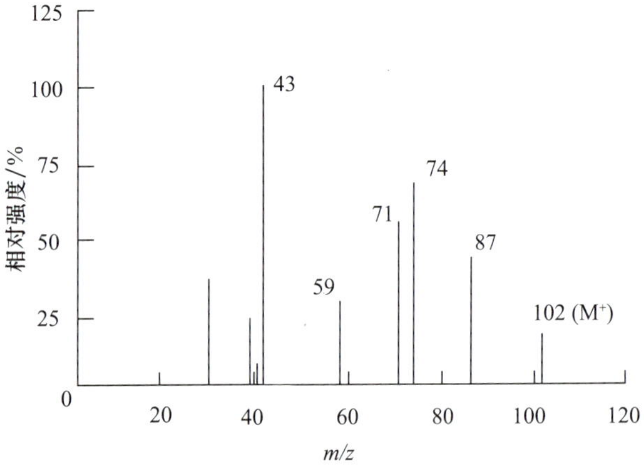

图 7-17　正丁酸甲酯的质谱图

(4)多电荷离子峰。某些非常稳定的分子，能失去两个或两个以上的电子，在质谱图中质量数为 $m/(nz)$（n 为失去的电子数）的位置上，出现多电荷离子峰。在低分辨率的质谱上，多电荷离子峰的质荷比可能是整数，也可能不是整数，如为后者，则很易区分。如芳香族化合物和含有共轭体系的分子易出现双电荷离子峰。多电荷离子峰的出现，表明被分析的样品很稳定。

2.质谱裂解方式及一般规律

在质谱中，离子的裂解方式一般有以下三种：

(1)$A^{+\cdot} \rightarrow B^{+} + C\cdot$，即游离基型的离子失去一个游离基生成一个含偶数电子的离子。①烷烃：由于化学键的断裂位置不同，烷烃的质谱图上常会出现质荷比相差 14 的一系列奇质量数的峰（C_nH_{2n+1}），即有质荷比 m/z 为 29、43、57、71、85、99 等一系列离子的峰，强度逐渐减弱。一般 m/z 43 和 m/z 57 的峰强度较大。另外，在断裂过程中常伴随失去一分子 H_2，所以会在上述各离子峰低两个质荷比（m/z 为 27、41、55…）处出现一些小峰。②醛、酮、羧酸、酯、酰胺等含有酮基的化合物容易发生 α 断裂。游离基引起分子断裂是由于电子强烈成对倾向造成的，游离基提供一个奇电子与邻原子形成一个新键。与此同时，原子的另一个键断裂，这种断裂通常称为 α 断裂。在醛中，醛基的氢不易失去，常产生 m/z 为 29（$H—C\equiv O^{+}$）的强峰。酮类化合物失去 R、R′中较大者。在羧酸与伯酰胺中，主要是生成 m/z 为 45（$HO—C\equiv O^{+}$）和 m/z 为 44（$H_2N—C\equiv O^{+}$）的离子。③烯烃、炔烃、芳烃、醇和铵容易发生 β 断裂。含有不饱和双键化合物的奇电子离子容易引发 β 键断裂。在烯烃中，与双键相连的 α 键，紧挨着 α 键的是 β 键。由独电子引发，β 键发生断裂，在 α 键处生成一个新键，产生一个自由基和一个阳离子，正电荷在双键一侧。

(2)$A^{+\cdot} \rightarrow B^{+\cdot} + C$，即游离基型的离子失去一个中性分子生成一个质量较小的游离基型离子。如醇类化合物，尤其是长链脂肪酸，容易发生 1、3 或 1、4 脱水，形成 M－18 离子峰。

(3)$A^{+} \rightarrow B^{+} + C$，是离子的连续反应，含偶数个电子的离子失去一个中性分子产生一个新的离子。烷烃分子离子通过第一类断裂反应后，生成正离子可连续脱去 $CH_2=CH_2$（m/z 为 28）。

了解有机分子的裂解方式和规律，熟悉碎片和容易脱去的游离基及中性分子的结构，对解析质谱、确定分子结构是非常重要的。表 7-5 和表 7-6 列出了部分容易失去的游离基或中性分子部分碎片离子与化合物结构的关系。

表 7-5 容易失去的游离基或中性碎片与化合物的类型

离子	失去的碎片	化合物的类型
M－1	H·	醛（某些酯或胺）
M－15	$\cdot CH_3$	甲基取代物
M－17	NH_3	伯胺类
M－18	H_2O	醇类
M－29	$\cdot CHO$，$\cdot C_2H_5$	醛类，乙基取代
M－43	CH_3CO，$\cdot C_3H_7$	甲基酮，丙基取代
M－45	$\cdot COOH$	羧酸
M－60	CH_3COOH	醋酸酯

表 7-6 常见的碎片离子与化合物类型

离子质量	元素组成	结构类型
29	$HCHO^+$，$C_2H_5^+$	醛，乙基取代
30	$CH_2=N^+H_2$	伯胺
31	$CH_2={}^+OH$	醇
43	CH_3CO^+	乙酰基类
29/43/57/71	$C_2H_5^+$，$C_3H_7^+$	烷烃
39/50/51/52/65/77	芳香族裂解产物	含有芳环
60	$CH_3COOH^{+\cdot}$	羧酸，乙酸酯
91	$C_6H_5CH_2^{+\cdot}$	苄基
105	$C_6H_5CO^+$	苯甲酰基

二、气-质联用分析测量条件的选择

GC-MS 分析条件要根据样品进行选择，在分析样品之前应尽量了解样品的情况，比如样品组分的多少、沸点范围、相对分子质量范围、化合物类型等。这些是选择分析条件的基础。

1. 色谱条件

有关 GC-MS 分析中的色谱条件与普通的气相色谱条件相同。一般情况下样品组成简单，可以使用填充柱；样品组成复杂，则一定要使用毛细管柱。根据样品类型选择不同的色谱柱固定相，如极性、非极性和弱极性等。汽化温度一般要高于样品中最高沸点 20～30℃。柱温要根据样品情况设定，在低温下，低沸点组分出峰；在高温下，高沸点组分出峰；选择合适的升温速度，使各组分都实现很好的分离。

2. 质谱条件

质谱条件的选择包括扫描范围、扫描速度、灯丝电流、电子能量、倍增器电压等。

(1)扫描范围。扫描范围就是可以通过分析器的离子的质荷比范围，该值的设定取决于欲分析的化合物相对分子质量，应该使化合物所有的离子都出现在设定的扫描范围之内。例如，化合物最大相对分子质量为 350 左右，则扫描范围上限可设到 400 或 450，扫描下限一般从 15 开始，有时为了去掉水、氮、氧的干扰，也可以从 33 开始扫描。

(2)扫描速度。扫描速度视色谱峰宽而定，一个色谱峰出峰时间内最好能有 7～8 次质谱扫描，这样得到的重建离子流色谱图比较圆滑，一般扫描速度可设在 0.5～2 s 扫一个完整质谱。

(3)灯丝电流。灯丝电流一般设置在 0.20～0.25 mA。灯丝电流太小，仪器灵敏度太低；电流太大，则会降低灯丝寿命。

(4)电子能量。电子能量一般为 70 eV，标准质谱图都是在 70 eV 下得到的。改变电子能量会影响质谱中各种离子间的相对强度。如果质谱中没有分子离子峰或分子离子峰很弱，为了得到分子离子，可以降低电子能量到 15 eV 左右。此时分子离子峰的强度会增强，但仪器灵敏度会大大降低，而且得到的不再是标准质谱。

(5)倍增器电压。倍增器电压与灵敏度有直接关系。在仪器灵敏度能够满足要求的情况下，应使用较低的倍增器电压，以保护倍增器，延长其使用寿命。

3.质谱扫描模式

(1)全扫描(full scan)。选择此工作模式,质谱采集时,扫描一段范围,如 150～500 Da。对于未知物或化合物结构确证,一定要选择全扫描模式,能看到更多的离子信息。

(2)选择离子监测扫描(SIM)。一般扫描方式是连续改变射频电压 V,使不同质荷比的离子顺序通过分析器到达检测器。而选择离子监测则是对选定的离子进行跳跃式扫描。采用这种扫描方式可以提高检测灵敏度。其原因如下:假定正常扫描 m/z 为 1～500,扫描时间为 1 s,那么每个质量扫过的时间为 0.002 s(1/500)。如果采用选择离子扫描方式,假定只扫 5 个特征离子,那么每个离子扫过的时间则为 0.2 s(1/5),是正常扫描时间的 100 倍。离子产生是连续的,扫描时间长,则接收到的离子多,也即灵敏度高。从上面的例子估计,选择离子扫描对特征离子的检测灵敏度比正常扫描要高大约 100 倍。由于这种方式灵敏度高,因此适用于量少且不易得到的样品分析。同时,通过适当选择离子,可以消除其他组分对待测组分的干扰。

还可以根据分辨率来调节采样窗口的宽度。比如,要对 500 Da 离子做 SIM,较高分辨状态下,可以设定取样宽度为 1.0,这时质谱只扫描 499.5～500.5 Da。还有些高分辨率的仪器,可以设定取样宽度更小,比如 0.2 Da,这时质谱只扫描 499.9～500.1 Da。但对于较纯的、杂质干扰较少的体系,不妨设定较低的分辨率,比如取样宽度设 2 Da,这时质谱扫描 499～501 Da,如果没有干扰的情况下,取样宽度大一些,待测化合物的灵敏度就高一些,因为噪声很低;但是有很强干扰的情况下,设定较高分辨率,反而提高灵敏度信噪比,因为噪声降下去了。

用选择离子得到的色谱图进行定量分析,具体分析方法与质量色谱图类似,但其灵敏度比利用质量色谱图会高一些。这是 GC-MS 进行微量成分定量分析中常采用的方法。

(3)多反应检测扫描(MRM)。针对二级质谱或多级质谱而言,第一次被选择的特征离子称为前体离子,前体离子在碰撞室经过碰撞裂解,再次选择一个碎片离子进行检测,多个化合物同时测定时,多个一起扫描就是 MRM 模式。质谱定量分析时,倾向于用 SIM 或 MRM 模式。MRM 模式比 SIM 模式有更高的专属性和抗干扰能力,也有更低的检测限,有利于对混合组分中痕量组分进行快速灵敏的检测。

4.GC-MS 分析的图谱

GC-MS 分析的关键是设置合适的分析条件,使各组分能够得到满意的分离,得到很好的总离子流色谱图和质谱图,在此基础上才能得到满意的定性和定量分析结果。GC-MS 分析得到的主要信息有 3 个:样品的总离子流图或重建离子色谱图,样品中每一个组分的质谱图,每个质谱图的检索结果。此外,还可以得到质量色谱图、三维色谱质谱图等。对于高分辨率质谱仪,还可以得到化合物的精确相对分子质量和分子式。

(1)总离子流色谱图(TIC)。在一般 GC-MS 分析中,样品连续进入离子源并被连续电离。分析器每扫描一次(比如 1 s),检测器就得到一个完整的质谱并送入计算机存储。由于样品浓度随时间变化,得到的质谱图也随时间变化。一个组分从色谱柱开始流出到完全流出需要 10 s 左右。计算机就会得到这个组分不同浓度下的质谱图 10 个。同时,计算机还可以把每个质谱的所有离子相加得到总离子流强度。这些随时间变化的总离子流强度所描绘的曲线就是样品总离子流色谱图或由质谱重建而成的重建离子色谱图。总离子流色谱图是由一个个质谱得到的,所以它包含了样品所有组分的质谱。它的外形和由一般色谱仪得到的色谱图是一样的。对总离子流色谱图的每个峰,可同时给出对应的质谱图,由此可推出每个色谱峰的结构组成。各个峰的保留时间、峰高、峰面积可作为各峰的定量参数。只要所用色谱柱相同,样品出峰顺序就相同，其差别在于重建离子色谱所用的检测器是质谱仪，而一般色谱仪所用的检测器是氢焰、热导检测器等，两种色谱图中的各成分校正因子不同。

(2)质谱图。由总离子流色谱图可以得到任何一个组分的质谱图。一般情况下，为了提高信噪比，通常由色谱峰峰顶处得到相应质谱图。但如果两个色谱峰有相互干扰，应尽量选择不发生干扰的位置得到质谱，或通过扣本底消除其他组分的影响。

(3)质量色谱图。总离子流色谱图是将每个质谱的所有离子加合得到的色谱图。同样，由质谱中任何一个质量的离子也可以得到色谱图，即质量色谱图。由于质量色谱图是由一个质量的离子得到的，因此其质谱中不存在这种离子的化合物，也就不会出现色谱峰，一个样品只有几个甚至一个化合物出峰。利用这一特点可以识别具有某种特征的化合物，也可以通过选择不同质量的离子做离子质量色谱图，使正常色谱不能分开的两个峰实现分离。图 7-18(a)中总离子流色谱图中 A、B 两组分未分开，不便定量。如果在 A 组分中选一特征质量，如 m/z 91，在 B 组分中选一特征质量，如 m/z 136，做 A 和 B 的质量色谱图，如图 7-18(b)、(c)所示，则 A、B 组分可以得到很好的分离。

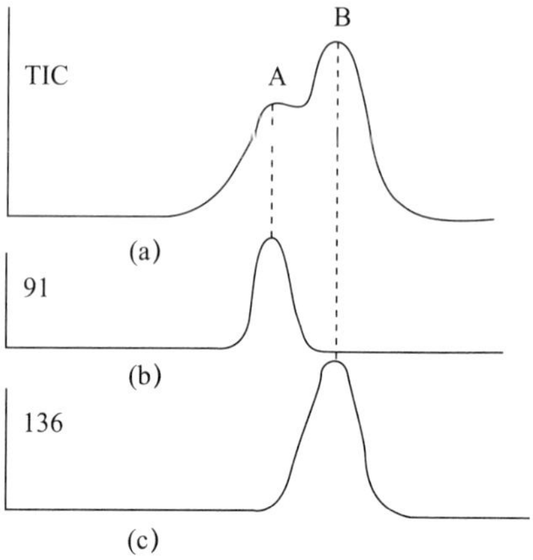

(a) 总离子流色谱图
(b) 以m/z 91所作的质量色谱图
(c) 以m/z 136所作的质量色谱图

图 7-18 利用质量色谱图分开重叠峰

由于质量色谱图是采用一种质量的离子做色谱图，因此，进行定量分析时，也要使用同一离子得到的质量色谱图进行标定或测定校正因子。质量色谱图由于是在总离子流色谱图的基础上提取出一种质量得到的色谱图，所以又称为提取离子色谱图。

视频 7-3 气-质联用法的定性分析

三、气-质联用法的定性分析

1. 相对分子质量测定

一般来说，依据分子离子峰确定的原则，确立了被测样品的分子离子峰，其分子离子峰的质荷比 m/z 就是被测样的相对分子质量。利用高分辨率质谱仪可以区分相对分子质量整数部分相同(如 120)、而非整数部分质量不相同的化合物。因为高分辨率质谱可以测得小数点后 3～4 位数字，质谱分辨率越高，测定越正确，误差越小。例如，四氮杂茚[$C_5H_4N_4$(120.044)]，苯甲脒[$C_7H_8N_2$(120.069)]，甲乙苯[C_9H_{12}(120.094)]和苯乙酮[C_8H_8O(120.157)]；若测得某化合物的分子离子峰的质荷比是 120.157，则显然该化合物是苯乙酮(C_8H_8O)。

2. 化学式确定

在质谱图中，确定了分子离子峰并知道了化合物的相对分子质量后，就可确定化合物的部分或整个分子式。利用质谱法确定化学式的方法有两种：用高分辨率质谱仪确定分子式；用同位素峰相对强度法，也叫同位素丰度比法，该法适用于低分辨质谱仪，通过计算或查 Beynon 表确定分子式。

(1)查 Beynon 表法。Beynon 计算了相对分子质量为 500 以下的含 C、H、N、O 四元素的化合物的 M+1 和 M+2 同位素峰与分子离子峰的相对强度，并编制成表格。人们只要根据质谱图中 M+1、M+2 和分子离子峰 M 相对百分比，就能根据 Beynon 表确定化合物的可能的经验化学式。

【例 7-4】某化合物的质谱图中，M 为 102，相对强度 M+1 为 6.78，M+2 为 0.40，查表 7-7 求其分子式。

表 7-7　Beynon 表中 M=102 部分数据

分子式	M+1	M+2	分子式	M+1	M+2
$C_5H_{10}O_2$	5.64	0.53	$C_6H_{14}O$	6.75	0.39
$C_5H_{12}NO$	6.02	0.35	C_7H_4N	8.01	0.28
$C_5H_{14}N_2$	6.39	0.17	C_8H_6	8.74	0.34

由表 7-7 中数据可知，$C_6H_{14}O$ 最符合上述条件。

(2)计算法。有机化合物一般由 C、H、N、O、S、F、Cl、Br、I、P 等元素组成，但其中 F、I、P 无同位素，对 M+1、M+2 峰的丰度无贡献。由表 7-4 可知 ^{37}Cl、^{81}Br 对 M+2 峰有明显贡献；^{30}Si、^{34}S 对 M+2 也有较明显贡献，^{13}C 和 ^{18}O 有贡献；影响 M+1 峰丰度的杂原子是 ^{29}Si、^{33}S，还有 ^{13}C 和 ^{15}N。当 C、H、O、N 四元素组成的化合物中对 M+1 峰丰度做出贡献的是 ^{13}C 和 ^{15}N(^{2}H 和 ^{17}O 由于天然丰度太低而忽略不计)；而对 M+2 峰丰度做贡献的是 ^{13}C 和 ^{18}O。^{18}O 的相对丰度为 0.20%，数值较小，计算氧原子个数会出现误差，所以应在确定其他元素组成后，最后确定氧的个数。

如果分子中只含有 C、H、O、N、F、P、I 时，通用分子式为 $C_xH_yO_zN_w$。M+1 丰度可以只考虑 ^{13}C 和 ^{15}N 的贡献；M+2 丰度可以只考虑 ^{13}C 和 ^{18}O 的贡献。以分子离子 M 的相对丰度为 100 时，^{13}C 对 M+1 相对丰度的贡献为 $1.1x$，^{15}N 对 M+1 相对丰度的贡献为 $0.37w$，则 M+1 相对丰度为 $1.1x+0.37w$，^{13}C 对 M+2 相对丰度的贡献近似为 $(1.1x)^2/200$，^{18}O 对 M+2 的贡献为 $0.20z$，则 M+2 相对丰度为 $(1.1x)^2/200+0.20z$。

化合物中若除 C、H、O、N、F、I、P 外，还含 s 个 S 时，则除了上述同位素外，还要考虑 ^{33}S、^{34}S 的贡献。

$$M+1\ 相对丰度=1.1x+0.37w+0.8s$$

$$M-2\ 相对丰度=(1.1x)^2/200+0.20z+4.4s$$

化合物若含 Cl、Br 之一，它们对 M+2、M+4 的贡献可按 $(a+b)^n$ 的展开系数推算。若同时含 Cl、Br，可用 $(a+b)^n\cdot(c+d)^m$ 的展开系数推算。

通过上述讨论，可采用下列步骤来推测分子离子峰或某一碎片峰的元素组成(以分子离子峰的元素组成为例)：

①确定 M 峰，它由最轻同位素组成，一般情况下它应是这组峰中丰度最大的峰(不要把 M−H，M+1 峰错当作 M 峰)。

②把这组峰的数据全部归一化(即将 M 峰作为 100，求出 M+1、M+2 的相对丰度，如有可能实验误差也包括在内)。

③检查 M+2 峰，若其丰度小于等于 3%，则说明该化合物中不含 Si、S、Cl、Br 等元素。若其丰度大于 3%，要确定含比轻质同位素大两个单位的重质同位素的种类和个数。

④由 M+1 相对丰度确定可能的碳原子数。可能的最大碳原子数≈(M+1 相对丰度)/1.1。当化合物中含 Cl 和 Br，而 M−1 峰又比较强时，因含 Cl 和 Br，M−1 峰的同位素峰会对 M+1 峰有贡献；另外，含 S、N 时，它们对 M+1 峰有贡献，所以该数据应扣除它们的贡献后，才能计

算碳的数目。

⑤确定氢的个数和氧的个数。

⑥由不饱和度或其他数据判断所求元素组成是否合理。注：设化合物为 $C_xH_yO_zN_w$，不饱和度 $U=x+1-(y-w)/2$。

【例 7-5】 从图 7-19 给出的质谱图及部分数据推断分子式。已知 m/z 为 96、97、98、99、100，相对丰度分别为 0.6、100、56、7.6、2.4。

【解】 ①确定 M 峰。如果将 97 作为 M 峰，98 和 99 分别为 M+1、M+2 峰，但 98 和 97 的丰度比值太大，不合理，所以可确定 98 为 M 峰。此时 99 和 100 分别为 M+1 和 M+2 峰。

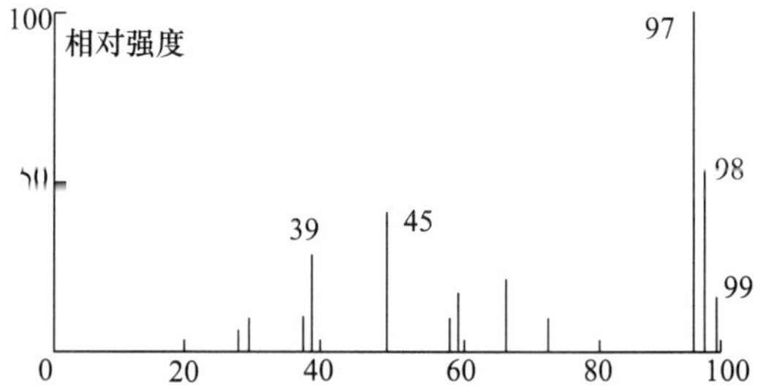

图 7-19 未知物的质谱图

②数据归一化（表 7-8）。

表 7-8 归一化表

m/z	相对丰度	归一化
98(M)	56	100
99(M+1)	7.6	7.6/56×100=13.57
100(M+2)	2.4	2.4/56×100=4.29

③由归一化后的 M+2 丰度 4.29%可知，该化合物含一个硫原子。

④由 99(M+1)确定碳原子数。97(M−1)的 ^{34}S 和 98 中 ^{33}S 对 99 的贡献，应减去。

$$13.57-4.44\times100/56-0.80=4.84$$

4.84 主要是 M 峰中的贡献，估计分子中含有 4～5 个碳原子，若含有 4 个碳，分子式为 $C_4H_{18}S$，不饱和度 $U=-4$，是不合理，氢太多也不合键价规则；若为 C_5H_6S，不饱和度 $U=3$，是合理的。

⑤确定氧原子。考虑到 m/z 97 中氧对 99 的贡献(0.20%)，最多只能有一个氧原子，即 C_4H_2OS，不饱和度 $U=4$。所以该化合物的分子式可能为 C_5H_6S 或 C_4H_2OS。

3. 结构鉴定

从化合物的质谱图进行结构鉴定的程序如下：①确证分子离子峰，大致知道属于某类化合物和相对分子质量；②根据同位素峰强度比或精密质量法确定化学式；③利用化学式计算不饱和度；④利用碎片离子信息，推断结构；⑤综合以上信息或联合红外光谱、核磁共振波谱等手段确证结构，也可从测得的质谱图提取几个（一般为 8 个）最重要的信息与文献提供的标准图谱比较确证。因结构确定较复杂、较难，这里只做了解。

4. 质谱库检索

得到质谱图后还可以通过计算机检索对未知化合物进行定性。检索结果可以给出几个可能的化合物，并以匹配度大小顺序排列出这些化合物的名称、分子式、相对分子质量、结构式等。如果匹配度比较好，比如 90 以上（最好是 100），那么可以认为这个化合物就是欲求的未知化合物。在检索过程中要注意下面几个问题：一是要检索的化合物在谱库中不存在，计算机挑选了一些结构相近的化合物，匹配度可能都不太好，此时绝不能选一个匹配度相对好的作为检索结果，这样会造成错误。另外，也可能检索出几个化合物，匹配度都很好，说明这几个化合物可能结构相近。这时也不能随便取某一个作为结果，应该利用其他辅助鉴定方法，如色谱保留指数等，进行进一步的判断。还有一个问题就是由于本底或其他组分的影响，或质谱中弱峰未出现，造成质谱质量不高。此时检索结果可能匹配度也不高，也不容易准确定性。遇到这种情况，则需要尽量设法扣除本底，减少干扰，提高色谱和质谱的信噪比，以提高质谱图的质量，增加检索的可靠性。值得注意的是，检索结果只能看作一种可能性，匹配度大小只表示可能性的大小，不会是绝对正确。为了分析结果的可靠，最好的办法是有了初步结果后，再根据这些结果找来标准样品进行核对。

四、气-质联用法的定量分析

GC-MS 定量分析方法类似于色谱法定量分析。由 GC-MS 得到的总离子流色谱图或质量色谱图，其色谱峰面积与相应组分的含量成正比，若对某一组分进行定量测定，可以采用色谱分析法中的归一化法、外标法、内标法等不同方法进行。与色谱法定量不同的是，GC-MS 法除可以利用总离子流色谱图进行定量分析之外，还可以利用质量色谱图进行定量。这样可以最大限度地去除其他组分的干扰。值得注意的是，质量色谱图由于是用一个质量的离子做出的，它的峰面积与总离子色谱图有较大的差别，在进行定量分析过程中，峰面积和校正因子等都要使用质量色谱图。

视频 7-4　气-质联用法的定量分析

任务实施

操作实施 7-2　气-质联用法测定液态乳中的三聚氰胺

一、仪器与试剂的准备

1. 仪器与设备

气相色谱-质谱仪：配有电子轰击电离离子源(EI)；分析天平：感量为 0.000 1 g 和 0.01 g；离心机：转速不低于 4 000 r · min^{-1}；超声波水浴；固相萃取装置；氮吹仪；涡旋混合器；具塞塑料离心管：50 mL。

2. 材料与试剂

除非另有说明，所有试剂均为分析纯，水为 GB/T 6682—2008 规定的一级水。

(1)吡啶(色谱纯)。

(2)甲醇(色谱纯)。

(3)乙酸铅。

(4)氩气(≥99.999%)。

(5)氦气(≥99.999%)。

(6)三聚氰胺标准品：CAS108-78-01，纯度大于 99.0%。

(7)衍生化试剂：N，O-双三甲基硅基三氟乙酰胺(BSTFA)＋三甲基氯硅烷(TMCS)(99＋1)，色谱纯。

(8)乙酸铅溶液(22 g · L^{-1})：取 22 g 乙酸铅用约 300 mL 水溶解后定容至 1 L。

(9)甲醇水溶液：准确量取 50 mL 甲醇和 50 mL 水，混匀后备用。

(10)氨化甲醇溶液(5%):准确量取 5 mL 氨水和 95 mL 甲醇,混匀后备用。

(11)三氯乙酸溶液(1%):准备称取 10 g 三氯乙酸于 1 L 容量瓶中,用水溶解并定容至刻度,混匀后备用。

(12)三聚氰胺标准储备液:准确称取 100 mg(精确到 0.1 mg)三聚氰胺标准品于 100 mL 容量瓶中,用甲醇水溶液溶解并定容至刻度,配制成浓度为 1 mg·mL^{-1} 标准储备液,于 4℃避光保存。

(13)三聚氰胺标准溶液:准确吸取三聚氰胺标准储备液 1 mL 于 100 mL 容量瓶中,用甲醇水定容至刻度,此标准溶液 1 mL 相当于 10 μg 三聚氰胺标准品,于 4℃冰箱内储存,有效期 3 个月。

(14)阳离子交换固相萃取柱:混合型阳离子交换固相萃取柱,基质为苯磺酸化的聚苯乙烯-二乙烯基苯高聚物,体积为 3 mL,使用前依次用 3 mL 甲醇、5 mL 水活化。

二、学生课前预习

学生每 3～5 人为一组,各小组在教师指导下,通过查阅 GB/T 22388—2008 中第三法气相色谱-质谱联用法(GC-MS 法)和观看视频等完成预习报告。预习报告内容包括:(1)任务目标。(2)检测原理。(3)操作步骤。(4)思考题:为什么用外标法对液态乳中的三聚氰胺进行定量?

三、检查学生预习情况

各组根据汇总的相关资料,师生共同讨论、分析,用集体智慧完成预习报告的修订及确定操作实施步骤。

四、学生分组操作

学生按照修订后的操作实施步骤,按规范要求,分组完成气-质联用法测定液态乳中的三聚氰胺任务。

1. 样品处理

提取:称取 5 g(精确至 0.01 g)样品于 50 mL 具塞比色管,加入 25 mL 三氯乙酸溶液,涡旋振荡 30 s,再加入 15 mL 三氯乙酸溶液,超声提取 15 min,加入 2 mL 乙酸铅溶液,用三氯乙酸溶液定容至刻度。充分混匀后,转移上层提取液 30～50 mL 至离心试管,以不低于 4 000 r·min^{-1} 离心 10 min。上清液待净化。

净化:准确移取 5 mL 的待净化滤液至固相萃取柱中。再用 3 mL 水、3 mL 甲醇进行淋洗,弃淋洗液,抽近干后用 3 mL 氨化甲醇溶液洗脱,收集洗脱液,在 50℃下氮气吹干。

2. 空白样处理

除不称取样品外,均按样品处理进行。

3. 标准曲线的配制

准确吸取三聚氰胺标准溶液 0 mL、0.4 mL、0.8 mL、1.6 mL、4 mL、8 mL、16 mL,分别置于 7 个 100 mL 容量瓶中,用甲醇稀释至刻度。各取 1 mL 用氮气吹干。

4. 衍生化

取上述空白样和样品氮气吹干残留物,加入 600 μL 的吡啶和 200 μL 衍生化试剂,混匀,在 70℃反应 30 min 后,供 GC-MS 法定量检测。

取上述标准品氮气吹干残留物，同样方法衍生化，配制成衍生化产物浓度分别为 0 μg·mL^{-1}、0.05 μg·mL^{-1}、0.1 μg·mL^{-1}、0.2 μg·mL^{-1}、0.5 μg·mL^{-1}、1 μg·mL^{-1}、2 μg·mL^{-1} 的标准溶液，供 GC-MS 测定。

5. 气相色谱-质谱测定

(1)设置仪器参考条件。

①色谱柱：5%苯基二甲基硅氧烷石英毛细管柱，30 m×0.25 mm×0.25 μm 或相当者。

②流速：1.0 mL·min^{-1}。

③程序升温：70℃保持 1 min，以 10℃·min^{-1} 的速率升温至 200℃，保持 10 min。

④传输线温度：280℃。

⑤进样口温度：250℃。

⑥进样方式：不分流进样。

⑦进样量：1 μL。

⑧电离方式：电子轰击电离(EI)。

⑨电离能量：70 eV。

⑩离子源温度：230℃。

⑪扫描模式：选择性离子扫描，定性离子 m/z 99、171、327、342，定量离子 m/z 327。

(2)上机测样。设定好检测序列，进行气相色谱-质谱上机检测。

五、数据记录及处理

1. 标准曲线的绘制

以标准工作溶液浓度作横坐标，定量离子质量色谱峰面积作纵坐标，绘制标准曲线。

2. 定性判定

以标准样品的保留时间和监测离子 m/z 99、171、327、342 定性，待测样品中 4 个离子的丰度比与标准品的相同离子丰度比相差不大于 20%。

3. 结果计算

试样中三聚氰胺的含量由色谱数据处理软件或按下式计算获得：

$$X=\frac{A\times c\times V\times 1\ 000}{A_s\times m\times 1\ 000}\times f \tag{7-7}$$

式中：X 为试样中三聚氰胺的含量，mg·kg^{-1}；A 为样液中三聚氰胺的峰面积；c 为标准溶液中三聚氰胺的浓度，μg·mL^{-1}；V 为样液最终定容体积，mL；A_s 为标准溶液中三聚氰胺的峰面积；m 为试样的质量，g；f 为稀释倍数。

4. 方法定量限、回收率和允许偏差

定量限为 0.05 mg·kg^{-1}；在添加浓度为 0.05～2 mg·kg^{-1} 范围内，回收率在 70%～110%，相对标准偏差小于 10%；在重复性条件下获得的两次独立测定结果的绝对差值不得超过算术平均值的 15%。

六、教师巡回指导

(1)外标法进行定量分析。

(2)检测原理：试样经超声提取、固相萃取净化后，进行硅烷化衍生，衍生产物采用选择离子监测质谱扫描(SIM)，用化合物的保留时间和质谱碎片的丰度比定性，外标法定量。

(3)待测样品中三聚氰胺的响应值应在标准曲线范围内，超过现行范围则应对净化液稀释，重新衍生化后再进行进样分析。

七、成绩评定

学生对完成工作任务的表现进行自评和互评，各小组进行总结、考核及评估，教师做出最后评价，填写学习过程评价表。

拓展知识

一、GC-MS的质谱谱库和计算机检索

GC-MS常见数据库谱库检索是定性分析较为广泛的辅助手段之一。通常GC-MS仪器的数据系统软件都配有不同的质谱数据库和谱库检索程序，较通用的一个是由美国国家标准技术研究院（NIST）出版，最新版本收集的标准质谱图64 000张；一个是NIST/EPA/NIH库，由美国国家科学技术研究院（NIST）、美国环保局（EPA）和美国国立卫生院（NIH）共同出版的，其2005版质谱数据库中共包含190 825张EI质谱图，含有163 198个化合物和163 195个结构式，以及25 983个化合物的121 112个保留指数，还有5 191张二级质谱MS/MS图，可用来进行谱图检索和分析；还有PBM（概率匹配）检索谱库，即Willey质谱数据库，标准谱图已超过270 000张，近200 000个化合物。

除了前面三个通用质谱谱库外，还有一些专用质谱库，如标准农药库内有340个农药的标准质谱图；药物库内有4 370个化合物的标准质谱图，包括许多药物、杀虫剂、环境污染物及其代谢产物和它们的衍生化产物的标准质谱图；挥发油库内有挥发油的标准质谱图。另外，用户还可以根据自己的需要将试验中得到的标准质谱图及数据用文本文件保存在用户自建库里，以便加以充分利用。

质谱数据库收集的质谱图是采用正常（70 eV）电子轰击电离方式，在一定条件下获得的纯化合物的质谱图以及和化合物相关一些信息，人们习惯上称数据库中的谱图为“标准谱图”，实际上称作“参考谱图”更确切。因为收集的谱图尽管都是纯化合物的正常电子轰击电离图谱，经过一定评估和筛选，不可避免会有疏漏，而且谱图的来源不同，所用仪器类型、操作条件也不可能完全相同。

1. NIST谱库检索时注意事项

(1)被检索的质谱图必须是电子轰击电离源，70 eV下轰击获得，否则检测结果不可靠。

(2)检索时必须扣除本底的干扰，主要是扣除色谱柱流失造成的本底，本底的选择完全要凭经验，常用毛细管柱流失及污染物所造成的强度较大的离子碎片。

(3)当总离子流的峰很强时，不应在峰顶点进行检索，而应根据具体情况适当选择峰的前沿或后沿进行检索，以避免由于峰顶时进入离子源的样品量太大，在源内发生分子-离子反应，产生畸变的质谱图，而得不到正确的检索结果。当被检索的峰前干扰严重时，应选择峰的后沿进行检索；当峰后干扰严重时，则应选择峰的前沿进行检索，这样可减少其他物质对被检索物质的干扰。

(4)谱库检索时，将给出匹配度最高的20个质谱图的有关数据，包括化合物的名称、分子量、分子式、可能的结构、匹配度等，供定性时参考。通常情况下，匹配度最高的化合物就是要

检索的化合物，但也并非总是如此，还要考虑到样品的来源、使用范围、稳定性以及其他物理化学性质，被检索物质是否含有某些特殊元素，如卤素、S、N 等，从给出的 20 个质谱图中选定被检索的化合物。

(5)不同的行业、不同的实验室可自建谱图库。比如环境实验室采用自建的有机物谱图库容易为更多的环境污染有机物定性，而不要用其他行业如香精等的谱图库。

2. NIST 谱库检索系统基本功能

(1)质潜数据查询。最基本的查询方式有：化合物的识别码(ID：化合物在 NIST 库中的顺序号)、化学文摘登记号(CAS No.)、化合物名称、分子量、分子式，还有结构特征的离子质量和相对强度等索引，通过计算机检索，随时查询或打印所需要的谱库中存在的质谱图。

(2)质谱图的相互比较。未知化合物质谱图和谱库中标准谱图采取一定计算方法逐一质比离子进行比较，然后按相似系数由高到低顺序排列，但也可以指定任意两种谱图进行比较，找出它们的差别。

(3)谱图分析。可计算分子量、同位素峰比例、离子的经验式、环加双键数，分析碎片离子、中性丢失质量归属、对应的分子结构式等。

(4)自动识别色谱峰纯度，解叠共流出组分的数据处理(AMDIS)功能。其中应用最多的是谱图检索。

二、GC-MS 在食品分析检测中的应用

1. 在物质成分检验中的应用

气相色谱-质谱联用在物质成分检验中有着巨大的价值。比如，在对啤酒中的物质成分进行检验时，气相色谱-质谱联用技术可以与固相微萃取技术联合使用，从而准确地检验出啤酒中含有的 42 种化合物成分及其含量。利用气相色谱-质谱联用技术可以对淡水鱼肉的气味进行检验和分析，从而更为高效地判断出烃基化合物与醇类化合物的成分类型，最终得出鲢鱼肉物质组成中具有挥发性的物质成分共有 40 种，草鱼肉中挥发性物质成分共有 30 种，鲫鱼肉中挥发性物质成分共有 42 种。可见，气相色谱-质谱联用技术在物质成分检验中的应用效果非常显著。

2. 在农药残留量检验中的应用

近年来，随着农业经济的快速发展和大量化学药物的不合理使用，农药残留所引发的食品中毒事件逐渐成为威胁食品安全的一大因素，社会各界对于食品中农药残留等问题的关注度也在不断提高。农产品在种植过程中由于喷洒农药次数与剂量的持续变大，在很大程度上导致农产品本身农药残留的成分越来越复杂，对于农药残留检验技术的要求也在不断提高。由于传统的气相色谱在食品农药残留检验中的应用非常容易受到极性差别的影响，从而导致难以全面精准地检验出食品中农药残留的具体成分类型。与之相比，气相色谱-质谱联用技术在食品农药残留检验中的应用可以借助离子检测方法，通过对食品中氨基甲酸酯和除虫菊酯等有关农药残留成分的定性、定量检测，进一步提升气相色谱-质谱联用技术在食品农药残留检验中的应用效果。目前国内已经有多个现行有效的使用 GC-MS 方法检测农药残留量的国家标准方法。

3. 在食品添加剂检验中的应用

从我国食品安全的现状来看，食品添加剂的种类大概有 24 类，共涉及 100 多个品种，其中较为常见的食品添加剂有防腐剂、增味剂、抗氧化剂、甜味剂、抗结剂及膨松剂等。食品添加剂

的主要作用在于延长食品的保存时间、改善食品品质和口感，有利于对食品进行后期的加工处理。食品添加剂主要是一些化学合成物质或者天然物质，但是食品添加剂在改善食品色、香、味等性质的同时，也对食品本身造成了不同程度的破坏，当添加剂过量时极容易对人体的肝脏等器官带来危害，我国食品国家标准(GB 2760—2014)中其使用范围及最大使用量均有规定。而气相色谱-质谱联用技术在食品添加剂检验中的应用，可以对添加剂的具体含量与成分进行科学检测。

4. 食品中违禁成分检验中的应用

(1)苏丹红的分析。科学家通过实验发现，苏丹红Ⅰ会导致鼠类患癌，它在人类肝细胞研究中也显示出可能致癌的特性。国际癌症研究机构(IARC)将苏丹红Ⅰ归为三类致癌物。我国规定，苏丹红不属于食品添加剂，严禁生产经营者在食品中使用。刘永波等研究了用气相色谱-质谱联用法测定酱油、番茄沙司以及以辣椒为主要成分的产品(辣椒粉、辣椒油、辣椒红色素、辣椒酱、辣椒精)中的苏丹红Ⅰ。样品中的苏丹红用乙腈超声波提取，HP-35MS 毛细管柱分离，采用选择离子(SIM)扫描，既可定性又可定量，同时消除了基质干扰带来的假阳性。

(2)三聚氰胺的分析。三聚氰胺原本常用于制造三聚氰胺树脂，是建筑业中常用的防火材料，与食品、饲料行业毫不相干，但是某些不法厂商添加三聚氰胺主要是利用三聚氰胺的高含氮量来增加产品的表观蛋白质含量。由于三聚氰胺结石微溶于水，对于哺乳期的婴儿，由于喝水很少并且相比成年人肾脏狭小，更容易形成结石。在《原料乳与乳制品中三聚氰胺检测方法》(GB/T 22388—2008)中，第三法采用气相色谱-质谱法对三聚氰胺进行检测。

5. 在营养成分检验中的应用

食品中的营养成分有很多种，其中营养成分检验主要包括维生素含量检验、糖类成分检验、蛋白质含量检验、脂肪类含量检验、无机盐成分检验及水分含量检验等。

任务三 认知液-质联用仪

任务内容

熟悉液-质联用仪的结构组成、各部件的主要性能和要求，掌握液-质联用仪操作规程。

技术知识

液-质联用仪的基本结构

视频 7-5 液-质联用仪的基本结构

在色谱-质谱联用仪中，气相色谱-质谱(GC-MS)联用仪是最早开发的色谱联用仪器，但只适合分析可以汽化的样品，其电离方式不适合分析强极性、热不稳定性、难挥发的生物大分子(如蛋白质、核酸、聚糖等)及极性小分子。但在自然界和人工合成的化合物中，不挥发或热不稳定的化合物约占 80%，液相色谱的应用不受沸点限制，并能对热稳定性差的试样进行分离、分析，然而液相色谱的定性能力更弱。因此液-质谱(LC-MS)联用利用质谱弥补定性弱项，其意义显而易见。类似于 GC-MS，LC-MS 是由色谱仪、接口、质谱仪和数据处理系统组成。

LC-MS 比 GC-MS 检测困难得多，主要是因为液相色谱的流动相是液体，如果让液相色谱的流动相直接进入质谱，则将严重破坏质谱系统的真空，也将干扰被测样品的质谱分析。因此，液-质谱联用的接口技术尤为重要。只要采用适当的连接方式，将色谱柱出口和质谱进样口连接起来，即可成为液相色谱和质谱联用的系统。去掉连接件，将色谱柱接回到色谱检测器，仍是可独立使用的液相色谱和质谱仪。在专用型液-质联用仪尚未普及时，一些实验室使用的联用系统都是这样构成的。如今已经有许多配置不同、性能各异的专用型液-质联用仪，供不同用途选择。不同厂家各种型号的 LC-MS 仪器多达几十种，有小型台式的液相色谱-单四极质谱或三重四极质谱联用仪、液相色谱-离子阱质谱联用仪、液相色谱-飞行时间质谱联用仪（LC-TOF）以及液相色谱-扇形磁场质谱联用仪等。

1. 高效液相系统

高效液相色谱系统是构成液-质联用仪的重要组成部分，这部分可以参考有关液相色谱部分的具体内容。由于要与质谱联用，其在流动相组成、色谱条件等方面与常规的液相色谱之间存在着一定的不同。在液-质联用过程中，为了加快样品的分析过程，在液相上通常采用了梯度程序洗脱过程，通常的液-质联用中配置了二元泵或四元泵系统。

色谱柱是实现样品分离的重要部件，在液-质联用中根据使用方法、离子源的种类等的不同所选择的色谱柱也有一定的区别。对于分析型的液相色谱而言，如果质谱选择了电喷雾电离源（ESI），建议使用内径小于 4.6 mm 的微径柱；如果质谱选择了大气压化学电离源（APCI），建议使用内径为 4.6 mm 的色谱柱。

2. 接口部分

LC-MS 的接口技术目前被广泛应用的就是 ESI 和 APCI，具体原理可参考前面离子源部分的详细介绍。一般来说，ESI 适用于检测中等或者强极性的化合物，特别是强极性的小分子、氨基酸、多肽以及蛋白质类化合物，ESI 分析往往能得到令人满意的结果。APCI 不适合检测多电荷、大分子化合物，其优势在于检测中等或者弱极性的化合物。为进一步帮助我们根据不同的化合物分子选取不同的检测方式，表 7-9 中从多个方面对两种接口技术进行了比较。

表 7-9　ESI 和 APCI 的比较

比较项目	ESI	APCI
可分析样品	强极性化合物，氨基酸、蛋白质、肽类等；季铵盐等；杂原子化合物；可用热喷雾分析的化合物	非极性/中等极性的小分子，如脂肪酸、邻苯二甲酸等；杂原子化合物；可用热喷雾、粒子束技术分析的化合物
不能分析样品	极端非极性样品	非挥发性样品；热稳定性差的样品
基质和流动相的影响	对样品的基质和流动相组成比较敏感；要求低浓度的强挥发性的缓冲液；容易出现 Na^+、K^+ 等离子峰	对样品的基质和流动相组成的敏感度较小；挥发性强的缓冲液的浓度要求较为宽泛；有机溶剂的种类和溶剂分子的加成影响离子化效果和产物
溶剂	溶剂 pH 对分析结果有重大的影响；调整 pH 会增强离子化效率	溶剂种类的选择会影响离子化过程；溶剂 pH 对离子化效率也有一定的影响
流动相流速	在低流速（＜100 μL）下工作良好；高流速（＞750 μL）下比 APCI 差	在低流速（＜100 μL）下工作不好；高流速（＞750 μL）下好于 ESI

续表

比较项目	ESI	APCI
碎片的产生	CID 对大部分的极性和中等极性化合物可产生显著碎片	比 ESI 更有效并常有脱水峰出现

3. 质谱部分

液-质联用仪是实现样品液相分离并检测过程的仪器，无论液-质联用仪的类型如何变化，构成质谱系统的 5 个基本组成部分皆是相同的。

其中离子源是将引入的样品转化为正或负离子，并使之加速，聚焦为离子束的装置。电离样品分子所需要的能量随分子类型的不同而变化，因此，应根据分子的类型选择与之适配的电离源。在质谱仪中，可以根据被测化合物种类的不同，在 ESI 和 APCI 两种接口中选择不同的检测模式（正离子模式和负离子模式）。选择的一般性原则如下：

（1）正离子模式。适合检测容易结合氢的样品分子（碱性样品分子），例如含有组氨酸以及精氨酸的多肽。在这种条件下，如果离子化效果不好，可加入适量的甲酸或者乙酸来酸化样品。如果 pK 是既定的，那么应至少将 pH 调至低于 pK 2 个单位。

（2）负离子模式。适合于容易失去氢的样品分子（酸性样品分子），如含有谷氨酸和天冬氨酸的肽类。在这种条件下，如果离子化效果不好，可用氨水等弱碱性物质对样品分子进行碱化处理。如果样品分子的 pK 是既定的，那么应至少将 pH 调至高于 pK 2 个单位。

此外，如果被测化合物分子含有多个仲氨基或叔氨基，应首先考虑使用正离子模式；如果样品分子中含有较多氯、硝基等强负电性基团，首先考虑使用负离子模式；对于酸碱性不能确定的化合物分子要两种模式兼顾。

任务实施

操作实施 7-3　液-质联用仪的基本操作

一、仪器与试剂的准备

1. 仪器与设备

液相色谱-质谱联用仪。

2. 材料与试剂

蒸馏水；甲醇（色谱纯）。

二、学生课前预习

视频 7-6　液-质联用仪的基本操作

学生每 3～5 人为一组，各小组在教师指导下，通过查阅资料和观看视频等完成预习报告。预习内容包括：（1）任务目标。（2）操作步骤。（3）思考题：液-质联用仪开机比液相色谱仪多了哪一步？

三、检查学生预习情况

根据各组汇总的相关资料，师生共同讨论、分析，用集体智慧完成预习报告的修订及确定操作实施步骤。

四、学生分组操作

学生按照修订后的操作实施步骤，按规范要求，分组完成液-质联用仪的基本操作任务

1. 开机

(1)打开断电保护电源，开稳压电源；

(2)打开气阀(氮气)，设置分压阀压力约为 0.5 MPa；

(3)依次打开液相色谱仪、质谱仪和电脑电源，等待仪器自检完毕，单击进入电脑桌面上的化学工作站；

(4)按照液相色谱操作程序，依次进行脱气，设置流动相，平衡色谱柱。

2. 调谐

四极杆温度达到 100℃，高真空达到 4×10^{-5} Torr 之后，可以进行调谐，在工作站中进入质谱界面，进入调谐与真空控制界面，在真空菜单中选择真空状态，观察真空泵运行状态，如果仪器真空泵配置为分子涡轮泵，状态显示涡轮泵转速，应很快达到 100%，否则，说明系统有漏气，应检查侧板是否压正、放空阀是否拧紧。若仪器长时间未开机，为得到好的调谐结果将时间延长至 4 h。

3. 样品测定

(1)配置液相色谱参数。对 LC 的流动相比例、进样量、流动相洗脱梯度、进样口温度、色谱柱、柱温等参数进行设定。

(2)配置质谱参数。对四极杆及离子源的温度、离子模式、扫描方式、扫描范围、电压、气体流量及温度等参数进行设定。

(3)编辑数据采集方法。进入样品信息窗口，输入样品的各项信息，然后进入样品自动运行并检测阶段。

4. 数据分析

待仪器运行完所有的样品后，进入离线色谱工作站界面。

(1)制作标准曲线。一般以 5 个标准点作一条标准曲线，其各个标准化合物的相关系数均要求大于 99.5%。

(2)调出每个样品的总离子图，检查试样的谱图中各个化合物出峰的时间与标准品中的各个化合物出峰时间是否一致，从而达到定性定量分析的目的。

5. 关机

(1)进入工作站系统，进入调谐和真空控制界面，选择放空，在跳出的画面中单击确定进入放空程序。仪器在一定的时间内降低真空度，四极杆和离子源的温度降低至 100℃以下，同时利用梯度洗脱对色谱柱进行清洗后，关闭流动相。

(2)仪器采用的是涡轮泵系统，需要等到涡轮泵转速降至 10%以下，大概 40 min 后退出工作站软件，并依次关闭计算机、质谱仪、液相色谱仪各个模块电源，最后关掉气阀和稳压电源。

五、数据记录及处理

记录操作步骤如下：

切换到数据分析界面→文件→调用标样信号(通常是最低浓度点)→谱图优化(图形→信号选项→自定义量程，注意选择全部使用相同量程)→分参数设定(积分→积分事件→编辑斜

率、灵敏度、峰面积截除及积分锁定等)→标准曲线设定→校正→新建校正表→下一步,填入化合物名称和相应的浓度,确定→调入第二个浓度点或者平行样信号→校正,添加级别或者是重新校正,注意填写浓度级别和重新校正的方式→同上一步,进行更多点的设置→标准曲线完成后,保存文件。

调用数据文件→报告→设定报告(选择定量方式,外标法等)→打印报告。

六、教师巡回指导

(1)液-质联用仪的开机和关机顺序。

(2)液-质联用仪的基本组成。

七、成绩评定

学生对完成工作任务的表现进行自评和互评,各小组进行总结、考核及评估,教师做出最后评价,填写学习过程评价表。

拓展任务

拓展操作 7-2 液-质联用仪的日常维护和保养

液-质联用仪是一种高端的检测仪器,仪器的良好工作状态是检测准确度的一个重要影响因子。为了保证仪器有一个良好的状态,保证检测结果的可靠性,需要正确合理地使用和维护仪器。下面以安捷伦 6400 系列液-质联用仪为例,从仪器进样系统、色谱柱系统、质谱系统等各个系统的日常维护保养进行详细阐述,并对使用过程中容易遇到的问题进行分析,提出解决方法。

一、液相部分的维护

1. 开机注意事项

使用安捷伦 6400 系列质谱仪时,要求使用 220 V 单相交流电。如发生断电,不管任何原因造成的,首先关闭仪器面板左下角的开关,等待供电恢复 10 min 以上再开启电源,否则有可能烧毁电路板。仪器运行时需提供纯度大于 99%的氮气作为喷雾与干燥气,输出压力为 0.6~0.7 MPa。实验开始前先检查液氮罐液体存量是否充足。仪器开机时,确认电源已经连接而且气振阀处于关闭,打开仪器总电源,随后将前面板左下方的电源按键按下,真空泵即开始工作。2~3 min 后,仪器内置的系统启动完毕,可以开启软件与仪器通信。等待四极杆温度达到 100℃,高真空达到 4×10^{-5} Torr 之后,即可进行调谐或开始实验。在仪器开始抽真空时,请不要打开前级泵上的气振阀,否则可能因为回油污染真空腔体内部。

2. 流动相的要求

每次开机前,保证超纯水和流动相的新鲜,泵的各个管路不应余留上次残留的溶剂。流动相需符合 HPLC 与 LC/MS 要求等级,流动相中尽量加易挥发的盐,尽量不使用表面活性剂之类,否则容易导致离子抑制,表面活性剂产生的加合物和离子簇会干扰质谱数据。如果遇到离子抑制,可以把样品峰往后推或者改变提取方法,或者考虑用 APCI。尽量不使用无挥发性的缓冲剂,如磷酸缓冲剂等,磷酸盐及其他不挥发缓冲盐在离子源会沉淀并堵塞毛细管等。另外液质不能承受过大流速。溶剂瓶避免阳光直射。

3. 样品的要求

保证样品的清洁，进样前尽量使用 0.22 μm 的滤膜滤过，避免样品太脏而堵塞色谱柱或离子源的毛细管；样品溶剂必须是色谱纯，最好和流动相比例一致；进样浓度不宜太高，因为太高浓度的样品容易污染灵敏度高的仪器，进而影响检验结果。由于液质的流速较小（ESI 一般为 0.2 $mL \cdot min^{-1}$），所以配置样品的溶剂强度不能太大，尽量小于起始比例，否则，会出现保留时间偏移、峰形扭曲等问题。

二、进样系统的维护

对于液相色谱来说，无论是手动进样还是自动进样，都是使用六通阀进样的。进样装置要求：密封性好，死体积小，重复性好，保证中心进样，进样时对色谱系统的压力、流量影响要小。六通阀使用和维护注意事项如下：

(1)样品溶液进样前必须用滤膜过滤，以减少微粒对进样阀的磨损。

(2)转动阀芯时不能太慢，更不能停留在中间位置，否则流动相受阻，使泵内压力剧增，甚至超过泵的最大压力；再转到进样位时，过高的压力将使柱头损坏。

(3)为防止缓冲盐和样品残留在进样阀中，每次分析结束后应冲洗进样阀。通常可用水冲洗，或先用能溶解样品的溶剂冲洗，再用水冲洗。注意：溶剂入口过滤芯为消耗品，尤其不可以使用超声清洗，可以使用稀硝酸浸泡，然后用水冲洗至中性，以重复使用。

三、色谱柱系统的维护

色谱柱系统的正确使用和维护十分重要，稍有不慎就会降低柱效、缩短使用寿命甚至损坏。在色谱操作过程中，需要注意下列问题：

(1)色谱柱的选择会直接影响混合物中组分的分离，所以一定要选用合适的色谱柱，在使用新柱前要在自己的液相色谱仪上进行性能测试，即使用色谱柱附带的检验报告上测试条件和样品来测定该色谱柱的柱效，并且在以后的使用中，应时常对色谱柱进行测试。

(2)柱子在使用过程中，不能碰撞、弯曲或强烈振动；避免压力和温度的急剧变化，机械振动和温度的突然变化都会影响柱内的填充状况；柱压的突然升高或降低也会冲动柱内填料，因此在调节流速时应该缓慢进行。

(3)当柱子和色谱仪连接时，阀件或管路一定要清洗干净，样品前处理对于柱子使用寿命影响甚大，进样样品要提纯过滤并且严格控制进样量，可以使用保护柱。

(4)注意色谱柱的 pH 使用范围，不能高温下过长时间使用硅胶键和相；每天分析工作结束后，都要用适当的溶剂来清洗柱子。若分析柱长期不使用，应用适当有机溶剂保存并封闭。

四、质谱部分的维护

质谱部分的维护一般可以按照以下日程进行：每天冲洗样品通路、清洁喷雾室；每周检查粗真空泵油的液面；更换粗真空泵油，检查软管、软线和电缆，清空排污瓶可以每半年进行一次；另外，在日常的试验中，根据试验需要清洁机壳，更换喷雾针，清洁或更换整个毛细管、分离器及透镜。重要的是每天冲洗系统和清洁喷雾室。毛细管和第一级锥孔要尽可能洁净。6 个月更换机械泵油，需要时更换电子倍增器。

1. 锥孔的清洁维护

定期清洗一级锥孔，一般两周清洗一次，若进样数量较大，则尽量一周清洗一次，根据样品数量多少及时清洗。清洗时将离子源温度降到室温，注意关闭阻断阀，旋开固定锥孔的两个螺丝，取下锥孔滴甲酸数滴，浸润几分钟，在甲醇：水为50：50溶剂中超声清洗15 min，切记：避免手触碰到锥孔尖以免影响灵敏度。长期进行一级锥孔的清洗，可相应减少较为复杂的二级锥孔、六级杆等的清洗，这些清洗相对复杂，在进行相关部件清洗时避免用棉花等擦拭关键部位，避免残留的毛绒纤维干扰仪器的灵敏度。

2. 粗真空泵的维护

真空泵包括需油的回转泵及无油的涡旋泵，真空泵需注意观察润滑油是否出现浑浊或缺油的情况，及时更换润滑油。泵的油面宜在0/3处，泵长期运作时每周需要拧开灰色震气阀按钮进行半小时震气，使油内的杂物排出，油雾过滤器中的油放回到泵中，然后再拧紧该旋钮，如果发现油的颜色变深或液面降至1/2以下，需及时更换并保存更换记录，注意专油专用；无油涡旋泵，也需定期维护，一般半年到一年时更换叶端密封，每天需要震气。

3. 其他附属设备维护

(1)每天实验完成之后，使用1：1异丙醇-水溶液清洗或擦洗离子源。注意清洗离子源时请勿将溶液喷入毛细管入口。

(2)当电喷雾喷针被堵塞，针尖破损或观察到偏离轴的喷射时，就需要更换或调整。

(3)检查毛细管，铂金涂层变透明时需要更换，注意检查毛细管时需要放真空，毛细管两端的铂金涂层不能用砂纸打磨，6410/6420的毛细管可以用清洁丝清洗法或者清洗粉末超声清洗。注意毛细管单次超声时间不能超过15 min。

(4)数据系统，需定期备份硬盘数据，进行归类整理。定期重新启动机器，将内存区域导入闪存，保证数据系统的稳定。

五、仪器调谐

仪器距离上次调谐超过一个月，或者重新开机预热后，建议调谐质谱仪以达到最佳使用状态。确认调谐液存量、调谐液有效期，以及管线已连接到喷雾针之后，选择自动调谐，系统会自动完成调谐并给出调谐报告。通过调谐报告，可以检查背景信号。如果有较高的背景信号，可能的原因是氮气、喷雾针、离子源或者毛细管较脏。定期做质量轴的校准工作，一般宜6个月校准一次。注意短时间内温度的急剧变化，其会影响质量轴的偏离。

六、其他注意事项

(1)对ESI接口来说，最佳工作流速为100～250 mL·min^{-1}，一般采用内径为1.0～3.0 mm的色谱柱。如果采用常规色谱柱，则需要分流。APCI流速范围大，在0.2～2.0 mL·min^{-1}范围不用分流。

(2)ESI离子化与溶剂密切相关，在使用某些溶剂和添加物需要注意以下几个方面：三氟乙酸(TFA)多用于蛋白质和多肽分析，但对ESI离子化有抑制效应；三乙胺(TEA)在m/z 102处有较强的$[M+H]^+$峰，有可能会抑制某些碱性化合物在正离子ESI条件下的离子化，也有可能会增强某些碱性化合物在负离子ESI条件下的响应；四氢呋喃(THF)易燃，当使用空气为雾化气时，不能用于APCI。

(3)要避免使用非挥发性的盐、表面活性剂、清洁剂和去污剂(会抑制离子化)，以及无机酸等。

(4)连接HPLC泵、LC色谱柱、注射泵以及ESI探头时，要将仪器置于待机(standby)状态。

(5)当改变分辨率时，仪器的质量数也会有轻微的偏移，所以在不同分辨率的条件下，应该做质量数校正。

(6)样品贮存在塑料离心管中，其中的添加剂很容易混入，尤其是被有机溶剂浸泡时间较长时，会产生干扰物信号。

(7)工作站计算机不要安装与仪器操作无关的软件，要经常清理计算机磁盘碎片，定期查杀病毒，定期备份实验数据。

拓展知识

液-质联用仪常见问题及解决方法

液-质联用仪常见问题及解决方法见表 7-10。

表 7-10　液-质联用仪常见问题及解决方法

故障问题	解决方法
信号低	①检查溶液化学性质，确定样品溶剂是合适的； ②保证用新样品，并且正确存储样品； ③检查雾化器条件； ④清洁毛细管入口； ⑤检查毛细管有无损坏和污染； ⑥保证调谐正常
质量准确度差	①重新校正质量轴； ②确定调谐用离子，估计样品离子的质量范围并显示强稳定的信号
压力过高	管路堵塞。分段来检查哪一段发生堵塞，检查柱子进口过滤芯是否被污染，Purge 阀过滤芯是否被污染或色谱柱被污染，检查管路，尤其是针座毛细管，检查进样器旋转密封阀或者进样针及针座有否堵塞
压力过低	漏液问题。可能是管路泄露或者泵头密封垫老化，主动阀、四元出口阀或单向出口阀失灵，另外还要考虑是否色谱柱失效造成固定相流失、溶剂或者流速的改变等因素。注意压力传感器之前的某些部件地方堵塞也会造成压力过低
压力波动	如果液相泵的压力不稳定，会影响质谱 TIC 基线的稳定，并呈规律性变化。造成压力波动最常见的原因就是泵内有气泡，可以进行 Purge 阀排气
雾化器出口是小液滴而不是喷雾	①确保雾化气压设定足够高以利于液相色谱流动相汽化； ②检查雾化器中针头的位置； ③停止溶剂流动，卸下雾化装置，检查雾化器末端是否损坏
无液流	①确保 LC 在工作，在正确的流动相瓶中有足够溶剂； ②检查 LC 故障提示； ③检查阻塞情况； ④修理或更换任何阻塞部件； ⑤检查是否存在渗漏； ⑥保证 MS 气流选择器设定在与液相色谱仪连通的位置
无峰	①保证毛细管电压设置正确； ②保证调谐正常； ③保证检测器压力在正常范围； ④检查干燥气流量和温度； ⑤确保碰撞诱导解离电压设置正确
信号不稳定	①保证干燥用气流和温度对溶剂流动是正确的； ②保证溶剂彻底脱气； ③保证 LC 反压稳定； ④保证指示溶剂流动稳定

续表

故障问题	解决方法
高质谱噪声	①采用合适的质量过滤器值； ②检查喷雾形状，雾化器可能损坏或放置不当； ③保证干燥用气流和温度对溶剂流动是正确的； ④保证溶剂彻底脱气； ⑤保证 LC 反压稳定；指示溶剂流动稳定； ⑥如果用水作流动相的组分，确保是去离子水（>18 MW）

任务四　应用液-质联用法分析样品

任务内容

学会使用液-质联用仪设定色谱条件和质谱条件，获得化合物的色谱图和质谱图，了解液-质联用仪在食品分析检测中的应用。

技术知识

一、液-质联用分析测量条件的选择

1. 流动相的选择

LC-MS 分析条件的选择，需要考虑使分析样品得到最佳分离条件并得到最佳电离条件。在 LC-MS 联用的情况下，流动相的选择除了参考 LC 的方法，还需要考虑喷雾雾化和电离，因此有些溶剂不适合于作为流动相，包括无机酸、不挥发的盐（如磷酸盐）和表面活性剂。不挥发性的盐会在离子源内析出结晶，而表面活性剂会抑制其他化合物电离。常用的流动相有水、甲醇、甲酸、乙酸和乙酸铵等。对于选定的溶剂体系，通过调整溶剂比例和流量以实现好的分离。

2. 流量和色谱柱的选择

不加热 ESI 的最佳流速是 1～50 $\mu L \cdot min^{-1}$，常规直径为 4.6 mm 的 LC 色谱柱需要柱后分流，或者可以采用 1～2.1 mm 的微柱。由于对于 LC 分离的最佳流量，往往超过电喷雾允许的最佳流量，因此需要采取柱后分流，以达到好的雾化效果。APCI 的最佳流速一般为 1 $mL \cdot min^{-1}$，常规直径为 4.6 mm 的 LC 色谱柱合适。

为了提高分析效率，常采用小于 100 mm 的短柱，虽然与 LC 中的紫外图上并不能获得完全分离，但由于使用质谱定量分析时采用 MRM 的功能，所以不要求各组分完全分离，对于大批量定量分析可以节省大量时间。

3. 辅助气体流量和温度的选择

雾化气对流出液形成喷雾有影响，干燥气影响喷雾去溶剂效果，碰撞气影响二级质谱的产生。操作中温度的选择和优化主要是指接口的干燥气体而言，一般情况下选择干燥气温度高于分析物的沸点 20℃左右即可。

4. 质谱条件

质谱条件的选择包括扫描范围、扫描速度、灯丝电流、电子能量、倍增器电压等，可以直接参考气-质联用仪的质谱条件选择。

二、液-质联用法的定性分析

与气-质联用类似，LC-MS 也可以通过采集质谱得到总离子流色谱图。此时得到的总离子流色谱图与 LC 的紫外检测器得到的色谱图可能不同，因为有些化合物没有紫外吸收，用 LC 分析不出峰，但用 LC-MS 分析时会出峰。由于电喷雾是一种软电离源，通常很少或没有碎片，谱图中只有准分子离子，因而只能提供未知化合物的分子量信息，不能提供结构信息。单靠 LC-MS 很难用来做定性分析，必须使用串联质谱仪，将准分子离子通过碰撞活化得到其他离子谱，然后解释子离子谱来推断结构。如果有标准样品，利用串联质谱仪，可以自己建立标准样品的子离子质谱库，利用库检索进行定性分析。或者利用高分辨质谱仪可以得到未知化合物的组成式，对定性分析十分有利。

三、液-质联用法的定量分析

LC-MS 的定量分析，与液相色谱法相同。但由于色谱分离方面的问题：一个色谱峰可能包含几种不同的组分，如果仅靠峰面积定量，会给定量分析造成误差，因此 LC-MS 的定量分析不采用总离子色谱图，而采用与待测组分相对应的特征离子得到的质量色谱图。此时，不相关的组分将不出峰，这样可以减少组分间的互相干扰，其余的分析方法同液相色谱定量分析法。然而有时样品复杂，即使利用质量色谱图，仍然有保留时间相同、分子量也相同的干扰组分存在，为了消除其干扰，最好的办法是采用串联质谱法的 MRM 技术，这样得到的色谱图就进行了 3 次选择：LC 选择组分的保留时间，一级 MS 选择分子量，二级 MS 选择子离子。然后根据色谱峰面积，采用内标法进行定量分析，这是复杂体系中进行微量成分定量分析常用的方法。

任务实施

操作实施 7-4　LC-MS 法测定苹果汁中的棒曲霉素和 5-羟甲基糠醛

一、仪器与试剂的准备

1. 仪器与设备

液相色谱-质谱联用仪；固相萃取装置；氮吹仪；离心机。

2. 材料与试剂

(1)超纯水。

(2)棒曲霉素标准品：纯度≥99%。

(3)乙腈、甲醇：均为色谱纯。

(4)乙酸乙酯、冰乙酸、乙醚、碳酸钠：均为分析纯。

(5)标准储备液：称取适量棒曲霉素标准品，用乙酸乙酯配制成 100 $\mu g \cdot mL^{-1}$ 标准储备液。

(6)标准使用液：吸取 1.0 mL 储备液，氮吹浓缩至干，用 pH 4.0 水溶解并定容至 100 mL，浓度为 1.0 $\mu g \cdot mL^{-1}$ 标准中间液，按实际检测需求，用空白样品提取液稀释中间液为相应标准工作溶液。

(7)5-羟甲基糠醛标准溶液:称取适量的5-羟甲基糠醛,用乙腈溶解,配成浓度为100 μg·mL^{-1}的标准储备液,再根据需要配成合适浓度的标准使用液,避光于0℃下保存。

二、学生课前预习

学生每3～5人为一组,互助学习,通过查阅SN/T 1859—2007中第一法液相色谱-质谱法(LC-MS法)完成预习报告。预习报告内容包括:(1)任务目标。(2)操作原理。(3)操作步骤。

三、检查学生预习情况

根据各组汇总的相关资料,师生共同讨论、分析,用集体智慧完成预习报告的修订及确定操作实施步骤。

四、学生分组操作

1. 样品处理

准确移取2.5 mL样品于活化的固相萃取柱上(对浑浊未过滤的苹果汁,可于7 000 r·min^{-1}离心10 min),分别用1 mL 1%碳酸钠溶液和1 mL 1%乙酸溶液淋洗,流速为1滴·s^{-1},抽真空3～5 min,然后加入2 mL乙酸乙酯+乙醚(1+9)混合溶液洗脱,收集洗脱液于氮气流下常温吹干,用0.1%乙酸溶液溶解并定容至0.5 mL,供液-质联用仪测定。

2. 空白样处理

除不加样品外,均按样品处理进行。

3. LC-MS测定

(1)设置仪器参考条件。

①色谱柱:C_{18}柱。

②流速:0.7 mL·min^{-1}。

③流动相:乙腈+0.5 mmol·L^{-1}乙酸铵水溶液(14+86)。

④柱温:室温。

⑤进样量:20 μL。

⑥离子源温度:150℃。

⑦APCI加热管温度:450℃。

⑧碰撞诱导解离电压Conc:30 V。

⑨测定方式:选择离子检测扫描SIM,选择离子及其相对丰度比见表7-11。

表7-11 两种被测组分的选择离子及其相对丰度比

被测组分	5-羟甲基糠醛	棒曲霉素
选择离子 m/z	125,106,92,83	153,136,125,109
相对丰度/%	3:100:15:43	86:22:100:29

(2)上机测样。设定好检测序列,进行液相色谱-质谱上机检测。

五、数据记录及处理

1. 标准曲线的绘制

以标准工作溶液浓度作横坐标，定量离子质量色谱峰面积作纵坐标，绘制标准工作曲线。

2. 定量测定

待测样品中的5-羟甲基糠醛和棒曲霉素响应值应在标准曲线范围内，超过现行范围则应对净化液稀释，重新进样分析。

3. 定性判定

5-羟甲基糠醛和棒曲霉素标准样品的保留时间分别为4.6 min和8.6 min，如果样品色谱峰与标准溶液色谱峰的保留时间相一致，则可根据选择离子及其丰度比进行确证。

4. 结果计算

试样中5-羟甲基糠醛或棒曲霉素的含量由色谱数据处理软件或按下式计算获得：

$$X=\frac{A\times c_s\times V}{A_s\times m} \tag{7-8}$$

式中：X 为试样中5-羟甲基糠醛或棒曲霉素的含量，mg · L^{-1}；A 为样液中5-羟甲基糠醛或棒曲霉素的峰面积；c_s 为标准工作溶液中5-羟甲基糠醛或棒曲霉素的浓度，μg · mL^{-1}；V 为样液最终定容体积，mL；A_s 为标准工作溶液中5-羟甲基糠醛或棒曲霉素的峰面积；m 为最终样液所代表的量，mL。

5. 方法定量限和回收率

本方法的测定低限：5-羟甲基糠醛为1.0 mg · L^{-1}，棒曲霉素为0.01 mg · L^{-1}。

鲜榨苹果汁中添加的5-羟甲基糠醛和棒曲霉素，回收率的数据如下：

5-羟甲基糠醛添加浓度在1.0 mg · L^{-1} 时，回收率为86.0%～92.0%；

5-羟甲基糠醛添加浓度在2.0 mg · L^{-1} 时，回收率为87.5%～95.0%；

5-羟甲基糠醛添加浓度在5.0 mg · L^{-1} 时，回收率为86.2%～95.0%；

5-羟甲基糠醛添加浓度在50.0 mg · L^{-1} 时，回收率为88.4%～95.6%；

棒曲霉素添加浓度在0.01 mg · L^{-1} 时，回收率为83.0%～90.0%；

棒曲霉素添加浓度在0.02 mg · L^{-1} 时，回收率为85.0%～95.0%；

棒曲霉素添加浓度在0.05 mg · L^{-1} 时，回收率为86.0%～95.0%；

棒曲霉素添加浓度在0.10 mg · L^{-1} 时，回收率为87.0%～94.0%。

六、教师巡回指导

(1)采用固相萃取方法提取被测物，方法简单、快速、准确，节省试剂。棒曲霉素在空气中暴露或碱性条件下易分解，因此操作应在酸性条件下尽快完成。对于未过滤的果汁可先离心，再取上清液操作。样品如不能马上测定，应冷冻保存。

(2)本实验棒曲霉素标准在0.01～0.5 mg · L^{-1}、5-羟甲基糠醛(HMF)在1～50 mg · L^{-1} 浓度范围内作标准曲线，均呈线性。

(3)棒曲霉素又叫展青霉素，属于真菌类毒素，主要来自青霉属、曲霉属和丝衣霉属等多种真菌的次生代谢产物。棒曲霉素具有强烈的抗菌活性，对动物的细胞和组织有很强的毒性，具有潜在的致癌、致畸和致突变性。棒曲霉素在酸性条件下较为稳定，主要存在于霉烂的苹果、番茄、橘子、桃、杏及山楂中，棒曲霉素已成为判断水果制品质量的一个重要指标。为了保障人类的食品安全，各国卫生机构把水果及蔬菜制品中棒曲霉素污染作为重要质量安全问题，同时制定了最大残留限量，欧盟 EC/455/2004 对于不同食品规定限量为 10～50 $\mu g \cdot kg^{-1}$，我国和世界卫生组织(WHO)规定限量为 50 $\mu g \cdot kg^{-1}$。我国作为世界最大浓缩苹果汁出口国，为了有效对产品进行质量控制，建立一种准确、灵敏的分析方法是非常必要的。

5-羟甲基糠醛(HMF)也是存在于果汁中的一种物质，是己糖热分解的产物，当饮料呈酸性或高温环境下储存时其含量会升高，因此 HMF 也被认为是评价果汁品质的重要标志。目前各国对其含量无限量规定，但国际果汁加工联合会(IFFJP)建议果汁中 5-羟甲基糠醛的最大残留限量为 5～10 $mg \cdot L^{-1}$，浓缩果汁中最大残留限量为 25 $mg \cdot L^{-1}$。

七、成绩评定

学生对完成工作任务的表现进行自评和互评，各小组进行总结、考核及评估，教师做出最后评价，填写学习过程评价表。

拓展知识

一、串联质谱法(MS/MS)

1. 定义

两个或更多的质谱连接在一起，称为串联质谱(MS-MS)。最简单的串联质谱由两个质谱串联而成，其中第一个质量分析器(MS_1)将离子预分离或加能量修饰后由第二个质量分析器(MS_2)分析结果。常见的串联形式有串联四极杆质谱、四极杆-离子阱质谱、四极杆-磁质谱混合式串联质谱和采用多个扇形磁铁的串联磁质谱。

2. 工作原理

串联质谱法是指用质谱作质量分离的质谱方法，又称质谱-质谱法、多级质谱法、二维质谱法和序贯质谱法。

3. 串联质谱法的优点

(1)诱导第一级质谱产生的分子离子裂解，有利于研究子离子和母离子的关系，进而给出该分子离子的结构信息。

(2)从干扰严重的质谱中抽取有用数据，大大提高质谱检测的选择性，从而能够测定混合物中的痕量物质。

(3)可以避免底物分子产生的干扰，显著降低背景噪声。

(4)可以使分子离子通过与反应气的碰撞来产生断裂。

(5)提供大量结构信息，非常适合与复杂组分体系且干扰严重的样品中低含量组分的分析测定，具有比 GC-MS 和 LC-MS 等一级质谱更高的选择性和灵敏度。

4. 主要用途

(1)分析小分子及测试某些蛋白质等生物大分子，还可以直接进行如中草药等混合物成分的分析；

(2)合成药物及天然产物中提取的单体结构分析；

(3)中草药及中成药等混合物成分分析；

(4)药物代谢产物的分析。

5.主要规格

Autospec Ultima-Tof 磁质谱-飞行时间串联质谱仪，配有电喷雾电离（ESI）/大气压化学电离（APCI）、快原子轰击电离（FAB）以及电子轰击电离（EI）/化学电离（CI）等离子源，能够分析小分子乃至蛋白质等生物大分子，可直接进行中草药等混合物成分的分析。

主要品牌：Agilent、PerkinElmer、Waters、Thermo Fisher Scientific、AB SCIEX、岛津，此外，威斯腾生物实验室提供相关实验的技术支持。

二、液-质联用技术在食品分析检测中的应用

1.食品功能成分分析的应用

利用液-质联用技术可以对蛋白质与肽、低聚糖、食品功能性皂苷、核苷类物质、黄酮类化合物和维生素等食品功能性成分进行分析。

2.食品中部分有害残留物的检测标准

(1)食品中抗生素残留的检测标准。

《食品安全国家标准　牛奶中氯霉素残留量的测定　液相色谱-串联质谱法》(GB 29688—2013)；

《动物源食品中氯霉素残留量的测定　高效液相色谱-串联质谱法》(农业部 781 号公告—2—2006)；

《动物源性食品中大环内酯类抗生素残留测定方法　第 2 部分：高效液相色谱串联质谱法》(SN/T 1777.2—2007)；

《动物源性食品中青霉素族抗生素残留量检测方法　液相色谱-质谱/质谱法》(GB/T 21315—2007)；

《牛奶和奶粉中六种聚醚类抗生素残留量的测定　液相色谱-串联质谱法》(GB/T 22983—2008)；

《进出口动物源食品中 14 种 β-内酰胺类抗生素残留量检测方法　液相色谱-质谱/质谱法》(SN/T 2050—2008)。

(2)食品中残留激素的检测标准。

《牛尿中盐酸克伦特罗残留量的测定　液相色谱-质谱/质谱法》(DB22/T 1619—2011)；

《动物源食品中激素多残留检测方法　液相色谱-质谱/质谱法》(GB/T 21981—2008)；

《动物源性食品中糖皮质激素类药物　多残留检测　液相色谱-串联质谱法》(农业部 1031 号公告—2—2008)。

(3)食品中农药残留的检测标准。

《食品安全国家标准　茶叶中 448 种农药及相关化学品残留量的测定　液相色谱-质谱法》(GB 23200.13—2016)；

《食品安全国家标准　果蔬汁和果酒中 512 种农药及相关化学品残留量的测定　液相色谱-质谱法》(GB 23200.14—2016)；

《食品安全国家标准食品　中涕灭砜威、吡唑醚菌酯、嘧菌酯等 65 种农药残留量的测定　液相色谱-质谱/质谱法》(GB 23200.34—2016)。

(4)食品中毒素的检测标准。

《食品安全国家标准　食品中黄曲霉毒素 B 族和 G 族的测定》第一法同位素稀释液相色谱-串联质谱法》(GB 5009.22—2016)；

《食品安全国家标准 食品中黄曲霉毒素M族的测定》第一法 同位素稀释液相色谱-串联质谱法》(GB 5009.24—2016)；

《食品安全国家标准 食品中赭曲霉毒素A的测定》第三法 免疫亲和层析净化液相色谱-串联质谱法》(GB 5009.96—2016)。

(5)食品中非法添加物的检测标准。

《出口食品中三聚氰胺和三聚氰酸检测方法 液相色谱-质谱/质谱法》(SN/T 3032—2011)。

3. 食品中添加剂的检测标准

《出口食品中六种合成甜味剂的检测方法 液相色谱-质谱/质谱法》(SN/T 3538—2013)；

《进出口食品中环己基氨基磺酸钠的检测方法 液相色谱-质谱/质谱法》(SN/T 1948—2007)；

《出口食品中多种禁用着色剂的测定 液相色谱-质谱/质谱法》(SN/T 3540—2013)；

《出口食品中荧光增白剂85、荧光增白剂71和荧光增白剂113的测定 液相色谱-质谱/质谱法》(SN/T 4396—2015)。

拓展任务

拓展操作7-3 LC-MS/MS测定动物源食品中四环素类药物残留

一、仪器与试剂的准备

1. 仪器与设备

(1)液相色谱串联质谱仪：配有电喷。

(2)分析天平：感量为0.1 mg和0.01 g。

(3)涡旋混合器。

(4)低温离心机：100 r/min，控温范围为－10℃至室温。

(5)氮吹仪。

(6)固相萃取真空装置。

(7)pH计：测量精度为±0.02。

(8)超声提取仪。

2. 材料与试剂

除另有说明外，所用试剂均为分析纯，水为GB/T 6682—2008规定的一级水。

(1)甲醇：色谱纯。

(2)乙酸乙酯：色谱纯。

(3)乙二胺四乙酸二钠($Na_2EDTA \cdot 2H_2O$)。

(4)甲酸：色谱纯。

(5)柠檬酸($C_3H_3O_2 \cdot H_2O$)。

(6)磷酸氢二钠($Na_2HPO_4 \cdot 12H_2O$)。

(7)柠檬酸溶液(0.1 mol·L^{-1})：称取21.01 g柠檬酸，用水溶解，定容至1 000 mL。

(8)磷酸氢二钠溶液(0.2 mol·L^{-1})：称取28.41 g磷酸氢二钠，用水溶解，定容至1 000 mL。

(9)Mcllvaine缓冲溶液：将1 000 mL0.1 mol·L^{-1}柠檬酸溶液与625 mL 0.2 mol·L^{-1}磷酸氢二钠溶液混合，用10 mol·L^{-1}氢氧化钠调节pH为4.0±0.05。

(10)Na_2EDTA-Mcllvaine缓冲溶液(0.1 mol·L^{-1})：称取60.5 g乙二胺四乙酸二钠放入1 625 mL Mcllvaine缓冲溶液中，超声使其溶解，摇匀。

(11)甲醇＋水(1＋19)：量取5 mL甲醇与95 mL水混合。

(12)甲醇＋乙酸乙酯(1＋9)：量取10 mL甲醇与90 mL乙酸乙酯混合。

(13)Oasis HLB固相萃取柱：60 mg，3 mL，或相当者。使用前分别用5 mL甲醇，5 mL水和5 mL Na_2EDTA-Mcllvaine缓冲溶液预处理，并保持柱体湿润。

(14)标准物质：四环素，金霉素，上霉素，强力霉素，纯度≥95％。

(15)标准储备溶液：准确称取按其纯度折算为100％质量的四环素、金霉素、土霉素、强力霉素各20.0 mg，分别用甲醇溶解并定容至100 mL，浓度相当于200 mg·L^{-1}，储备液在－18℃以下储存于棕色瓶中，可12个月。

(16)混合标准工作液：根据需要，用甲醇将标准储备溶液配制成1.0 μg·mL^{-1}的混合标准工作溶液。混合标准工作溶液应使用前配置。

(17)滤膜：0.22 μm，有机相与水相两用。

(18)食用动物(猪、牛和羊)尿液：新鲜澄清尿液可直接取用，若有杂质需离心去除沉淀物，取上清。长期保存需置于4℃下。

(19)食用动物(猪、牛、羊和鸡)血液：全血凝固后取上层血清，避免溶血，若有溶血，可离心后取上清，长期保存需置于4℃下。

在制样和保存的操作过程中，应防止样品受到污染。

二、学生课前预习

学生通过查阅《进出口食用动物四环素类药物残留量的测定　液相色谱-质谱/质谱法》(SN/T 4814—2017)了解实验原理和实验步骤。

三、检查学生预习情况

小组讨论，确定实验步骤。

四、学生分组操作

1.提取

称取试样5 g(精确到0.01 g)，置于50 mL容量瓶中，用0.1 mol·$L^{-1}$$Na_2$EDTA-Mcllvaine缓冲液定容至50 mL，混匀，用滤纸过滤，待净化。

2.净化

用移液器准确移取10 mL的提取液(相当于1 g样品)以1滴·s^{-1}的速度过HLB固相萃取柱，待样液完全流出后，依次用5 mL水和5mL甲醇＋水淋洗，弃去全部流出液。2.0 kPa以下减压抽干5 min，最后用10 mL甲醇＋乙酸乙酯洗脱。将洗脱液氮气浓缩至干(温度低于40℃)，用1.0 mL甲醇定容，过0.22 μm滤膜，待测定。

3.标准曲线的绘制

移取混合标准工作液(用甲醇将标准储备溶液配制成1.0 μg·mL^{-1})，用甲醇稀释成0.01 μg·mL^{-1}、0.02 μg·mL^{-1}、0.05 μg·mL^{-1}、0.1 μg·mL^{-1}、0.2 μg·mL^{-1}、0.5 μg·mL^{-1}、

1.0 μg·mL^{-1} 标准工作溶液，用 HPLC-MS/MS 测定，得出标准工作曲线。

4. LC-MS/MS 测定

(1)设置仪器参考条件。

①色谱柱：C_{18} 柱。

②流速：1.0 mL·min^{-1}。

③流动相：甲醇-0.1%甲酸水，梯度洗脱时间见表 7-12。

④柱温：30℃。

⑤进样量：10 μL。

⑥质谱条件：电喷雾电离(ESI)正离子，多反应监测扫描(MRM)，雾化气为氮气，喷雾电压(IS)为 5 500 V，去溶剂温度(TEM)为 550℃，其他质谱条件参考表 7-13。

(2)上机测样。设定好检测序列，进行 LC-MS/MS 上机检测。

表 7-12　分离四种四环素类药物的液相色谱洗脱梯度

时间/min	甲醇/%	0.1%甲酸水
0	5	95
5	30	70
10	33.5	66.5
12	65	35
17.5	65	35
20	5	95
25	5	95

表 7-13　四环素类药物的主要参考质谱参数

化合物名称	母离子	子离子	碰撞气能量/eV	去簇电压/V
四环素	445.2	410.2*	28	68
		427.3	18	
土霉素	461.2	426.0*	27	68
		443.1	20	
金霉素	479.1	444.2*	31	68
		462.2	24	
强力霉素	445.2	428.0*	29	68
		339.0	41	

注：带 * 为定量离子。

五、教师巡回指导

(1)外标法进行定量分析。

(2)实验原理。试样用 0.1 mol·L^{-1} Na_2EDTA-Mcllvaine 缓冲液(pH 为 4.0±0.05)提取，经过滤和离心后，上清液用 HLB 固相萃取柱净化，用 1 mL 甲醇定容，供 LC-MS/MS 测定

和确证，外标法定量。

六、数据记录及处理

1. 保留时间

待测样品中化合物色谱峰的保留时间与标准溶液相比变化范围在±2.5%之内，各种四环素类药物的参考保留时间：四环素的为 12.58 min，金霉素的为 16.86 min，土霉素的为 13.00 min，强力霉素的为 18.39 min。

2. 标准曲线的绘制

以标准工作溶液浓度作横坐标，定量离子质量色谱峰面积作纵坐标，绘制标准工作曲线。

3. 定量测定

待测样品中四环素药品的响应值应在标准曲线范围内，超过现行范围则应对净化液稀释，重新进样分析。

七、成绩评定

学生对完成工作任务的表现进行自评和互评，各小组进行总结、考核及评估，教师做出最后评价，填写学习过程评价表。

练习题

一、选择题

1. 在质谱图中，被称为基峰的是(　　)。

A. 分子离子峰　　B. 质荷比最大的峰　　C. 强度最大的峰　　D. 强度最小的峰

2. 电子轰击离子源的离子化试剂是(　　)。

A. 高能电场　　B. 高能电子　　C. 试剂离子　　D. 高能等离子体

3. 表示大气压化学电离源的英文缩写是(　　)。

A. EI　　B. CI　　C. APCI　　D. APPI

4. 要想获得较多的碎片离子宜选用的离子源是(　　)。

A. EI　　B. CI　　C. APCI　　D. ESI

5. 测定有机物的相对分子质量，应采用(　　)。

A. UV　　B. IR　　C. GC　　D. MS

6. 判断分子离子峰错误方法是(　　)。

A. 一般出现在质谱图最右侧

B. 分子离子所含电子数目一定是偶数

C. 分子离子质量数服从氮规律

D. 假定的分子离子峰与相邻峰的质量数要有意义

7. 质量检测范围没有上限的质量分析器是(　　)。

A. 单聚焦质量分析器　　B. 磁质分析器

C. 四极杆质量分析器　　D. 飞行时间质量分析器

二、填空题

1. 气-质联用仪常用离子源主要是__________和__________。

2. 液-质联用仪常用离子源主要是__________和__________。

3. 质谱仪质量分析器主要分为________、________、________、________和________。

4. 气-质联用法定量分析中，可以选择__________、__________和__________方法进行。

5. 气-质联用法进行定量分析时，除了可以使用总离子流色谱图的峰面积计算，还可以使用__________色谱图进行定量计算。

6. 质谱扫描模式有________、________和________；定性分析时应该选择________，定量分析时应该选择________。

二、问答题

1. 质谱仪是由哪几部分组成的？各部分的作用是什么？

2. 色谱与质谱联用后有什么突出特点？

3. 离子源主要分哪几种？

4. 什么是总离子流图？什么是质量色谱图？它们有什么实际意义？

5. 液-质联用仪如果出现无峰的现象，有可能是哪些因素导致的？

6. 举例说明 GC-MS 和 LC-MS 在食品分析中的应用。

7. 某化合物 C_4H_8O 的质谱图如图 7-20 所示，试推断其结构，并写出主要碎片离子的结构类型。

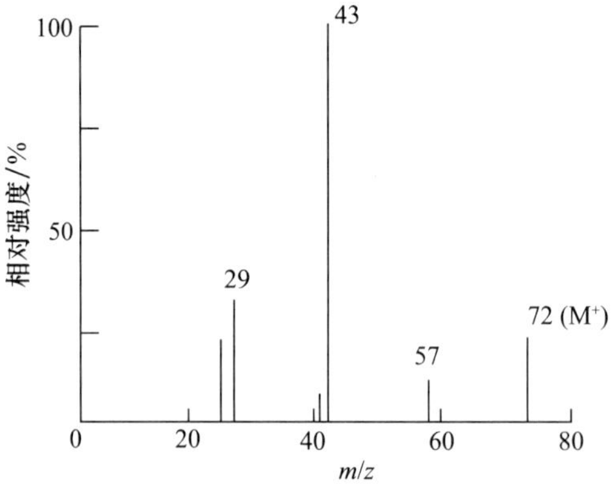

图 7-20　化合物 C_4H_8O 的质谱图

参考文献

[1]陈立春. 仪器分析[M]. 北京:中国轻工业出版社,2006.

[2]崔庆新,王方. 气相色谱-质谱联用法在食品分析中的应用——在食品添加剂及毒物分析中的应用[J]. 聊城大学学报(自然科学版),2009,22(3):48-52.

[3]崔庆新,王方. 气相色谱-质谱联用法在食品分析中的应用——在食品营养成分分析中的应用[J]. 聊城大学学报(自然科学版),2009,22(2):25-29.

[4]崔鑫. 基于气相色谱质谱联用的食品检验分析[J]. 现代食品,2018(14):97-99.

[5]丁明洁. 仪器分析[M]. 北京:化学工业出版社,2014.

[6]董静,潘玉香,等. 浅谈四极杆气相色谱质谱联用仪的操作维护及保养[J]. 中国卫生检验杂志,2007,17(6):1126-1128.

[7]冯建波. 仪器分析技术[M]. 北京:化学工业出版社,2012.

[8]谷雪贤,黎春怡,柳滢春. 仪器分析实用技术[M]. 北京:化学工业出版社,2016.

[9]郭英凯. 仪器分析[M].2 版. 北京:化学工业出版社,2015.

[10]黄一石. 仪器分析[M]. 北京:化学工业出版社,2002:3-46.

[11]贾春晓. 现代仪器分析技术及其在食品中的应用[M]. 北京:中国轻工业出版社,2014.

[12]林新花. 仪器分析[M]. 广州:华南理工大学出版社,2002:99-118.

[13]刘虎威. 气相色谱方法及应用[M]. 2 版. 北京:化学工业出版社,2007.

[14]刘约权. 现代仪器分析[M]. 3 版. 北京:高等教育出版社,2015.

[15]毛金根,杜学勤. 仪器分析技术[M]. 2 版. 北京:中国医药科技出版社,2017.

[16]首都师范大学《仪器分析实验》教程编写组. 仪器分析实验[M]. 北京:科学出版社,2016.

[17]谭湘成. 仪器分析实验[M]. 北京:化学工业出版社,2002:94-99.

[18]王世平. 现代仪器分析原理与技术[M]. 北京:科学出版社,2016.

[19]王旭东,赖伟华,王绪明. 高效液相色谱-质谱技术在食品安全检测中的应用[J]. 现代仪器,2010(3):9-13.

[20]王英健. 仪器分析[M]. 北京:科学出版社,2010.

[21]魏培海,曹国庆. 仪器分析[M]. 3 版. 北京:高等教育出版社,2019.

[22]奚长生,余荣阵. 仪器分析[M]. 广州:广东高等教育出版社,1999:9-31.

[23]夏立娅. 仪器分析[M]. 北京:中国计量出版社,2006.

[24]谢昕. 食品仪器分析技术[M]. 2 版. 大连:大连理工大学出版社,2015.

[25]许柏球,丁兴华,彭珊珊. 仪器分析[M]. 北京:中国轻工业出版社,2014.

[26]杨振宇,张森虎,刘广鑫,等. 现代仪器分析技术在食品安全检测中的应用[J]. 粮食科技与经济, 2020,45(10):102-103.

[27]张芬. 现代仪器分析技术在食品安全检测中的应用[J]. 食品科技,2021(05):106-108.
[28]张小华. 仪器分析[M]. 北京:中国农业出版社,2012.
[29]赵世芬,闫冬良. 仪器分析技术[M]. 北京:化学工业出版社,2016.
[30]赵艳霞,王大红. 仪器分析[M]. 北京:化学工业出版社,2017.
[31]赵艳霞,王大红. 仪器分析[M]. 北京:化学工业出版社,2017.
[32]朱明华,胡坪. 仪器分析[M]. 4版. 北京:高等教育出版社,2008.
[33]GB/T 5009.28—2016 食品安全国家标准　食品中苯甲酸、山梨酸和糖精钠的测定[S].
[34]GB/T 5009.140—2003 饮料中乙酰磺胺酸钾的测定[S].
[35]GB/T 3049—2006/ISO 6685:1982 工业用化工产品　铁含量测定的通用方法 1,10-菲啰啉分光光度法[S].
[36]GB/T 16631—2008 高效液相色谱法通则[S].
[37]GB/T 26792—2019 高效液相色谱仪[S].
[38]GB/T 22388—2008 原料乳与乳制品中三聚氰胺检测方法[S].
[39]SN/T 1751.3—2011 进出口动物源性食品中喹诺酮类药物残留量的测定　第3部分:高效液相色谱法[S].
[40]SN/T 4814—2017 进出口食用动物四环素类药物残留量的测定　液相色谱-质谱/质谱法[S].
[41]SN/T 1859—2007 饮料中棒曲霉素和5-羟甲基糠醛的测定方法液相色谱-质谱法和气相色谱-质谱法[S].